先进航天器动力学与控制

刘　磊　熊子珺　卫洪涛　等　著

科学出版社
北　京

内 容 简 介

新型空间载荷要求发展高精度、高稳定度的先进航天器，本书围绕先进航天器的精确动力学与控制技术，结合作者在先进航天器研究领域的最新研究成果，对先进航天器的技术难题展开讨论并提出可行的解决方法。本书主要介绍分离式超静超稳航天器微动力学机理及控制、航天器姿轨一体化建模及控制、大型柔性航天器微振动建模及补偿控制、先进航天器非线性动力学及控制、激光碎片清理设计及空间高精度跟踪瞄准系统设计及实验等。

本书可供从事航空、航天、力学、机械、自动化等相关工作的工程师、研究人员和相关专业的高年级本科生、研究生阅读参考。

图书在版编目（CIP）数据

先进航天器动力学与控制 / 刘磊等著. —北京：科学出版社，2023.7

ISBN 978-7-03-075940-5

Ⅰ. ①先… Ⅱ. ①刘… Ⅲ. ①航天器－飞行力学②航天器－飞行控制 Ⅳ. ①V412.4②V525

中国国家版本馆 CIP 数据核字（2023）第 116432 号

责任编辑：杨慎欣 霍明亮 / 责任校对：崔向琳
责任印制：吴兆东 / 封面设计：无极书装

科学出版社 出版
北京东黄城根北街 16 号
邮政编码：100717
http://www.sciencep.com
北京建宏印刷有限公司 印刷
科学出版社发行 各地新华书店经销
*
2023 年 7 月第 一 版 开本：720 × 1000 1/16
2023 年 7 月第一次印刷 印张：19 1/2
字数：393 000

定价：188.00 元

（如有印装质量问题，我社负责调换）

作 者 名 单

刘　磊　熊子珺　卫洪涛
杨鸿杰　李　青　梁　健

前　言

近几十年来，航天事业蓬勃发展，相关技术得到了广泛的应用，推动着世界的政治、经济、军事和科学不断进步，影响了人类生活的方方面面。但是传统航天器控制精度有限，难以满足日益增长的空间高精度载荷应用需求，因此追求更精密和更稳定的先进航天器是目前研究的重要方向。

本书从航天技术的发展趋势出发，总结作者在先进航天器动力学与控制领域的研究成果，针对典型先进航天器问题给出了有效可行的解决方案，重点突出先进航天器的精确动力学与控制技术。本书相关研究立足航天工程需求，重点研究先进航天器关键技术问题，为先进航天器相关领域研究人员提供借鉴。

本书共 12 章。第 1 章简要介绍目前航天器的主要发展方向及存在的问题；第 2 章介绍一种可实现超静超精控制的分离式航天器，包括分离式航天器的高精度模型及在编队方面的应用；第 3 章研究先进航天器位姿一体化扭量模型，并设计控制器，利用分离式航天器验证这种模型的有效性；第 4 章研究分离式航天器可能出现的碰撞问题，建立碰撞模型并设计碰撞规避策略；第 5 章建立超静航天器微振动模型，并评估微振动对空间时频传递的影响；第 6 章设计航天器柔性部件振动控制器并进行实验验证；第 7 章采用隔振技术抑制微振动的传递；第 8 章针对航天器微振动抑制中的压电材料的迟滞特性，讨论研究两种迟滞模型；第 9 章建立干扰航天器精度的非线性连接动力学模型；第 10 章针对具体的航天器模型研究先进航天器频率漂移动力学问题，并对大型望远镜变形进行面型控制方案设计；第 11、12 章分别为先进航天器在激光清理航天器及高精度指向、跟踪瞄准方面的应用。

本书由西北工业大学刘磊（第 7 章及第 8 章部分内容）、熊子珺（第 1 章、第 2 章及第 12 章部分内容）、杨鸿杰（第 4 章、第 11 章）、李青（第 3 章、第 8 章及第 12 章部分内容）、梁健（第 5 章、第 6 章）及郑州大学卫洪涛（第 9 章、第 10 章）合作撰写，全书内容与结构由刘磊进行规划和审定。作者在撰写本书过程中参阅许多文献，在此向这些文献的作者表示由衷的感谢。西北工业大学邓逸凡、周嘉星、贠海、熊敏及哈尔滨工业大学张相盟对本书的写作给予了极大的帮助，本书中也应用了他们的科研成果，在此特向他们表示诚挚的感谢。

限于作者水平，书中难免有不足之处，敬请广大读者批评指正。

作　者

2021 年 11 月 1 日

目　录

第1章　绪　　论

随着航天技术的发展，航天器空间应用对载荷的精度要求不断增加。传统航天器模型精度有限，不能准确地描述微小量级的动力学效应，进而增加控制误差。此外，航天器系统越来越复杂和精密，传统的航天器控制技术无法满足日益增加的控制精度需求。因此，需要研究更精确的先进航天器动力学模型，并针对相关的动力学问题展开先进控制，提高控制精度。开展先进航天器的动力学建模和精确控制是未来航天发展的重要研究趋势。本章介绍目前世界上典型先进航天器的主要应用背景。

1.1　大型空间探测器

现代天文学寻找地外行星、探索宇宙与生命起源等方面多有研究，因此对空间科学探索航天器的分辨率提出很高要求[1]。此外，军事级别的对地侦察预警也要求探测器拥有超高的光学分辨率。传统的空间探测器口径如哈勃空间望远镜（Hubble space telescope，HST，口径为 2.4m）[2]、斯皮策太空望远镜（Spitzer space telescope，SST，口径为 0.85m）[3]等受运载能力和制造水平限制，因此空间分辨率也受到限制。为了提高分辨率，研究者进行了许多探索。

增加光学口径是提高分辨率最直接的措施。如图 1.1（a）所示，詹姆斯·韦伯空间望远镜（James Webb space telescope，JWST）是继 HST 的又一大空间望远镜，采用 18 面六边形镜拼接组成口径为 13m 的主镜，发射时折叠，入轨后展开，这种拼接设计能形成 25m^2 的接收面积，可以敏感更微弱的光源，探测更深远的宇宙空间[4]。然而过大的镜面会增加系统柔性，对温度变化也更敏感，加上由航天器本体传递的微振动影响，镜面形变控制的难度增加，降低了成像精度[5, 6]。轻质而复杂的结构也增加了频率漂移的可能性，带来的频率耦合会影响探测器的指向精度。因此，为了应对这些问题，需要对航天器进行隔振处理和高精度形面控制。JWST 主镜的每块子镜都安装有 7 个形面作动器[图 1.1（b）]，用于移动和调整反射镜表面形状，波前误差可以控制在几十纳米内[7, 8]。为了隔离航天器本体反作用飞轮及柔性太阳帆板等的微振动，JWST 采用了四根交叉布局的黏弹性阻尼杆进行被动隔振，提供 1Hz 以上的振动隔离[9]。为了稳定镜面视线指向，在入瞳处安装压电快摆镜（fast steering mirror，FSM）抑制视线抖动，指向误差小于

7.3mas[4]。JWST 过大的体积和复杂精密的控制系统，为设计和制造产生巨大的挑战，项目一再被推迟，且成本不断增加，预计花费 96.6 亿美元[10]。

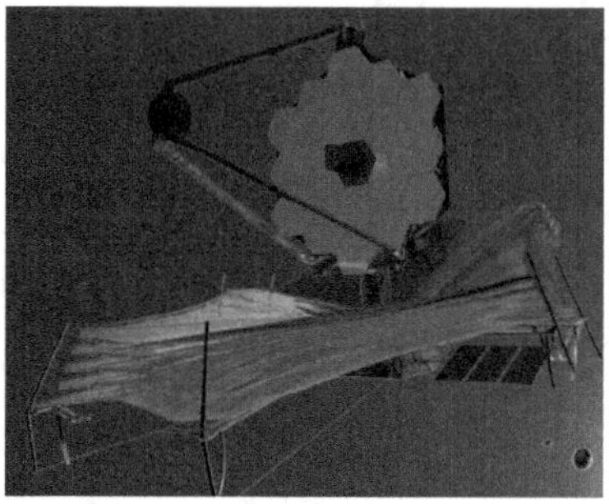

(a) JWST 假想图

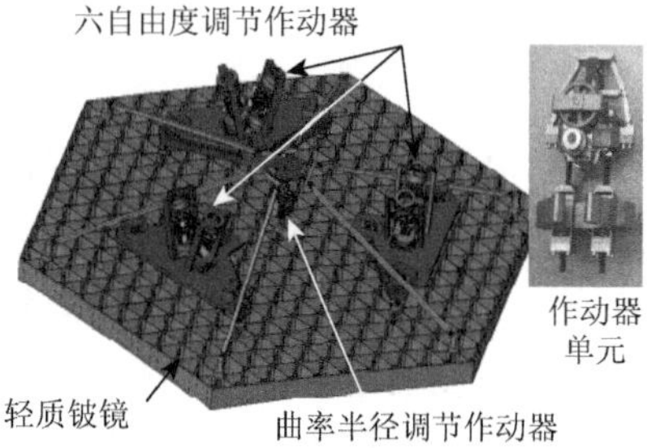

(b) 子镜的形面调节单元

图 1.1　JWST

使用新型成像方式是提高成像效率的另一种可行方法。例如，美国国防高级研究计划局（Defense Advanced Research Projects Agency，DARPA）开发了薄膜型光学即时成像器（membrane optical imager real-time exploitation，MORIE），使用 20m 口径薄膜衍射透镜提供 3.5 +[近红外光谱（near infrared spectroscopy）标准]可见光图像的图像解析水平[11, 12]。MORIE 使用 36 个轻质衍射光学薄膜作为大型衍射主镜，与 JWST 进行的空间展开类似，因此，MORIE 也存在大型空间结构的形状控制及振动抑制问题[13]。MORIE 假想图如图 1.2 所示。此外，由于衍射的焦距长达几十米甚至上百米，超长的镜面支架是非常低频的结构，这对光学系统指向控制产生严峻的挑战[13]。

图 1.2　MORIE 假想图[13]

当研究所需的探测分辨率要求继续提高时，采用拼接展开式这种整星装配的技术实现超大口径的制造成本和设计复杂度将急剧增加[14]。因此科学家提出，利用编队形式构建大型空间探测器，将大的光学载荷分布在编队航天器上，进行干涉成像，获得高分辨率的同时避免成本过高。欧洲航天局（European Space Agency，ESA）和美国国家航空航天局（National Aeronautics and Space Administration，NASA）分别进行了 Darwin 计划和类地行星发现者（terrestrial planet finder，TPF）计划。Darwin 计划采用 4～6 个自由飞行航天器组成空间干涉仪，根据所需的观测分辨率不同飞行基线可以在几十米到上千米变化[15]。TPF 计划与 Darwin 计划的构成方法类似，多个编队航天器在空间形成如图 1.3 所示的空间干涉仪[16]。虽然编队航天器设计分散了制造和发射成本，但是对编队控制提出了很高的要求。为了进行有效干涉，要求编队航天器间的相对位置精度在厘米量级，干涉臂之间的光程差在纳米量级[17]。因此，必须研究高精度的编队模型和编队协同控制方法，同时隔绝和抑制外界扰动对星上载荷的影响。

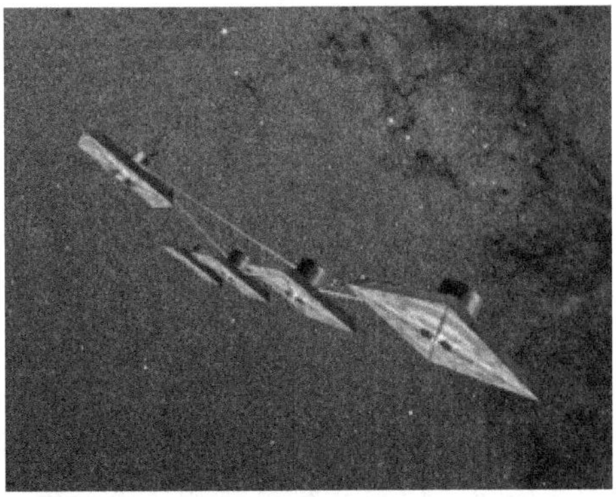

图 1.3　TPF 示意图[17]

未来的空间探测器体积和系统复杂程度会逐渐增加，为了保证高成像质量，需要对这些先进航天器的动力学进行高精度精细建模，并为光学载荷提供超静超精的控制，抑制影响成像的微振动和控制结构变形[18]。

1.2　超精密空间载荷及实验

由于太空有地面难以达到的强辐射、微重力、高真空、弱磁场等特殊条件，许多地面难以进行的精密实验可以搭载航天器在太空中进行。空间光学原子钟、引力波探测、重力场测量航天器、量子通信等热门科研活动都选择在太空中进行。

1. 空间光学原子钟

目前地面光学原子钟的频率不确定度已经突破 10^{-18} 达到 10^{-19} 量级[19]，然而地球引力势波动（主要由于地球固态潮汐和海洋潮汐）及不同地理位置会造成不同光钟之间的频率不确定度超过 10^{-17} 量级，因此地面光学原子钟难以进行全球比对[20]。为了解决这一难题，国际上许多研究机构开展空间光学原子钟的研究。空间光学原子钟远离地球，受地球引力波动影响较小，并且空间光学原子钟的精度理论上高于地面光学原子钟。主要有两方面原因：①在空间微重力环境中空间光学原子钟的囚禁原子数量至少是地面光学原子钟的 10000 倍；②在相同条件下，空间光学原子钟的频率分辨率（由原子与电磁场之间的相互作用时间决定）远远小于地面原子钟[21, 22]。空间光学原子钟的原理图如图 1.4 所示。

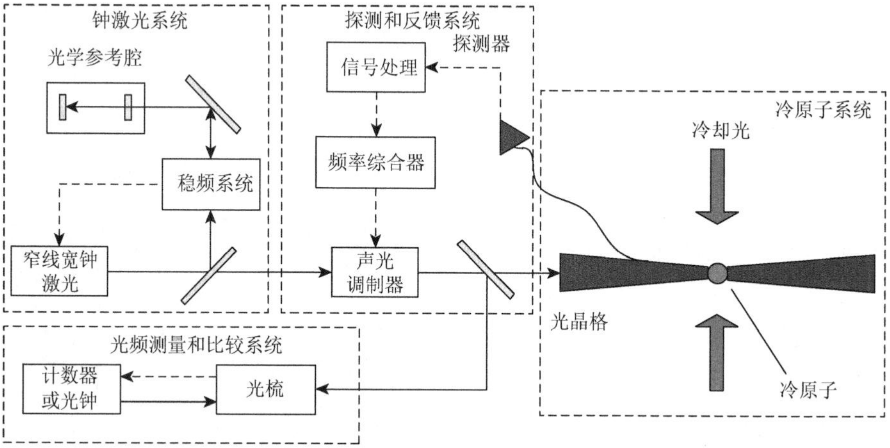

图 1.4　空间光学原子钟的原理图

从图 1.4 可以看出空间光学原子钟主要由冷原子系统、钟激光系统、探测和反馈系统，以及光频测量和比较系统四部分组成。其中，光学参考腔是钟激光系统的重要组成部分，由两面超高反射率的镜片构成。光学参考腔对外部环境非常敏感。光学参考腔受微振动影响，腔长会发生变化，造成激光频率稳定度下降，进而降低空间光学原子钟的精度。稳频激光在进入 10^{-15} 量级时就需要考虑微振动影响[23]，目前地面高精度空间光学原子钟在实验室环境中运行时，需要对其进行控温、隔声和隔振处理。新一代空间光学原子钟的设计频率稳定度达到 10^{-21} 量级，需要超稳光学腔产生 10^{-18} 量级的稳频激光，由于在轨航天器无法提供和地面实验室一样的超静环境，空间光学原子钟在轨运行时会受航天器微振动的影响而无法正常工作。因此，亟须研究空间光学原子钟的微振动隔离技术。目前超稳光学腔可以实现的极限振动不敏感度为 $10^{-11}g^{-1}$[24]，产生 10^{-18} 量级的稳频激光需要 0.1μg 的微振动环境，比目前的航天器微振动环境高 3 个量级，需要开展新型隔振器设计及新型隔振方法研究。

在实现空间光学原子钟的在轨稳定运行之后，需要对空间光学原子钟之间的高精度时频传递进行研究。空间光学原子钟之间的高精度时频传递是实现引力波探测、暗物质探测和航天器在轨自主运行的基础[22, 25]。目前的时频修正方法已满足时频传递要求（0.1ns），例如，Sagnac 修正及 Shapiro 修正[26]。当空间时频传递精度达到皮秒量级时，航天器微振动及轨道摄动影响突出。对于时间传递（主要应用于在轨航天器自主导航），航天器姿态抖动及轨道摄动会影响航天器之间的距离，进而造成时间传递相对论效应误差[27]。对于频率传递（主要应用于多普勒引力波探测)，航天器姿态抖动及轨道摄动会给传递信号带来附加速度，造成信号频率的波动误差，引发频率传递相对论误差[28]。而时间传递及相位传递的误差都会引起相位传递相对论误差（主要应用于干涉引力波探测）[29, 30]。亟须研究在轨航天器的姿态动力学及轨道动力学对相对论时频传递误差的影响。

2. 引力波探测

激光干涉引力波天文台（laser interferometer gravitational-wave observatory，LIGO）探测到引力波之后，全球掀起引力波探测的热潮。由于地球背景噪声及探测器基线长度的影响，在地面无法探测到低频引力波。为探测更加低频的引力波，提出空间引力波探测。空间引力波探测方法主要分为两种：①利用迈克耳孙干涉方法测量，例如，ESA 的激光干涉空间天线（laser interferometer space antenna，LISA）[31]及中国的天琴计划[30]，至少两个航天器之间通过激光链路形成干涉仪，利用长基线干涉仪测量引力波引起的航天器之间的位置变化；②利用多普勒效应测量，需要两个航天器之间形成稳频激光链路，当引力波到达时，会引起激光频率发生改变，利用高精度原子钟测量两个航天器的激光频率变化来测量引力波[22]。

相较于太阳系天体动力学，引力波产生的变化都十分微小（位置变化在 pm～nm 量级）[31]。无论哪一种方法，都需要至少两个航天器之间长时间的激光链路，需要航天器之间的超静超精指向，需要对传统航天器的构型及控制进行重新设计。例如，LISA 提出的无拖曳航天器构型，要求航天器的六自由度控制精度在 nm 和 nrad 量级[31]。无拖曳航天器包含航天器本体与无拖曳模块两部分，航天器本体与无拖曳模块之间通过非接触磁力控制，航天器本体采用精密微喷发动机，为载荷提供超静超稳工作环境，理论上可以达到非常高的精度。但是根据 LISA Pathfinder 测量数据显示，对无拖曳模块进行控制的磁场与宇宙射线之间会发生光电耦合效应，引入低频误差（小于 0.01Hz）[32]。

3. 重力场测量航天器

为了给有效载荷提供超静工作环境，地球重力场和海洋环流探测航天器（gravity field and steady state ocean circulation explorer，GOCE）采用高刚性设计来抑制柔性附件（天线及太阳帆板）的耦合振动[33]。同时航天器姿态控制不再采用传统的飞轮控制，而是采用新型微推力器控制，避免旋转部件产生微振动。此时，多层隔热材料、太阳光压、大气扰动、空间碎片撞击扰动、推力器噪声及传感器噪声等引起的微振动凸显[33-36]。需要对这些微振动产生机理进行深入研究，并提出微振动抑制方法。

4. 量子通信

我国于 2016 年发射了“墨子号”量子科学实验航天器，建立起航天器与地面远距离量子科学实验平台，并借助航天器平台完成空间大尺度量子科学实验[37]。在量子通信中，时间的同步性是量子通信成功的决定因素之一。在接受光子过程中，为了减少背景噪声的影响，提高传递精度，大多数时间单光子探测器处于关闭模式。只有当单光子信号到达时，才会打开一个狭窄的时间窗口允许单信号光子进入。时间窗口越小，传递精度越高，因此需要十分严格的时间同步，对单光子信号的到来进行准确判断[38]。然而现有的星上时间同步误差在 ps 量级[39]，随着未来量子星座的发展，建立高精度星间时间频率传递链路是必不可少的一环。

在超远距离上建立量子信道分发量子密钥，需要实现星间高精度捕获、瞄准和跟踪（acquisition，pointing and tracking，APT）[40]。图 1.5 为“墨子号”量子密钥分发天地对准捕获示意图，在地面接收站和航天器发射器上分别设置了两级复合轴控制，粗跟踪可以在最大±70°范围内跟踪，误差控制在±200μrad，精跟踪可以在±0.7mrad 的范围内跟踪，误差控制在±5μrad[41]。

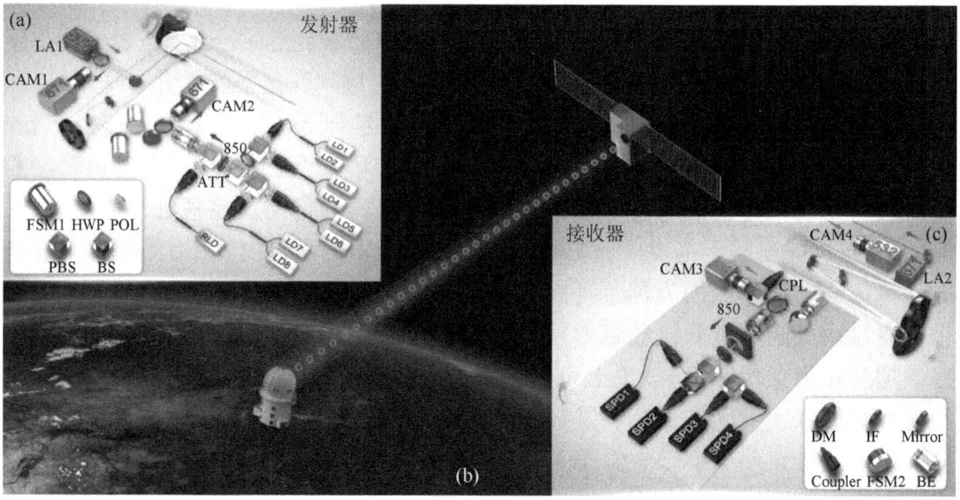

图 1.5 “墨子号”量子密钥分发天地对准捕获示意图

此外，为了保证严格的指向控制，有必要在航天器上采取隔振措施，隔离星上运动部件引起的微振动，如反作用飞轮质量不平衡扰动、轴承非线性扰动、柔性太阳帆板振动等[42]。

1.3 先进应用卫星发展

应用卫星作为种类最多、发射数量也最多的人造地球航天器，在国民经济和军事方面发挥着不可替代的作用。我国在天地融合、构建天地一体化信息网等方面取得了长足进步。

2000～2020 年底，我国已成功发射了 55 颗北斗导航卫星，按照国内覆盖、亚太区域覆盖、全球覆盖的规划稳步推进。北斗系统承担了实时导航、快速定位、精准授时、短报文通信等功能，在工业、农业、交通运输等方面发挥了重要作用[43]。在导航系统中，星载原子钟负责维持和产生星上时间频率基准信号，准确可靠的时间是卫星导航的基础[44]。北斗卫星搭载铷原子钟计时，搭配高精度星间链路测量提高轨道确定和钟差测定的精度，短期预报误差可以减小到 ns 量级[45]，地面定位精度可以达到 10m。

与北斗系统一样，未来卫星系统将一步步形成全球组网，随着卫星数量和信息传输量的增加，传统的微波通信将难以承载。激光通信的传输功率低、带宽高、功率低、设备质量轻、抗干扰能力强，是空间通信技术的一个重要发展方向[46]。美国早在 2013 年就在月球激光通信演示（lunar laser communication demonstration，LLCD）中验证了从月球进行超远距离激光通信的能力[47]。但是超远距离和长时间的跟踪瞄准对星体姿轨控制和振动抑制提出很高的要求。激光束散角小，覆盖面窄，卫星机械振动和跟踪噪声与指向系统的耦合极易导致卫星发射波束在接收平面上的振动，使得接收到的信号减少，从而增加了误码率[46]。星上系统非线性耦合也会对系统的跟踪瞄准精度产生影响。LLCD 实验中，月球激光天基终端（lunar lasercom space terminal，LLST）的工作窗口只有 15～20min，与月球激光地面终端（lunar lasercom ground terminal，LLGT）进行通信，需要 LLST 与 LLGT 相互进行快速的跟踪捕获并保持长时间的高精度指向瞄准[48]。基于跟踪瞄准要求，LLST 携带基于 100mm 口径反射式望远镜的光学模块，通过磁流体惯性参考单元安装在两轴万向节上。在实际的实验中，一旦 LLST 检测到 LLGT 发射的大束散角上行激光时，两轴万向节及内部压电系统可以在 1.3s 后完成跟踪对准并向 LLGT 发射下行激光进行通信[49]，LLCD 示意图及星上 APT 装置如图 1.6 所示。

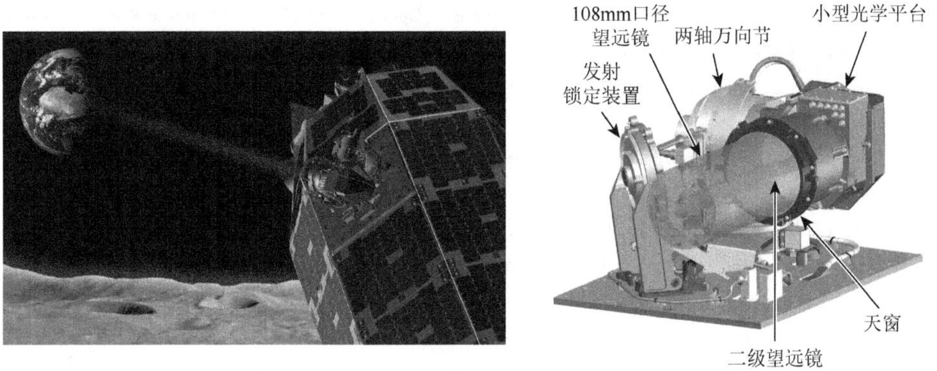

(a)　　(b)

图 1.6　LLCD 示意图[50]及星上 APT 装置[51]

随着航天器技术的发展，多用途、多谱段、一体化将成为常态，航天器需要同时对多个目标进行高精度捕获、跟踪瞄准。国内长春理工大学提出一种一对多的激光通信航天器设计，采用广角镜头增加激光终端机天线视场角，多个激光信号经收发天线进入系统进行分光，分别进行 APT 及通信收发[52]。除了导航、通信、对地探测、遥感、侦察等应用，高分辨率的光学成像同样也需要高精度的 APT 及超静超稳的工作环境。

本书针对以上先进航天器亟待发展的技术问题，对航天器姿轨动力学模型、柔性航天器微振动模型及影响展开研究，并对振动抑制、高精度跟踪瞄准给出控制方法和仿真验证。

参 考 文 献

[1] Boffin H，Schmidtobreick L，Hussain G，et al. Report on the ESO workshop "astronomy at high angular resolution" [J]. The Messenger，2015，159：52-56.

[2] Lallo M D. Experience with the Hubble space telescope：20 years of an archetype[J]. Optical Engineering，2012，51（1）：011011.

[3] Werner M W. The Spitzer space telescope mission[J]. Advances in Space Research，2005，36（6）：1048-1049.

[4] Nella J，Atcheson P D，Atkinson C B，et al. James Webb space telescope（JWST）observatory architecture and performance[C]//Optical，Infrared，and Millimeter Space Telescopes. International Society for Optics and Photonics，Glasgow，2004：576-587.

[5] Johnston J D，Howard J M，Mosier G E，et al. Integrated modeling activities for the James Webb space telescope：Structural-thermal-optical analysis[C]//Optical，Infrared，and Millimeter Space Telescopes. International Society for Optics and Photonics，Glasgow，2004：600-610.

[6] Hyde T T，Ha K Q，Johnston J D，et al. Integrated modeling activities for the James Webb space telescope：Optical jitter analysis[C]//Optical，Infrared，and Millimeter Space Telescopes. International Society for Optics and Photonics，Glasgow，2004：588-599.

[7] Glassman T，Levi J，Liepmann T，et al. Alignment of the James Webb space telescope optical telescope element[C]//Space Telescopes and Instrumentation 2016：Optical，Infrared，and Millimeter Wave. International Society for Optics and Photonics，Edinburgh，2016：99043.

[8] Warden R M. Cryogenic nano-actuator for JWST[C]//Proceedings of the 38th Aerospace Mechanisms Symposium，Langley Research Center，2006.

[9] Bronowicki A J. Vibration isolator for large space telescopes[J]. Journal of Spacecraft and Rockets，2006，43（1）：45-53.

[10] Wang Y，Robberto M，Dickinson M，et al. ATLAS probe：Breakthrough science of galaxy evolution，cosmology，Milky Way，and the Solar System[J]. Publications of the Astronomical Society of Australia，2019，36：e015.

[11] Waller D，Campbell L，Domber J L，et al. MOIRE primary diffractive optical element structure deployment testing[C]//2nd AIAA Spacecraft Structures Conference，Kissimmee，2015.

[12] Atcheson P D，Stewart C，Domber J，et al. MOIRE：Initial demonstration of a transmissive diffractive membrane optic for large lightweight optical telescopes[C]//Space Telescopes and Instrumentation：Optical，Infrared，and Millimeter Wave，Amsterdam，2012：844221.

[13] Tandy W，Atcheson P，Domber J，et al. MOIRE gossamer space telescope-structural challenges and solutions[C]//53rd AIAA/ASME/ASCE/AHS/ASC Structures，Structural Dynamics and Materials Conference，Honolulu，2012.
[14] Elvis M. What can space resources do for astronomy and planetary science?[J]. Space Policy，2016，37：65-76.
[15] Fridlund C V M. Darwin-the infrared space interferometry mission[J]. ESA Bulletin，2000，103（3）：20-25.
[16] Aung M，Ahmed A，Wette M，et al. An overview of formation flying technology development for the terrestrial planet finder mission[C]//2004 IEEE Aerospace Conference Proceedings，Big Sky，2004.
[17] Scharf D P，Hadaegh F Y，Rahman Z H，et al. An overview of the formation and attitude control system for the terrestrial planet finder formation flying interferometer[C]//2nd International Symposium on Formation Flying Missions and Technologies，Washington，2004.
[18] Shore P，Cunningham C，Debra D，et al. Precision engineering for astronomy and gravity science[J]. CIRP Annals，2010，59（2）：694-716.
[19] Brewer S M，Chen J S，Hankin A M，et al. An $^{27}Al^+$ quantum-logic clock with systematic uncertainty below 10^{-18}[J]. arXiv preprint arXiv：1902.07694，2019.
[20] Grotti J，Koller S，Vogt S，et al. Geodesy and metrology with a transportable optical clock[J]. Nature Physics，2018，14（5）：437.
[21] Laurent P，Lemonde P，Simon E，et al. A cold atom clock in absence of gravity[J]. The European Physical Journal D-Atomic，Molecular，Optical and Plasma Physics，1998，3（3）：201-204.
[22] Kolkowitz S，Pikovski I，Langellier N，et al. Gravitational wave detection with optical lattice atomic clocks[J]. Physical Review D，2016，94（12）：124043.
[23] 林弋戈，方占军. 锶原子光晶格钟[J]. 物理学报，2018，67（16）：160604.
[24] Leibrandt D R，Thorpe M J，Notcutt M，et al. Spherical reference cavities for frequency stabilization of lasers in non-laboratory environments[J]. Optics Express，2011，19（4）：3471-3482.
[25] Derevianko A，Pospelov M. Hunting for topological dark matter with atomic clocks[J]. Nature Physics，2014，10（12）：933.
[26] Petit G，Wolf P. Relativistic theory for picosecond time transfer in the vicinity of the Earth[J]. Astronomy and Astrophysics，1994，286：971-977.
[27] Turyshev S G，Toth V T，Sazhin M V. General relativistic observables of the GRAIL mission[J]. Physical Review D，2013，87（2）：024020.
[28] Turyshev S G，Sazhin M V，Toth V T. General relativistic laser interferometric observables of the GRACE-follow-on mission[J]. Physical Review D，2014，89（10）：105029.
[29] Qin C G，Shao C G. General post-Minkowskian expansion and application of the phase function[J]. Physical Review D，2017，96（2）：024003.
[30] Qin C G，Tan Y J，Chen Y F，et al. Light propagation in the field of the N-body system and its application in the TianQin mission[J]. Physical Review D，2019，100（6）：064063.
[31] Amaro-Seoane P，Audley H，Babak S，et al. Laser interferometer space antenna[J]. arXiv preprint arXiv：1702.00786，2017.
[32] Armano M，Audley H，Auger G，et al. Charge-induced force noise on free-falling test masses：Results from LISA Pathfinder[J]. Physical Review Letters，2017，118（17）：171101.
[33] Wacker T，Weimer L，Eckert K. GOCE platform micro-vibration verification by test and analysis[C]//Proceedings of the European Conference on Spacecraft Structures，Materials and Mechanical Testing，Noordwijk，2005：10-12.
[34] Cataloglu A，Weimer L，Eckert K，et al. Micro-vibration verification of GOCE thermal hardware[R]. SAE

Technical Paper，2004.

[35] Francesconi A，Pavarin D，Bettella A，et al. Generation of transient vibrations on aluminum honeycomb sandwich panels subjected to hypervelocity impacts[J]. International Journal of Impact Engineering，2008，35（12）：1503-1509.

[36] Pavarin D，Francesconi A，Destefanis R，et al. Analysis of transient vibrations on complex targets representing elementary configurations of GOCE satellite[J]. International Journal of Impact Engineering，2008，35（12）：1709-1715.

[37] 彭承志，潘建伟. 量子科学实验卫星——“墨子号”[J]. 中国科学院院刊，2016，31（9）：1096-1104.

[38] Miao E L，Han Z F，Gong S S，et al. Background noise of satellite-to-ground quantum key distribution[J]. New Journal of Physics，2005，7（1）：215.

[39] Liao S K，Cai W Q，Liu W Y，et al. Satellite-to-ground quantum key distribution[J]. Nature，2017，549（7670）：43.

[40] Ren J G，Xu P，Yong H L，et al. Ground-to-satellite quantum teleportation[J]. Nature，2017，549（7670）：70.

[41] Wang J Y，Yang B，Liao S K，et al. Direct and full-scale experimental verifications towards ground-satellite quantum key distribution[J]. Nature Photonics，2013，7（5）：387.

[42] 赵丹，黄迪山，邓雷，等. 量子科学实验卫星微振动地面测试与估计方法[J]. 空间科学学报，2017，37（5）：593-600.

[43] Xie J，Liu T X. Research on technical development of BeiDou navigation satellite system[C]//Proceedings of China Satellite Navigation Conference，Berlin，2013：197-209.

[44] Han C H，Cai Z W，Lin Y T，et al. Time synchronization and performance of BeiDou satellite clocks in orbit[J]. International Journal of Navigation and Observation，2013，2013：67-71.

[45] 陈金平，胡小工，唐成盼，等. 北斗新一代试验卫星星钟及轨道精度初步分析[J]. 中国科学：物理学 力学 天文学，2016，46（11）：85-95.

[46] Arnon S，Kopeika N S. Laser satellite communication network-vibration effect and possible solutions[J]. Proceedings of the IEEE，1997，85（10）：1646-1661.

[47] Boroson D M，Robinson B S，Murphy D V，et al. Overview and results of the lunar laser communication demonstration[C]//Free-Space Laser Communication and Atmospheric Propagation XXVI，San Francisco，2014：89710S.

[48] Robinson B S，Boroson D M，Burianek D A，et al. The lunar laser communications demonstration[C]//International Conference on Space Optical Systems and Applications，Santa Monica，2011：54-57.

[49] Robinson B S，Boroson D M，Burianek D A，et al. Overview of the lunar laser communication demonstration[C]//Free-Space Laser Communication Technologies XXIII，San Francisco，2011：792302.

[50] Sodnik Z，Smit H，Sans M，et al. LLCD operations using the lunar lasercom OGS terminal[C]//Free-Space Laser Communication and Atmospheric Propagation XXVI，San Francisco，2014：89710W.

[51] Burnside J W，Conrad S D，Pillsbury A D，et al. Design of an inertially stabilized telescope for the LLCD[C]//Free-Space Laser Communication Technologies XXIII，San Francisco，2011：79230L.

[52] 江伦，胡源，王超，等. 一点对多点同时空间激光通信光学系统研究[J]. 光学学报，2016，36（5）：37-43.

第2章 分离式航天器及复合编队应用

传统的刚性连接使得安装在卫星平台上的精密载荷容易受到星体自身的扰动影响，本章研究一种新型的采用非接触设计的超静航天器构型，即分离式航天器，载荷和航天器本体之间采用非接触设计，可以完全切断本体上微振动到载荷的传递路径，实现载荷的超静力学环境。分离式航天器正常工作时，处于悬浮状态，载荷完全不受来自星体的振动影响，同时可以精确定向，是未来的空间精确望远镜的关键技术之一[1]。

2.1 分离式航天器

2.1.1 分离式航天器概念

分离式航天器基本结构如图2.1所示，其主要由载荷模块和服务模块，以及两个模块之间的磁耦合界面组成。载荷模块上安装有需要高精度及高稳定度控制的敏感设备，如高分辨率的望远镜等。服务模块上安装有反作用飞轮、喷嘴、挠性太阳帆板等任务必需的设备，航天器的微振动源主要集中在服务模块。这种结构的目的是将扰源安装在服务模块，把需要高精度指向控制的敏感设备安装在载荷模块以对扰动进行隔离[2-4]。

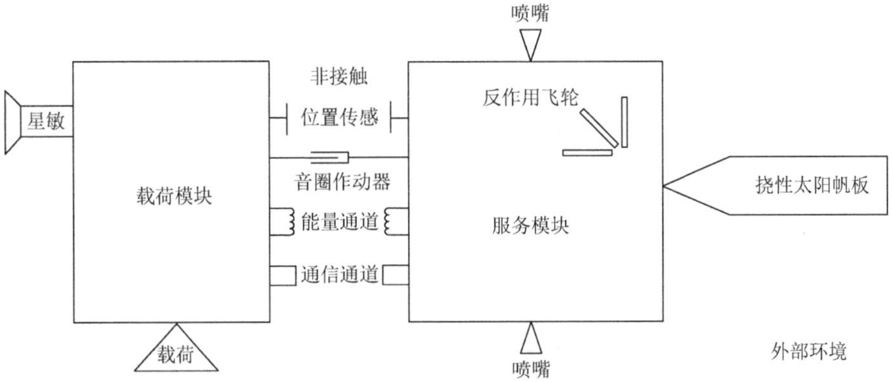

图2.1 分离式航天器基本结构

介于载荷模块及服务模块之间的部分是非接触的磁耦合界面，其主要功能是隔断扰动传递路径、在两个模块之间传递信息和能量，以及控制两个模块的相对位置。由于载荷模块和服务模块没有直接物理连接，服务模块上的扰动无法传递到载荷模块，可以保证其超静性能。能量与信息的无线传递可以通过电磁及电容传感器实现[5]，它们各自分布在两个模块上。载荷模块与服务模块间的多个非接触的音圈作动器控制两模块间的相对运动，单个非接触音圈作动器示意图如图 2.2 所示。非接触音圈作动器不传递服务模块上的扰动，同时能够保证载荷模块和服务模块的相对位置控制的精确度。对载荷模块的六自由度控制是通过控制音圈作动器载荷端伸长来实现的，而音圈作动器的数量和连接构型决定了作动器可以控制的载荷模块自由度。要完全控制载荷模块的平移及旋转共六个方向的自由度，至少需要六个主动控制支腿，常用的作动器支腿构型是六支腿的 hexapod 构型[6]，如图 2.3 所示。

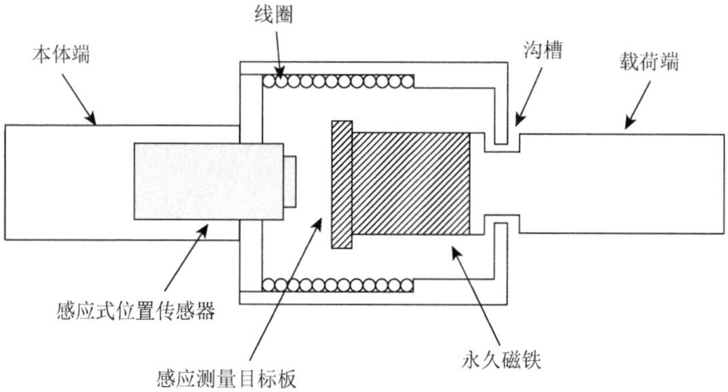

图 2.2　单个非接触音圈作动器示意图

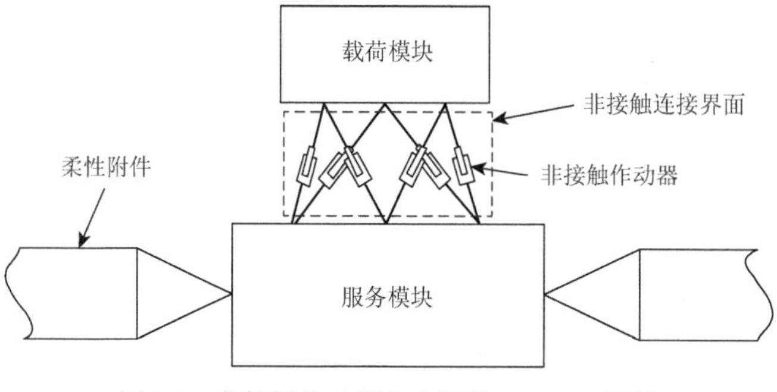

图 2.3　非接触作动器六支腿的 hexapod 构型

2.1.2　分离式航天器动力学模型

1. 分离式航天器系统描述

理想的分离式航天器其载荷模块和服务模块之间是完全非接触的，但是由于现有技术的局限，载荷模块和服务模块之间的能量传递需要柔性线缆连接[4]。在这种情形下，分离式航天器的载荷模块指向性能可能会受到柔性线缆的影响。文献[2]中仿真结果表明载荷模块和服务模块之间有柔性线缆耦合时，其低频段隔振性能较完全非接触情况下降 90%以上，柔性线缆的存在严重影响了分离式航天器的隔振性能，但文献[2]中并未给出有柔性线缆连接时的分离式航天器动力学模型。本节将研究柔性线缆连接对分离式航天器载荷模块隔振性能和指向控制的影响，针对柔性线缆连接的分离式航天器建立动力学模型并仿真分析其动力学特性。

有柔性线缆连接的分离式航天器的基本结构如图 2.4 所示。图 2.4 中载荷模块的姿态和位置通过非接触作动器控制，作动器的数量及安装构型可以有多种形式，如具有六个作动器的 hexapod 构型。为使作图简洁，本节在图 2.4 中只给出了某一个作动器及其传感器示意图。为构建分离式航天器动力学模型，本节假设载荷模块和服务模块均为刚体，而且载荷模块和服务模块之间的柔性线缆可视为一个具有一定刚度和阻尼的弹簧/阻尼元件[7]。

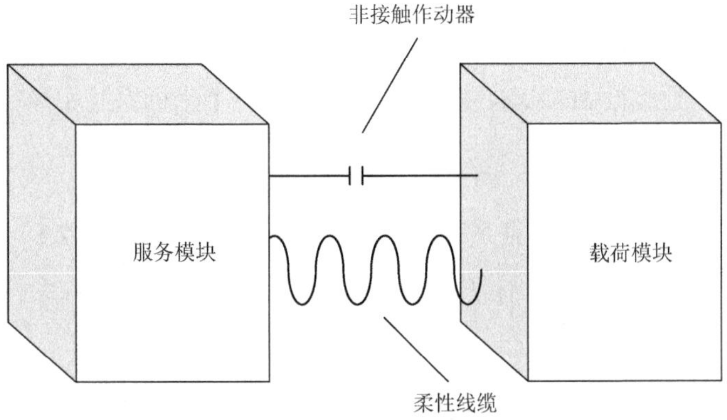

图 2.4　有柔性线缆连接的分离式航天器的基本结构

为了利用拉格朗日法建模，将图 2.4 所示系统写为图 2.5 所示的向量形式并建立用于描述系统运动的坐标系。

图 2.5 中，*L-XYZ* 是航天器的轨道坐标系，*L* 是整个系统的质心；*S-XYZ* 和 *P-XYZ* 分别表示服务模块和载荷模块的体坐标系，坐标轴分别与其坐标主轴重合，*S* 和 *P* 分别是服务模块与载荷模块的质心；*SE-XYZ* 及 *PE-XYZ* 分别是服务模块和载荷模块在标称位置时的体坐标系；$\boldsymbol{r}_{SE}$ 和 $\boldsymbol{r}_{PE}$ 分别表示服务模块和载荷模块处于标称位置时质心在轨道坐标系下的位置矢量；$\Delta\boldsymbol{r}_S$ 和 $\Delta\boldsymbol{r}_P$ 分别为载荷模块与服务模块的质心偏离标称位置的矢量；$\boldsymbol{d}_u$ 和 $\boldsymbol{p}_u$ 表示服务模块与载荷模块的柔性线缆连接点在各自体坐标系下的位置矢量；$\boldsymbol{K}$ 和 $\boldsymbol{C}$ 是柔性线缆简化模型在轨道坐标系下的刚度阵与阻尼阵；$\boldsymbol{d}_i$ 和 $\boldsymbol{p}_i$ 表示载荷模块与服务模块的第 i 个作动器连接点在各自体坐标系下的位置矢量。

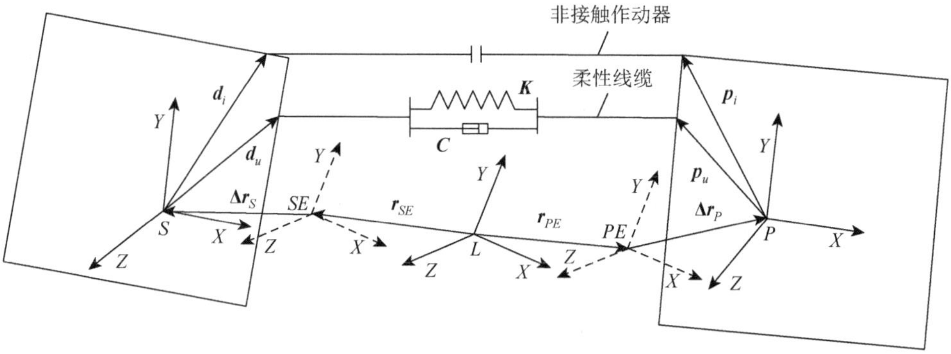

图 2.5　分离式航天器模型的向量描述

图 2.5 中，*SE-XYZ* 及 *PE-XYZ* 描述的是服务模块与载荷模块处于标称位置时的状态，其相对轨道坐标系是静止的。因此载荷模块和服务模块的运动可以分解为两部分，即跟随轨道坐标系的轨道运动及偏离标称位置的受扰运动。本节主要研究的是载荷模块及服务模块的受扰运动，因此在推导载荷模块及服务模块的动力学方程时忽略了整星的轨道运动，把轨道坐标系近似看作一个惯性坐标系（简称为惯性系），且假设 *SE-XYZ*、*PE-XYZ*、*L-XYZ* 三个坐标系互相平行。

2. 拉格朗日法简述

本节首先给出适用于完整系统的第二类拉格朗日方程[式（2.1）]：

$$\frac{\mathrm{d}}{\mathrm{d}t}\left(\frac{\partial L}{\partial \dot{q}_k}\right)-\frac{\partial L}{\partial q_k}+\frac{\partial F}{\partial \dot{q}_k}=Q_k,\quad k=1,2,\cdots,f \tag{2.1}$$

式中，$L=T-V$ 为拉格朗日函数，T 为系统的总动能，V 为系统的总势能；q_k 为系统的第 k 个广义坐标；f 为系统的自由度；F 为瑞利耗散函数；Q_k 为和广义坐标对应的广义力，Q_k 表达式如下：

$$Q_k=\sum_{j=1}^{p}\boldsymbol{F}_j\frac{\partial \boldsymbol{r}_j}{\partial q_k} \tag{2.2}$$

式中，p 为主动力总数；$\boldsymbol{F}_j$ 为系统的第 j 个主动力矢量；$\boldsymbol{r}_j$ 为 $\boldsymbol{F}_j$ 的作用点位置矢量。通常求取广义力时不用式（2.2）而采用式（2.3）所示的虚功原理[8]。

$$\delta W=\sum_{k=1}^{f}Q_k\delta q_k \tag{2.3}$$

利用拉格朗日法建模时，需要选取合适的广义坐标来描述系统的运动，图 2.4 所示系统有两个刚体，要完整地描述系统运动需要 12 个广义坐标。本节选择描述载荷模块运动的广义坐标 $\boldsymbol{q}_P=(x_p,y_p,z_p,\theta_{px},\theta_{py},\theta_{pz})^{\mathrm{T}}$，其中 x_p、y_p、z_p 表示矢量 $\boldsymbol{\Delta r}_P$ 在轨道坐标系下投影的三个分量，用来描述刚体平动，θ_{px}、θ_{py}、θ_{pz} 表示载荷模块体

坐标系 *P-XYZ* 绕 *X-Y-Z* 三轴相继转动后和 *PE-XYZ* 平行所需要的转动欧拉角，用来描述刚体转动。同样，对于服务模块，选择广义坐标为 $\boldsymbol{q}_S=(x_S,y_S,z_S,\theta_{Sx},\theta_{Sy},\theta_{Sz})^{\mathrm{T}}$，其中各分量和载荷模块广义坐标中的各分量定义相对应。

3. 模型推导

本节给出有柔性线缆连接的分离式航天器动力学模型的详细推导过程。首先求系统的动能表达式，图 2.5 所示系统的动能包括载荷模块和服务模块的平动动能及转动动能，其具体表达式为

$$T=\frac{1}{2}m_P(\dot{x}_P^2+\dot{y}_P^2+\dot{z}_P^2)+\frac{1}{2}m_S(\dot{x}_S^2+\dot{y}_S^2+\dot{z}_S^2)+\frac{1}{2}\boldsymbol{\omega}_P^{\mathrm{T}}\boldsymbol{I}_P\boldsymbol{\omega}_P+\frac{1}{2}\boldsymbol{\omega}_S^{\mathrm{T}}\boldsymbol{I}_S\boldsymbol{\omega}_S \tag{2.4}$$

式中，m_P、m_S 分别为载荷模块和服务模块的质量；$\boldsymbol{I}_P$、$\boldsymbol{I}_S$ 分别为载荷模块和服务模块在各自体坐标系下的转动惯量；$\boldsymbol{\omega}_P$、$\boldsymbol{\omega}_S$ 分别为载荷模块和服务模块的体坐标系相对轨道坐标系的转动角速度矢量。将 $\boldsymbol{\omega}_P$ 在载荷模块体坐标系下表示可得

$$\boldsymbol{\omega}_P=\begin{bmatrix}\cos\theta_{Py}\cos\theta_{Pz} & \sin\theta_{Pz} & 0\\ -\cos\theta_{Py}\sin\theta_{Pz} & \cos\theta_{Pz} & 0\\ \sin\theta_{Py} & 0 & 1\end{bmatrix}\begin{bmatrix}\dot{\theta}_{Px}\\ \dot{\theta}_{Py}\\ \dot{\theta}_{Pz}\end{bmatrix} \tag{2.5}$$

将式（2.5）中各广义坐标分量下标 *P* 替换成 *S* 可得到 $\boldsymbol{\omega}_S$ 的表达式。为了简化公式的书写，记 $\sin\theta=S\theta,\ \cos\theta=C\theta$。

为了简化推导，假设 $\boldsymbol{I}_P$、$\boldsymbol{I}_S$ 为对角阵，记 $\boldsymbol{I}_P=\mathrm{diag}(I_{Px},I_{Py},I_{Pz})$，$\boldsymbol{I}_S=\mathrm{diag}(I_{Sx},I_{Sy},I_{Sz})$。将式（2.4）改写为如下的矩阵形式：

$$T=\frac{1}{2}\dot{\boldsymbol{q}}_P^{\mathrm{T}}\boldsymbol{M}_P(\boldsymbol{q}_P)\dot{\boldsymbol{q}}_P+\frac{1}{2}\dot{\boldsymbol{q}}_S^{\mathrm{T}}\boldsymbol{M}_S(\boldsymbol{q}_S)\dot{\boldsymbol{q}}_S \tag{2.6}$$

式中

$$\boldsymbol{M}_P(\boldsymbol{q}_P)=\begin{bmatrix}m_P & 0 & 0 & 0 & 0 & 0\\ 0 & m_P & 0 & 0 & 0 & 0\\ 0 & 0 & m_P & 0 & 0 & 0\\ 0 & 0 & 0 & M_{P44} & M_{P45} & M_{P46}\\ 0 & 0 & 0 & M_{P54} & M_{P55} & 0\\ 0 & 0 & 0 & M_{P64} & 0 & M_{P66}\end{bmatrix} \tag{2.7}$$

式中，$M_{P44}=I_{Px}C^2\theta_{Py}C^2\theta_{Pz}+I_{Py}C^2\theta_{Py}S^2\theta_{Pz}+I_{Pz}S^2\theta_{Py}$；$M_{P45}=(I_{Px}-I_{Py})C\theta_{Py}C\theta_{Pz}S\theta_{Pz}$；$M_{P46}=I_{Pz}S\theta_{Py}$；$M_{P54}=(I_{Px}-I_{Py})C\theta_{Py}C\theta_{Pz}S\theta_{Pz}$；$M_{P55}=I_{Px}S^2\theta_{Pz}+I_{Py}C^2\theta_{Pz}$；$M_{P64}=I_{Pz}S\theta_{Py}$；$M_{P66}=I_{Pz}$。

将式（2.7）中各广义坐标分量下标 *P* 换成 *S* 可得 $\boldsymbol{M}_S(\boldsymbol{q}_S)$ 的表达式。

下面求势能表达式。由于本节不考虑系统的轨道运动，因此系统的势能只有柔性线缆长度变化产生的弹性势能，且在标称位置时柔性线缆伸长量为 0。记柔性线缆的长度变化矢量为 $\boldsymbol{\Delta u}$，则柔性线缆的弹性势能为

$$V=\frac{1}{2}\boldsymbol{\Delta u}^{\mathrm{T}}\boldsymbol{K}\boldsymbol{\Delta u} \tag{2.8}$$

式中

$$\boldsymbol{\Delta u}=\boldsymbol{\Delta r}_P+(\boldsymbol{A}_P^L\boldsymbol{p}_u-\boldsymbol{p}_u)-\boldsymbol{\Delta r}_S-(\boldsymbol{A}_S^L\boldsymbol{d}_u-\boldsymbol{d}_u) \tag{2.9}$$

其中，$\boldsymbol{A}_P^L$ 和 $\boldsymbol{A}_S^L$ 分别表示载荷模块及服务模块体坐标系到轨道坐标系的坐标变换矩阵，有

$$\boldsymbol{A}_P^L=\begin{bmatrix} C\theta_{Py}C\theta_{Pz} & C\theta_{Px}S\theta_{Pz}+S\theta_{Px}S\theta_{Py}C\theta_{Pz} & S\theta_{Px}S\theta_{Pz}-C\theta_{Px}S\theta_{Py}C\theta_{Pz} \\ -C\theta_{Py}S\theta_{Pz} & C\theta_{Px}C\theta_{Pz}-S\theta_{Px}S\theta_{Py}S\theta_{Pz} & S\theta_{Px}C\theta_{Pz}+C\theta_{Px}S\theta_{Py}S\theta_{Pz} \\ S\theta_{Py} & -S\theta_{Px}C\theta_{Py} & C\theta_{Px}C\theta_{Py} \end{bmatrix} \tag{2.10}$$

将式（2.10）中各广义坐标分量下标 P 换成 S 可得 $\boldsymbol{A}_S^L$ 的表达式。

记

$$\boldsymbol{\Delta u}_P=\boldsymbol{\Delta r}_P+(\boldsymbol{A}_P^L\boldsymbol{p}_u-\boldsymbol{p}_u) \tag{2.11}$$

$$\boldsymbol{\Delta u}_S=\boldsymbol{\Delta r}_S+(\boldsymbol{A}_S^L\boldsymbol{d}_u-\boldsymbol{d}_u) \tag{2.12}$$

若 $\boldsymbol{p}_u$ 在载荷模块体坐标系下的分量为 $\boldsymbol{p}_u=(p_{u1},p_{u2},p_{u2})^{\mathrm{T}}$，$\boldsymbol{d}_u$ 在服务模块体坐标系下的分量为 $\boldsymbol{d}_u=(d_{u1},d_{u2},d_{u2})^{\mathrm{T}}$。将式（2.10）代入式（2.11）中可以得到 $\boldsymbol{\Delta u}_P$ 的具体表达式为

$$\boldsymbol{\Delta u}_P=\begin{bmatrix} x_P+C\theta_{Py}C\theta_{Pz}p_{u1}-C\theta_{Py}S\theta_{Pz}p_{u2}+S\theta_{Py}p_{u3}-p_{u1} \\ y_P+p_{u1}(C\theta_{Px}S\theta_{Pz}+C\theta_{Pz}S\theta_{Px}S\theta_{Py})+p_{u2}(C\theta_{Px}C\theta_{Pz}-S\theta_{Px}S\theta_{Py}S\theta_{Pz})-p_{u3}C\theta_yS\theta_x-p_{u2} \\ z_P+p_{u1}(S\theta_{Px}S\theta_{Pz}-C\theta_{Px}C\theta_{Pz}S\theta_{Py})+p_{u2}(C\theta_{Pz}S\theta_{Px}+C\theta_{Px}S\theta_{Py}S\theta_{Pz})+p_{u3}C\theta_xC\theta_y-p_{u3} \end{bmatrix} \tag{2.13}$$

将式（2.13）中广义坐标各分量下标 P 换成 S，并用 $\boldsymbol{d}_u$ 各分量替换 $\boldsymbol{p}_u$ 各分量即可得到 $\boldsymbol{\Delta u}_S$ 的表达式。将 $\boldsymbol{\Delta u}_P$、$\boldsymbol{\Delta u}_S$ 的表达式代入式（2.8）即可得到势能的表达式为

$$V=\frac{1}{2}(\boldsymbol{\Delta u}_P-\boldsymbol{\Delta u}_S)^{\mathrm{T}}\boldsymbol{K}\boldsymbol{\Delta u}(\boldsymbol{\Delta u}_P-\boldsymbol{\Delta u}_S) \tag{2.14}$$

接下来求系统的瑞利耗散函数表达式。本节选择的瑞利耗散函数具有如下形式：

$$F=\frac{1}{2}\boldsymbol{\Delta\dot{u}}^{\mathrm{T}}\boldsymbol{C}\boldsymbol{\Delta\dot{u}} \tag{2.15}$$

式中

$$\boldsymbol{\Delta\dot{u}}=\boldsymbol{\Delta\dot{u}}_P-\boldsymbol{\Delta\dot{u}}_S \tag{2.16}$$

对式（2.13）求导可得

$$\Delta\dot{\boldsymbol{u}}_P=\begin{bmatrix}\dot{x}_P\\\dot{y}_P\\\dot{z}_P\end{bmatrix}+\begin{bmatrix}R_{P11}&R_{P12}&R_{P13}\\R_{P21}&R_{P22}&R_{P23}\\R_{P31}&R_{P32}&R_{P33}\end{bmatrix}\begin{bmatrix}\dot{\theta}_{Px}\\\dot{\theta}_{Py}\\\dot{\theta}_{Pz}\end{bmatrix}\tag{2.17}$$

式中，$R_{P11}=0$；$R_{P12}=C\theta_{Py}p_{u3}-S\theta_{Py}C\theta_{Pz}p_{u1}+S\theta_{Py}S\theta_{Pz}p_{u2}$；$R_{P13}=-S\theta_{Pz}C\theta_{Py}p_{u1}-C\theta_{Py}C\theta_{Pz}p_{u2}$；$R_{P22}=S\theta_{Px}C\theta_{Py}C\theta_{Pz}p_{u1}-S\theta_{Px}C\theta_{Py}S\theta_{Pz}p_{u2}+S\theta_{Px}S\theta_{Py}p_{u3}$；$R_{P23}=(C\theta_{Px}C\theta_{Pz}-S\theta_{Px}S\theta_{Py}S\theta_{Pz})p_{u1}+(-C\theta_{Px}S\theta_{Pz}-S\theta_{Px}S\theta_{Py}C\theta_{Pz})p_{u2}$；$R_{P31}=(C\theta_{Px}S\theta_{Pz}+S\theta_{Px}S\theta_{Py}C\theta_{Pz})p_{u1}+(C\theta_{Px}C\theta_{Pz}-S\theta_{Px}S\theta_{Py}S\theta_{Pz})p_{u2}-S\theta_{Px}C\theta_{Py}p_{u3}$；$R_{P32}=-C\theta_{Px}C\theta_{Py}C\theta_{Pz}p_{u1}+C\theta_{Px}C\theta_{Py}S\theta_{Pz}p_{u2}-C\theta_{Px}S\theta_{Py}p_{u3}$；$R_{P33}=(S\theta_{Px}C\theta_{Pz}+C\theta_{Px}S\theta_{Py}S\theta_{Pz})p_{u1}-S\theta_{Px}S\theta_{Pz}+C\theta_{Px}S\theta_{Py}C\theta_{Pz}p_{u2}$。

将式（2.17）写为如下的矩阵形式：

$$\Delta\dot{\boldsymbol{u}}_P=\boldsymbol{R}_{P_u}(\boldsymbol{q}_P)\dot{\boldsymbol{q}}_P\tag{2.18}$$

式中

$$\boldsymbol{R}_{P_u}(\boldsymbol{q}_P)=\begin{bmatrix}1&0&0&R_{P11}&R_{P12}&R_{P13}\\0&1&0&R_{P21}&R_{P22}&R_{P23}\\0&0&1&R_{P31}&R_{P32}&R_{P33}\end{bmatrix}\tag{2.19}$$

同理可得

$$\Delta\dot{\boldsymbol{u}}_S=\boldsymbol{R}_{d_u}(\boldsymbol{q}_S)\dot{\boldsymbol{q}}_S\tag{2.20}$$

将式（2.19）中各广义坐标分量下标 P 替换成 S，并将 P_u 各分量替换成 d_u 各分量可以得到 $\boldsymbol{R}_{d_u}(\boldsymbol{q}_S)$ 的表达式。因此系统的瑞利耗散函数为

$$F=\frac{1}{2}[\boldsymbol{R}_{P_u}(\boldsymbol{q}_P)\dot{\boldsymbol{q}}_P-\boldsymbol{R}_{d_u}(\boldsymbol{q}_S)\dot{\boldsymbol{q}}_S]^{\mathrm{T}}\boldsymbol{C}[\boldsymbol{R}_{P_u}(\boldsymbol{q}_P)\dot{\boldsymbol{q}}_P-\boldsymbol{R}_{d_u}(\boldsymbol{q}_S)\dot{\boldsymbol{q}}_S]\tag{2.21}$$

为了建立分离式航天器的动力学模型，将式（2.6）、式（2.14）、式（2.21）代入式（2.1）所示的拉格朗日方程并写成矩阵形式：

$$\begin{cases}\dfrac{\mathrm{d}}{\mathrm{d}t}\left(\dfrac{\partial L}{\partial\dot{\boldsymbol{q}}_P}\right)-\dfrac{\partial L}{\partial\boldsymbol{q}_P}+\dfrac{\partial F}{\partial\dot{\boldsymbol{q}}_P}=\boldsymbol{Q}_P\\[2ex]\dfrac{\mathrm{d}}{\mathrm{d}t}\left(\dfrac{\partial L}{\partial\dot{\boldsymbol{q}}_S}\right)-\dfrac{\partial L}{\partial\boldsymbol{q}_S}+\dfrac{\partial F}{\partial\dot{\boldsymbol{q}}_S}=\boldsymbol{Q}_S\end{cases}\tag{2.22}$$

式（2.22）中上半部分是载荷模块的动力学方程，下半部分是服务模块的动力学方程，$\boldsymbol{Q}_P$ 和 $\boldsymbol{Q}_S$ 分别为与广义坐标向量 $\boldsymbol{q}_P$ 及 $\boldsymbol{q}_S$ 对应的广义力。

以载荷模块为例，将式（2.22）中载荷模块动力学方程展开可得

$$\frac{\mathrm{d}}{\mathrm{d}t}\left(\frac{\partial L}{\partial \dot{\boldsymbol{q}}_P}\right)-\frac{\partial L}{\partial \boldsymbol{q}_P}+\frac{\partial F}{\partial \dot{\boldsymbol{q}}_P}$$

$$=\dot{\boldsymbol{M}}_P(\boldsymbol{q}_P)\dot{\boldsymbol{q}}_P+\boldsymbol{M}_P(\boldsymbol{q}_P)\ddot{\boldsymbol{q}}_P-\frac{\partial \boldsymbol{M}_P(\boldsymbol{q}_P)}{\partial \boldsymbol{q}_P}\dot{\boldsymbol{q}}_P+\left(\frac{\partial \Delta \boldsymbol{u}}{\partial \boldsymbol{q}_P}\right)^{\mathrm{T}}\boldsymbol{K}\Delta\boldsymbol{u}+\left(\frac{\partial \Delta \dot{\boldsymbol{u}}}{\partial \dot{\boldsymbol{q}}_P}\right)^{\mathrm{T}}\boldsymbol{C}\Delta\dot{\boldsymbol{u}} \tag{2.23}$$

式（2.23）中等号右端各项表达式如下所示。

记

$$\dot{\boldsymbol{M}}_P(\boldsymbol{q}_P)=\boldsymbol{C}_{P1}=\begin{bmatrix}0&0&0&0&0&0\\0&0&0&0&0&0\\0&0&0&0&0&0\\0&0&0&C_{P44}&C_{P45}&C_{P46}\\0&0&0&C_{P54}&C_{P55}&0\\0&0&0&C_{P64}&0&0\end{bmatrix} \tag{2.24}$$

式中

$$C_{P44}=2I_{Pz}S\theta_{Py}C\theta_{Py}\dot{\theta}_{Py}-I_{Px}(2C\theta_{Py}S\theta_{Py}C^2\theta_{Pz}\dot{\theta}_{Py}+2C^2\theta_{Py}C\theta_{Pz}S\theta_{Pz}\dot{\theta}_{Pz})$$
$$+I_{Py}(-2C\theta_{Py}S\theta_{Py}S^2\theta_{Pz}\dot{\theta}_{Py}+2C^2\theta_{Py}C\theta_{Pz}S\theta_{Pz}\dot{\theta}_{Pz})$$

$$C_{P45}=(I_{Px}-I_{Py})(C\theta_{Py}C^2\theta_{Pz}\dot{\theta}_{Pz}-S\theta_{Py}C\theta_{Pz}S\theta_{Pz}\dot{\theta}_{Py}),\quad C_{P54}=C_{P45}$$

$$C_{P46}=I_{Pz}C\theta_{Py}\dot{\theta}_{Py},\quad C_{P64}=C_{P46},\quad C_{P55}=2I_{Px}S\theta_{Pz}C\theta_{Pz}\dot{\theta}_{Pz}-2I_{Py}C\theta_{Pz}S\theta_{Pz}\dot{\theta}_{Pz}$$

记

$$\frac{\partial \boldsymbol{M}_P(\boldsymbol{q}_P)}{\partial \boldsymbol{q}_P}=\boldsymbol{C}_{P2}=\begin{bmatrix}0&0&0&0&0&0\\0&0&0&0&0&0\\0&0&0&0&0&0\\0&0&0&0&0&0\\0&0&0&C'_{P21}&C'_{P22}&C'_{P23}\\0&0&0&C'_{P31}&C'_{P32}&C'_{P33}\end{bmatrix} \tag{2.25}$$

式中

$$C'_{P21}=\begin{pmatrix}I_{Pz}S\theta_{Py}C\theta_{Py}-I_{Px}C^2\theta_{Pz}C\theta_{Py}S\theta_{Py}-I_{Py}S^2\theta_{Pz}C\theta_{Py}S\theta_{Py}\\-(I_{Px}-I_{Py})S\theta_{Py}C\theta_{Pz}S\theta_{Pz}\dot{\theta}_{Py}+I_{Pz}C\theta_{Py}\dot{\theta}_{Pz}\end{pmatrix}\dot{\theta}_{Px}$$

$$C'_{P22}=-(I_{Px}-I_{Py})S\theta_{Py}C\theta_{Pz}S\theta_{Pz}\dot{\theta}_{Px}$$

$$C'_{P23}=I_{Pz}C\theta_{Py}\dot{\theta}_{Px}$$

$$C'_{P31}=(-I_{Px}C^2\theta_{Py}C\theta_{Pz}S\theta_{Pz}+I_{Py}C^2\theta_{Py}S\theta_{Pz}C\theta_{Pz}+(I_{Px}-I_{Py})C2\theta_{Pz}C\theta_{Py}\dot{\theta}_{Py})\dot{\theta}_{Px}$$

$$C'_{P32}=(I_{Px}S\theta_{Pz}C\theta_{Pz}-I_{Py}C\theta_{Pz}S\theta_{Pz}+(I_{Px}-I_{Py})C2\theta_{Pz}C\theta_{Py}\dot{\theta}_{Px})\dot{\theta}_{Py}$$

$C'_{P33}=0$

根据式（2.20）可得

$$\frac{\partial \boldsymbol{\Delta u}}{\partial \boldsymbol{q}_P}=\frac{\partial \boldsymbol{\Delta \dot{u}}}{\partial \dot{\boldsymbol{q}}_P}=\boldsymbol{R}_{P_u}(\boldsymbol{q}_P) \tag{2.26}$$

因此有

$$\begin{aligned}
&\frac{\mathrm{d}}{\mathrm{d}t}\left(\frac{\partial L}{\partial \dot{\boldsymbol{q}}_P}\right)-\frac{\partial L}{\partial \boldsymbol{q}_P}+\frac{\partial F}{\partial \dot{\boldsymbol{q}}_P}\\
&=\boldsymbol{M}_P(\boldsymbol{q}_P)\ddot{\boldsymbol{q}}_P+(\boldsymbol{C}_{P1}-\boldsymbol{C}_{P2})\dot{\boldsymbol{q}}_P+\boldsymbol{R}_{P_u}(\boldsymbol{q}_P)^{\mathrm{T}}\boldsymbol{K}(\boldsymbol{\Delta u}_P-\boldsymbol{\Delta u}_S)\\
&\quad+\boldsymbol{R}_{P_u}(\boldsymbol{q}_P)^{\mathrm{T}}\boldsymbol{C}[\boldsymbol{R}_{P_u}(\boldsymbol{q}_P)\dot{\boldsymbol{q}}_P-\boldsymbol{R}_{d_u}(\boldsymbol{q}_S)\dot{\boldsymbol{q}}_S]
\end{aligned} \tag{2.27}$$

同理对于服务模块有

$$\begin{aligned}
&\frac{\mathrm{d}}{\mathrm{d}t}\left(\frac{\partial L}{\partial \dot{\boldsymbol{q}}_S}\right)-\frac{\partial L}{\partial \boldsymbol{q}_S}+\frac{\partial F}{\partial \dot{\boldsymbol{q}}_S}\\
&=\boldsymbol{M}_S(\boldsymbol{q}_S)\ddot{\boldsymbol{q}}_S+(\boldsymbol{C}_{S1}-\boldsymbol{C}_{S2})\dot{\boldsymbol{q}}_S-\boldsymbol{R}_{d_u}(\boldsymbol{q}_S)^{\mathrm{T}}\boldsymbol{K}(\boldsymbol{\Delta u}_P-\boldsymbol{\Delta u}_S)\\
&\quad-\boldsymbol{R}_{d_u}(\boldsymbol{q}_S)^{\mathrm{T}}\boldsymbol{C}[\boldsymbol{R}_{P_u}(\boldsymbol{q}_P)\dot{\boldsymbol{q}}_P-\boldsymbol{R}_{d_u}(\boldsymbol{q}_S)\dot{\boldsymbol{q}}_S]
\end{aligned} \tag{2.28}$$

式中，$\boldsymbol{C}_{S1}$、$\boldsymbol{C}_{S2}$ 和 $\boldsymbol{C}_{P1}$、$\boldsymbol{C}_{P2}$ 有相似的表达式，将 $\boldsymbol{C}_{P1}$、$\boldsymbol{C}_{P2}$ 表达式中各广义坐标下标由 P 换为 S 可以得到 $\boldsymbol{C}_{S1}$、$\boldsymbol{C}_{S2}$ 的表达式。

接下来求解式（2.20）中广义力 $\boldsymbol{Q}_P$ 和 $\boldsymbol{Q}_S$ 的具体表达式，$\boldsymbol{Q}_P$、$\boldsymbol{Q}_S$ 的表达式和非接触作动器的个数与安装方位有关。图 2.5 中第 i 个作动器在轨道坐标系下的支杆矢量为

$$\boldsymbol{l}_i=\boldsymbol{\Delta r}_P+\boldsymbol{r}_{PE}+\boldsymbol{A}_P^L\boldsymbol{p}_i-\boldsymbol{\Delta r}_S-\boldsymbol{r}_{SE}-\boldsymbol{A}_S^L\boldsymbol{b}_i \tag{2.29}$$

因此支杆的方向矢量为 $\boldsymbol{\tau}_i=\dfrac{\boldsymbol{l}_i}{\|\boldsymbol{l}_i\|}$，其中 $\|\boldsymbol{l}_i\|$ 表示向量 $\boldsymbol{l}_i$ 的模。

支腿的速度矢量为

$$\dot{\boldsymbol{l}}_i=\boldsymbol{R}_{p_i}(\boldsymbol{q}_P)\dot{\boldsymbol{q}}_P-\boldsymbol{R}_{d_i}(\boldsymbol{q}_S)\dot{\boldsymbol{q}}_S \tag{2.30}$$

作动器沿支腿方向的伸长速度为

$$\dot{l}_i=\boldsymbol{\tau}_i^{\mathrm{T}}\dot{\boldsymbol{l}}_i=\boldsymbol{\tau}_i^{\mathrm{T}}\boldsymbol{R}_{p_i}(\boldsymbol{q}_P)\dot{\boldsymbol{q}}_P-\boldsymbol{\tau}_i^{\mathrm{T}}\boldsymbol{R}_{d_i}(\boldsymbol{q}_S)\dot{\boldsymbol{q}}_S \tag{2.31}$$

记 $\dot{\boldsymbol{l}}=(\dot{l}_1,\dot{l}_2,\cdots,\dot{l}_i\cdots)^{\mathrm{T}}$，则有

$$\dot{\boldsymbol{l}}=\boldsymbol{J}_P\dot{\boldsymbol{q}}_P-\boldsymbol{J}_S\dot{\boldsymbol{q}}_S \tag{2.32}$$

式中，$\boldsymbol{J}_P=\begin{bmatrix}\cdots\\ \boldsymbol{\tau}_i^{\mathrm{T}}\boldsymbol{R}_{p_i}(\boldsymbol{q}_P)\\ \cdots\end{bmatrix}$，$\boldsymbol{J}_S=\begin{bmatrix}\cdots\\ \boldsymbol{\tau}_i^{\mathrm{T}}\boldsymbol{R}_{d_i}(\boldsymbol{q}_S)\\ \cdots\end{bmatrix}$ 是雅可比矩阵[9]。

记第 i 个作动器的作用力大小为 f_i，假设每个作动器的作用力方向沿支腿伸长方向，记 $\boldsymbol{f}=(f_1,f_2,\cdots)^{\mathrm{T}}$，那么根据虚功原理有

$$\begin{aligned}\boldsymbol{f}^{\mathrm{T}}\delta\boldsymbol{l}&=\boldsymbol{f}^{\mathrm{T}}(\boldsymbol{J}_P\delta\boldsymbol{q}_P-\boldsymbol{J}_S\delta\boldsymbol{q}_S)\\&=\boldsymbol{Q}_P^{\mathrm{T}}\delta\boldsymbol{q}_P-\boldsymbol{Q}_S^{\mathrm{T}}\delta\boldsymbol{q}_S\end{aligned}\tag{2.33}$$

根据式（2.33）可得

$$\boldsymbol{Q}_P=\boldsymbol{J}_P^{\mathrm{T}}\boldsymbol{f}\tag{2.34}$$

$$\boldsymbol{Q}_S=-\boldsymbol{J}_S^{\mathrm{T}}\boldsymbol{f}\tag{2.35}$$

整理式（2.27）、式（2.28）、式（2.34）、式（2.35）可得分离式航天器在轨道坐标系下的动力学方程为

$$\begin{cases}\boldsymbol{M}_P(\boldsymbol{q}_P)\ddot{\boldsymbol{q}}_P+(\boldsymbol{C}_{P1}-\boldsymbol{C}_{P2})\dot{\boldsymbol{q}}_P+\boldsymbol{R}_{P_u}(\boldsymbol{q}_P)^{\mathrm{T}}\boldsymbol{K}\Delta\boldsymbol{u}_P+\boldsymbol{R}_{P_u}(\boldsymbol{q}_P)^{\mathrm{T}}\boldsymbol{C}[\boldsymbol{R}_{P_u}(\boldsymbol{q}_P)\dot{\boldsymbol{q}}_P]\\=\boldsymbol{R}_{P_u}(\boldsymbol{q}_P)^{\mathrm{T}}\boldsymbol{K}\Delta\boldsymbol{u}_S+\boldsymbol{R}_{P_u}(\boldsymbol{q}_P)^{\mathrm{T}}\boldsymbol{C}\boldsymbol{R}_{d_u}(\boldsymbol{q}_S)\dot{\boldsymbol{q}}_S+\boldsymbol{J}_P^{\mathrm{T}}\boldsymbol{f}\\\boldsymbol{M}_S(\boldsymbol{q}_S)\ddot{\boldsymbol{q}}_S+(\boldsymbol{C}_{S1}-\boldsymbol{C}_{S2})\dot{\boldsymbol{q}}_S+\boldsymbol{R}_{d_u}(\boldsymbol{q}_S)^{\mathrm{T}}\boldsymbol{K}\Delta\boldsymbol{u}_S+\boldsymbol{R}_{d_u}(\boldsymbol{q}_S)^{\mathrm{T}}\boldsymbol{C}\boldsymbol{R}_{d_u}(\boldsymbol{q}_S)\dot{\boldsymbol{q}}_S\\=\boldsymbol{R}_{d_u}(\boldsymbol{q}_S)^{\mathrm{T}}\boldsymbol{K}\Delta\boldsymbol{u}_P+\boldsymbol{R}_{d_u}(\boldsymbol{q}_S)^{\mathrm{T}}\boldsymbol{C}\boldsymbol{R}_{P_u}(\boldsymbol{q}_P)\dot{\boldsymbol{q}}_P-\boldsymbol{J}_S^{\mathrm{T}}\boldsymbol{f}\end{cases}\tag{2.36}$$

若载荷模块及服务模块的运动是在标称位置附近的小角度运动，那么忽略高阶小量，可将式（2.36）近似线性化得到如下动力学方程：

$$\begin{cases}\begin{bmatrix}m_p\boldsymbol{E}_{3\times3}&\boldsymbol{0}\\\boldsymbol{0}&\boldsymbol{I}_P\end{bmatrix}\ddot{\boldsymbol{q}}_P+\begin{bmatrix}\boldsymbol{K}&-\boldsymbol{K}\tilde{\boldsymbol{p}}_u\\\tilde{\boldsymbol{p}}_u\boldsymbol{K}&-\tilde{\boldsymbol{p}}_u\boldsymbol{K}\tilde{\boldsymbol{p}}_u\end{bmatrix}\boldsymbol{q}_P+\begin{bmatrix}\boldsymbol{C}&-\boldsymbol{C}\tilde{\boldsymbol{p}}_u\\\tilde{\boldsymbol{p}}_u\boldsymbol{C}&-\tilde{\boldsymbol{p}}_u\boldsymbol{C}\tilde{\boldsymbol{p}}_u\end{bmatrix}\dot{\boldsymbol{q}}_P\\=\begin{bmatrix}\boldsymbol{K}&-\boldsymbol{K}\tilde{\boldsymbol{d}}_u\\\tilde{\boldsymbol{p}}_u\boldsymbol{K}&-\tilde{\boldsymbol{p}}_u\boldsymbol{K}\tilde{\boldsymbol{d}}_u\end{bmatrix}\boldsymbol{q}_S+\begin{bmatrix}\boldsymbol{C}&-\boldsymbol{C}\tilde{\boldsymbol{d}}_u\\\tilde{\boldsymbol{p}}_u\boldsymbol{C}&-\tilde{\boldsymbol{p}}_u\boldsymbol{C}\tilde{\boldsymbol{d}}_u\end{bmatrix}\dot{\boldsymbol{q}}_S+\boldsymbol{J}_P^{\mathrm{T}}\boldsymbol{f}\\\begin{bmatrix}m_s\boldsymbol{E}_{3\times3}&\boldsymbol{0}\\\boldsymbol{0}&\boldsymbol{I}_S\end{bmatrix}\ddot{\boldsymbol{q}}_S+\begin{bmatrix}\boldsymbol{K}&-\boldsymbol{K}\tilde{\boldsymbol{d}}_u\\\tilde{\boldsymbol{d}}_u\boldsymbol{K}&-\tilde{\boldsymbol{d}}_u\boldsymbol{K}\tilde{\boldsymbol{d}}_u\end{bmatrix}\boldsymbol{q}_S+\begin{bmatrix}\boldsymbol{C}&-\boldsymbol{C}\tilde{\boldsymbol{d}}_u\\\tilde{\boldsymbol{d}}_u\boldsymbol{C}&-\tilde{\boldsymbol{d}}_u\boldsymbol{C}\tilde{\boldsymbol{d}}_u\end{bmatrix}\dot{\boldsymbol{q}}_S\\=\begin{bmatrix}\boldsymbol{K}&-\boldsymbol{K}\tilde{\boldsymbol{p}}_u\\\tilde{\boldsymbol{d}}_u\boldsymbol{K}&-\tilde{\boldsymbol{d}}_u\boldsymbol{K}\tilde{\boldsymbol{p}}_u\end{bmatrix}\boldsymbol{q}_P+\begin{bmatrix}\boldsymbol{C}&-\boldsymbol{C}\tilde{\boldsymbol{p}}_u\\\tilde{\boldsymbol{d}}_u\boldsymbol{C}&-\tilde{\boldsymbol{d}}_u\boldsymbol{C}\tilde{\boldsymbol{p}}_u\end{bmatrix}\dot{\boldsymbol{q}}_P-\boldsymbol{J}_S^{\mathrm{T}}\boldsymbol{f}\end{cases}\tag{2.37}$$

式中，$\boldsymbol{E}_{3\times3}$ 表示三阶单位矩阵；$\tilde{\boldsymbol{p}}_u$、$\tilde{\boldsymbol{d}}_u$ 分别表示矢量 $\boldsymbol{p}_u$、$\boldsymbol{d}_u$ 的反对称矩阵；$\boldsymbol{J}_P$、$\boldsymbol{J}_S$ 此时为常矩阵。

若不考虑柔性线缆的存在，分离式卫星可视为由完全分离的两个刚体组成，式（2.37）可以简化为

$$\begin{cases}\begin{bmatrix}m_p\boldsymbol{E}_{3\times3}&\boldsymbol{0}\\\boldsymbol{0}&\boldsymbol{I}_P\end{bmatrix}\ddot{\boldsymbol{q}}_P=\boldsymbol{J}_P^{\mathrm{T}}\boldsymbol{f}\\\begin{bmatrix}m_s\boldsymbol{E}_{3\times3}&\boldsymbol{0}\\\boldsymbol{0}&\boldsymbol{I}_S\end{bmatrix}\ddot{\boldsymbol{q}}_S=-\boldsymbol{J}_S^{\mathrm{T}}\boldsymbol{f}\end{cases}\tag{2.38}$$

2.2　柔性线缆连接的分离式航天器低频动力学研究

在 2.1.2 节的分离式航天器建模中，载荷模块和服务模块间的柔性线缆被等效为一个具有一定刚度和阻尼的弹簧/阻尼元件，忽略了柔性线缆的质量，降低了所建立的分离式航天器模型的可靠性。此外，模型没有考虑到线缆的形变，不能清晰地描述出两模块与柔性线缆的相互作用。本节用珠元模型描述柔性线缆的特性，在分离式航天器系统中考虑线缆的质量和形变，并仿真分析其对分离式航天器指向性能的影响[10]。

2.2.1　分离式航天器系统坐标系及矢量描述

本节所研究的分离式航天器系统采用图 2.3 所示的立方体构型，载荷模块和服务模块间采用 6 个非接触音圈作动器，有 6 个位置传感器测量作动器位移。此外，使用柔性线缆进行能量、数据和液体的传输。

为了描述载荷模块与服务模块的线缆连接，在系统中引入了带有柔性和质量的珠元模型。图 2.6 为所研究的系统详细的矢量描述及所使用的参考坐标系。与 2.1.2 节类似，采用 J2000 赤道坐标系 I - $X_IY_IZ_I$ 作为系统的参考坐标系，I 是位于地球质心的参考系的原点。X_I 轴指向春分点，而 Y_I 轴指向赤道面东 90°，Z_I 轴指向北极。服务模块及载荷模块体坐标系定义与 2.1.2 节相同。

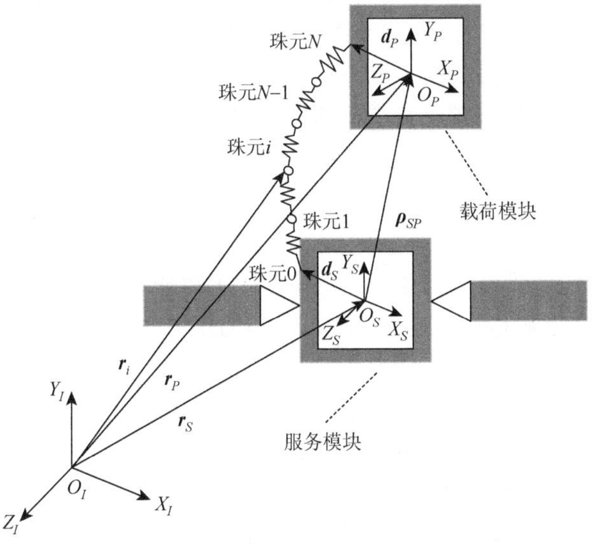

图 2.6　分离式航天器系统矢量描述

线缆被离散成 N–1 个点质量珠元（编号为 1～N–1），每个点由一个弹簧连接。因此，分离式航天器系统由两个模块和 N–1 个点质量珠元组成。应注意，珠元 0 代表线缆和服务模块的接合点。同样，珠元 N 表示线缆和载荷模块的连接点。由于本章主要研究线缆的伸展行为，珠元模型只考虑线缆轴向刚度的影响，不考虑线缆的弯曲刚度和扭转刚度，降低分析的复杂性。

$\boldsymbol{r}_S$、$\boldsymbol{r}_P$ 和 $\boldsymbol{r}_i(i=1\sim N-1)$分别是服务模块、载荷模块和珠元 i 质心的位置矢量。另外，$\boldsymbol{r}_1$ 和 $\boldsymbol{r}_N$ 是连接点的位置矢量。以上定义的所有矢量都是相对于惯性系 $I-X_IY_IZ_I$ 的原点测量的。$\boldsymbol{\rho}_{SP}=\boldsymbol{r}_P-\boldsymbol{r}_S$ 用于描述载荷模块和服务模块的相对位置。$\boldsymbol{d}_S$ 和 $\boldsymbol{d}_P$ 分别为线缆与服务模块的连接点在 O_S 坐标系的位置矢量，$\boldsymbol{d}_P$ 为线缆与载荷模块的连接点在 O_P 坐标系的位置矢量。此外，$\boldsymbol{\rho}_i=\boldsymbol{r}_i-\boldsymbol{r}_{i-1}$ 为珠元 i 和珠元 i–1 的相对位置矢量。

2.2.2 分离式航天器系统多体刚柔动力学

可以看到，分离式航天器系统由 $N+1$ 个部分组成，即两个模块和 N–1 个点质量珠元。利用牛顿力学推导了服务模块、载荷模块和 N–1 个点质量珠元的运动方程。为了便于后面的建模和分析，做出了以下假设：

（1）假设珠元模型中所有弹簧的长度和刚度相同。

（2）非接触界面的广义作动器采用立方体构型的六个非接触作动器，能够产生控制合力和控制合力矩。

（3）忽略传感器误差。此外由于本节主要研究柔性线缆连接对 DFP 系统的影响，忽略了输入饱和、输入死区、参数不确定性和未建模动态等实际问题。然而，在实际应用中，包括分离式航天器系统在内的实际系统不可避免地会遇到这些工程问题。针对这些工程问题已有广泛研究，并有许多可用的解决方案，在此不多加赘述。

1. 系统受力及力矩分析

载荷模块的运动受以下力和力矩的影响：①地球重力 $\boldsymbol{F}_{Pg}$；②干扰力 $\boldsymbol{F}_{Pd}$ 与力矩 $\boldsymbol{T}_{Pd}$；③作用在永磁电机上的线缆力 $\boldsymbol{F}_{Pu}$ 与力矩 $\boldsymbol{T}_{Pu}$；④广义非接触执行机构施加的控制力 $\boldsymbol{F}_{Pc}$ 和力矩 $\boldsymbol{T}_{Pc}$。

服务模块运动易受以下力和力矩的影响：①地球重力 $\boldsymbol{F}_{Sg}$；②干扰力 $\boldsymbol{F}_{Sd}$ 和力矩 $\boldsymbol{T}_{Sd}$；③作用在服务模块上的线缆力 $\boldsymbol{F}_{Su}$ 和力矩 $\boldsymbol{T}_{Su}$；④外部执行器（如反作用轮和推进器)施加的控制力矩 $\boldsymbol{T}_{Sc}$；⑤非接触执行器施加的相互作用力 $\boldsymbol{F}_{\text{Sint}}$ 和力矩 $\boldsymbol{T}_{\text{Sint}}$。

由于珠元模型中的珠元为点质量珠元，作用在每一个珠元上的力只包括两个弹簧力和地球引力。作用在珠元 i 上的弹簧合力表示为 $\boldsymbol{F}_{Bi}$。

下面详细介绍所有力和力矩。

1）地球重力 $\boldsymbol{F}_{Pg}$、$\boldsymbol{F}_{Sg}$ 和 $\boldsymbol{F}_{ig}$

载荷模块所受引力 $\boldsymbol{F}_{Pg}$ 可以定义为

$$\boldsymbol{F}_{Pg} = M_P \cdot \nabla U_P \tag{2.39}$$

式中，U_P 是地球引力势能，是所有可能的球谐函数的总和[11]。

通过将式（2.39）中的下标 P 替换为 S，有

$$\boldsymbol{F}_{Sg} = M_S \cdot \nabla U_S \tag{2.40}$$

式中，U_S 与 U_P 对应。

类似地，作用在第 i 个珠元的地球引力为

$$\boldsymbol{F}_{ig} = M_i \cdot \nabla U_i \tag{2.41}$$

2）扰动力 $\boldsymbol{F}_{Pd}$、$\boldsymbol{F}_{Sd}$ 和扰动力矩 $\boldsymbol{T}_{Pd}$、$\boldsymbol{T}_{Sd}$

这里，我们假设系统在地球低轨上运行。因此，大气阻力起主要作用，而其他干扰力如太阳光压可以忽略不计。

$\boldsymbol{F}_{Pd}$ 和 $\boldsymbol{F}_{Sd}$ 表示为

$$\begin{aligned}\boldsymbol{F}_{Sd} &= -\frac{1}{2}C_d S_d \rho \| \boldsymbol{v}_{Sr} \| \boldsymbol{v}_{Sr} \\ \boldsymbol{F}_{Pd} &= -\frac{1}{2}C_d S_d \rho \| \boldsymbol{v}_{Pr} \| \boldsymbol{v}_{Pr}\end{aligned} \tag{2.42}$$

式中，C_d 为阻力系数；S_d 为参考面积；ρ 为大气密度；$\boldsymbol{v}_{Sr}$ 为卫星相对于旋转大气的速度；$\| \boldsymbol{v}_{Sr} \|$ 为 $\boldsymbol{v}_{Sr}$ 的范数；$\| \boldsymbol{v}_{Pr} \|$ 为 $\boldsymbol{v}_{Pr}$ 的范数。$\| \boldsymbol{v}_{Pr} \|$、$\boldsymbol{v}_{Pr}$ 分别与 $\| \boldsymbol{v}_{Sr} \|$、$\boldsymbol{v}_{Sr}$ 相对应[12]。

作用在服务模块上的扰动力矩包括重力梯度力矩和类似服务模块的飞轮内部装置产生的扰动力矩。在本体坐标系中重力梯度力矩如下：

$$\boldsymbol{T}_{SDg}^{S} = \frac{3\mu}{|r_S^S|^5}\begin{bmatrix}(I_{Sz} - I_{Sy}) r_{Sy}^S r_{Sz}^S \\ (I_{Sx} - I_{Sz}) r_{Sx}^S r_{Sz}^S \\ (I_{Sy} - I_{Sx}) r_{Sx}^S r_{Sy}^S\end{bmatrix} \tag{2.43}$$

式中，$\mu = 3.9860044 \times 10^{14}\,\mathrm{m^3/s^2}$ 为标准的引力常数；$r_S^S(r_{Sx}^S, r_{Sy}^S, r_{Sz}^S)$ 为 $\boldsymbol{r}_S$ 沿 $O_S\text{-}X_S Y_S Z_S$ 分解的三个分量。

运动部件所产生的扰动是服务模块上扰动力矩的主要来源。为简化模型，服务模块上的扰动力矩为常值和正弦扰动力矩的组合，作用在服务模块上的扰动力矩为

$$\boldsymbol{T}_{SDw}^{\mathrm{S}} = \begin{bmatrix}2\times10^{-3} \\ -3\times10^{-3} \\ 4\times10^{-3}\end{bmatrix}\mathrm{N\cdot m} + \begin{bmatrix}1\times10^{-3}\cos(0.0106t) \\ -4\times10^{-3}\sin(0.0106t) \\ 4\times10^{-3}\sin(0.0106t)\end{bmatrix}\mathrm{N\cdot m} \tag{2.44}$$

3）线缆力 $\boldsymbol{F}_{Su}$、$\boldsymbol{F}_{Pu}$、$\boldsymbol{F}_{Bi}$ 和力矩 $\boldsymbol{T}_{Pu}$、$\boldsymbol{T}_{Su}$

作用在服务模块上的线缆和力矩可以表示为

$$\boldsymbol{F}_{Su}=k_{\mathrm{s}}\left(\boldsymbol{\rho}_1-\overline{l}_{\mathrm{s}}\frac{\boldsymbol{\rho}_1}{\|\boldsymbol{\rho}_1\|}\right) \tag{2.45}$$

$$\boldsymbol{T}_{Su}=\boldsymbol{d}_S\times\boldsymbol{F}_{Su} \tag{2.46}$$

式中，$\|\boldsymbol{\rho}_1\|$ 为 $\boldsymbol{\rho}_1$ 的范数；k_{s} 为弹簧的刚度；l_{s} 为弹簧达到平衡状态时的弹簧长度，即弹簧没有变形的状态。弹簧参数（k_{s}、l_{s} 和 M_i）与线缆参数（刚度 k_u、长度 l_u 和 M_u）之间的关系为

$$\begin{aligned} k_{\mathrm{s}}&=Nk_u \\ \overline{l}_{\mathrm{s}}&=\frac{\overline{l}_u}{N} \\ M_i&=\frac{M_u}{N-1} \end{aligned} \tag{2.47}$$

同样地，施加在载荷模块上的线缆力和力矩为

$$\boldsymbol{F}_{Pu}=-k_{\mathrm{s}}\left(\boldsymbol{\rho}_N-\overline{l}_{\mathrm{s}}\frac{\boldsymbol{\rho}_N}{\|\boldsymbol{\rho}_N\|}\right) \tag{2.48}$$

$$\boldsymbol{T}_{Pu}=\boldsymbol{d}_P\times\boldsymbol{F}_{Pu} \tag{2.49}$$

珠元 i 的相邻珠元（即珠元 i–1 和珠元 $i+1$）对其施加的弹力为

$$\begin{aligned} \boldsymbol{F}_{Bi1}&=-k_{\mathrm{s}}\left(\boldsymbol{\rho}_i-\overline{l}_{\mathrm{s}}\frac{\boldsymbol{\rho}_i}{\|\boldsymbol{\rho}_i\|}\right) \\ \boldsymbol{F}_{Bi2}&=k_{\mathrm{s}}\left(\boldsymbol{\rho}_{i+1}-\overline{l}_{\mathrm{s}}\frac{\boldsymbol{\rho}_{i+1}}{\|\boldsymbol{\rho}_{i+1}\|}\right) \end{aligned} \tag{2.50}$$

因此，作用在珠元 i 上的合力 $\boldsymbol{F}_{Bi}$ 为

$$\begin{aligned} \boldsymbol{F}_{Bi}&=\boldsymbol{F}_{Bi1}+\boldsymbol{F}_{Bi2} \\ &=k_{\mathrm{s}}\left(\boldsymbol{\rho}_{i+1}-\overline{l}_{\mathrm{s}}\frac{\boldsymbol{\rho}_{i+1}}{\|\boldsymbol{\rho}_{i+1}\|}\right)-k_{\mathrm{s}}\left(\boldsymbol{\rho}_i-\overline{l}_{\mathrm{s}}\frac{\boldsymbol{\rho}_i}{\|\boldsymbol{\rho}_i\|}\right) \end{aligned} \tag{2.51}$$

4）分离式航天器系统的控制力和控制力矩

如图 2.7 所示，分离式航天器控制系统包括载荷模块与服务模块之间的载荷模块姿态控制回路（由 $\boldsymbol{T}_{Pc}$ 控制）、相对位置控制回路（由 $\boldsymbol{F}_{Pc}$ 控制）和相对姿态控制回路（由 $\boldsymbol{T}_{Sc}$ 控制）。

5）非接触作动器施加的相互作用力 $\boldsymbol{F}_{\mathrm{Sint}}$ 和力矩 $\boldsymbol{T}_{\mathrm{Sint}}$

应该注意的是，$\boldsymbol{F}_{\mathrm{Sint}}$ 和 $\boldsymbol{F}_{Pc}$ 是一对相互作用力。因此，$\boldsymbol{F}_{\mathrm{Sint}}$ 可以表示为

$$\boldsymbol{F}_{\mathrm{Sint}}=-\boldsymbol{F}_{Pc} \tag{2.52}$$

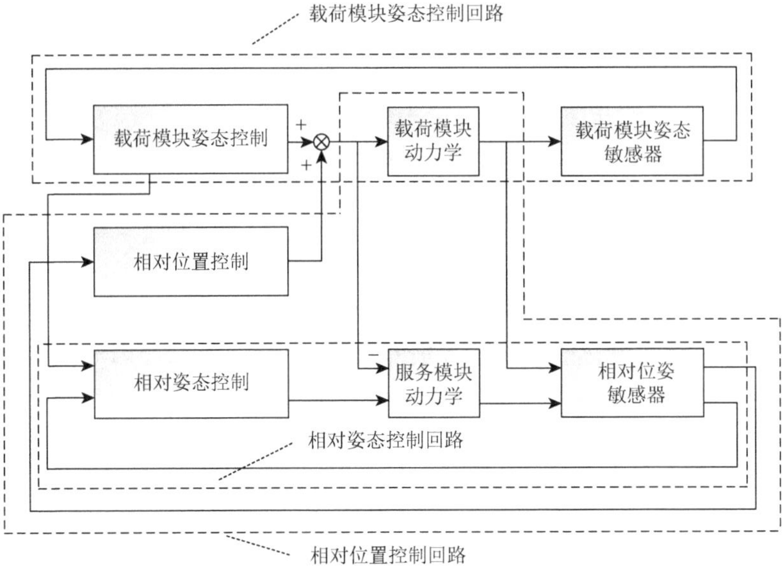

图 2.7　分离式航天器控制系统

合力矩 $\boldsymbol{T}_{\text{Sint}}$ 可以按照式（2.53）计算得到

$$\boldsymbol{T}_{\text{Sint}} = -\boldsymbol{T}_{Pc} + \boldsymbol{\rho}_{SP} \times \boldsymbol{F}_{\text{Sint}} \tag{2.53}$$

2. 载荷模块和服务模块六自由度运动方程

运动方程由载荷模块的运动学方程和动力学方程组成。运动学方程可以表示为

$$\begin{aligned} \dot{\boldsymbol{r}}_P &= \boldsymbol{v}_P \\ \dot{q}_P &= \frac{1}{2} q_P \otimes \boldsymbol{\varpi}_P \end{aligned} \tag{2.54}$$

动力学方程为

$$\begin{aligned} \boldsymbol{M}_P \dot{\boldsymbol{v}}_P &= \boldsymbol{M}_P \boldsymbol{a}_P = \boldsymbol{F}_{Pg} + \boldsymbol{F}_{Pd} + \boldsymbol{F}_{Pu} + \boldsymbol{F}_{Pc} \\ \boldsymbol{I}_P \dot{\boldsymbol{\omega}}_P &= -\boldsymbol{\omega}_P \times (\boldsymbol{I}_P \boldsymbol{\omega}_P) + \boldsymbol{T}_{Pd} + \boldsymbol{T}_{Pu} + \boldsymbol{T}_{Pc} \end{aligned} \tag{2.55}$$

式中，$\boldsymbol{M}_P$ 与 $\boldsymbol{I}_P$ 分别为载荷模块的质量矩阵和转动惯量矩阵；$\boldsymbol{v}_P$ 和 $\boldsymbol{a}_P$ 分别为平动速度和平动加速度；$\boldsymbol{\omega}_P$ 和 $\boldsymbol{\varpi}_P = (0 \quad \boldsymbol{\omega}_P^{\text{T}})^{\text{T}}$ 为转动角速度及其扩充形式；上标 T 为转置运算符；$q_P = (q_{P0} \quad \boldsymbol{q}_{Pv}^{\text{T}})^{\text{T}}$ 为载荷模块相对于惯性系的四元数，q_{P0} 与 $\boldsymbol{q}_{Pv}$ 分别为标量部分和矢量部分。本节采用 Z-Y-X 的旋转次序，分别对应三个欧拉角 ψ_P、θ_P 和 φ_P。

装有柔性太阳帆板的服务模块的运动学方程和动力学方程组成的运动方程在 5.1 节会给出一种推导方法，这里仅给出如下所示的方程。

$$\begin{aligned} \dot{\boldsymbol{r}}_S &= \boldsymbol{v}_S \\ \dot{q}_S &= \frac{1}{2} q_S \otimes \boldsymbol{\varpi}_S \end{aligned} \tag{2.56}$$

$$\begin{aligned} \boldsymbol{M}_S \dot{\boldsymbol{v}}_S + \boldsymbol{B}_t \ddot{\boldsymbol{\eta}} &= \boldsymbol{F}_{Sg} + \boldsymbol{F}_{Sd} + \boldsymbol{F}_{Su} \\ \boldsymbol{I}_S \dot{\boldsymbol{\omega}}_S + \boldsymbol{B}_r \ddot{\boldsymbol{\eta}} &= -\boldsymbol{\omega}_S \times (\boldsymbol{I}_S \boldsymbol{\omega}_S) + \boldsymbol{T}_{Sd} + \boldsymbol{T}_{Su} + \boldsymbol{T}_{Sc} \\ \ddot{\boldsymbol{\eta}} + 2\boldsymbol{\xi}\boldsymbol{\Omega}\dot{\boldsymbol{\eta}} + \boldsymbol{\Omega}^2 \boldsymbol{\eta} + \boldsymbol{B}_t^{\mathrm{T}} \boldsymbol{a}_S + \boldsymbol{B}_r^{\mathrm{T}} \dot{\boldsymbol{\omega}}_S &= 0 \end{aligned} \tag{2.57}$$

式中，带下标 S 的量是式（2.54）和式（2.55）中与载荷模块有关变量在服务模块的对应量；$\boldsymbol{\eta}$ 为模态坐标；$\boldsymbol{\xi}$ 与 $\boldsymbol{\Omega}$ 分别为柔性太阳帆板的模态阻尼比和基频；$\boldsymbol{B}_t$ 与 $\boldsymbol{B}_r$ 分别为平动矩阵和旋转耦合矩阵，它们代表了柔性太阳帆板和服务模块之间的耦合效应。

为了解决复合控制问题，设计了三种比例-微分（proportional derivative，PD）控制器：

$$\begin{aligned} \boldsymbol{T}_{Pc} &= \boldsymbol{K}_{\mathrm{PP}}(\boldsymbol{q}_{Pv0} - \boldsymbol{q}_{Pv}) + \boldsymbol{K}_{\mathrm{PD}}(\boldsymbol{\omega}_{P0} - \boldsymbol{\omega}_P) \\ \boldsymbol{F}_{Pc} &= \boldsymbol{K}_{\mathrm{RTP}}(\boldsymbol{\rho}_{SP0} - \boldsymbol{\rho}_{SP}) + \boldsymbol{K}_{\mathrm{RTD}}(\dot{\boldsymbol{\rho}}_{SP0} - \dot{\boldsymbol{\rho}}_{SP}) \\ \boldsymbol{T}_{Sc} &= \boldsymbol{K}_{\mathrm{RAP}}(\boldsymbol{q}_{Rv0} - \boldsymbol{q}_{Rv}) + \boldsymbol{K}_{\mathrm{RAD}}(\boldsymbol{\omega}_{R0} - \boldsymbol{\omega}_R) \end{aligned} \tag{2.58}$$

式中，$\boldsymbol{K}_{\mathrm{PP}}$、$\boldsymbol{K}_{\mathrm{RTP}}$ 和 $\boldsymbol{K}_{\mathrm{RAP}}$ 为比例系数；$\boldsymbol{K}_{\mathrm{PD}}$、$\boldsymbol{K}_{\mathrm{RTD}}$ 和 $\boldsymbol{K}_{\mathrm{RAD}}$ 为微分系数；$\boldsymbol{q}_{Pv0}$ 为载荷模块期望的四元数矢部；$\boldsymbol{\omega}_{P0}$ 为载荷模块期望的角速度；$\boldsymbol{\rho}_{SP0}$ 与 $\dot{\boldsymbol{\rho}}_{SP0}$ 分别为期望的相对运动位置矢量和速度矢量；$\boldsymbol{q}_{Rv}$ 与 $\boldsymbol{q}_{Rv0}$ 分别为实际的姿态四元数和期望的姿态四元数矢部，$\boldsymbol{q}_R = (\boldsymbol{q}_{R0} \quad \boldsymbol{q}_{Rv}^{\mathrm{T}})^{\mathrm{T}}$，其中 $\boldsymbol{q}_R = (\boldsymbol{q}_{R0} \quad \boldsymbol{q}_{Rv}^{\mathrm{T}})^{\mathrm{T}}$ 表示体坐标系 $O_S\text{-}X_SY_SZ_S$ 和 $O_P\text{-}X_PY_PZ_P$ 间的旋转；同样地，$\boldsymbol{\omega}_R$ 与 $\boldsymbol{\omega}_{R0}$ 分别为实际和期望的相对角速度。

3. 珠元运动方程

如图 2.6 所示，珠元 i 的运动受地球引力和相邻的两个弹簧力的影响。因此，珠元 i 的运动学方程和动力学方程可以分别表示为

$$\boldsymbol{v}_i = \dot{\boldsymbol{r}}_i \tag{2.59}$$

$$M_i \dot{\boldsymbol{v}}_i = \boldsymbol{F}_{ig} + k_{\mathrm{s}} \left(\boldsymbol{\rho}_{i+1} - l_{\mathrm{s}} \frac{\boldsymbol{\rho}_{i+1}}{\| \boldsymbol{\rho}_{i+1} \|} \right) - k_{\mathrm{s}} \left(\boldsymbol{\rho}_i - l_{\mathrm{s}} \frac{\boldsymbol{\rho}_i}{\| \boldsymbol{\rho}_i \|} \right) \tag{2.60}$$

由于珠元采用了点质量珠元假设，所以模型中不考虑珠元的转动。

2.2.3 珠元模型验证

珠元模型以前被用于绳系卫星，可以在建模中考虑线缆的柔性和质量。然

而，仍然不能确定珠元模型能否用于分离式航天器系统中载荷模块与服务模块之间的机械连接建模。在上海卫星工程研究所的帮助下，本书作者进行了一系列完整的线缆连接实验，并给出了相关实验结果。实验装置包括载荷模块和服务模块，它们之间由柔性线缆连接，如图 2.8 所示。减小两个模块之间的距离，会相应地改变线缆力。线缆和支撑模块之间的电子秤用于测量线缆力。

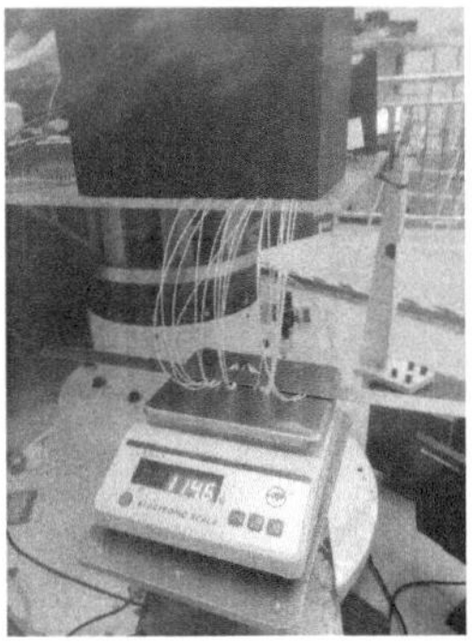

图 2.8　分离式航天器柔性线缆实验装置

本节分别对图 2.9 所示的珠元模型和图 2.10 所示的单弹簧模型进行了仿真及实验。

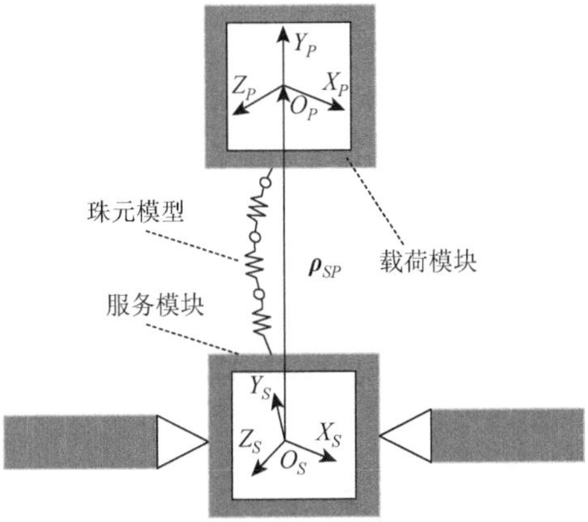

图 2.9　采用珠元模型的分离式航天器系统

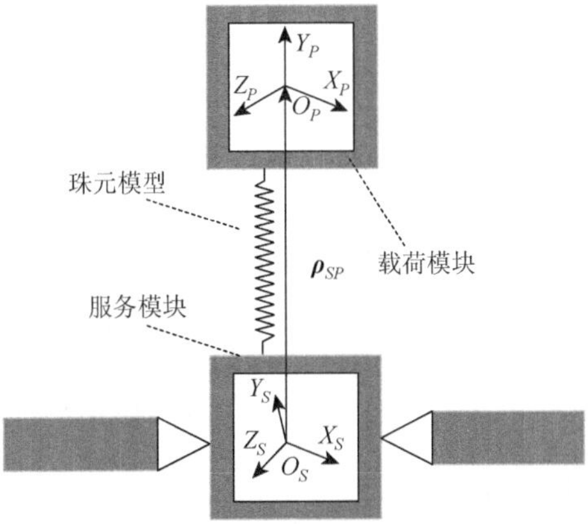

图 2.10　采用单弹簧模型的分离式航天器系统

线缆力随相对位置矢量 $-\Delta\boldsymbol{\rho}_{SP}$ 变化的实验和仿真结果（与珠元模型和单弹簧模型相关）对比如图 2.11 所示。可以看到，单弹簧模型的仿真结果与实验结果相差较大，而珠元模型的结果与实验结果相差较小，这证明了珠元模型的准确性。

2.2.4　分离式航天器系统仿真研究

在本节中，我们将仿真分离式航天器系统的惯性定向性能，对线缆连接的分离式航天器系统的指向性能进行仿真研究（工况 1）。此外，为了研究柔性太阳帆板与服务模块之间的线缆耦合和平动耦合对分离式航天器系统指向性能的影响，仿真研究还包括另外两种情况，工况 2（无线缆连接的分离式航天器系统）和工况 3（有线缆连接但不考虑柔性太阳帆板和服务模块之间平动耦合的分离式

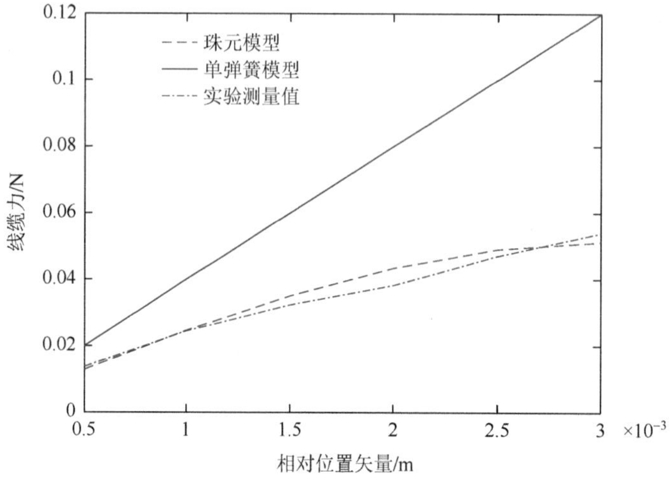

图 2.11　对应相对位置矢量 $-\Delta\boldsymbol{\rho}_{SP}$ 的线缆力变化曲线

航天器系统）。应注意，在工况 1 和工况 3 中，珠元模型用于建立服务模块和载荷模块之间的线缆连接模型，而在工况 2 中不应用，因为在工况 2 中不考虑线缆连接。在给出仿真结果之前，给出了工况 2 和工况 3 的运动方程，包括运动学方程和动力学方程。仿真参数和控制系统参数分别见表 2.1 与表 2.2。与柔性太阳帆板的支撑模块和耦合矩阵相关的参数可参考文献[13]。应注意的是，为了便于分析，只考虑了柔性太阳帆板的前四阶模态坐标。

表 2.1　仿真参数

变量	变量名	值
M_S / kg	服务模块质量	2334.3
$\boldsymbol{I}_S$ / (kg·m^2)	服务模块转动惯量	diag(4552.64　4884.994　6992.726)
M_P / kg	载荷模块质量	100
$\boldsymbol{I}_P$ / (kg·m^2)	载荷模块转动惯量	diag(86.215　85.07　113.565)
a / km	标称轨道半长轴	6598.145
e	标称轨道偏心率	0
I/(°)	标称轨道倾角	0
Ω_{orbit} /(°)	升交点赤经	0
ω /(°)	近地点幅角	0
ψ /(°)	真近点角	0
l_u / m	线缆长度	1
k_u / (N / m)	线缆刚度	40

续表

变量	变量名	值
M_u / kg	线缆质量	1
N	珠元数	20
$\boldsymbol{d}_P$ / m	载荷模块上线缆连接点位置	$(-0.3 \quad -0.4 \quad -0.5)$
$\boldsymbol{d}_S$ / m	服务模块上线缆连接点位置	$(-0.1 \quad -0.15 \quad -0.2)$
$\boldsymbol{\xi}$	柔性太阳帆板模态阻尼比	$\mathrm{diag}(0.009 \quad 0.0138 \quad 0.02083 \quad 0.04)$
$\boldsymbol{\Omega}$ / Hz	柔性太阳帆板基频	$\mathrm{diag}(0.15853 \quad 0.44764 \quad 0.86703 \quad 0.96188)$
$\boldsymbol{B}_t$	柔性太阳帆板平动耦合矩阵	$\begin{pmatrix} 0.0706 & 7.2756 & -1.0032 & -0.0134 \\ 0.2283 & 0.1923 & -0.0682 & -1.6051 \\ 6.9815 & -0.0017 & -0.0936 & -3.8853 \end{pmatrix}$
$\boldsymbol{B}_r$	柔性太阳帆板转动耦合矩阵	$\begin{pmatrix} -44.7546 & 0.2369 & 0.2179 & 9.6937 \\ 0.2404 & -12.1033 & -5.9076 & -0.013 \\ 0.4144 & 45.8615 & -5.6713 & 0.0151 \end{pmatrix}$

表 2.2　控制系统参数

控制回路	参数	参数名	值
载荷模块姿态控制回路	$\boldsymbol{K}_{\mathrm{PP}}$	载荷模块姿态控制回路比例系数	$3\times10^4\times\mathrm{diag}(1 \quad 1 \quad 1)$
	$\boldsymbol{K}_{\mathrm{PD}}$	载荷模块姿态控制回路微分系数	$3\times10^4\times\mathrm{diag}(1 \quad 1 \quad 1)$
	$\boldsymbol{q}_{Pv0}$	载荷模块期望四元数矢部	$(0 \quad 0 \quad 0)$
	$\boldsymbol{\omega}_{P0}$ / ((°)/s)	载荷模块期望角速度	$(0 \quad 0 \quad 0)$
相对位置控制回路	$\boldsymbol{K}_{\mathrm{RTP}}$	相对位置控制回路比例系数	$10^4\times\mathrm{diag}(1 \quad 1 \quad 1)$
	$\boldsymbol{K}_{\mathrm{RTD}}$	相对位置控制回路微分系数	$10^3\times\mathrm{diag}(1 \quad 1 \quad 1)$
	$\boldsymbol{\rho}_{SP0}$ / m	期望的相对位置矢量	$(0.799 \quad -0.248 \quad -0.301)$
	$\dot{\boldsymbol{\rho}}_{SP0}$ / (m / s)	期望的相对速度矢量	$(0 \quad 0 \quad 0)$
相对姿态控制回路	$\boldsymbol{K}_{\mathrm{RAP}}$	相对姿态控制回路比例系数	$5\times10^2\times\mathrm{diag}(1 \quad 1 \quad 1)$
	$\boldsymbol{K}_{\mathrm{RAD}}$	相对姿态控制回路姿态系数	$5\times10^2\times\mathrm{diag}(1 \quad 1 \quad 1)$
	$\boldsymbol{q}_{Rv0}$	期望的相对四元数矢部	$(0 \quad 0 \quad 0)$
	$\boldsymbol{\omega}_{R0}$ / ((°)/s)	期望的相对角速度	$(0 \quad 0 \quad 0)$

1. 工况 1

式（2.54）～式（2.57）、式（2.59）和式（2.60）给出了工况 1 使用的载荷模块、服务模块及各珠元的运动学方程和动力学方程。工况 1 的仿真结果如图 2.12～图 2.15 所示。其中，图 2.12 为沿时间变化的系统相对位置误差曲线，图 2.13 为作用在服务模块和载荷模块的线缆力矩沿时间变化的曲线，图 2.14 和图 2.15 分别为系统沿时间变化的姿态角和角速度曲线。

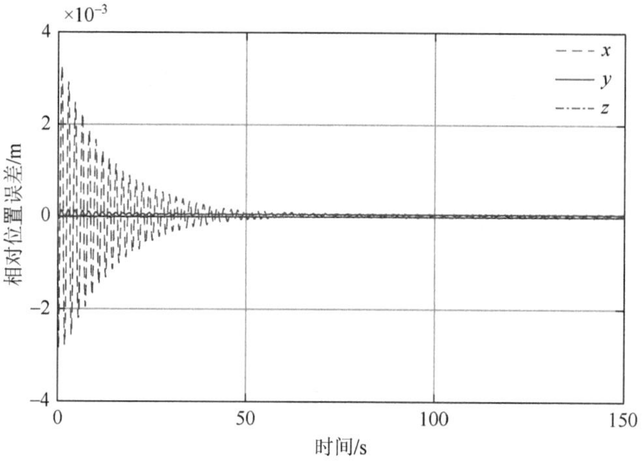

图 2.12　系统相对位置误差曲线

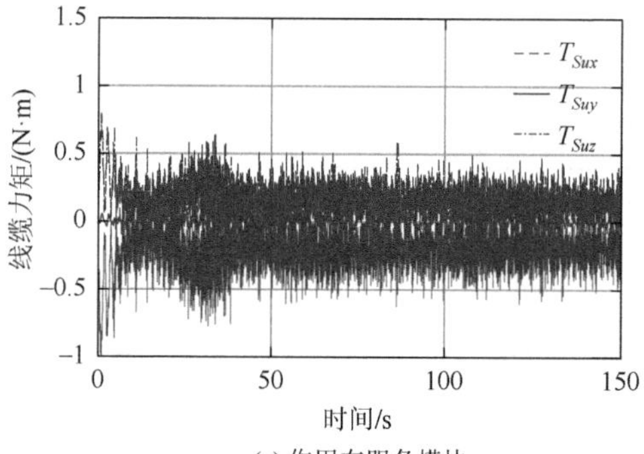

(a) 作用在服务模块

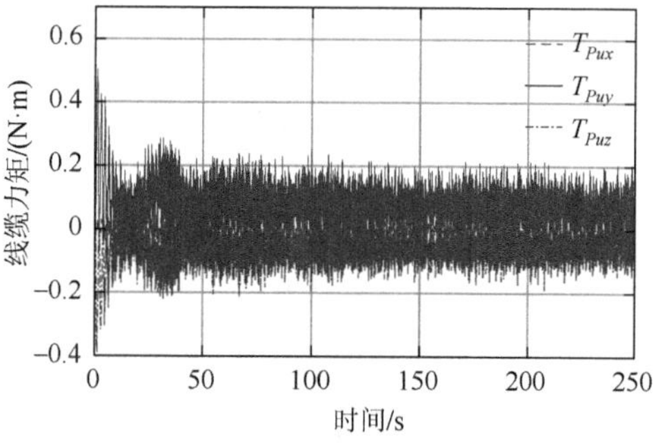

(b) 作用在载荷模块

图 2.13　线缆力矩

如图 2.12 所示，相对位置误差的三个分量的范数均保持在 4mm 以内，说明本节设计的控制系统能够很好地满足非接触作动器的工作范围要求（≤5mm）。在图 2.13 中，可以观察到作用于服务模块和载荷模块的线缆力矩随时间变化分别保持在 0.6～1N·m。根据图 2.14 和图 2.15 中的结果，表 2.3 总结了分离式航天器系统的指向性能。

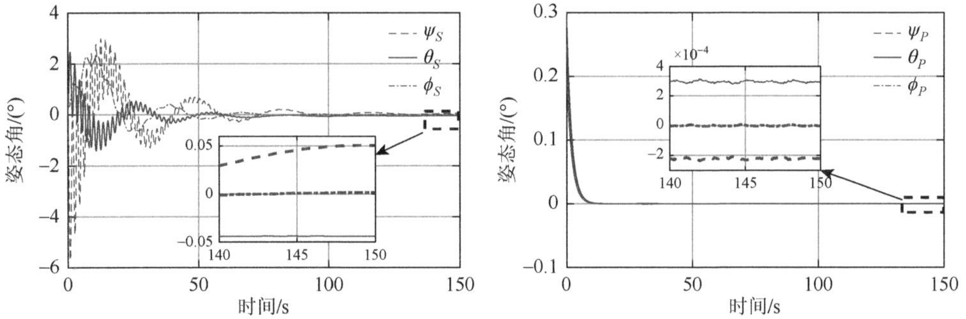

(a) 服务模块的姿态角　(b) 载荷模块的姿态角

图 2.14　工况 1 的系统姿态角

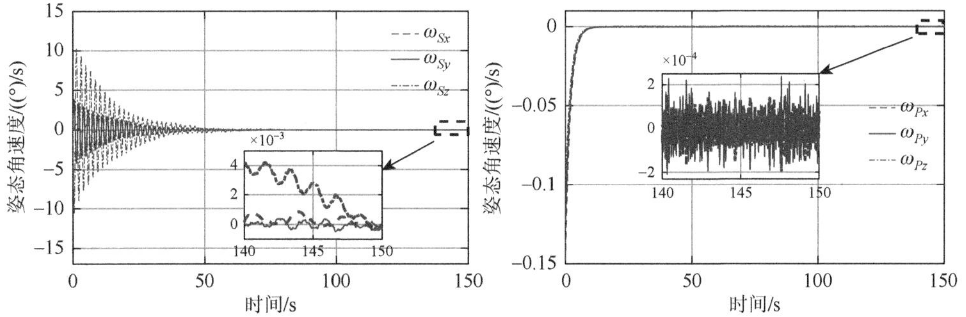

(a) 服务模块的角速度　(b) 载荷模块的角速度

图 2.15　工况 1 的系统角速度

表 2.3　分离式航天器系统指向性能

指向性能	服务模块	载荷模块
指向精度/(°)	5×10^{-2}	4×10^{-4}
指向稳定度/((°)/s)	4×10^{-3}	2.5×10^{-4}

可见，载荷模块的指向精度和指向稳定性均为 10^{-4} 量级，它们对应的服务模块的阶数分别为 10^{-2} 和 10^{-3}。结果表明，载荷模块的指向精度比服务模块的指向精度提高了 2 个量级，而载荷模块的指向稳定性提高了 1 个量级。载荷模块与对应的服务模块的指向性能对比证明了分离式结构能有效地隔离服务模块向载荷模块传递的振动。

虽然每个 PD 控制器只有 2 个参数 $\boldsymbol{K}_{\mathrm{PP}}$ 和 $\boldsymbol{K}_{\mathrm{PD}}$，但由于需要 3 个 PD 控制器，且它们的控制回路是耦合的，因此并不容易对本节中的控制器进行调整，如图 2.7 所示。为了解决这一问题，本书给出了每个 PD 控制器参数设计的一些简单方法。

此外，为了更清楚地说明不同控制参数的选择对控制性能的影响，还进行了不同控制参数的仿真比较。

对于有效载荷姿态控制回路，控制系数 $\boldsymbol{K}_{\mathrm{PP}}$ 和 $\boldsymbol{K}_{\mathrm{PD}}$ 需要在有效载荷模块的指向性能和最大控制力矩输出 $\boldsymbol{T}_{Pc}$ 之间进行权衡。采用不同的控制系数进行仿真，结果对比见表 2.4。

表 2.4 的结果对比表明，较高的控制系数 $\boldsymbol{K}_{\mathrm{PP}}$ 和 $\boldsymbol{K}_{\mathrm{PD}}$ 可以获得更好的指向性能，而较高的控制系数要求更高的控制力矩输出。

表 2.4　载荷模块姿态控制回路不同控制参数仿真结果对比

控制参数	$\boldsymbol{K}_{\mathrm{PP}}=3\times10^4\mathrm{diag}(1\ \ 1\ \ 1)$ $\boldsymbol{K}_{\mathrm{PD}}=3\times10^4\mathrm{diag}(1\ \ 1\ \ 1)$	$\boldsymbol{K}_{\mathrm{PP}}=3.5\times10^4\mathrm{diag}(1\ \ 1\ \ 1)$ $\boldsymbol{K}_{\mathrm{PD}}=3.5\times10^4\mathrm{diag}(1\ \ 1\ \ 1)$
指向精度/(°)	4×10^{-4}	2.791×10^{-4}
指向稳定度/((°)/s)	2.5×10^{-4}	1.85×10^{-4}
最大控制力矩输出 $\boldsymbol{T}_{Pc}$/(N·m)	4.251	18.28

对于相对位置控制回路，控制系数 $\boldsymbol{K}_{\mathrm{RTP}}$ 和 $\boldsymbol{K}_{\mathrm{RTD}}$ 需要在相对位置误差要求和最大控制力矩输出 $\boldsymbol{F}_{Pc}$ 之间进行权衡。采用不同的控制系数进行仿真，结果对比如表 2.5 所示。

表 2.5　相对位置控制回路不同控制参数仿真结果对比

控制参数	$\boldsymbol{K}_{\mathrm{RTP}}=10^4\mathrm{diag}(1\ \ 1\ \ 1)$ $\boldsymbol{K}_{\mathrm{RTD}}=10^3\mathrm{diag}(1\ \ 1\ \ 1)$	$\boldsymbol{K}_{\mathrm{RTP}}=2\times10^4\mathrm{diag}(1\ \ 1\ \ 1)$ $\boldsymbol{K}_{\mathrm{RTD}}=2\times10^3\mathrm{diag}(1\ \ 1\ \ 1)$
相对位置误差/m	3.27×10^{-3}	2.1×10^{-3}
最大控制力矩输出 $\boldsymbol{T}_{Pc}$/N	34.3	35.14

表 2.5 的结果对比表明，控制系数 $\boldsymbol{K}_{\mathrm{RTP}}$ 和 $\boldsymbol{K}_{\mathrm{RTD}}$ 越高，相对位置误差越小，而控制系数值越高，最大控制力矩输出要求越高。

对于相对姿态控制回路，控制系数 $\boldsymbol{K}_{\mathrm{RAP}}$ 和 $\boldsymbol{K}_{\mathrm{RAD}}$ 需要在相对位置误差要求和最大控制力矩输出 $\boldsymbol{T}_{Sc}$ 之间进行权衡。采用不同的控制系数进行了仿真，结果对比见表 2.6。

表 2.6　相对姿态控制回路不同控制参数仿真结果对比

控制参数	$\boldsymbol{K}_{\mathrm{RAP}}=5\times10^2\mathrm{diag}(1\ \ 1\ \ 1)$ $\boldsymbol{K}_{\mathrm{RAD}}=5\times10^2\mathrm{diag}(1\ \ 1\ \ 1)$	$\boldsymbol{K}_{\mathrm{RAP}}=8\times10^2\mathrm{diag}(1\ \ 1\ \ 1)$ $\boldsymbol{K}_{\mathrm{RAD}}=8\times10^2\mathrm{diag}(1\ \ 1\ \ 1)$
相对位置误差/m	3.27×10^{-3}	3.23×10^{-3}
最大控制力矩输出 $\boldsymbol{T}_{Sc}$/(N·m)	107.5	167.1

表 2.6 的结果对比表明，控制系数 $\boldsymbol{K}_{\mathrm{RAP}}$ 和 $\boldsymbol{K}_{\mathrm{RAD}}$ 越高，相对位置误差越小，而控制系数越高，最大控制力矩输出要求越高。

分离式航天器系统的实验测试仅限于地面测试阶段[4, 14]。由于技术的不成熟，无法对分离式航天器系统进行在轨测试。在上海卫星工程研究所的帮助下，本书获得了分离式航天器系统的地面实验数据，在表 2.7 中将通过仿真工况 1 获得的载荷模块指向性能与地面实验数据进行了对比。

表 2.7　载荷模块指向性能的仿真与地面实验对比

指向性能	仿真	地面实验
指向精度/(°)	4×10^{-4}	8×10^{-3}
指向稳定度/((°)/s)	2.5×10^{-4}	3.5×10^{-3}

从表 2.7 可以看出，仿真得到的指向性能比地面实验得到的指向性能要高一个量级。如 2.2.2 节所述，在仿真中作用于有效载荷模块的外部干扰包括大气阻力和重力梯度力矩。地面测试系统中的有效载荷模块不受大气阻力和重力梯度力矩的影响，而主要受周围环境的影响，包括热环境和磁环境引起的振动与干扰。因此，地面测试系统所处的环境与仿真环境不同导致了仿真与地面实验的性能差异。

2. 工况 2

在工况 2 中不考虑模块间的线缆连接，载荷模块的运动学和动力学方程为

$$\begin{aligned}\dot{\boldsymbol{r}}_P &= \boldsymbol{v}_P\\ \dot{q}_P &= \frac{1}{2}q_P \otimes \boldsymbol{\varpi}_P\end{aligned} \tag{2.61}$$

$$\begin{aligned}M_P\dot{\boldsymbol{v}}_P = M_P\boldsymbol{a}_P &= \boldsymbol{F}_{Pg} + \boldsymbol{F}_{Pd} + \boldsymbol{F}_{Pc}\\ \boldsymbol{I}_P\dot{\boldsymbol{\omega}}_P &= -\boldsymbol{\omega}_P \times (\boldsymbol{I}_P\boldsymbol{\omega}_P) + \boldsymbol{T}_{Pd} + \boldsymbol{T}_{Pc}\end{aligned} \tag{2.62}$$

同样地，服务模块的运动学方程和动力学方程为

$$\begin{aligned}\dot{\boldsymbol{r}}_S &= \boldsymbol{v}_S\\ \dot{q}_S &= \frac{1}{2}q_S \otimes \boldsymbol{\varpi}_S\end{aligned} \tag{2.63}$$

$$\begin{aligned}M_S\dot{\boldsymbol{v}}_S + \boldsymbol{B}_t\ddot{\boldsymbol{\eta}} &= \boldsymbol{F}_{Sg} + \boldsymbol{F}_{Sd}\\ \boldsymbol{I}_S\dot{\boldsymbol{\omega}}_S + \boldsymbol{B}_r\ddot{\boldsymbol{\eta}} &= -\boldsymbol{\omega}_S \times (\boldsymbol{I}_S\boldsymbol{\omega}_S) + \boldsymbol{T}_{Sd} + \boldsymbol{T}_{Sc}\\ \ddot{\boldsymbol{\eta}} + 2\boldsymbol{\zeta}\,\boldsymbol{\Omega}\dot{\boldsymbol{\eta}} + \boldsymbol{\Omega}^2\boldsymbol{\eta} + \boldsymbol{B}_t^{\mathrm{T}}\boldsymbol{a}_S + \boldsymbol{B}_r^{\mathrm{T}}\dot{\boldsymbol{\omega}}_S &= 0\end{aligned} \tag{2.64}$$

表 2.8 对比了工况 1 与工况 2 的仿真结果。与工况 1 相比，工况 2 的载荷模块指向精度下降了 5 个量级，指向稳定度下降了 7 个量级。工况 1 与工况 2 的

服务模块的性能相同，即指向精度的量级为 10^{-2}，指向稳定性的阶数为 10^{-4}。此外，在两种情况中，相对位置误差的上限大致相同，即工况 1 为 3.27mm，工况 2 为 3mm。

表 2.8 工况 1 与工况 2 仿真结果对比

性能	工况 1		工况 2	
	服务模块	载荷模块	服务模块	载荷模块
指向精度/(°)	5×10^{-2}	4×10^{-4}	1.7×10^{-2}	4×10^{-9}
指向稳定度/((°)/s)	4×10^{-3}	2.5×10^{-4}	4×10^{-3}	2×10^{-11}
相对位置误差/m	$\leqslant3.27\times10^{-3}$		$\leqslant3\times10^{-3}$	

结果表明，线缆连接显著地降低了载荷模块的指向性能，但对服务模块的指向性能影响不大。在分离式航天器系统中，线缆是数据、能量和液体传输的必要组件，但线缆的连接会产生严重的副作用，将干扰和振动从服务模块引入载荷模块。相对位置误差上限的性能基本相同，表明线缆连接对服务模块和载荷模块之间的相对位置运动影响不大。

3. 工况 3

工况 3 和工况 1 的唯一区别在于工况 3 没有考虑柔性太阳帆板和服务模块之间的平动耦合。因此，工况 3 中的运动方程（包括运动学方程和动力学方程）可以简单地引用工况 1 中的运动方程（服务模块的动力学方程除外）。将式（2.57）改写为

$$\begin{cases} \boldsymbol{M}_S\dot{\boldsymbol{v}}_S = \boldsymbol{F}_{Sg} + \boldsymbol{F}_{Sd} + \boldsymbol{F}_{Su} \\ \boldsymbol{I}_S\dot{\boldsymbol{\omega}}_S + \boldsymbol{B}_r\ddot{\boldsymbol{\eta}} = -\boldsymbol{\omega}_S \times (\boldsymbol{I}_S\boldsymbol{\omega}_S) + \boldsymbol{T}_{Sd} + \boldsymbol{T}_{Su} + \boldsymbol{T}_{Sc} \\ \ddot{\boldsymbol{\eta}} + 2\zeta\boldsymbol{\varOmega}\dot{\boldsymbol{\eta}} + \boldsymbol{\varOmega}^2\boldsymbol{\eta} + \boldsymbol{B}_r^{\mathrm{T}}\dot{\boldsymbol{\omega}}_S = 0 \end{cases} \tag{2.65}$$

表 2.9 对比了工况 3 和工况 1 的仿真结果。很明显，工况 3 中的所有结果似乎都比工况 1 中的对应结果小 1～2 个量级。具体地说，工况 1 中的服务模块的指向性能（包括指向精度和指向稳定性）比工况 3 低 1 个数量级，而工况 1 中的载荷模块的指向性能比工况 3 低 2 个量级。另外，工况 1 的相对位置误差比工况 3 高 2 个量级。同样地，作用于服务模块和载荷模块的线缆力矩在工况 1 中都比在工况 3 中的对应力矩大 1 个量级。因此，柔性太阳帆板和服务模块之间的平动耦合降低了分离式航天器系统的指向性能。应该注意的是，柔性太阳帆板和服务模块之间的平动耦合作用会增加相对位置误差，从而导致更高水平的线缆力矩。可以得出线缆力矩越大，指向性能就越差。

表 2.9　工况 1 与工况 3 仿真结果对比

性能	工况 1		工况 3	
	服务模块	载荷模块	服务模块	载荷模块
指向精度/(°)	5×10^{-2}	4×10^{-4}	2×10^{-3}	5×10^{-6}
指向稳定度/((°)/s)	4×10^{-3}	2.5×10^{-4}	2×10^{-4}	2.25×10^{-6}
相对位置误差/m	$\leqslant3.27\times10^{-3}$		$\leqslant7\times10^{-5}$	
服务模块所受线缆力矩/(N·m)	$\leqslant1$		$\leqslant5.1\times10^{-1}$	
载荷模块所受线缆力矩/(N·m)	$\leqslant10^{-2}$		$\leqslant4\times10^{-3}$	

本节研究了柔性太阳帆板的线缆耦合对分离式航天器系统指向性能的影响，并且在服务模块建模中考虑了柔性太阳帆板的平动耦合。利用珠元模型建立线缆动力学，并将其引入系统的多体刚柔动力学中。

仿真研究表明，线缆连接在两个方面降低了系统的指向性能。首先，将线缆力和力矩直接施加在服务模块与载荷模块上。其次，线缆连接作为一个通道，将外界的干扰和振动（如本节所述的柔性太阳帆板的弹性振动）从服务模块传递到载荷模块。精确的线缆模型（如本节中的珠元模型）不仅对获得系统的正确指向性能起着关键作用，而且有助于验证分离式航天器高精度控制方法的有效性。

2.3　分离式航天器应用算例

分离式航天器由于其高精度的载荷模块控制，可以应用于多种工作场景。本节利用分离式航天器构成一种两级的复合编队飞行系统，能提供微米量级的编队精度，并通过仿真验证复合编队的有效性。

2.3.1　复合编队飞行系统概述

复合编队飞行系统的卫星均采用分离式航天器设计，每个载荷模块和相应的服务模块通过非接触作动器隔离和作动。复合编队系统包括服务模块粗编队和载荷模块精编队，如图 2.16 所示。服务模块被微喷发动机驱动进行厘米量级的粗编队，继而载荷模块被非接触作动器驱动进行微米量级的精编队。

按照“先粗后精”的顺序，复合编队飞行可以实现微米量级的编队精度，相较于传统的卫星编队，精度可提高约 3 个量级。复合编队飞行的两级编队过程详述如下。

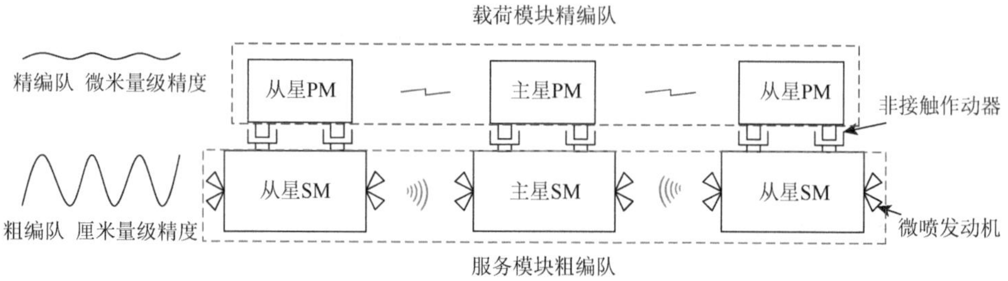

图 2.16　复合编队飞行（柔性太阳帆板未画出）

（1）粗编队。服务模块和载荷模块被看成一个整体进行控制。每个服务模块被微喷发动机驱动。主星的服务模块用于编队整体的轨道和目标指向控制。星间射频信号可以测量主从星支撑模块间的相对运动，根据测量信息从星的服务模块机动到理想的位置和姿态。可以得知，微喷发动机的性能和射频信号的测量精度将粗编队精度限制在了厘米量级。

（2）精编队。当粗编队精度稳定后，所有的载荷模块被非接触作动器控制，用于对粗编队遗留的编队误差进行补偿。主星的载荷模块的稳定指向精度比主星服务模块的指向精度更高。主从星的服务模块间的相对运动可以被从星载荷模块搭载的激光系统测得，根据测量信息，从星的载荷模块被驱动消除粗编队误差。与此同时，由支撑模块上的微喷发动机和柔性太阳帆板产生的微振动可以由非接触作动器在两模块间进行物理隔离。先后通过粗编队和精编队调节，能够形成一个分布式空间系统，载荷间的相对运动精度和稳定度也能得到显著提高。

2.3.2　复合编队卫星运动模型

1. 主星运动模型

主星的坐标系下标为 L，从星的坐标系下标为 F，下标 i 表示第 i 个从星（$i=1,\cdots,n$）。地心惯性系 E 为 $O_E XYZ$，主星的质心平动坐标系 E_L' 为 $O_L XYZ$，主星的质心轨道坐标系 O_L 为 $O_L X_L Y_L Z_L$，两模块的体坐标系 $S\text{-}XYZ$、$P\text{-}XYZ$ 与 2.1 节定义相同。

主星的轨道动力学方程为

$$\ddot{\boldsymbol{r}}=-\frac{\mu}{r^3}\boldsymbol{r}+\boldsymbol{f}_c+\boldsymbol{f}_d \tag{2.66}$$

式中，$\boldsymbol{r}$ 为主星的位置矢量；μ 为地心引力常数，$\mu=3.986012\times10^5\mathrm{km}^3/\mathrm{s}^2$；$r$ 为主星的轨道半径；$\boldsymbol{f}_c$ 与 $\boldsymbol{f}_d$ 分别为主星的控制矢量和扰动加速度矢量。对于一般的开普勒轨道，卫星所受的摄动加速度主要为地球 J_2 项引力摄动 $\boldsymbol{f}_{J_2}$、日月引力摄动 $\boldsymbol{f}_s$ 及 $\boldsymbol{f}_m$、太阳光压摄动 $\boldsymbol{f}_R$ 和大气阻力摄动 $\boldsymbol{f}_D$。

卫星的服务模块上安装有柔性太阳帆板，因此主星的姿态动力学采用了带有柔性附件的欧拉动力学方程，如式（2.67）所示。

$$\begin{cases}\boldsymbol{I}_{LS}\dot{\boldsymbol{\omega}}_{LS}+\boldsymbol{B}_r\ddot{\boldsymbol{\eta}}=-\boldsymbol{\omega}_S\times(\boldsymbol{I}_S\boldsymbol{\omega}_S)+\boldsymbol{T}_{LSd}+\boldsymbol{T}_{LSc}\\ \ddot{\boldsymbol{\eta}}_L+2\xi_L\boldsymbol{\Omega}_L\dot{\boldsymbol{\eta}}_L+\boldsymbol{\Omega}_L^2\boldsymbol{\eta}_L+\boldsymbol{B}_r^{\mathrm{T}}\dot{\boldsymbol{\omega}}_{LS}=0\end{cases} \tag{2.67}$$

式中，变量含义与式（2.57）相同，本节模型只考虑柔性太阳帆板的转动，不考虑平动。

2. 从星相对运动模型

为了简化模型，假设卫星编队整体运行在地球圆轨道上。定义在 O_L 坐标系的第 i 个从星的相对运动动力学方程（即改进的 C-W 方程[15]）为

$$\begin{cases}\Delta\ddot{x}_i-(5c^2-2)n^2\Delta x_i-2(nc)\Delta\dot{y}_i=f_{ix}+d_{ix}-\dfrac{3}{2}n^2J_2\dfrac{R_e}{r}\\ \Delta y_i+2(nc)\Delta\dot{x}_i=f_{iy}+d_{iy}\\ \Delta\ddot{z}_i+n^2\Delta\dot{z}_i=f_{iz}+d_{iz}\end{cases} \tag{2.68}$$

式中，Δx_i、Δy_i 和 Δz_i 是第 i 个从星在 O_L 坐标系内的相对位置，有 $\Delta\boldsymbol{r}_i=[\Delta x_i\ \ \Delta y_i\ \ \Delta z_i]^{\mathrm{T}}$；$n$ 是平均轨道角速度，有 $n=\sqrt{\mu/r^3}$；f_{ix}、f_{iy} 和 f_{iz} 分别是沿 O_L 坐标系三轴的相对运动控制加速度；d_{ix}、d_{iy} 和 d_{iz} 分别是沿 O_L 坐标系三轴的其他扰动加速度；R_e 为地球的半径，$c=\sqrt{1+s}$，其中 $s=3J_2R_e^2/(2r^2)$。

定义 $\Delta\hat{\boldsymbol{r}}_{iE}$ 为 E 坐标系中理想的相对位置矢量，则根据 E 坐标系到 O_L 坐标系的坐标转换关系，有

$$\Delta\hat{\boldsymbol{r}}_i=\boldsymbol{C}_E^{O_L}\Delta\hat{\boldsymbol{r}}_{iE} \tag{2.69}$$

式中，$\Delta\hat{\boldsymbol{r}}_i$ 为 O_L 坐标系中理想的相对位置矢量。

此外，$\Delta\boldsymbol{\vartheta}_{iB_F}$ 是第 i 个从星的本体坐标系 B_F 相对于主星本体坐标系 B_L 的相对姿态角，有 $\Delta\boldsymbol{\vartheta}_{iB_F}=[\Delta\varphi_{iB_F}\quad\Delta\theta_{iB_F}\quad\Delta\psi_{iB_F}]^{\mathrm{T}}$。

考虑柔性附件的主从星的欧拉运动学方程分别为

$$(\boldsymbol{I}_{S_L})_{S_L}(\overset{\circ}{\boldsymbol{\omega}}_{S_L})_{S_L}=-(\boldsymbol{\omega}_{S_L})_{S_L}\times[(\boldsymbol{I}_{S_L})_{S_L}\cdot(\boldsymbol{\omega}_{S_L})_{S_L}]+(\boldsymbol{T}_{S_Ld})_{S_L}+(\boldsymbol{T}_{S_Lc})_{S_L}+(\boldsymbol{T}_{S_Lf})_{S_L} \tag{2.70}$$

和

$$(\boldsymbol{I}_{S_F})_{S_F}(\overset{*}{\boldsymbol{\omega}}_{iS_F})_{S_F}=-(\boldsymbol{\omega}_{iS_F})_{S_F}\times[(\boldsymbol{I}_{iS_F})_{S_F}\cdot(\boldsymbol{\omega}_{iS_FS})_{S_F}]+(\boldsymbol{T}_{iS_Fd})_{S_F}+(\boldsymbol{T}_{iS_Fc})_{S_F}+(\boldsymbol{T}_{iS_Ff})_{S_F} \tag{2.71}$$

式中，$(\cdot)_{S_L}$ 表示向量在 S_L 坐标系的投影；$\overset{\circ}{(\cdot)}$ 表示向量在 S_L 坐标系中对时间求导；$\overset{*}{(\cdot)}$ 表示向量在 S_F 坐标系中对时间求导；$\boldsymbol{T}_{S_Lf}$ 表示柔性附件的附加力矩，有 $\boldsymbol{T}_{S_Lf}=-\boldsymbol{B}_r\ddot{\boldsymbol{\eta}}$。第 i 颗从星的方程参数定义及表达方式与主星类似，不进行赘述。

第 i 颗从星在其本体坐标系定义下的相对姿态动力学方程如式（2.72）所示[16]。

$$
\begin{aligned}
&(\boldsymbol{I}_{iS_F})_{iS_F}\cdot(\overset{*}{\Delta\boldsymbol{\omega}}_i)_{iS_F}+(\Delta\boldsymbol{\omega}_i)_{iS_F}\times[(\boldsymbol{I}_{iS_F})_{iS_F}\cdot(\Delta\boldsymbol{\omega}_i)_{iS_F}]+(\boldsymbol{I}_{iS_F})_{iS_F}\cdot[-(\Delta\boldsymbol{\omega}_i)_{iS_F}\times\boldsymbol{C}_{S_L}^{iS_F}]\cdot(\boldsymbol{\omega}_{S_L})_{S_L}\\
&-(\boldsymbol{I}_{iS_F})_{iS_F}\cdot\boldsymbol{C}_{S_L}^{iS_F}\cdot\{[(\boldsymbol{C}_{B_L}^{iS_F})^{\mathrm{T}}\cdot(\Delta\boldsymbol{\omega}_i)_{iS_F}]\times(\boldsymbol{\omega}_{S_L})_{S_L}\}+[\boldsymbol{C}_{S_L}^{iS_F}\cdot(\boldsymbol{\omega}_{S_L})_{S_L}]\times[(\boldsymbol{I}_{iS_F})_{iS_F}\cdot\boldsymbol{C}_{S_L}^{iS_F}\cdot(\boldsymbol{\omega}_{S_L})_{S_L}]\\
&+(\boldsymbol{I}_{iS_F})_{iS_F}\cdot\boldsymbol{C}_{S_L}^{iS_F}\cdot(\boldsymbol{I}_{S_L})_{S_L}^{-1}\cdot\{-(\boldsymbol{\omega}_{S_L})_{S_L}\times[(\boldsymbol{I}_{S_L})_{S_L}\cdot(\boldsymbol{\omega}_{S_L})_{S_L}]+(\boldsymbol{T}_{D_L})_{S_L}+(\boldsymbol{T}_{C_L})_{S_L}+(\boldsymbol{T}_{f_L})_{S_L}\}\\
&+[\boldsymbol{C}_{S_L}^{iS_F}\cdot(\boldsymbol{\omega}_{B_L})_{S_L}]\times[(\boldsymbol{I}_{iS_F})_{iS_F}\cdot(\Delta\boldsymbol{\omega}_i)_{iS_F}]-(\Delta\boldsymbol{\omega}_i)_{iS_F}\times[(\boldsymbol{I}_{iS_F})_{iS_F}\cdot\boldsymbol{C}_{S_L}^{iS_F}\cdot(\boldsymbol{\omega}_{S_L})_{S_L}]\\
&=(\boldsymbol{T}_{iS_Fd})_{iS_F}+(\boldsymbol{T}_{iS_Fc})_{iS_F}+(\boldsymbol{T}_{iS_Ff})_{iS_F}
\end{aligned}
\tag{2.72}
$$

式中，$(\Delta\boldsymbol{\omega}_i)_{iS_F}$ 为第 i 颗从星服务模块体 S_F 坐标系相对于主星服务模块体 S_L 坐标系的相对角速度在第 i 颗从星本体 S_F 坐标系中的投影。$(\Delta\boldsymbol{\omega}_i)_{iS_F}$ 定义为

$$(\Delta\boldsymbol{\omega}_i)_{iS_F}\triangleq(\boldsymbol{\omega}_{iS_F})_{iS_F}-(\boldsymbol{\omega}_{S_L})_{iS_F} \tag{2.73}$$

式中，$(\boldsymbol{\omega}_{S_L})_{iS_F}=\boldsymbol{C}_{S_L}^{iS_F}\cdot(\boldsymbol{\omega}_{S_L})_{S_L}$，$\boldsymbol{C}_{S_L}^{iS_F}$ 为 S_L 坐标系到第 i 颗从星 S_F 坐标系的转换矩阵。

3. 载荷模块相对运动模型

为了保证复合编队飞行系统的可靠性和提高容错率，所有的服务模块和载荷模块间的非接触界面均采用一种各向同性的 8 杆 Stewart 平台设计，如图 2.17 所示。非接触作动器选取音圈作动器（voice coil actuator，VCA）对载荷模块进行控制。使用 8 个 VCA 可以建立起载荷模块的运动模型，并通过 8 个 VCA 对载荷模块的 6 个自由度进行精确控制。地心惯性系 E 作为载荷模块和服务模块运动的参考坐标系，其余坐标系与 2.1 节一致。

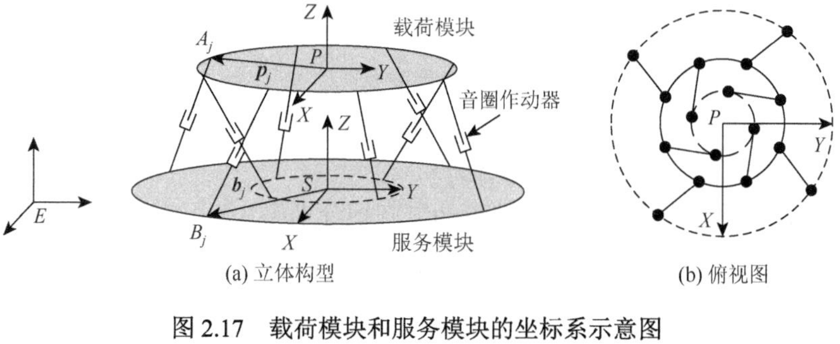

(a) 立体构型　　(b) 俯视图

图 2.17　载荷模块和服务模块的坐标系示意图

根据 2.1.2 节可以写出在参考坐标系 E 中，载荷模块的相对运动学方程和动力学方程

$$\dot{\boldsymbol{l}}=\boldsymbol{J}_P\dot{\boldsymbol{\chi}}_P-\boldsymbol{J}_S\dot{\boldsymbol{\chi}}_S \tag{2.74}$$

$$\boldsymbol{M}_P\ddot{\boldsymbol{\chi}}_P+\boldsymbol{C}_P\dot{\boldsymbol{\chi}}_P=\boldsymbol{C}_S\dot{\boldsymbol{\chi}}_S+\boldsymbol{J}_P^{\mathrm{T}}\boldsymbol{F}_c+\begin{bmatrix}\boldsymbol{F}_d\\ \boldsymbol{T}_d\end{bmatrix} \tag{2.75}$$

式中，$\dot{\boldsymbol{l}}$ 为 VCA 轴向的相对运动速度；$\boldsymbol{M}_P=\begin{bmatrix}\boldsymbol{M} & 0\\ 0 & \boldsymbol{I}_P\end{bmatrix}$，其中 $\boldsymbol{M}$ 为载荷模块的质量，$\boldsymbol{I}_P$ 为载荷模块的转动惯量；$\boldsymbol{F}_c$ 为 8 个 VCA 产生的轴向控制力；$\begin{bmatrix}\boldsymbol{F}_d\\ \boldsymbol{T}_d\end{bmatrix}$ 为作用在载荷模块上的扰动力和扰动力矩。并有

$$\boldsymbol{C}_S=\boldsymbol{J}_P^{\mathrm{T}}\boldsymbol{C}\boldsymbol{J}_S,\quad \boldsymbol{C}_P=\boldsymbol{J}_P^{\mathrm{T}}\boldsymbol{C}\boldsymbol{J}_P \tag{2.76}$$

式中，$\boldsymbol{C}$ 是 8 个 VCA 的等效阻尼阵。

由式（2.75）可得主星载荷模块的动力学方程为

$$\boldsymbol{M}_{P_L}\ddot{\boldsymbol{\chi}}_{P_L}+\boldsymbol{C}_{P_L}\dot{\boldsymbol{\chi}}_{P_L}=\boldsymbol{C}_{S_L}\dot{\boldsymbol{\chi}}_{S_L}+\boldsymbol{J}_{P_L}^{\mathrm{T}}\boldsymbol{F}_{c_L}+\begin{bmatrix}\boldsymbol{F}_{d_L}\\ \boldsymbol{T}_{d_L}\end{bmatrix} \tag{2.77}$$

第 i 颗从星载荷模块的动力学方程为

$$\boldsymbol{M}_{P_F}\ddot{\boldsymbol{\chi}}_{iP_F}+\boldsymbol{C}_{P_F}\dot{\boldsymbol{\chi}}_{iP_F}=\boldsymbol{C}_{S_F}\dot{\boldsymbol{\chi}}_{iS_F}+\boldsymbol{J}_{P_F}^{\mathrm{T}}\boldsymbol{F}_{ic_F}+\begin{bmatrix}\boldsymbol{F}_{id_F}\\ \boldsymbol{T}_{id_F}\end{bmatrix} \tag{2.78}$$

参考坐标系 E 中的广义坐标根据数学关系分别有

$$\boldsymbol{\chi}_{P_F}=\Delta\boldsymbol{\chi}_P+\boldsymbol{\chi}_{P_L} \tag{2.79}$$

$$\boldsymbol{\chi}_{iS_F}=\Delta\boldsymbol{\chi}_{iS}+\boldsymbol{\chi}_{iS_L} \tag{2.80}$$

将式（2.79）和式（2.80）代入式（2.78），可得

$$\boldsymbol{M}_{P_F}(\ddot{\boldsymbol{\chi}}_{P_L}+\Delta\ddot{\boldsymbol{\chi}}_{iP})+\boldsymbol{C}_{P_F}(\dot{\boldsymbol{\chi}}_{P_L}+\Delta\dot{\boldsymbol{\chi}}_{iP})=\boldsymbol{C}_{S_F}(\dot{\boldsymbol{\chi}}_{S_L}+\Delta\dot{\boldsymbol{\chi}}_{iS})+\boldsymbol{J}_{P_F}^{\mathrm{T}}\boldsymbol{F}_{ic_F}+\begin{bmatrix}\boldsymbol{F}_{id_F}\\ \boldsymbol{T}_{id_F}\end{bmatrix} \tag{2.81}$$

因此，在参考坐标系 E 中，从星载荷模块的相对运动的动力学方程为

$$\begin{aligned}&\boldsymbol{M}_{P_F}\Delta\ddot{\boldsymbol{\chi}}_{iP}+\boldsymbol{C}_{P_F}\Delta\dot{\boldsymbol{\chi}}_{iP}\\ &=\boldsymbol{C}_{S_F}\Delta\dot{\boldsymbol{\chi}}_{iS}+\boldsymbol{J}_{P_F}^{\mathrm{T}}\boldsymbol{F}_{icF}+\begin{bmatrix}\boldsymbol{F}_{id_F}\\ \boldsymbol{T}_{id_F}\end{bmatrix}-(\boldsymbol{M}_{P_F}\ddot{\boldsymbol{\chi}}_{P_L}+\boldsymbol{C}_{P_F}\dot{\boldsymbol{\chi}}_{P_L}-\boldsymbol{C}_{S_F}\dot{\boldsymbol{\chi}}_{S_L}-\boldsymbol{K}_{S_F}\boldsymbol{\chi}_{S_L})\end{aligned} \tag{2.82}$$

式中，$(\Delta\boldsymbol{\chi}_{iS})_E=[\Delta\boldsymbol{r}_{iE}\quad\Delta\boldsymbol{\vartheta}_{iS_F}]^{\mathrm{T}}$。

进一步，若假设主星和从星有相同的载荷模块重量与 VCA 铰点，从星载荷模块的相对运动的动力学方程可以简化为

$$\boldsymbol{M}_{P_F}\Delta\ddot{\boldsymbol{\chi}}_{iP}+\boldsymbol{C}_{P_F}\Delta\dot{\boldsymbol{\chi}}_{iP}=\boldsymbol{C}_{S_F}\Delta\dot{\boldsymbol{\chi}}_{iS}+\boldsymbol{J}_{P_F}^{\mathrm{T}}\Delta\boldsymbol{F}_{ic}+\begin{bmatrix}\Delta\boldsymbol{F}_{id}\\ \Delta\boldsymbol{T}_{id}\end{bmatrix} \tag{2.83}$$

式中，$\Delta\boldsymbol{F}_{ic}=\boldsymbol{F}_{ic_F}-\boldsymbol{F}_{c_L}$；$\Delta\boldsymbol{F}_{id}=\boldsymbol{F}_{id_F}-\boldsymbol{F}_{d_L}$；$\Delta\boldsymbol{T}_{id}=\boldsymbol{T}_{id_F}-\boldsymbol{T}_{d_L}$。

这样，在精编队的相对位置和姿态控制中，各从星载荷模块的相对运动信息都被建立在参考坐标系 E 中。其中，$\Delta\boldsymbol{\chi}_{iP}$ 可以通过第 i 颗从星载荷模块上的激光测量系统直接测得。

2.3.3 复合编队控制仿真

为了评估所提出的复合编队飞行策略，本节以一颗主星与一颗从星为控制对象，进行了复合编队仿真研究。假定两颗卫星有同样的质量、体积、作动器的物理参数，所受的扰动类型相同。

1. 仿真参数

主从星的卫星轨道与质量参数如表 2.10 所示，可以看到载荷模块的质量远小于卫星的总质量。另外在卫星控制中将线缆等效为弹簧阻尼器加入了线缆扰动。

表 2.10 主从星的卫星轨道与质量参数

卫星	轨道	半径	质量/kg	
			载荷模块	服务模块
主星	地球静止轨道	42164.169km	50	800
从星	绕 O_L 坐标系的圆轨道	50m		

仿真中，欧拉角采用经典的“3-1-2”旋转顺序。卫星的一些物理参数来自文献[17]。柔性太阳帆板的模态采用前四阶，为$[0.76\ 1.1038\ 1.8733\ 2.5496]^{\mathrm{T}}$rad/s。太阳帆板的前四阶模态的阻尼比为$[0.005607\ 0.008620\ 0.01283\ 0.02516]^{\mathrm{T}}$。

柔性太阳帆板转动和卫星姿态运动的耦合矩阵为

$$\boldsymbol{B}_r=\begin{bmatrix} 6.45637 & -1.25619 & 1.11687 & 1.23637 \\ 1.27814 & 0.91756 & 2.48901 & -2.6581 \\ 2.15629 & -1.67264 & -0.83674 & -1.12503 \end{bmatrix}\sqrt{\mathrm{kg}\cdot\mathrm{m}^2}$$

载荷模块和服务模块分离前卫星整体的转动惯量矩阵为

$$\boldsymbol{I}=\begin{bmatrix} 350 & 3 & 4 \\ 3 & 270 & 10 \\ 4 & 10 & 190 \end{bmatrix}\mathrm{kg}\cdot\mathrm{m}^2$$

服务模块的转动惯量矩阵为

$$\boldsymbol{I}_S=\begin{bmatrix} 340 & 2.5 & 3.5 \\ 2.5 & 260 & 9 \\ 3.5 & 9 & 185 \end{bmatrix}\mathrm{kg}\cdot\mathrm{m}^2$$

载荷模块的转动惯量矩阵为

$$I_P = \begin{bmatrix} 12 & 0.5 & 1 \\ 0.5 & 12 & 1 \\ 1 & 1 & 6 \end{bmatrix} \text{kg}\cdot\text{m}^2$$

通过文献[18]可以给出载荷模块和服务模块的雅可比矩阵为

$$J_S = J_P = \begin{bmatrix} 0.8041 & -0.1418 & 0.5774 & 0.0395 & -0.1085 & -0.0816 \\ -0.5248 & 0.6255 & 0.5774 & -0.0395 & -0.1085 & 0.0816 \\ 0.1418 & 0.8041 & 0.5774 & 0.1085 & 0.0395 & -0.0816 \\ -0.6255 & -0.5248 & 0.5774 & 0.1085 & -0.0395 & 0.0816 \\ -0.8041 & 0.1418 & 0.5774 & -0.0395 & 0.1085 & -0.0816 \\ 0.5248 & -0.6255 & 0.5774 & 0.0395 & 0.1085 & 0.0816 \\ -0.1418 & -0.8041 & 0.5774 & -0.1085 & -0.0395 & -0.0816 \\ 0.6255 & 0.5248 & 0.5774 & -0.1085 & 0.0395 & 0.0816 \end{bmatrix}$$

主星和从星的运动初值如表 2.11 所示。

表 2.11　主星和从星的运动初值

初值	位置和姿态角/(m，rad)	速度和角速度/(m/s，rad/s)
主星	$[42164169\ 0\ 0\ 0.02\ 0.03\ 0.02]^T$	$[3074.67\ 0\ 0\ 0.0015\ 0.0018\ 0.0023]^T$
从星	$[200\ 400\ 68\ 0.02\ 0.03\ -0.02]^T$	$[0\ 0\ 10.84\ 0.01\ 0.01\ 0.01]^T$

注：从左至右，前三个数据为位置，后三个为姿态角；速度和角速度类似。

在主从星的服务模块和载荷模块的运动控制中均使用 PD 控制器，其控制参数如表 2.12 所示。

表 2.12　PD 控制参数

控制对象	比例系数	微分系数
服务模块位置控制	$[0.0009\ 0.0009\ 0.0009]^T$	$[0.04\ 0.04\ 0.04]^T$
服务模块姿态控制	$0.0036\pi^2\times[J(1,1)\ J(2,2)\ J(3,3)]^T$	$0.0848\pi\times[J(1,1)\ J(2,2)\ J(3,3)]^T$
载荷模块位置控制	$[0.25\ 0.25\ 0.25]^T$	$[8\ 8\ 8]^T$
载荷模块姿态控制	$[50\ 50\ 50]^T$	$[5\ 5\ 5]^T$

理想的从星载荷模块的相对位置和相对姿态为

$$\Delta x_E = 50,\ \Delta y_E = 0,\ \Delta z_E = 0,\ \Delta\dot{x}_E = \Delta\dot{y}_E = \Delta\dot{z}_E = 0$$

$$\Delta\varphi_{S_F} = \Delta\theta_{S_F} = \Delta\psi_{S_F} = \Delta\dot{\varphi}_{S_F} = \Delta\dot{\theta}_{S_F} = \Delta\dot{\psi}_{S_F} = 0$$

2. 复合编队仿真结果

本节仿真了仅有粗编队控制的编队性能，结果如图 2.18 和图 2.19 所示。图 2.18

表明，粗编队的相对位置误差在 0.01m 内，相对速度误差在 1.47×10^{-3}m/s 内。图 2.19 表明，粗编队的相对姿态角误差在 1.59×10^{-4}rad 内，相对姿态角速度误差在 2.32×10^{-4}rad/s 内。

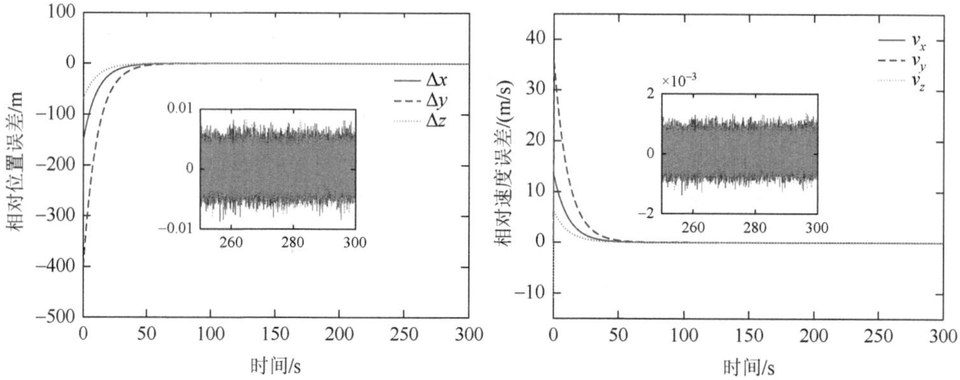

图 2.18 粗编队相对位置误差和相对速度误差曲线

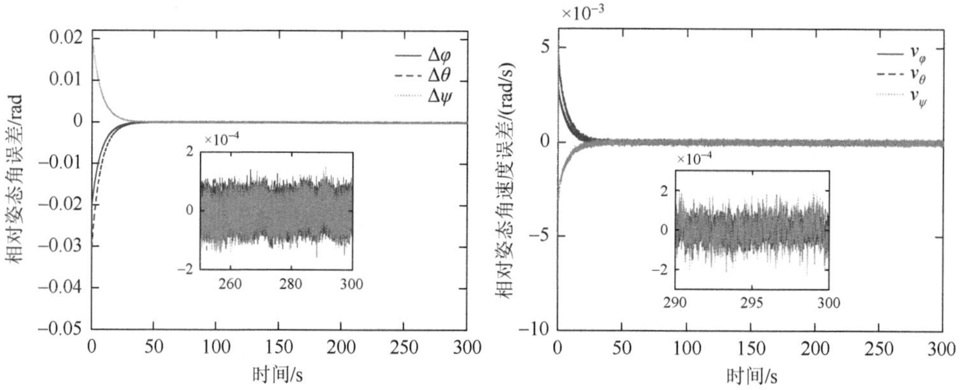

图 2.19 粗编队相对姿态角误差和相对姿态角速度误差曲线

设当粗编队的姿态角精度控制在 0.5mrad 内时，在粗编队的基础上开始精编队控制。精编队的仿真结果如图 2.20 和图 2.21 所示，可以看到在 117s 时精编队控制启动。图 2.20 表明，精编队的相对位置误差在 3.37×10^{-5}m 内，相对速度误差在 1.63×10^{-4}m/s 内。图 2.21 表明，精编队的相对姿态角误差在 7.03×10^{-7}rad 内，相对姿态角速度误差在 4.44×10^{-5}rad/s 内。

将粗、精编队的仿真结果在表 2.13 中进行比较。由表 2.13 可以看出，相较于传统的服务模块粗编队，复合编队的相对位置和姿态误差减小了 2～3 个量级，相对速度和姿态角速度降低了 1 个量级，这表明复合编队明显地提高了编队飞行的精度和稳定度。

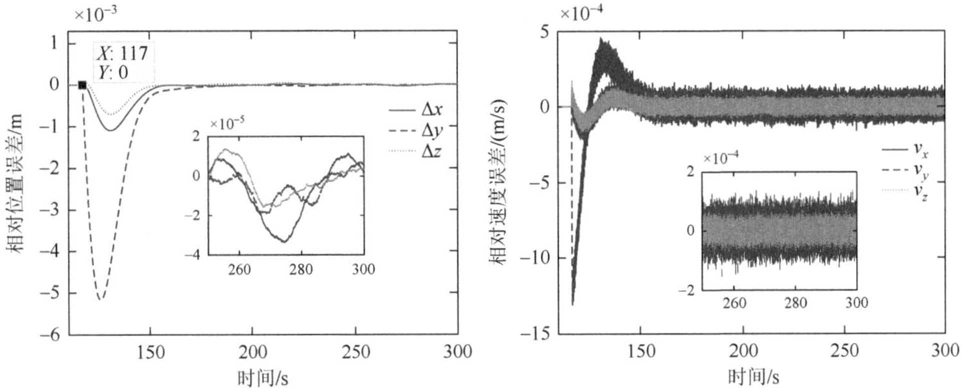

图 2.20　精编队相对位置误差和相对速度误差曲线

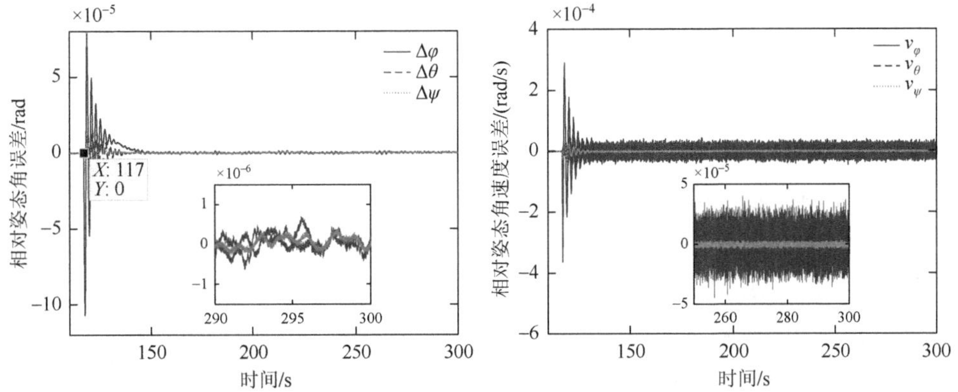

图 2.21　精编队相对姿态角误差和相对姿态角速度误差曲线

表 2.13　粗、精编队仿真结果对比

误差（峰峰值）	粗编队	精编队
相对位置误差/m	$[1.67\ 1.69\ 1.65]^T\times10^{-2}$	$[4.52\ 2.63\ 2.96]^T\times10^{-5}$
相对速度误差/(m/s)	$[2.63\ 2.75\ 2.65]^T\times10^{-3}$	$[2.05\ 3.03\ 1.55]^T\times10^{-4}$
相对姿态角误差/rad	$[2.86\ 2.78\ 2.96]^T\times10^{-4}$	$[2.40\ 1.36\ 0.92]^T\times10^{-6}$
相对姿态角速度误差/(rad/s)	$[3.26\ 3.52\ 4.80]^T\times10^{-4}$	$[8.47\ 4.53\ 8.82]^T\times10^{-5}$

2.4　本 章 小 结

本章首先介绍了分离式航天器动力学的概念，给出了分离式航天器动力学模型。其次，为了准确描述分离式航天器的服务模块与载荷模块的相互作用，采用珠元模型建立了模块间的柔性线缆模型，以此建立了分离式航天器多体刚柔动力学模型，并仿真和实验验证了线缆模型的有效性。最后，将分离式航天器应用于编队控制，提出一种复合编队策略，并仿真验证了此策略对编队性能有明显提高。

参考文献

[1] 庞岩，李静，刘磊. 柔性线缆连接的分离式卫星动力学建模[J]. 宇航学报，2017，38（1）：1-9.

[2] Pedreiro N，Carrier A，Lorell K，et al. Disturbance-free payload concept demonstration[C]//AIAA Guidance，Navigation，and Control Conference and Exhibit，Monterey，2002：5027.

[3] Pedreiro N. Spacecraft architecture for disturbance-free payload[J]. Journal of Guidance，Control，and Dynamics，2003，26（5）：794-804.

[4] Gonzales M，Pedreiro N，Brookes K，et al. Unprecedented vibration isolation demonstration using the disturbance-free payload concept[C]//AIAA Guidance，Navigation，and Control Conference and Exhibit，Providence，2004：5247.

[5] Pedreiro N，Park M. Compiler：US，770252[P]. [2002-08-08].

[6] Pedreiro N，Gonzales A G，Foster B W，et al. Disturbance-free payload[C]//AIAA Guidance，Navigation，and Control Conference and Exhibit，San Francisco，2005.

[7] Johnson T L，Tolson R H. Development of a simulation capability for the space station active rack isolation[R]. Hampton：Langley Research Center，1998.

[8] Lu S，Li Y M. Dynamic analysis of a 3-DOF 3-PUU parallel manipulator based on the principle of virtual work[C]//IEEE International Conference on Advanced Intelligent Mechatronics，Busan，2015：1445-1450.

[9] Hajimirzaalian H，Moosavi H，Massah M. Dynamics analysis and simulation of parallel robot Stewart platform[C]//2010 The 2nd International Conference on Computer and Automation Engineering（ICCAE），Singapore，2010：472-477.

[10] Zhou J X，Wang Z G，Li W，et al. Modeling and pointing performance analysis of disturbance-free-payload system with flexible umbilical connection[J]. IEEE Access，2019，7：109585-109596.

[11] Zhou J X，Liu L，Wang Z G. Modeling and analysis of ultra-low frequency dynamics of drag-free satellites[J]. Microgravity Science and Technology，2019，31（2）：151-160.

[12] Chaves-Jiménez A，Guo J，Gill E. Impact of atmospheric coupling between orbit and attitude in relative dynamics observability[J]. Journal of Guidance，Control，and Dynamics，2017，40（12）：3274-3281.

[13] Wang L，Xiang M J，Ye W Y，et al. Research on calculation of on orbit unconstrained model of flexible satellite[J]. Journal of Astronautics，2014，35（4）：404-409.

[14] Regehr M. Analysis of a near-floating vibration isolation platform[J]. Therapeutic Drug Monitoring，1993，15（1）：7-11.

[15] Schweighart S A，Sedwick R J. High-fidelity linearized J_2 model for satellite formation flight[J]. Journal of Guidance，Control，and Dynamics，2002，25（6）：1073-1080.

[16] 高有涛. 卫星编队飞行动力学建模与控制技术研究[D]. 南京：南京航空航天大学，2010.

[17] Gennaro S D. Output stabilization of flexible spacecraft with active vibration suppression[J]. IEEE Transactions on Aerospace and Electronic Systems，2003，39（3）：747-759.

[18] Yun H，Liu L，Li Q，et al. Development of an isotropic Stewart platform for telescope secondary mirror[J]. Mechanical Systems and Signal Processing，2019，127：328-344.

第 3 章　航天器扭量动力学理论及控制

随着航天技术的发展，航天器编队飞行、空间交会对接、小推力连续轨道控制等新的空间任务对航天器控制技术提出了新的要求。新的空间任务下航天器轨道运动（即位置运动）和姿态运动的相互影响不能忽略，在研究中必须考虑位置和姿态的耦合，同时对位置平动和姿态转动进行建模与控制。传统姿轨耦合建模使用多种参数分别表示平动和转动，会增加处理问题的复杂度；而对偶四元数方法虽然计算效率高、非奇异、表达简洁，但是存在单约束优化问题。本章将无单位化约束的扭量表示量引入对偶数的代数框架下，将其作为与对偶四元数互补的位姿一体化运动表示参数，并研究其在航天器相对姿轨运动的建模与控制问题中的应用[1, 2]，分析其用于分离式航天器两模块编队的控制性能。

3.1　刚体位姿运动扭量定义

为避免引入关于几何代数的复杂概念和规则，在对偶四元数的框架下建立刚体航天器位置姿态的扭量表达式。若无特别说明，采用小写白体希腊字母表示标量，小写黑体英文字母表示矢量或矢量函数；三维矢量上划线表示该矢量的四元数形式，上弧线表示对偶数。

1. 定义式

首先给出基础的位姿描述参数及动力学方程。

1）Rodrigues 参数

Rodrigues 参数定义为

$$\boldsymbol{p}_R = \tan\frac{\alpha}{2}\boldsymbol{n} \tag{3.1}$$

根据欧拉定理可知，刚体绕固定点的任意旋转变换可由绕通过该定点的某个轴转过一个角度得到。式（3.1）中 $\boldsymbol{n}$ 为姿态旋转的转轴对应的单位方向矢量，α 为转角。基准姿态，即转角为零的 Rodrigues 参数应为 0。显然 Rodrigues 参数在 $\alpha = \pi$ 处奇异，故数值上无法表示转角为 π 的姿态。

若 $\boldsymbol{p}_R$ 表示坐标系 O 转动到坐标系 A，则其对应的姿态旋转矩阵为

$$\boldsymbol{R}(\boldsymbol{p}_R) = \frac{(1-|\boldsymbol{p}_R|^2)\boldsymbol{I} + 2\boldsymbol{p}_R\boldsymbol{p}_R^{\mathrm{T}} + 2\boldsymbol{p}_R^{\times}}{1+|\boldsymbol{p}_R|^2} \tag{3.2}$$

式中，$\boldsymbol{I}$ 为单位矩阵；上角标×表示三维矢量的叉乘矩阵。

Rodrigues 参数表示的姿态运动学方程为

$$\begin{aligned}\dot{\boldsymbol{p}}_R &= \frac{1}{2}\boldsymbol{\omega}_{AO}^A + \frac{1}{2}\boldsymbol{p}_R \times \boldsymbol{\omega}_{AO}^A + \frac{1}{2}(\boldsymbol{p}_R \cdot \boldsymbol{\omega}_{AO}^A)\boldsymbol{p}_R \\ &= \frac{1}{2}\boldsymbol{\omega}_{AO}^O - \frac{1}{2}\boldsymbol{p}_R \times \boldsymbol{\omega}_{AO}^O + \frac{1}{2}(\boldsymbol{p}_R \cdot \boldsymbol{\omega}_{AO}^O)\boldsymbol{p}_R\end{aligned} \tag{3.3}$$

式中，$\boldsymbol{\omega}_{AO}$ 为坐标系 A 相对坐标系 O 的转动角速度，上标 A 和 O 分别表示该矢量在坐标系 A 和坐标系 O 下的坐标。

2）四元数

四元数定义为

$$q = \begin{bmatrix} q_0 \\ \boldsymbol{q} \end{bmatrix} = q_0 + q_1 i + q_2 j + q_3 k \tag{3.4}$$

式中，q_0、q_1、q_2、q_3 为实数；i、j、k 满足 $ij=-ji=-k$，$jk=-kj=-i$，$ki=-ik=-j$，$i^2=j^2=k^2=-1$；q_0 为四元数的标部；$\boldsymbol{q}=[q_1 \quad q_2 \quad q_3]^{\mathrm{T}}$ 为四元数的矢部，定义算符 $\langle\bullet\rangle_s$ 和 $\langle\bullet\rangle_v$ 分别为四元数的标部和矢部，即 $\langle q\rangle_s = q_0$，$\langle q\rangle_v = \boldsymbol{q}$。标量或三维矢量可以分别看作矢部为零或标部为零的四元数，将四元数集合记为 $\mathbb{Q}$。

若 q 表示坐标系 O 转动到坐标系 A，则其对应的姿态旋转矩阵为

$$\boldsymbol{R}(q) = (q_0^2 - |\boldsymbol{q}|^2)\boldsymbol{I}_3 + 2\boldsymbol{q}\boldsymbol{q}^{\mathrm{T}} - 2q_0\boldsymbol{q}^{\times} \tag{3.5}$$

姿态四元数表示的姿态运动学方程为

$$\dot{q} = \frac{1}{2}q\bar{\boldsymbol{\omega}}_{AO}^A = \frac{1}{2}\bar{\boldsymbol{\omega}}_{AO}^O q \tag{3.6}$$

3）修正 Rodrigues 参数

修正 Rodrigues 参数（modified Rodrigues parameters，MRP）可由四元数导出，其有两种形式，常用形式的定义为

$$\boldsymbol{p} = \frac{\boldsymbol{q}}{1+q_0} \tag{3.7}$$

式（3.7）表示为旋转轴和旋转角的形式：

$$\boldsymbol{p} = \tan\frac{\alpha}{4}\boldsymbol{n} = \tan\frac{\alpha/2}{2}\boldsymbol{n} \tag{3.8}$$

可见 MRP 也可看作转轴为 $\boldsymbol{n}$ 转角为 $\alpha/2$ 的 Rodrigues 参数。

若 $\boldsymbol{p}$ 表示坐标系 O 转动到坐标系 A，则其对应的姿态旋转矩阵为

$$\boldsymbol{R}(\boldsymbol{p}) = \boldsymbol{I}_{3\times3} - \frac{4(1-|\boldsymbol{p}|^2)}{(1+|\boldsymbol{p}|^2)^2}\boldsymbol{p}^{\times} + \frac{8}{(1+|\boldsymbol{p}|^2)^2}\boldsymbol{p}^{\times}\boldsymbol{p}^{\times} \tag{3.9}$$

MRP 表示的姿态运动学方程为

$$\begin{aligned}\dot{\boldsymbol{p}} &= \frac{1}{4}(1-|\boldsymbol{p}|^2)\boldsymbol{\omega}_{AO}^{A} + \frac{1}{2}\boldsymbol{p}\times\boldsymbol{\omega}_{AO}^{A} + \frac{1}{2}(\boldsymbol{p}\cdot\boldsymbol{\omega}_{AO}^{A})\boldsymbol{p} \\ &= \frac{1}{4}(1-|\boldsymbol{p}|^2)\boldsymbol{\omega}_{AO}^{O} - \frac{1}{2}\boldsymbol{p}\times\boldsymbol{\omega}_{AO}^{O} + \frac{1}{2}(\boldsymbol{p}\cdot\boldsymbol{\omega}_{AO}^{O})\boldsymbol{p}\end{aligned} \tag{3.10}$$

4）对偶四元数

对偶四元数定义为

$$\hat{q} = q_r + \varepsilon q_d \tag{3.11}$$

式中，q_r、q_d 为四元数，即 $q_r,q_d \in \mathbb{Q}$，q_r 为对偶四元数的实部，q_d 为对偶四元数的对偶部；ε 为对偶单位，满足 $\varepsilon^2 = 0$，$\varepsilon \neq 0$。对偶四元数集合记为 $\mathbb{D}^{Q}$。

用于描述六自由度位姿运动的是单位对偶四元数，即满足模为 1 的对偶四元数，即

$$\|\hat{q}\| = 1 \tag{3.12}$$

式（3.12）写成分部形式为

$$\begin{cases}\|q_r\| = 1 \\ q_d^* q_r + q_r^* q_d = q_d q_r^* + q_r q_d^* = 0\end{cases} \tag{3.13}$$

设坐标系 O 通过旋转变换 R 转动后再通过平移变换 T 移动到坐标系 A，旋转变换 R 的四元数表示为 q，原点到空间直线上任意一点的矢量为 $\boldsymbol{r}$，平移变换 T 的矢量表示为 $\boldsymbol{r}^O$，若坐标系 O 先通过平移变换移动后再通过旋转变换转动仍然可以得到坐标系 A，但平移矢量表示为 $\overline{\boldsymbol{r}}^A$。描述位姿运动的单位对偶四元数（或称位姿对偶四元数）为

$$\begin{aligned}\hat{q} &= q + \varepsilon \frac{1}{2} q \overline{\boldsymbol{r}}^A \\ &= q + \varepsilon \frac{1}{2} \overline{\boldsymbol{r}}^O q\end{aligned} \tag{3.14}$$

位姿对偶四元数需满足规范化约束或单位约束。

由位姿对偶四元数理论可知，设坐标系 O 通过姿态四元数为 q 的旋转变换转动后再通过平移矢量为 $\boldsymbol{r}^O$ 的平移变换移动到坐标系 A，$\boldsymbol{r}^O$ 在坐标系 A 下坐标为 $\overline{\boldsymbol{r}}^A = q^* \overline{\boldsymbol{r}}^O q$；则坐标系 O 到坐标系 A 的位姿对偶四元数 $\hat{q}$ 可以表示为

$$\begin{cases}\hat{q} = q + \varepsilon q_d \\ q_d = \dfrac{1}{2}\overline{\boldsymbol{r}}^O q = \dfrac{1}{2} q \overline{\boldsymbol{r}}^A\end{cases} \tag{3.15}$$

基于文献[3]中给出的几何代数框架下的扭量定义，可以导出对偶四元数形式的位姿扭量 $\hat{B}$ 为

$$\hat{B} = \frac{\hat{q} - 1}{\hat{q} + 1} \in \mathbb{D}^{Qv} \tag{3.16}$$

将式（3.16）代入对偶四元数的乘法逆公式，可得

$$\begin{aligned}\frac{1}{\hat{q}+1}&=\frac{1}{q+1+\varepsilon q_d}\\&=\frac{1}{(q^*+1)(q+1)}(q^*+1)-\varepsilon\frac{1}{[(q^*+1)(q+1)]^2}(q^*+1)q_d(q^*+1)\\&=\frac{1}{2+2q_0}(q^*+1)-\varepsilon\frac{1}{(2+2q_0)^2}(q^*+1)q_d(q^*+1)\end{aligned}\tag{3.17}$$

于是可以推导出式（3.16）的对偶式展开形式：

$$\begin{aligned}\hat{B}&=[q-1+\varepsilon q_d]\left[\frac{1}{2+2q_0}(q^*+1)-\varepsilon\frac{1}{(2+2q_0)^2}(q^*+1)q_d(q^*+1)\right]\\&=\frac{q-q^*}{2+2q_0}+\varepsilon\left[\frac{1}{2+2q_0}-\frac{1}{(2+2q_0)^2}(q-q^*)\right]q_d(q^*+1)\\&=\frac{\bar{\boldsymbol{q}}}{1+q_0}+\varepsilon\frac{(1+q^*)q_d(1+q^*)}{2(1+q_0)^2}\end{aligned}\tag{3.18}$$

将式（3.15）中的 q_d 表达式代入式（3.18）可得

$$\begin{aligned}\hat{B}&=\frac{\bar{\boldsymbol{q}}}{1+q_0}+\varepsilon\frac{(1+q^*)\bar{\boldsymbol{r}}^O(1+q)}{4(1+q_0)^2}\\&=\frac{\bar{\boldsymbol{q}}}{1+q_0}+\varepsilon\frac{\bar{\boldsymbol{r}}^O+q^*\bar{\boldsymbol{r}}^O q+2q_0\bar{\boldsymbol{r}}^O+2\bar{\boldsymbol{r}}^O\times\bar{\boldsymbol{q}}}{4(1+q_0)^2}\end{aligned}\tag{3.19}$$

及

$$\begin{aligned}\hat{B}&=\frac{\bar{\boldsymbol{q}}}{1+q_0}+\varepsilon\frac{(q+1)\bar{\boldsymbol{r}}^A(q^*+1)}{4(1+q_0)^2}\\&=\frac{\bar{\boldsymbol{q}}}{1+q_0}+\varepsilon\frac{q\bar{\boldsymbol{r}}^A q^*+\bar{\boldsymbol{r}}^A+2q_0\bar{\boldsymbol{r}}^A+2\bar{\boldsymbol{q}}\times\bar{\boldsymbol{r}}^A}{4(1+q_0)^2}\end{aligned}\tag{3.20}$$

扭量 $\hat{B}$ 的实部即为姿态的修正 Rodrigues 参数 $\bar{\boldsymbol{p}}$，则式（3.19）和式（3.20）可进一步写为

$$\begin{aligned}\hat{B}&=\bar{\boldsymbol{p}}+\varepsilon\frac{1}{4}(1-\bar{\boldsymbol{p}})\bar{\boldsymbol{r}}^O(1+\bar{\boldsymbol{p}})\\&=\bar{\boldsymbol{p}}+\varepsilon\left[\frac{1}{4}(1-\|\bar{\boldsymbol{p}}\|^2)\bar{\boldsymbol{r}}^O-\frac{1}{2}\overline{\boldsymbol{p}\times\boldsymbol{r}^O}+\frac{1}{2}(\boldsymbol{p}\cdot\boldsymbol{r}^O)\bar{\boldsymbol{p}}\right]\end{aligned}\tag{3.21}$$

及

$$\begin{aligned}\widehat{B} &= \overline{\boldsymbol{p}} + \varepsilon\frac{1}{4}(1+\overline{\boldsymbol{p}})\overline{\boldsymbol{r}}^{A}(1-\overline{\boldsymbol{p}}) \\ &= \overline{\boldsymbol{p}} + \varepsilon\left[\frac{1}{4}(1-\|\overline{\boldsymbol{p}}\|^{2})\overline{\boldsymbol{r}}^{A} + \frac{1}{2}\overline{\boldsymbol{p}\times\boldsymbol{r}^{A}} + \frac{1}{2}(\boldsymbol{p}\cdot\boldsymbol{r}^{A})\overline{\boldsymbol{p}}\right]\end{aligned} \tag{3.22}$$

定义矩阵

$$\boldsymbol{\Pi} = \frac{1}{4}(1-|\boldsymbol{p}|^{2})\boldsymbol{I}_{3} - \frac{1}{2}\boldsymbol{p}^{\times} + \frac{1}{2}\boldsymbol{p}\boldsymbol{p}^{\mathrm{T}} \tag{3.23}$$

则有

$$\begin{cases}\overline{\boldsymbol{\Pi x}} = \dfrac{1}{4}(1-\overline{\boldsymbol{p}})\overline{\boldsymbol{x}}(1+\overline{\boldsymbol{p}}) \\ \overline{\boldsymbol{\Pi}^{\mathrm{T}}\boldsymbol{x}} = \dfrac{1}{4}(1+\overline{\boldsymbol{p}})\overline{\boldsymbol{x}}(1-\overline{\boldsymbol{p}})\end{cases} \tag{3.24}$$

对任意矢量 $\boldsymbol{x}$ 成立，可得

$$\begin{cases}\widehat{B} = \overline{\boldsymbol{p}} + \varepsilon\overline{\boldsymbol{b}} \\ \boldsymbol{b} = \boldsymbol{\Pi}\boldsymbol{r}^{O} = \boldsymbol{\Pi}^{\mathrm{T}}\boldsymbol{r}^{A}\end{cases} \tag{3.25}$$

为便于后面描述，记扭量 $\widehat{B}$ 对应的对偶矢量为 $\widehat{\boldsymbol{B}}$，即

$$\widehat{\boldsymbol{B}} = \boldsymbol{p} + \varepsilon\boldsymbol{b} \tag{3.26}$$

对于扭量 $\widehat{B}$ 的对偶部 $\boldsymbol{b}$ 及其中的矩阵 $\boldsymbol{\Pi}$，注意到由式（3.10）有

$$\dot{\boldsymbol{p}} = \boldsymbol{\Pi}\boldsymbol{\omega}_{AO}^{O} = \boldsymbol{\Pi}^{\mathrm{T}}\boldsymbol{\omega}_{AO}^{A} \tag{3.27}$$

而 MRP 也可看作转轴为 $\boldsymbol{n}$ 转角为 $\alpha/2$ 的 Rodrigues 参数 $\boldsymbol{p}_R$，即 $\boldsymbol{p}(\alpha,\boldsymbol{n}) = \boldsymbol{p}_R(\alpha/2,\boldsymbol{n})$，由式（3.2）可得

$$\begin{aligned}\boldsymbol{\Pi} &= \boldsymbol{\Pi}[\boldsymbol{p}(\alpha,\boldsymbol{n})] \\ &= \boldsymbol{\Pi}[\boldsymbol{p}_R(\alpha/2,\boldsymbol{n})] \\ &= \frac{1}{4}(1+|\boldsymbol{p}|^{2})\boldsymbol{R}[\boldsymbol{p}_R(\alpha/2,\boldsymbol{n})]\end{aligned} \tag{3.28}$$

可见矢量 $\boldsymbol{b}$ 为 $\boldsymbol{r}^{O}$ 绕 $\boldsymbol{n}$ 转动姿态转角的一半，再乘以 $1+\|\boldsymbol{p}\|^{2}$ 得到的矢量。且有

$$\boldsymbol{\Pi}^{-1} = \frac{16}{(1+|\boldsymbol{p}|^{2})^{2}}\boldsymbol{\Pi}^{\mathrm{T}} \tag{3.29}$$

另外，注意到由式（3.9）有

$$\boldsymbol{\Pi}(\boldsymbol{p})^{2} = \frac{1}{16}(1+|\boldsymbol{p}|^{2})^{2}\boldsymbol{R}(\boldsymbol{p}) \tag{3.30}$$

若令对偶四元数的矢部为零 $\overline{\boldsymbol{r}}^{O} = \overline{\boldsymbol{r}}^{A} = 0$，则对应的位姿对偶四元数 $\widehat{q}$ 与位姿扭量 $\widehat{B}$ 的对偶部都为零，代入式（3.16），则有

$$\overline{\boldsymbol{p}} = \frac{q-1}{q+1} \tag{3.31}$$

可见位姿对偶四元数与位姿扭量的关系式即为姿态四元数与姿态 MRP 的四

元数运算关系式的对偶拓展。相应地，所有关于位姿扭量和位姿对偶四元数的运算模型，都可看作姿态 MRP 和姿态四元数的运算模型的对偶拓展。

2. 运算关系

由扭量 $\hat{B}$ 的定义式，若纯粹考虑对偶四元数运算，则可以直接推导出扭量关于对偶四元数的实部和对偶部的映射关系。在式（3.16）～式（3.18）的推导中保留 q 和 q_d 项，即得

$$\frac{1}{\hat{q}+1}=\frac{1}{q+1}-\varepsilon\frac{1}{q+1}q_d\frac{1}{q+1} \tag{3.32}$$

$$\begin{aligned}\hat{B}&=(q-1)\frac{1}{q+1}+\varepsilon\left[q_d\frac{1}{q+1}-(q-1)\frac{1}{q+1}q_d\frac{1}{q+1}\right]\\&=\frac{q-1}{q+1}+\varepsilon\frac{1}{q+1}2q_d\frac{1}{q+1}\end{aligned} \tag{3.33}$$

由扭量 $\hat{B}$ 的定义还可以推导出其到对偶四元数 $\hat{q}$ 的逆映射为

$$\begin{aligned}&\hat{B}=\frac{\hat{q}-1}{\hat{q}+1}\\&\Rightarrow\hat{q}-1=\hat{B}\hat{q}+\hat{B}=\hat{q}\hat{B}+\hat{B}\\&\Rightarrow 1+\hat{B}=(1-\hat{B})\hat{q}=\hat{q}(1-\hat{B})\\&\Rightarrow\hat{q}=\frac{1+\hat{B}}{1-\hat{B}}\end{aligned} \tag{3.34}$$

代入式（3.25）可得对偶分部形式为

$$\begin{aligned}\hat{q}&=\frac{1+\bar{\boldsymbol{p}}+\varepsilon\bar{\boldsymbol{b}}}{1-\bar{\boldsymbol{p}}-\varepsilon\bar{\boldsymbol{b}}}\\&=\left(\frac{1}{1-\bar{\boldsymbol{p}}}+\varepsilon\frac{1}{1-\bar{\boldsymbol{p}}}\bar{\boldsymbol{b}}\frac{1}{1-\bar{\boldsymbol{p}}}\right)(1+\bar{\boldsymbol{p}}+\varepsilon\bar{\boldsymbol{b}})\\&=\frac{1+\bar{\boldsymbol{p}}}{1-\bar{\boldsymbol{p}}}+\varepsilon\frac{1}{1-\bar{\boldsymbol{p}}}2\bar{\boldsymbol{b}}\frac{1}{1-\bar{\boldsymbol{p}}}\end{aligned} \tag{3.35}$$

再展开为矢量运算形式，即

$$\hat{q}=\frac{1}{1+\boldsymbol{p}^2}\begin{bmatrix}1-\boldsymbol{p}^2\\2\boldsymbol{p}\end{bmatrix}+\varepsilon\frac{2}{(1+\boldsymbol{p}^2)^2}\begin{bmatrix}-2\boldsymbol{p}\cdot\boldsymbol{b}\\(1+\boldsymbol{p}^2)\boldsymbol{b}-2(\boldsymbol{p}\cdot\boldsymbol{b})\boldsymbol{p}\end{bmatrix} \tag{3.36}$$

以下列出后面推导中部分常用的扭量运算关系式。

$$\begin{cases}\hat{q}+1=\dfrac{2}{1-\hat{B}}\\[2ex]\hat{q}-1=\dfrac{2\hat{B}}{1-\hat{B}}\end{cases} \tag{3.37}$$

$$\begin{cases} 1+\widehat{B}=\dfrac{2\widehat{q}}{\widehat{q}+1} \\ 1-\widehat{B}=\dfrac{2}{\widehat{q}+1} \end{cases} \tag{3.38}$$

$$\begin{cases} \dfrac{1}{1+\overline{\boldsymbol{p}}}\overline{\boldsymbol{x}}\dfrac{1}{1-\overline{\boldsymbol{p}}}=\dfrac{1}{1-\overline{\boldsymbol{p}}^2}(1-\overline{\boldsymbol{p}})\overline{\boldsymbol{x}}(1+\overline{\boldsymbol{p}})\dfrac{1}{1-\overline{\boldsymbol{p}}^2} \\ \qquad =\dfrac{4}{(1-\overline{\boldsymbol{p}}^2)^2}\overline{\boldsymbol{\Pi x}} \\ \dfrac{1}{1-\overline{\boldsymbol{p}}}\overline{\boldsymbol{x}}\dfrac{1}{1+\overline{\boldsymbol{p}}}=\dfrac{4}{(1-\overline{\boldsymbol{p}}^2)^2}\overline{\boldsymbol{\Pi}^{\mathrm{T}}\boldsymbol{x}} \end{cases} \tag{3.39}$$

3. 无冗余、无约束、奇异性质

位姿对偶四元数为八维参数，需满足单位化约束

$$\|\widehat{q}\|=\widehat{q}^*\widehat{q}=\widehat{q}\widehat{q}^*=1 \tag{3.40}$$

但其用于描述刚体位姿状态无奇异问题。

对于位姿扭量，由式（3.25）可知 $\widehat{\boldsymbol{B}}$ 为六维参数，用于描述刚体位姿时无冗余。对于任意数值的扭量 $\widehat{B}$，其对应的对偶四元数 $\widehat{q}$ 总是自动满足约束式（3.40）。由式（3.33）易得

$$\begin{aligned} \widehat{q}^*\widehat{q} &= \left(\frac{1+\widehat{B}}{1-\widehat{B}}\right)^*\frac{1+\widehat{B}}{1-\widehat{B}} \\ &= \frac{1+\widehat{B}^*}{1-\widehat{B}^*}\frac{1+\widehat{B}}{1-\widehat{B}} \\ &= \frac{1-\widehat{B}}{1+\widehat{B}}\frac{1+\widehat{B}}{1-\widehat{B}}=1 \end{aligned} \tag{3.41}$$

可见，扭量描述刚体位姿时没有约束条件。但相应地，扭量的姿态部分为 MRP，其在姿态转角 $\alpha=2\pi$ 处奇异，故扭量描述刚体位姿时存在奇异问题。

4. 对三维空间位移群的双覆盖性质

位姿对偶四元数是三维空间位移群的双覆盖，$\widehat{q}$ 与 $-\widehat{q}$ 表示相同的位姿状态。对于位姿扭量，相应地由式（3.16）有

$$\widehat{B}(-\widehat{q})=\frac{-\widehat{q}-1}{-\widehat{q}+1}=\frac{1}{\widehat{B}(\widehat{q})} \tag{3.42}$$

式（3.42）表明任意 $\widehat{B}$ 与 $\dfrac{1}{\widehat{B}}$ 表示同一位姿姿态。扭量作为位姿参数使用时，若不需要保证其变化的连续性，可以人为限定其数值范围以避免该问题。令

$$\|\langle\widehat{B}\rangle_r\|\leqslant 1 \tag{3.43}$$

对应于扭量式（3.25）中$\|\boldsymbol{p}\|\leqslant 1$，即将姿态旋转角的范围限定为$-\pi \sim \pi$。

为保证$\|\langle\widehat{B}\rangle_r\|\leqslant 1$，必要时需进行额外的计算处理。当将对偶四元数转换为扭量时，若$q_{r0}<0$，则采用式（3.42）进行转换，即$\widehat{B}=\dfrac{-\widehat{q}-1}{-\widehat{q}+1}$。当已得到扭量$\widehat{B}$，但$\|\langle\widehat{B}\rangle_r\|>1$时，则有

$$\frac{1}{\widehat{B}}=\frac{1}{\overline{\boldsymbol{p}}}-\varepsilon\frac{1}{\overline{\boldsymbol{p}}}\overline{\boldsymbol{b}}\frac{1}{\overline{\boldsymbol{p}}} \tag{3.44}$$

作为新的满足限定范围的值，式（3.44）矢量运算形式为

$$\frac{1}{\widehat{B}}=-\frac{\overline{\boldsymbol{p}}}{\boldsymbol{p}^2}-\varepsilon\left[\frac{1}{\boldsymbol{p}^2}\overline{\boldsymbol{b}}-\frac{2}{\boldsymbol{p}^4}(\boldsymbol{p}\cdot\boldsymbol{b})\overline{\boldsymbol{p}}\right] \tag{3.45}$$

5. 位姿变换描述

用位姿对偶四元数描述直线对偶式的变换，设直线$\widehat{\boldsymbol{l}}^O$经过旋转$q$接着平移$\boldsymbol{r}^O$变为$\widehat{\boldsymbol{l}}^A$，或者直线在坐标系$O$下的对偶式为$\widehat{\boldsymbol{\lambda}}^O$而在坐标系$A$下的对偶式为$\widehat{\boldsymbol{\lambda}}^A$，有关系式

$$\widehat{\boldsymbol{l}}^A=\widehat{q}\widehat{\boldsymbol{l}}^O\widehat{q}^* \tag{3.46}$$

$$\widehat{\boldsymbol{\lambda}}^A=q^*\widehat{\boldsymbol{\lambda}}^O q \tag{3.47}$$

用扭量描述直线对偶式的变换，由式（3.34）、式（3.46）、式（3.47）直接有

$$\widehat{\boldsymbol{l}}^A=\frac{1+\widehat{B}}{1-\widehat{B}}\widehat{\boldsymbol{l}}^O\frac{1-\widehat{B}}{1+\widehat{B}} \tag{3.48}$$

$$\widehat{\boldsymbol{\lambda}}^A=\frac{1-\widehat{B}}{1+\widehat{B}}\widehat{\boldsymbol{\lambda}}^O\frac{1+\widehat{B}}{1-\widehat{B}} \tag{3.49}$$

显然其形式比采用对偶四元数进行变换更为复杂。因此在计算直线对偶式的变换时，即使已知扭量$\widehat{B}$的值而未知对偶四元数的值，也可以先将扭量转换为对偶四元数，再用式（3.46）或式（3.47）进行变换。为便于后面分析，推导位姿变换式的对偶分部形式，以$\widehat{\boldsymbol{\lambda}}^O$到$\widehat{\boldsymbol{\lambda}}^A$的变换为例，有

$$\begin{aligned}\widehat{\boldsymbol{\lambda}}^A&=q^*\widehat{\boldsymbol{\lambda}}^O q\\&=\frac{1-\overline{\boldsymbol{p}}}{1+\overline{\boldsymbol{p}}}\overline{\boldsymbol{\lambda}}_r^O\frac{1+\overline{\boldsymbol{p}}}{1-\overline{\boldsymbol{p}}}+\varepsilon\left(\frac{1-\overline{\boldsymbol{p}}}{1+\overline{\boldsymbol{p}}}\overline{\boldsymbol{\lambda}}_d^O\frac{1+\overline{\boldsymbol{p}}}{1-\overline{\boldsymbol{p}}}\right)\\&\quad+\varepsilon\left(\frac{1-\overline{\boldsymbol{p}}}{1+\overline{\boldsymbol{p}}}\overline{\boldsymbol{\lambda}}_r^O\frac{1}{1-\overline{\boldsymbol{p}}}\overline{\boldsymbol{b}}\frac{1}{1-\overline{\boldsymbol{p}}}-\frac{1}{1+\overline{\boldsymbol{p}}}\overline{\boldsymbol{b}}\frac{1}{1+\overline{\boldsymbol{p}}}\overline{\boldsymbol{\lambda}}_r^O\frac{1+\overline{\boldsymbol{p}}}{1-\overline{\boldsymbol{p}}}\right)\end{aligned} \tag{3.50}$$

四元数标部为0时，定义叉乘式为

$$p\times q=\frac{1}{2}(pq-qp)=\begin{bmatrix}0\\\boldsymbol{p}\times\boldsymbol{q}\end{bmatrix} \tag{3.51}$$

考虑式（3.24）、式（3.39）、式（3.30）及式（3.51），有

$$
\begin{aligned}
\hat{\boldsymbol{\lambda}}^{A} &= \frac{16}{(1-\bar{\boldsymbol{p}}^2)^2}\overline{\boldsymbol{\Pi}^2\lambda_r^O} + \varepsilon\frac{16}{(1-\bar{\boldsymbol{p}}^2)^2}\overline{\boldsymbol{\Pi}^2\lambda_d^O} + \varepsilon\frac{128}{(1-\bar{\boldsymbol{p}}^2)^4}(\overline{\boldsymbol{\Pi}^2\lambda_r^O}\,\overline{\boldsymbol{\Pi b}} - \overline{\boldsymbol{\Pi b}}\,\overline{\boldsymbol{\Pi}^2\lambda_r^O}) \\
&= \overline{\boldsymbol{R\lambda}_r^O} + \varepsilon\left[\overline{\boldsymbol{R\lambda}_d^O} + \frac{16}{(1-\bar{\boldsymbol{p}}^2)^2}(\overline{\boldsymbol{R\lambda}_r^O}\times\overline{\boldsymbol{\Pi b}})\right] \\
&= \overline{\boldsymbol{R\lambda}_r^O} + \varepsilon[\overline{\boldsymbol{R\lambda}_d^O} + (\overline{\boldsymbol{R\lambda}_r^O}\times\overline{\boldsymbol{R\Pi}^{-1}\boldsymbol{b}})] \\
&= \overline{\boldsymbol{R\lambda}_r^O} + \varepsilon\left[\overline{\boldsymbol{R\lambda}_d^O} + \frac{16}{(1-\bar{\boldsymbol{p}}^2)^2}(\overline{\boldsymbol{R\lambda}_r^O}\times\overline{\boldsymbol{R\Pi}^{\mathrm{T}}\boldsymbol{b}})\right]
\end{aligned} \tag{3.52}
$$

则展开为矢量运算形式：

$$
\begin{aligned}
\hat{\boldsymbol{\lambda}}^{A} &= \boldsymbol{R\lambda}_r^O + \varepsilon\left[\boldsymbol{R\lambda}_d^O + \frac{16}{(1-\bar{\boldsymbol{p}}^2)^2}(\boldsymbol{R\lambda}_r^O\times\boldsymbol{\Pi b})\right] \\
&= \boldsymbol{R\lambda}_r^O + \varepsilon\boldsymbol{R}[\boldsymbol{\lambda}_d^O + (\boldsymbol{\lambda}_r^O\times\boldsymbol{\Pi}^{-1}\boldsymbol{b})] \\
&= \boldsymbol{R\lambda}_r^O + \varepsilon\boldsymbol{R}\left[\boldsymbol{\lambda}_d^O + \frac{16}{(1-\bar{\boldsymbol{p}}^2)^2}(\boldsymbol{\lambda}_r^O\times\boldsymbol{\Pi}^{\mathrm{T}}\boldsymbol{b})\right]
\end{aligned} \tag{3.53}
$$

6. 与螺旋量的关系

位姿对偶四元数关于对偶角 $\hat{\alpha}$ 和螺旋轴 $\hat{\boldsymbol{n}}$ 的关系式为

$$
\hat{q} = \begin{bmatrix} \cos\dfrac{\hat{\alpha}}{2} \\ \sin\dfrac{\hat{\alpha}}{2}\hat{\boldsymbol{n}} \end{bmatrix} \tag{3.54}
$$

将式（3.54）代入扭量定义式（3.16）可得

$$
\begin{aligned}
\hat{B} &= \begin{bmatrix} \cos\dfrac{\hat{\alpha}}{2} - 1 \\ \sin\dfrac{\hat{\alpha}}{2}\hat{\boldsymbol{n}} \end{bmatrix} \Bigg/ \begin{bmatrix} \cos\dfrac{\hat{\alpha}}{2} + 1 \\ \sin\dfrac{\hat{\alpha}}{2}\hat{\boldsymbol{n}} \end{bmatrix} \\
&= \begin{bmatrix} \cos\dfrac{\hat{\alpha}}{2} - 1 \\ \sin\dfrac{\hat{\alpha}}{2}\hat{\boldsymbol{n}} \end{bmatrix} \begin{bmatrix} \cos\dfrac{\hat{\alpha}}{2} + 1 \\ -\sin\dfrac{\hat{\alpha}}{2}\hat{\boldsymbol{n}} \end{bmatrix} \Bigg/ \left\{\left(\cos\frac{\hat{\alpha}}{2}+1\right)^2 + \sin^2\frac{\hat{\alpha}}{2}\right\} \\
&= \frac{1}{2 + 2\cos\dfrac{\hat{\alpha}}{2}} \begin{bmatrix} 0 \\ 2\sin\dfrac{\hat{\alpha}}{2}\hat{\boldsymbol{n}} \end{bmatrix} \\
&= \tan\frac{\hat{\alpha}}{4}\hat{n}
\end{aligned} \tag{3.55}
$$

注意 $\hat{n}$ 为对偶矢量 $\hat{\boldsymbol{n}}$ 的对偶四元数形式。

零位姿扭量表示零位姿，即转角为零、平移为零的扭量为 $0 \in \mathbb{D}^{\mathcal{Q}}$，简记为 0。

与旋转角和旋转轴的定义式（3.8）相比可以看出，式（3.55）再次表明了位姿扭量可以看作姿态 MRP 的对偶拓展，若沿用四元数到对偶四元数的命名方式，扭量也可以称作对偶 MRP。

7. 位姿合成与逆元

位姿对偶四元数的合成公式为

$$\hat{q}_{\text{com}}(\hat{q}_1, \hat{q}_2) = \hat{q}_1 \hat{q}_2 \tag{3.56}$$

且表示与 $\hat{q}$ 相反位姿的对偶四元数应为 $\hat{q}^{-1}$，满足 $\hat{q}_{\text{com}}(\hat{q}, \hat{q}^{-1}) = 1$，即 $\hat{q}$ 对应的逆元为

$$\hat{q}_{\text{rev}} = \hat{q}^{-1} \tag{3.57}$$

位姿扭量的合成公式同样可以由对偶四元数的合成公式导出，将式（3.16）、式（3.34）代入式（3.56），其中下标定义不变，可得

$$\begin{aligned}
\hat{B}_{\text{com}}(\hat{B}_1, \hat{B}_2) &= \frac{\hat{q}_{\text{com}} - 1}{\hat{q}_{\text{com}} + 1} \\
&= \frac{\hat{q}_1 \hat{q}_2 - 1}{\hat{q}_1 \hat{q}_2 + 1} \\
&= \frac{\dfrac{1+\hat{B}_1}{1-\hat{B}_1} \dfrac{1+\hat{B}_2}{1-\hat{B}_2} - 1}{\dfrac{1+\hat{B}_1}{1-\hat{B}_1} \dfrac{1+\hat{B}_2}{1-\hat{B}_2} + 1}
\end{aligned} \tag{3.58}$$

变换得

$$\begin{aligned}
\hat{B}_{\text{com}} &= \frac{\dfrac{(1+\hat{B}_1)(1+\hat{B}_1)}{(1+\hat{B}_1)(1-\hat{B}_1)} \dfrac{(1+\hat{B}_2)(1+\hat{B}_2)}{(1-\hat{B}_2)(1+\hat{B}_2)} - 1}{\dfrac{(1+\hat{B}_1)(1+\hat{B}_1)}{(1+\hat{B}_1)(1-\hat{B}_1)} \dfrac{(1+\hat{B}_2)(1+\hat{B}_2)}{(1-\hat{B}_2)(1+\hat{B}_2)} + 1} \\
&= \frac{(1+\hat{B}_1)[(1+\hat{B}_1)(1+\hat{B}_2) - (1-\hat{B}_1)(1-\hat{B}_2)](1+\hat{B}_2)}{(1+\hat{B}_1)[(1+\hat{B}_1)(1+\hat{B}_2) + (1-\hat{B}_1)(1-\hat{B}_2)](1+\hat{B}_2)} \\
&= \frac{(1+\hat{B}_1)(\hat{B}_1 + \hat{B}_2)(1+\hat{B}_2)}{(1+\hat{B}_1)(1+\hat{B}_1 \hat{B}_2)(1+\hat{B}_2)}
\end{aligned} \tag{3.59}$$

将除法写为左乘倒数的形式，继续变换得

$$
\begin{aligned}
\hat{B}_{\mathrm{com}} &= \frac{1}{1+\hat{B}_2}\frac{1}{1+\hat{B}_1\hat{B}_2}(\hat{B}_1+\hat{B}_2)(1+\hat{B}_2) \\
&= \frac{1}{1+\hat{B}_2}\frac{(1+\hat{B}_2\hat{B}_1)(\hat{B}_1+\hat{B}_2)(1+\hat{B}_2)}{(1+\hat{B}_1\hat{B}_2)(1+\hat{B}_2\hat{B}_1)} \\
&= \frac{1}{1+\hat{B}_2}\frac{(1+\hat{B}_2)(\hat{B}_1+\hat{B}_2+\hat{B}_2^2\hat{B}_1+\hat{B}_1^2\hat{B}_2+\hat{B}_1\hat{B}_2-\hat{B}_2\hat{B}_1)}{(1+\hat{B}_1\hat{B}_2)(1+\hat{B}_2\hat{B}_1)} \\
&= \frac{\hat{B}_1+\hat{B}_2+\hat{B}_2^2\hat{B}_1+\hat{B}_1^2\hat{B}_2+\hat{B}_1\hat{B}_2-\hat{B}_2\hat{B}_1}{(1+\hat{B}_1\hat{B}_2)(1+\hat{B}_2\hat{B}_1)}
\end{aligned} \tag{3.60}
$$

注意其分母已为对偶标量。若写为分式表达式，则为

$$
\begin{aligned}
\hat{B}_{\mathrm{com}} &= \frac{(\hat{B}_1+1)(1+\hat{B}_1\hat{B}_2)+(\hat{B}_2-1)(1+\hat{B}_2\hat{B}_1)}{(1+\hat{B}_1\hat{B}_2)(1+\hat{B}_2\hat{B}_1)} \\
&= (\hat{B}_1+1)\frac{1}{1+\hat{B}_2\hat{B}_1}+(\hat{B}_2-1)\frac{1}{1+\hat{B}_1\hat{B}_2}
\end{aligned} \tag{3.61}
$$

或

$$
\hat{B}_{\mathrm{com}} = \frac{1}{1+\hat{B}_1\hat{B}_2}(\hat{B}_1-1)+\frac{1}{1+\hat{B}_2\hat{B}_1}(\hat{B}_2+1) \tag{3.62}
$$

注意 $\frac{1}{1+\hat{B}_2\hat{B}_1}=\left(\frac{1}{1+\hat{B}_1\hat{B}_2}\right)^*$，故式（3.61）中包含 1 次对偶四元数的逆运算和 3 次乘法运算。若采用式（3.58），先将扭量转换为对偶四元数，再进行对偶四元数的合成，最后转回扭量，则包含 3 次对偶四元数的逆运算和 3 次乘法运算，比式（3.61）的运算量大。因此在进行扭量的位姿合成计算时，若已知扭量 $\hat{B}_1$、$\hat{B}_2$ 的值而未知对偶四元数的值，应采用式（3.61）进行计算。合成公式的对偶分部形式过于复杂，在此不作罗列。对比式（3.56）可知，扭量的位姿合成法则要比对偶四元数的位姿合成更为复杂。

扭量 $\hat{B}$ 对应的逆元 $\hat{B}_{\mathrm{rev}}$ 应满足 $\hat{B}$ 与 $\hat{B}_{\mathrm{rev}}$ 的合成扭量为零位姿扭量，即满足

$$
\hat{B}_{\mathrm{com}}(\hat{B},\hat{B}_{\mathrm{rev}})=0 \tag{3.63}
$$

容易得到

$$
\hat{B}_{\mathrm{rev}}=-\hat{B} \tag{3.64}
$$

即表示 $\hat{B}$ 的逆元为 $-\hat{B}$ 。

列出后面推导中需用到的部分扭量运算关系式：

$$
\hat{B}_1(1+\hat{B}_1\hat{B}_2)=\hat{B}_1+\hat{B}_1^{\,2}\hat{B}_2=(1+\hat{B}_2\hat{B}_1)\hat{B}_1 \tag{3.65}
$$

$$\hat{B}_1 \frac{1}{1+\hat{B}_2\hat{B}_1} = \frac{\hat{B}_1(1+\hat{B}_1\hat{B}_2)}{(1+\hat{B}_1\hat{B}_2)(1+\hat{B}_2\hat{B}_1)} = \frac{(1+\hat{B}_2\hat{B}_1)\hat{B}_1}{(1+\hat{B}_1\hat{B}_2)(1+\hat{B}_2\hat{B}_1)}$$
$$= \frac{1}{1+\hat{B}_1\hat{B}_2}\hat{B}_1 \tag{3.66}$$

$$\begin{cases} 1+\hat{B}_{\text{com}}(\hat{B}_1,\hat{B}_2) = (\hat{B}_1+1)\dfrac{1}{1+\hat{B}_2\hat{B}_1}(\hat{B}_2+1) \\ 1-\hat{B}_{\text{com}}(\hat{B}_1,\hat{B}_2) = (\hat{B}_2-1)\dfrac{1}{1+\hat{B}_1\hat{B}_2}(\hat{B}_1-1) \end{cases} \tag{3.67}$$

3.2　运 动 模 型

3.2.1　运动学模型

位姿对偶四元数表示的位姿运动学模型为

$$\dot{\hat{q}} = \frac{1}{2}\hat{q}\hat{\Omega}_{AO}^{A} = \frac{1}{2}\hat{\Omega}_{AO}^{O}\hat{q} \tag{3.68}$$

式中，$\hat{\Omega}_{AO}^{A}$、$\hat{\Omega}_{AO}^{O}$ 为对偶速度矢量 $\hat{\boldsymbol{\Omega}}_{AO}^{A}$、$\hat{\boldsymbol{\Omega}}_{AO}^{O}$ 的对偶四元数形式，有

$$\begin{cases} \hat{\Omega}_{AO}^{A} = \bar{\boldsymbol{\omega}}_{AO}^{A} + \varepsilon\bar{\boldsymbol{v}}_{AO}^{A} \\ \hat{\boldsymbol{\Omega}}_{AO}^{A} = \boldsymbol{\omega}_{AO}^{A} + \varepsilon\boldsymbol{v}_{AO}^{A} \\ \boldsymbol{v}_{AO}^{A} = \dot{\boldsymbol{r}}_{AO}^{A} + \boldsymbol{\omega}_{AO}^{A} \times \boldsymbol{r}_{AO}^{A} \end{cases} \tag{3.69}$$

$$\begin{cases} \hat{\Omega}_{AO}^{O} = \bar{\boldsymbol{\omega}}_{AO}^{O} + \varepsilon\bar{\boldsymbol{v}}_{AO}^{O} \\ \hat{\boldsymbol{\Omega}}_{AO}^{O} = \boldsymbol{\omega}_{AO}^{O} + \varepsilon\boldsymbol{v}_{AO}^{O} \\ \boldsymbol{v}_{AO}^{O} = \dot{\boldsymbol{r}}_{AO}^{O} - \boldsymbol{\omega}_{AO}^{O} \times \boldsymbol{r}_{AO}^{O} \end{cases} \tag{3.70}$$

式中，$\boldsymbol{\omega}$ 为坐标系相对运动的角速度；$\dot{\boldsymbol{r}}$ 为坐标系相对位置矢量的变化率；$\boldsymbol{v}$ 为坐标系 A 相对坐标系 O 转动的线速度。容易验证，位姿对偶四元数关于直线对偶式的位姿变换表达式对于对偶速度的位姿变换同样成立，即有

$$\hat{\Omega}_{AO}^{A} = \hat{q}^{*}\hat{\Omega}_{AO}^{O}\hat{q} \tag{3.71}$$

对位姿扭量定义式（3.16）求导，考虑对偶四元数乘法和逆的导数运算式，得

$$\dot{\hat{B}} = \frac{\mathrm{d}}{\mathrm{d}t}\left[(\hat{q}-1)\frac{1}{\hat{q}+1}\right]$$
$$= \dot{\hat{q}}\frac{1}{\hat{q}+1} - (\hat{q}-1)\frac{1}{\hat{q}+1}\dot{\hat{q}}\frac{1}{\hat{q}+1}$$
$$= \frac{1}{\hat{q}+1}2\dot{\hat{q}}\frac{1}{\hat{q}+1} \tag{3.72}$$

将式（3.72）代入式（3.68），并根据式（3.38），得

$$\dot{\hat{B}} = \frac{1}{4}(1+\hat{B})\hat{\Omega}_{AO}^{A}(1-\hat{B}) \tag{3.73}$$

$$\dot{\hat{B}} = \frac{1}{4}(1-\hat{B})\hat{\Omega}_{AO}^{O}(1+\hat{B}) \tag{3.74}$$

展开为对偶分部形式，即

$$\begin{aligned}\dot{\hat{B}} &= \frac{1}{4}(1+\bar{\boldsymbol{p}}+\varepsilon\bar{\boldsymbol{b}})(\bar{\boldsymbol{\omega}}_{AO}^{A}+\varepsilon\bar{\boldsymbol{v}}_{AO}^{A})(1-\bar{\boldsymbol{p}}-\varepsilon\bar{\boldsymbol{b}}) \\ &= \frac{1}{4}(1+\bar{\boldsymbol{p}})\bar{\boldsymbol{\omega}}_{AO}^{A}(1-\bar{\boldsymbol{p}})+\varepsilon\frac{1}{4}[(1+\bar{\boldsymbol{p}})\bar{\boldsymbol{v}}_{AO}^{A}(1-\bar{\boldsymbol{p}})-(1+\bar{\boldsymbol{p}})\bar{\boldsymbol{\omega}}_{AO}^{A}\bar{\boldsymbol{b}}+\bar{\boldsymbol{b}}\bar{\boldsymbol{\omega}}_{AO}^{A}(1-\bar{\boldsymbol{p}})] \\ &= \overline{\boldsymbol{\Pi}^{\mathrm{T}}\boldsymbol{\omega}_{AO}^{A}}+\varepsilon\left[\overline{\boldsymbol{\Pi}^{\mathrm{T}}\boldsymbol{v}_{AO}^{A}}+\frac{1}{2}\bar{\boldsymbol{b}}\times\bar{\boldsymbol{\omega}}_{AO}^{A}-\frac{1}{4}\bar{\boldsymbol{b}}\bar{\boldsymbol{\omega}}_{AO}^{A}\bar{\boldsymbol{p}}-\frac{1}{4}\bar{\boldsymbol{p}}\bar{\boldsymbol{\omega}}_{AO}^{A}\bar{\boldsymbol{b}}\right]\end{aligned} \tag{3.75}$$

及

$$\dot{\hat{B}} = \overline{\boldsymbol{\Pi}\boldsymbol{\omega}_{AO}^{O}}+\varepsilon\left[\overline{\boldsymbol{\Pi}\boldsymbol{v}_{AO}^{O}}-\frac{1}{2}\bar{\boldsymbol{b}}\times\bar{\boldsymbol{\omega}}_{AO}^{O}-\frac{1}{4}\bar{\boldsymbol{b}}\bar{\boldsymbol{\omega}}_{AO}^{O}\bar{\boldsymbol{p}}+\frac{1}{4}\bar{\boldsymbol{p}}\bar{\boldsymbol{\omega}}_{AO}^{O}\bar{\boldsymbol{b}}\right] \tag{3.76}$$

再展开为矢量运算形式为

$$\begin{cases}\dot{\boldsymbol{p}} = \boldsymbol{\Pi}^{\mathrm{T}}\boldsymbol{\omega}_{AO}^{A} \\ \dot{\boldsymbol{b}} = \boldsymbol{\Pi}^{\mathrm{T}}\boldsymbol{v}_{AO}^{A}+\frac{1}{2}\bar{\boldsymbol{b}}\times\bar{\boldsymbol{\omega}}_{AO}^{A}-\frac{1}{2}(\boldsymbol{p}\cdot\boldsymbol{b})\boldsymbol{\omega}_{AO}^{A}+\frac{1}{2}(\boldsymbol{p}\cdot\boldsymbol{\omega}_{AO}^{A})\boldsymbol{b}+\frac{1}{2}(\boldsymbol{b}\cdot\boldsymbol{\omega}_{AO}^{A})\boldsymbol{p}\end{cases} \tag{3.77}$$

及

$$\begin{cases}\dot{\boldsymbol{p}} = \boldsymbol{\Pi}\boldsymbol{\omega}_{AO}^{O} \\ \dot{\boldsymbol{b}} = \boldsymbol{\Pi}\boldsymbol{v}_{AO}^{O}-\frac{1}{2}\bar{\boldsymbol{b}}\times\bar{\boldsymbol{\omega}}_{AO}^{O}-\frac{1}{2}(\boldsymbol{p}\cdot\boldsymbol{b})\boldsymbol{\omega}_{AO}^{O}+\frac{1}{2}(\boldsymbol{p}\cdot\boldsymbol{\omega}_{AO}^{O})\boldsymbol{b}+\frac{1}{2}(\boldsymbol{b}\cdot\boldsymbol{\omega}_{AO}^{O})\boldsymbol{p}\end{cases} \tag{3.78}$$

对比式（3.68）可知扭量描述的位姿运动学模型要比对偶四元数描述的位姿运动学模型更为复杂。

与直线对偶式的变换相同，位姿扭量关于对偶速度的位姿变换为

$$\hat{\Omega}_{AO}^{A} = \frac{1-\hat{B}}{1+\hat{B}}\hat{\Omega}_{AO}^{O}\frac{1+\hat{B}}{1-\hat{B}} \tag{3.79}$$

展开为对偶分部形式，即

$$\begin{cases}\boldsymbol{\omega}_{AO}^{A} = \boldsymbol{R}\boldsymbol{\omega}_{AO}^{O} \\ \boldsymbol{v}_{AO}^{A} = \boldsymbol{R}[\boldsymbol{v}_{AO}^{O}+\boldsymbol{\omega}_{AO}^{O}\times(\boldsymbol{\Pi}^{-1}\boldsymbol{b})]\end{cases} \tag{3.80}$$

另外，扭量到对偶速度的逆映射为

$$\begin{cases}\hat{\Omega}_{AO}^{A} = 4\frac{1}{1+\hat{B}}\dot{\hat{B}}\frac{1}{1-\hat{B}} \\ \hat{\Omega}_{AO}^{O} = 4\frac{1}{1-\hat{B}}\dot{\hat{B}}\frac{1}{1+\hat{B}}\end{cases} \tag{3.81}$$

3.2.2 动力学模型

刚体运动的扭量动力学模型，即对偶速度与受力之间的关系，与螺旋理论及位姿对偶四元数理论中的动力学模型是相同的。

定义对偶质量算子

$$\underline{\hat{\boldsymbol{M}}} = m\boldsymbol{I}\frac{\mathrm{d}}{\mathrm{d}\varepsilon} + \varepsilon\boldsymbol{J} \tag{3.82}$$

式中，m 为刚体质量；$\boldsymbol{J}$ 为刚体惯量矩阵；算子 $\frac{\mathrm{d}}{\mathrm{d}\varepsilon}$ 满足 $\frac{\mathrm{d}}{\mathrm{d}\varepsilon}(a+\varepsilon b)=b$，其中 a、b 为任意代数结构，即标量、矢量或对偶四元数等，以下划线区分对偶算子与对偶数。则对偶质量算子 $\underline{\hat{\boldsymbol{M}}}$ 作用于对偶速度矢量 $\hat{\boldsymbol{\Omega}}$ 即得到对偶动量为

$$\underline{\hat{\boldsymbol{M}}}\hat{\boldsymbol{\Omega}} = \left(m\boldsymbol{I}\frac{\mathrm{d}}{\mathrm{d}\varepsilon} + \varepsilon\boldsymbol{J}\right)(\boldsymbol{\omega}+\varepsilon\boldsymbol{v}) = m\boldsymbol{v} + \varepsilon\boldsymbol{J}\boldsymbol{\omega} \tag{3.83}$$

其实部为刚体平动的线动量，其对偶部为刚体转动的角动量。对偶质量算子的逆可定义为

$$\underline{\hat{\boldsymbol{M}}}^{-1} = \frac{\mathrm{d}}{\mathrm{d}\varepsilon}\boldsymbol{J}^{-1} + \varepsilon m^{-1}\boldsymbol{I} \tag{3.84}$$

满足

$$\underline{\hat{\boldsymbol{M}}}^{-1}(\underline{\hat{\boldsymbol{M}}}\hat{\boldsymbol{\Omega}}) = \hat{\boldsymbol{\Omega}} \tag{3.85}$$

定义力螺旋

$$\hat{\boldsymbol{F}} = \boldsymbol{f} + \varepsilon\boldsymbol{\tau} \tag{3.86}$$

式中，$\boldsymbol{f}$ 为刚体所受外力矢量；$\boldsymbol{\tau}$ 为刚体所受外力矩矢量。

设刚体的体坐标系为 B 系，I 系为惯性系，则有动力学方程

$$\frac{\mathrm{d}}{\mathrm{d}t}(\underline{\hat{\boldsymbol{M}}}^{I}\hat{\boldsymbol{\Omega}}_{BI}^{I}) = \hat{\boldsymbol{F}}^{I} \tag{3.87}$$

与

$$\underline{\hat{\boldsymbol{M}}}^{B}\dot{\hat{\boldsymbol{\Omega}}}_{BI}^{B} + \hat{\boldsymbol{\Omega}}_{BI}^{B}\times(\underline{\hat{\boldsymbol{M}}}^{B}\hat{\boldsymbol{\Omega}}_{BI}^{B}) = \hat{\boldsymbol{F}}^{B} \tag{3.88}$$

式中

$$\begin{cases}\underline{\hat{\boldsymbol{M}}}^{I} = m\boldsymbol{I}\dfrac{\mathrm{d}}{\mathrm{d}\varepsilon} + \varepsilon\boldsymbol{J}^{I}\\ \hat{\boldsymbol{F}}^{I} = \boldsymbol{f}^{I} + \varepsilon\boldsymbol{\tau}^{I}\end{cases} \tag{3.89}$$

及

$$\begin{cases}\underline{\hat{\boldsymbol{M}}}^{B} = m\boldsymbol{I}\dfrac{\mathrm{d}}{\mathrm{d}\varepsilon} + \varepsilon\boldsymbol{J}^{B}\\ \hat{\boldsymbol{F}}^{B} = \boldsymbol{f}^{B} + \varepsilon\boldsymbol{\tau}^{B}\end{cases} \tag{3.90}$$

考虑到刚体的惯量矩阵通常在体坐标系下给出，故刚体位姿运动的动力学方程通常采用式（3.88）、式（3.90）的形式。其展开为对偶分部形式为（省略下标 BI ）

$$\begin{cases} m\dot{\boldsymbol{v}}^B + m\boldsymbol{\omega}^B \times \boldsymbol{v}^B = \boldsymbol{f}^B \\ \boldsymbol{J}^B\dot{\boldsymbol{\omega}}^B + \boldsymbol{\omega}^B \times \boldsymbol{J}^B\boldsymbol{\omega}^B = \boldsymbol{\tau}^B \end{cases} \tag{3.91}$$

即分别为刚体平动和转动的欧拉动力学方程。

3.3　基于扭量的航天器姿轨一体化控制

为克服对偶四元数的冗余和单位化约束问题，本节基于提出的扭量参数及其位姿运动模型，研究航天器在三自由度控制力与三自由度控制力矩作用下的受控姿轨运动及经典控制律的设计，探索扭量在航天器姿轨一体化控制问题中的应用。大多数航天器控制任务的运动都可以抽象为受控航天器本体坐标系相对于期望坐标系的运动，例如，航天器轨道和姿态的机动或保持即为航天器本体坐标系相对标称轨道姿态对应的期望坐标系的运动，主从航天器编队飞行任务的运动即为从动航天器体坐标系相对编队标称轨迹与姿态的期望坐标系的运动；航天器交会任务的运动即为主动航天器体坐标系相对目标航天器交会的期望坐标系的运动。因此，本章研究的航天器姿轨一体化相对控制具有普遍意义。

3.3.1　航天器姿轨相对运动的扭量模型

1. 坐标系定义

本节所用到的坐标系定义如下所示。

（1）地心惯性系 $O_IX_IY_IZ_I$ 。原点位于地心，三坐标轴相对惯性空间保持不变。

（2）受控航天器本体坐标系 $O_BX_BY_BZ_B$ 。原点位于受控航天器质心，三坐标轴与受控航天器惯性主轴方向一致。

（3）期望坐标系 $O_DX_DY_DZ_D$ 。原点位于受控航天器的期望质心位置，三坐标轴与受控航天器的期望姿态指向一致。

2. 受力分析

1）环境力与环境力矩

简单起见，受控航天器所受环境力与环境力矩仅考虑地球球形引力，其余环境力与环境力矩都视为小量干扰力或小量干扰力矩。地球球形引力矢量 $\boldsymbol{f}_g$ 可写为

$$\boldsymbol{f}_g = -\frac{\mu}{|\boldsymbol{r}|^3}\boldsymbol{r} \tag{3.92}$$

式中，μ 为地球引力常数；$\boldsymbol{r}$ 为地心到航天器质心的矢径。干扰力矢量和干扰力矩矢量分别记为 $\boldsymbol{f}_d$、$\boldsymbol{\tau}_d$。

2）控制力与控制力矩

受控航天器在三自由度控制力与三自由度控制力矩作用下运动，控制力矢量和控制力矩矢量分别记为 $\boldsymbol{f}_u$、$\boldsymbol{\tau}_u$。

3. 相对运动学方程

令 $\boldsymbol{r}_{BI}^I$、$\boldsymbol{r}_{BI}^B$ 分别表示坐标系 $O_BX_BY_BZ_B$ 相对坐标系 $O_IX_IY_IZ_I$ 的位置矢量在坐标系 $O_IX_IY_IZ_I$、坐标系 $O_BX_BY_BZ_B$ 下的坐标，$\boldsymbol{r}_{DI}^I$、$\boldsymbol{r}_{DI}^D$ 分别表示坐标系 $O_DX_DY_DZ_D$ 相对坐标系 $O_IX_IY_IZ_I$ 的位置矢量在坐标系 $O_IX_IY_IZ_I$、坐标系 $O_DX_DY_DZ_D$ 下的坐标，$\dot{\boldsymbol{r}}_{BI}^I$、$\dot{\boldsymbol{r}}_{BI}^B$、$\dot{\boldsymbol{r}}_{DI}^I$、$\dot{\boldsymbol{r}}_{DI}^D$ 分别表示 $\boldsymbol{r}_{BI}^I$、$\boldsymbol{r}_{BI}^B$、$\boldsymbol{r}_{DI}^I$、$\boldsymbol{r}_{DI}^D$ 对时间的导数；q_{BI} 表示坐标系 $O_BX_BY_BZ_B$ 相对坐标系 $O_IX_IY_IZ_I$ 的姿态四元数，q_{DI} 表示坐标系 $O_DX_DY_DZ_D$ 相对坐标系 $O_IX_IY_IZ_I$ 的姿态四元数，$\boldsymbol{p}_{BI}$、$\boldsymbol{p}_{DI}$ 分别表示 q_{BI}、q_{DI} 对应的 MRP；$\boldsymbol{\omega}_{BI}^I$、$\boldsymbol{\omega}_{BI}^B$ 分别表示坐标系 $O_BX_BY_BZ_B$ 相对坐标系 $O_IX_IY_IZ_I$ 的姿态角速度矢量在坐标系 $O_IX_IY_IZ_I$、坐标系 $O_BX_BY_BZ_B$ 下的坐标，$\boldsymbol{\omega}_{DI}^I$、$\boldsymbol{\omega}_{DI}^D$ 分别表示坐标系 $O_DX_DY_DZ_D$ 相对坐标系 $O_IX_IY_IZ_I$ 的位置矢量在坐标系 $O_IX_IY_IZ_I$、坐标系 $O_DX_DY_DZ_D$ 下的坐标。注意 $\boldsymbol{r},\dot{\boldsymbol{r}},\boldsymbol{p},\boldsymbol{\omega}\in\mathbb{R}^3$ 及 $q\in\mathbb{Q}^u$。

根据位姿扭量的定义，坐标系 $O_BX_BY_BZ_B$ 相对坐标系 $O_IX_IY_IZ_I$ 的位姿扭量 $\widehat{B}_{BI}$ 可写为

$$\begin{cases}\widehat{B}_{BI}=\overline{\boldsymbol{p}}_{BI}+\varepsilon\overline{\boldsymbol{b}}_{BI}\\ \boldsymbol{b}_{BI}=\boldsymbol{\Pi}_{BI}\boldsymbol{r}_{BI}^I=\boldsymbol{\Pi}_{BI}{}^{\mathrm{T}}\boldsymbol{r}_{BI}^B\\ \boldsymbol{\Pi}_{BI}=\dfrac{1}{4}(1-|\boldsymbol{p}_{BI}|^2)\boldsymbol{I}_3-\dfrac{1}{2}\boldsymbol{p}_{BI}^{\times}+\dfrac{1}{2}\boldsymbol{p}_{BI}\boldsymbol{p}_{BI}^{\mathrm{T}}\end{cases}\tag{3.93}$$

其运动学方程为

$$\begin{aligned}\dot{\widehat{B}}_{BI}&=\frac{1}{4}(1+\widehat{B}_{BI})\widehat{\Omega}_{BI}^B(1-\widehat{B}_{BI})\\&=\frac{1}{4}(1-\widehat{B}_{BI})\widehat{\Omega}_{BI}^I(1+\widehat{B}_{BI})\end{aligned}\tag{3.94}$$

式中，$\widehat{\Omega}_{BI}^B$、$\widehat{\Omega}_{BI}^I$ 分别为坐标系 $O_BX_BY_BZ_B$ 相对坐标系 $O_IX_IY_IZ_I$ 的对偶速度在坐标系 $O_BX_BY_BZ_B$、坐标系 $O_IX_IY_IZ_I$ 下的表示，其对偶矢量形式 $\widehat{\boldsymbol{\Omega}}_{BI}^B$、$\widehat{\boldsymbol{\Omega}}_{BI}^I$ 可写为

$$\begin{cases}\widehat{\boldsymbol{\Omega}}_{BI}^B=\boldsymbol{\omega}_{BI}^B+\varepsilon\boldsymbol{v}_{BI}^B\\ \boldsymbol{v}_{BI}^B=\dot{\boldsymbol{r}}_{BI}^B+\boldsymbol{\omega}_{BI}^B\times\boldsymbol{r}_{BI}^B\\ \widehat{\boldsymbol{\Omega}}_{BI}^I=\boldsymbol{\omega}_{BI}^I+\varepsilon\boldsymbol{v}_{BI}^I\\ \boldsymbol{v}_{BI}^I=\dot{\boldsymbol{r}}_{BI}^I-\boldsymbol{\omega}_{BI}^I\times\boldsymbol{r}_{BI}^I\end{cases}\tag{3.95}$$

式（3.93）、式（3.95）给出了由不同坐标系下的位置、姿态、速度、角速度信息计算位姿扭量和对偶速度的公式。同理可计算坐标系 $O_DX_DY_DZ_D$ 相对坐标系 $O_IX_IY_IZ_I$ 的位姿扭量 $\widehat{B}_{DI}$ 及对偶速度 $\widehat{\boldsymbol{\Omega}}_{DI}$。

根据位姿扭量的合成公式，由 $\widehat{B}_{BI}$ 和 $\widehat{B}_{DI}$ 可以得到坐标系 $O_DX_DY_DZ_D$ 相对坐标系 $O_BX_BY_BZ_B$ 的位姿扭量 $\widehat{B}_{BD}$：

$$
\begin{aligned}
\widehat{B}_{BD} &= \widehat{B}_{\text{com}}(-\widehat{B}_{DI},\widehat{B}_{BI}) \\
&= \frac{1}{1-\widehat{B}_{BI}\widehat{B}_{DI}}(\widehat{B}_{BI}+1)-\frac{1}{1-\widehat{B}_{DI}\widehat{B}_{BI}}(\widehat{B}_{DI}+1)
\end{aligned} \tag{3.96}
$$

若已获得坐标系 $O_DX_DY_DZ_D$ 相对坐标系 $O_BX_BY_BZ_B$ 的传统位置、姿态参数，则有

$$
\begin{cases}
\widehat{B}_{BD} = \overline{\boldsymbol{p}}_{BD} + \varepsilon\overline{\boldsymbol{b}}_{BD} \\
\boldsymbol{b}_{BD} = \boldsymbol{\Pi}_{BD}\boldsymbol{r}_{BD}^{D} = \boldsymbol{\Pi}_{BD}^{\mathrm{T}}\boldsymbol{r}_{BD}^{B} \\
\boldsymbol{\Pi}_{BD} = \frac{1}{4}(1-\boldsymbol{p}_{BD}^{2})\boldsymbol{I}_3 - \frac{1}{2}\boldsymbol{p}_{BD}^{\times} + \frac{1}{2}\boldsymbol{p}_{BD}\boldsymbol{p}_{BD}^{\mathrm{T}}
\end{cases} \tag{3.97}
$$

为求取相对运动学方程，对式（3.96）求导，根据对偶四元数乘法的导数和逆的导数运算，并多次应用式（3.66），推导可得

$$
\begin{aligned}
\dot{\widehat{B}}_{BD} &= \frac{\mathrm{d}}{\mathrm{d}t}\left[\frac{1}{1-\widehat{B}_{BI}\widehat{B}_{DI}}(\widehat{B}_{BI}+1)-\frac{1}{1-\widehat{B}_{DI}\widehat{B}_{BI}}(\widehat{B}_{DI}+1)\right] \\
&= \frac{1}{1-\widehat{B}_{BI}\widehat{B}_{DI}}\dot{\widehat{B}}_{BI} - \frac{1}{1-\widehat{B}_{BI}\widehat{B}_{DI}}(-\dot{\widehat{B}}_{BI}\widehat{B}_{DI}-\widehat{B}_{BI}\dot{\widehat{B}}_{DI})\frac{1}{1-\widehat{B}_{BI}\widehat{B}_{DI}}(\widehat{B}_{BI}+1) \\
&\quad -\frac{1}{1-\widehat{B}_{DI}\widehat{B}_{BI}}\dot{\widehat{B}}_{DI} + \frac{1}{1-\widehat{B}_{DI}\widehat{B}_{BI}}(-\dot{\widehat{B}}_{DI}\widehat{B}_{BI}-\widehat{B}_{DI}\dot{\widehat{B}}_{BI})\frac{1}{1-\widehat{B}_{DI}\widehat{B}_{BI}}(\widehat{B}_{DI}+1) \\
&= \frac{1}{1-\widehat{B}_{BI}\widehat{B}_{DI}}\dot{\widehat{B}}_{BI}\left[1+\widehat{B}_{DI}\frac{1}{1-\widehat{B}_{BI}\widehat{B}_{DI}}(\widehat{B}_{BI}+1)\right] \\
&\quad -\frac{1}{1-\widehat{B}_{DI}\widehat{B}_{BI}}\widehat{B}_{DI}\dot{\widehat{B}}_{BI}\frac{1}{1-\widehat{B}_{DI}\widehat{B}_{BI}}(\widehat{B}_{DI}+1) \\
&\quad -\frac{1}{1-\widehat{B}_{DI}\widehat{B}_{BI}}\dot{\widehat{B}}_{DI}\left[1+\widehat{B}_{BI}\frac{1}{1-\widehat{B}_{DI}\widehat{B}_{BI}}(\widehat{B}_{DI}+1)\right] \\
&\quad +\frac{1}{1-\widehat{B}_{BI}\widehat{B}_{DI}}\widehat{B}_{BI}\dot{\widehat{B}}_{DI}\frac{1}{1-\widehat{B}_{BI}\widehat{B}_{DI}}(\widehat{B}_{BI}+1)
\end{aligned} \tag{3.98}
$$

即

$$\begin{aligned}\dot{\hat{B}}_{BD}&=\left[\frac{1}{1-\hat{B}_{BI}\hat{B}_{DI}}-\frac{1}{1-\hat{B}_{DI}\hat{B}_{BI}}\hat{B}_{DI}\right]\dot{\hat{B}}_{BI}\frac{1}{1-\hat{B}_{DI}\hat{B}_{BI}}(\hat{B}_{DI}+1)\\&\quad-\left[\frac{1}{1-\hat{B}_{DI}\hat{B}_{BI}}-\frac{1}{1-\hat{B}_{BI}\hat{B}_{DI}}\hat{B}_{BI}\right]\dot{\hat{B}}_{DI}\frac{1}{1-\hat{B}_{BI}\hat{B}_{DI}}(\hat{B}_{BI}+1)\\&=(1-\hat{B}_{DI})\frac{1}{1-\hat{B}_{BI}\hat{B}_{DI}}\dot{\hat{B}}_{BI}\frac{1}{1-\hat{B}_{DI}\hat{B}_{BI}}(\hat{B}_{DI}+1)\\&\quad-(1-\hat{B}_{BI})\frac{1}{1-\hat{B}_{DI}\hat{B}_{BI}}\dot{\hat{B}}_{DI}\frac{1}{1-\hat{B}_{BI}\hat{B}_{DI}}(\hat{B}_{BI}+1)\end{aligned}\tag{3.99}$$

由式（3.67）可得

$$\begin{cases}1+\hat{B}_{BD}=(1-\hat{B}_{DI})\dfrac{1}{1-\hat{B}_{BI}\hat{B}_{DI}}(1+\hat{B}_{BI})\\1-\hat{B}_{BD}=(1-\hat{B}_{BI})\dfrac{1}{1-\hat{B}_{DI}\hat{B}_{BI}}(1+\hat{B}_{DI})\end{cases}\tag{3.100}$$

代入式（3.99）可得

$$\begin{aligned}\dot{\hat{B}}_{BD}&=(1+\hat{B}_{BD})\frac{1}{1+\hat{B}_{BI}}\dot{\hat{B}}_{BI}\frac{1}{1-\hat{B}_{BI}}(1-\hat{B}_{BD})\\&\quad-(1-\hat{B}_{BD})\frac{1}{1+\hat{B}_{DI}}\dot{\hat{B}}_{DI}\frac{1}{1-\hat{B}_{DI}}(1+\hat{B}_{BD})\end{aligned}\tag{3.101}$$

令

$$\dot{\hat{B}}_{BD}=\frac{1}{4}(1+\hat{B}_{BD})\hat{\Omega}_{BD}^{B}(1-\hat{B}_{BD})\tag{3.102}$$

再由式（3.73）、式（3.81）可得

$$\begin{cases}\hat{\Omega}_{BI}^{B}=4\dfrac{1}{1+\hat{B}_{BI}}\dot{\hat{B}}_{BI}\dfrac{1}{1-\hat{B}_{BI}}\\\hat{\Omega}_{DI}^{D}=4\dfrac{1}{1+\hat{B}_{DI}}\dot{\hat{B}}_{DI}\dfrac{1}{1-\hat{B}_{DI}}\end{cases}\tag{3.103}$$

代入式（3.101）可得

$$(1+\hat{B}_{BD})\hat{\Omega}_{BD}^{B}(1-\hat{B}_{BD})=(1+\hat{B}_{BD})\hat{\Omega}_{BI}^{B}(1-\hat{B}_{BD})-(1-\hat{B}_{BD})\hat{\Omega}_{DI}^{D}(1+\hat{B}_{BD})\tag{3.104}$$

即

$$\hat{\Omega}_{BD}^{B}=\hat{\Omega}_{BI}^{B}-\frac{1-\hat{B}_{BD}}{1+\hat{B}_{BD}}\hat{\Omega}_{DI}^{D}\frac{1+\hat{B}_{BD}}{1-\hat{B}_{BD}}\tag{3.105}$$

这与位姿对偶四元数表示的关系式 $\hat{\Omega}_{BD}^{B}=\hat{\Omega}_{BI}^{B}-\hat{q}_{BD}{}^{*}\hat{\Omega}_{DI}^{D}\hat{q}_{BD}$ 是一致的。同理可得

$$\dot{\hat{B}}_{BD}=\frac{1}{4}(1-\hat{B}_{BD})\hat{\Omega}_{BD}^{D}(1+\hat{B}_{BD})\tag{3.106}$$

$$\hat{\Omega}_{BD}^{D}=\frac{1+\hat{B}_{BD}}{1-\hat{B}_{BD}}\hat{\Omega}_{BI}^{D}\frac{1-\hat{B}_{BD}}{1+\hat{B}_{BD}}-\hat{\Omega}_{DI}^{D} \tag{3.107}$$

若已获得坐标系 $O_DX_DY_DZ_D$ 相对坐标系 $O_BX_BY_BZ_B$ 的传统位置、姿态、速度、角速度参数，则由式（3.69）和式（3.70）有

$$\begin{cases}\hat{\boldsymbol{\Omega}}_{BD}^{B}=\boldsymbol{\omega}_{BD}^{B}+\varepsilon\boldsymbol{v}_{BD}^{B}\\ \boldsymbol{v}_{BD}^{B}=\dot{\boldsymbol{r}}_{BD}^{B}+\boldsymbol{\omega}_{BD}^{B}\times\boldsymbol{r}_{BD}^{B}\\ \hat{\boldsymbol{\Omega}}_{BD}^{D}=\boldsymbol{\omega}_{BD}^{D}+\varepsilon\boldsymbol{v}_{BD}^{D}\\ \boldsymbol{v}_{BD}^{D}=\dot{\boldsymbol{r}}_{BD}^{D}-\boldsymbol{\omega}_{BD}^{D}\times\boldsymbol{r}_{BD}^{D}\end{cases} \tag{3.108}$$

由以上结果，相对扭量 $\hat{B}_{BD}$ 和相对对偶速度 $\hat{\Omega}_{BD}^{B}$ 或 $\hat{\Omega}_{BD}^{D}$ 既可由绝对扭量运动参数导出，也可由传统位置、姿态运动参数导出。

4. 相对动力学方程

令 m 为受控航天器质量，$\boldsymbol{J}^B$ 为受控航天器体坐标系下的惯量矩阵，则根据位姿扭量动力学模型，受控航天器的动力学方程为

$$\underline{\hat{\boldsymbol{M}}}\dot{\hat{\boldsymbol{\Omega}}}_{BI}^{B}+\hat{\boldsymbol{\Omega}}_{BI}^{B}\times(\underline{\hat{\boldsymbol{M}}}\hat{\boldsymbol{\Omega}}_{BI}^{B})=\hat{\boldsymbol{F}}^{B}=\hat{\boldsymbol{F}}_{g}^{B}+\hat{\boldsymbol{F}}_{u}^{B}+\hat{\boldsymbol{F}}_{d}^{B} \tag{3.109}$$

或

$$\dot{\hat{\boldsymbol{\Omega}}}_{BI}^{B}=\underline{\hat{\boldsymbol{M}}}^{-1}[\hat{\boldsymbol{F}}_{g}^{B}+\hat{\boldsymbol{F}}_{u}^{B}+\hat{\boldsymbol{F}}_{d}^{B}-\hat{\boldsymbol{\Omega}}_{BI}^{B}\times(\underline{\hat{\boldsymbol{M}}}^{B}\hat{\boldsymbol{\Omega}}_{BI}^{B})] \tag{3.110}$$

式中

$$\underline{\hat{\boldsymbol{M}}}=m\frac{\mathrm{d}}{\mathrm{d}\varepsilon}\boldsymbol{I}+\varepsilon\boldsymbol{J}^{B} \tag{3.111}$$

及

$$\begin{aligned}\hat{\boldsymbol{F}}_{g}^{B}&=\boldsymbol{f}_{g}^{B}+\varepsilon 0\\ \hat{\boldsymbol{F}}_{u}^{B}&=\boldsymbol{f}_{u}^{B}+\varepsilon\boldsymbol{\tau}_{u}^{B}\\ \hat{\boldsymbol{F}}_{d}^{B}&=\boldsymbol{f}_{d}^{B}+\varepsilon\boldsymbol{\tau}_{d}^{B}\end{aligned} \tag{3.112}$$

由式（3.92）及式（3.93），$\boldsymbol{f}_{g}^{B}$ 可写为扭量参数表示的形式

$$\boldsymbol{f}_{g}^{B}=-\mu\left(\frac{1+|\boldsymbol{p}_{BI}|^{2}}{4|\boldsymbol{b}_{BI}|}\right)^{3}\boldsymbol{\Pi}_{BI}^{\mathrm{T}}\boldsymbol{b}_{BI} \tag{3.113}$$

为导出相对扭量动力学方程，对式（3.105）求导

$$\dot{\hat{\Omega}}_{BD}^{B}=\dot{\hat{\Omega}}_{BI}^{B}-\frac{1-\hat{B}_{BD}}{1+\hat{B}_{BD}}\dot{\hat{\Omega}}_{DI}^{D}\frac{1+\hat{B}_{BD}}{1-\hat{B}_{BD}}-\frac{\mathrm{d}}{\mathrm{d}t}\left(\frac{1-\hat{B}_{BD}}{1+\hat{B}_{BD}}\right)\hat{\Omega}_{DI}^{D}\frac{1+\hat{B}_{BD}}{1-\hat{B}_{BD}}-\frac{1-\hat{B}_{BD}}{1+\hat{B}_{BD}}\hat{\Omega}_{DI}^{D}\frac{\mathrm{d}}{\mathrm{d}t}\left(\frac{1+\hat{B}_{BD}}{1-\hat{B}_{BD}}\right) \tag{3.114}$$

式中

$$\frac{\mathrm{d}}{\mathrm{d}t}\left(\frac{1-\hat{B}_{BD}}{1+\hat{B}_{BD}}\right)=-\frac{1}{1+\hat{B}_{BD}}\dot{\hat{B}}_{BD}-\frac{1}{1+\hat{B}_{BD}}\dot{\hat{B}}_{BD}\frac{1}{1+\hat{B}_{BD}}(1-\hat{B}_{BD})$$

$$=-2\frac{1}{1+\hat{B}_{BD}}\dot{\hat{B}}_{BD}\frac{1}{1+\hat{B}_{BD}}$$

$$=-\frac{1}{2}\hat{\Omega}_{BD}^{B}\frac{1-\hat{B}_{BD}}{1+\hat{B}_{BD}} \tag{3.115}$$

$$\frac{\mathrm{d}}{\mathrm{d}t}\left(\frac{1+\hat{B}_{BD}}{1-\hat{B}_{BD}}\right)=\frac{\mathrm{d}}{\mathrm{d}t}\left(\frac{1-\hat{B}_{BD}}{1+\hat{B}_{BD}}\right)^{*}$$

$$=\frac{1}{2}\frac{1+\hat{B}_{BD}}{1-\hat{B}_{BD}}\hat{\Omega}_{BD}^{B} \tag{3.116}$$

这与位姿对偶四元数运动学方程是一致的。代入式（3.114）得

$$\dot{\hat{\Omega}}_{BD}^{B}=\dot{\hat{\Omega}}_{BI}^{B}-\frac{1-\hat{B}_{BD}}{1+\hat{B}_{BD}}\dot{\hat{\Omega}}_{DI}^{D}\frac{1+\hat{B}_{BD}}{1-\hat{B}_{BD}}+\hat{\Omega}_{BD}^{B}\times\left(\frac{1-\hat{B}_{BD}}{1+\hat{B}_{BD}}\hat{\Omega}_{DI}^{D}\frac{1+\hat{B}_{BD}}{1-\hat{B}_{BD}}\right) \tag{3.117}$$

再将式（3.110）代入，并令

$$\dot{\hat{\Omega}}_{DI}^{B}=\frac{1-\hat{B}_{BD}}{1+\hat{B}_{BD}}\dot{\hat{\Omega}}_{DI}^{D}\frac{1+\hat{B}_{BD}}{1-\hat{B}_{BD}}-\hat{\Omega}_{BD}^{B}\times\left(\frac{1-\hat{B}_{BD}}{1+\hat{B}_{BD}}\hat{\Omega}_{DI}^{D}\frac{1+\hat{B}_{BD}}{1-\hat{B}_{BD}}\right) \tag{3.118}$$

则可以得到

$$\dot{\hat{\boldsymbol{\Omega}}}_{BD}^{B}=\underline{\hat{\boldsymbol{M}}}^{-1}\hat{\boldsymbol{F}}_{u}^{B}+\underline{\hat{\boldsymbol{M}}}^{-1}\hat{\boldsymbol{F}}_{g}^{B}+\underline{\hat{\boldsymbol{M}}}^{-1}\hat{\boldsymbol{F}}_{d}^{B}-\underline{\hat{\boldsymbol{M}}}^{-1}[\hat{\boldsymbol{\Omega}}_{BI}^{B}\times(\underline{\hat{\boldsymbol{M}}}\hat{\boldsymbol{\Omega}}_{BI}^{B})]-\dot{\hat{\boldsymbol{\Omega}}}_{DI}^{B} \tag{3.119}$$

注意：若需将 $\hat{\boldsymbol{\Omega}}_{BI}^{B}$ 表示为 $\hat{\boldsymbol{\Omega}}_{BD}^{B}$ 与 $\hat{\boldsymbol{\Omega}}_{DI}^{D}$ 的算式则需应用式（3.105）。

5. 相对运动方程组

最终航天器的扭量形式相对运动方程组由式（3.102）、式（3.119）组成，即

$$\begin{cases}\dot{\hat{B}}_{BD}=\frac{1}{4}(1+\hat{B}_{BD})\hat{\Omega}_{BD}^{B}(1-\hat{B}_{BD})\\ \dot{\hat{\boldsymbol{\Omega}}}_{BD}^{B}=\underline{\hat{\boldsymbol{M}}}^{-1}\hat{\boldsymbol{F}}_{u}^{B}+\underline{\hat{\boldsymbol{M}}}^{-1}\hat{\boldsymbol{F}}_{g}^{B}+\underline{\hat{\boldsymbol{M}}}^{-1}\hat{\boldsymbol{F}}_{d}^{B}-\underline{\hat{\boldsymbol{M}}}^{-1}[\hat{\boldsymbol{\Omega}}_{BI}^{B}\times(\underline{\hat{\boldsymbol{M}}}\hat{\boldsymbol{\Omega}}_{BI}^{B})]-\dot{\hat{\boldsymbol{\Omega}}}_{DI}^{B}\end{cases} \tag{3.120}$$

式中

$$\begin{cases}\dot{\hat{\Omega}}_{DI}^{B}=\frac{1-\hat{B}_{BD}}{1+\hat{B}_{BD}}\dot{\hat{\Omega}}_{DI}^{D}\frac{1+\hat{B}_{BD}}{1-\hat{B}_{BD}}-\hat{\Omega}_{BD}^{B}\times\left(\frac{1-\hat{B}_{BD}}{1+\hat{B}_{BD}}\hat{\Omega}_{DI}^{D}\frac{1+\hat{B}_{BD}}{1-\hat{B}_{BD}}\right)\\ \hat{\Omega}_{BI}^{B}=\hat{\Omega}_{BD}^{B}+\frac{1-\hat{B}_{BD}}{1+\hat{B}_{BD}}\hat{\Omega}_{DI}^{D}\frac{1+\hat{B}_{BD}}{1-\hat{B}_{BD}}\end{cases} \tag{3.121}$$

3.3.2　扭量控制器设计

1. 反馈线性化 PD 控制器

最简单直观的跟踪控制方法就是 PD 控制，考虑到航天器相对运动模型的非线性，可以采用反馈线性化 PD 控制方法。以航天器相对位姿扭量参数和对偶速度分别作为 PD 控制器状态反馈的比例项与微分项，得到基于扭量的反馈线性化姿轨一体化 PD 控制器。

1）控制律设计

为了保持对偶表达式运算的统一，将对偶质量算子扩展为一般的对偶算子，即

$$\hat{\underline{\boldsymbol{K}}} = \boldsymbol{K}_1 \frac{\mathrm{d}}{\mathrm{d}\varepsilon} + \boldsymbol{K}_2 \varepsilon \tag{3.122}$$

式（3.122）表示对三维对偶矢量的对偶算子，其中，$\boldsymbol{K}_1$、$\boldsymbol{K}_2$ 为 3×3 实矩阵。类似地也可定义对对偶标量和对偶四元数的对偶算子。注意对偶算子只能与对偶数进行运算，对偶算子之间无法直接运算，故本章在含多个对偶算子的表达式中省略表示结合顺序的括号，即

$$\hat{\underline{\boldsymbol{K}}}_m(\hat{\underline{\boldsymbol{K}}}_n \hat{\boldsymbol{a}}) = \hat{\underline{\boldsymbol{K}}}_m \hat{\underline{\boldsymbol{K}}}_n \hat{\boldsymbol{a}} \tag{3.123}$$

特殊地，若 $\boldsymbol{K}_1$、$\boldsymbol{K}_2$ 都为单位矩阵，记

$$\hat{\underline{\boldsymbol{E}}} = \boldsymbol{I} \frac{\mathrm{d}}{\mathrm{d}\varepsilon} + \boldsymbol{I}\varepsilon \tag{3.124}$$

则 $\hat{\underline{\boldsymbol{E}}}$ 对对偶矢量的运算仅是将该对偶矢量的实部与对偶部交换，即

$$\hat{\underline{\boldsymbol{E}}}(\boldsymbol{a}_r + \varepsilon \boldsymbol{a}_d) = \boldsymbol{a}_d + \varepsilon \boldsymbol{a}_r \tag{3.125}$$

并且有

$$\hat{\underline{\boldsymbol{E}}}^{-1} = \hat{\underline{\boldsymbol{E}}} \tag{3.126}$$

此外，若以 $\hat{\underline{\boldsymbol{E}}}$ 与 $\hat{\underline{\boldsymbol{K}}}$ 依次对对偶矢量进行运算，可得

$$\hat{\underline{\boldsymbol{E}}}\hat{\underline{\boldsymbol{K}}}(\boldsymbol{a}_r + \varepsilon \boldsymbol{a}_d) = \boldsymbol{K}_2 \boldsymbol{a}_r + \varepsilon \boldsymbol{K}_1 \boldsymbol{a}_d \tag{3.127}$$

$$\hat{\underline{\boldsymbol{K}}}\hat{\underline{\boldsymbol{E}}}(\boldsymbol{a}_r + \varepsilon \boldsymbol{a}_d) = \boldsymbol{K}_1 \boldsymbol{a}_r + \varepsilon \boldsymbol{K}_2 \boldsymbol{a}_d \tag{3.128}$$

可见，$\hat{\underline{\boldsymbol{K}}}\hat{\underline{\boldsymbol{E}}}$ 运算可以实现将对偶矢量的实部与对偶部分别左乘系数矩阵的效果。

根据扭量形式的航天器相对运动方程组［式（3.120）］，设计反馈线性化 PD 控制律为

$$\hat{\boldsymbol{F}}_u^B = -4\hat{\underline{\boldsymbol{K}}}_p \hat{\boldsymbol{B}}_{BD} - \hat{\underline{\boldsymbol{K}}}_d \hat{\boldsymbol{V}}_{BD}^B - \hat{\boldsymbol{F}}_g^B + \hat{\boldsymbol{\Omega}}_{BI}^B \times (\hat{\underline{\boldsymbol{M}}} \hat{\boldsymbol{\Omega}}_{BI}^B) + \hat{\underline{\boldsymbol{M}}} \dot{\hat{\boldsymbol{\Omega}}}_{DI}^B \tag{3.129}$$

式中，$\hat{\underline{\boldsymbol{K}}}_p$、$\hat{\underline{\boldsymbol{K}}}_d$ 为对偶系数算子，写为

$$\begin{cases} \underline{\hat{\boldsymbol{K}}}_p = \boldsymbol{K}_r \dfrac{\mathrm{d}}{\mathrm{d}\varepsilon} + \boldsymbol{K}_a \varepsilon \\ \underline{\hat{\boldsymbol{K}}}_d = \boldsymbol{K}_v \dfrac{\mathrm{d}}{\mathrm{d}\varepsilon} + \boldsymbol{K}_\omega \varepsilon \end{cases} \tag{3.130}$$

考虑姿态与位置控制设计的统一及姿态与位置各自三通道控制的统一，系数设计为

$$\begin{cases} \underline{\hat{\boldsymbol{K}}}_p = k_p m \boldsymbol{I} \dfrac{\mathrm{d}}{\mathrm{d}\varepsilon} + k_p \boldsymbol{J}^B \varepsilon \\ \underline{\hat{\boldsymbol{K}}}_d = k_d m \boldsymbol{I} \dfrac{\mathrm{d}}{\mathrm{d}\varepsilon} + k_d \boldsymbol{J}^B \varepsilon \end{cases} \tag{3.131}$$

式中，k_p、k_d 为正实数。

将控制律代入运动方程组，忽略干扰力和干扰力矩，则系统闭环方程（省略下标 BD）为

$$\begin{cases} \dot{\hat{B}} = \dfrac{1}{4}(1+\hat{B})\hat{\Omega}^B(1-\hat{B}) \\ \underline{\hat{\boldsymbol{M}}}\dot{\hat{\boldsymbol{\Omega}}}^B = -4\underline{\hat{\boldsymbol{K}}}_p \hat{\boldsymbol{B}} - \underline{\hat{\boldsymbol{K}}}_d \hat{\boldsymbol{\Omega}}^B \end{cases} \tag{3.132}$$

展开为对偶分部形式为

$$\begin{cases} \dot{\boldsymbol{p}} = \boldsymbol{\Pi}^{\mathrm{T}} \boldsymbol{\omega}^B \\ \dot{\boldsymbol{b}} = \boldsymbol{\Pi}^{\mathrm{T}} \boldsymbol{v}^B + \dfrac{1}{2}\boldsymbol{b} \times \boldsymbol{\omega}^B + \dfrac{1}{2}(\boldsymbol{p}\cdot\boldsymbol{\omega}^B)\boldsymbol{b} - \dfrac{1}{2}(\boldsymbol{p}\cdot\boldsymbol{b})\boldsymbol{\omega}^B + \dfrac{1}{2}(\boldsymbol{b}\cdot\boldsymbol{\omega}^B)\boldsymbol{p} \\ \dot{\boldsymbol{\omega}}^B = -4k_p \boldsymbol{p} - k_d \boldsymbol{\omega}^B \\ \dot{\boldsymbol{v}}^B = -4k_p \boldsymbol{b} - k_d \boldsymbol{v}^B \end{cases} \tag{3.133}$$

也可写为姿态运动部分和位置运动部分，即

$$\begin{cases} \dot{\boldsymbol{p}} = \boldsymbol{\Pi}^{\mathrm{T}} \boldsymbol{\omega}^B \\ \dot{\boldsymbol{\omega}}^B = -4k_p \boldsymbol{p} - k_d \boldsymbol{\omega}^B \\ \dot{\boldsymbol{r}}^B = \boldsymbol{v}^B - \boldsymbol{\omega}^B \times \boldsymbol{r}^B \\ \dot{\boldsymbol{v}}^B = -4k_p \boldsymbol{\Pi}^{\mathrm{T}} \boldsymbol{r}^B - k_d \boldsymbol{v}^B \end{cases} \tag{3.134}$$

注意限定 $\|\bar{\boldsymbol{p}}\| \leqslant 1$，即姿态转角限定为 $-\pi \sim \pi$，避免了散开现象（unwinding phenomenon）问题，保证姿态运动收敛时沿转角小于 π 的方向运动。

比较本节设计的基于位姿扭量的姿轨一体化 PD 控制器和经典的基于姿态 MRP 的姿态 PD 控制器[4]，式（3.129）表明扭量控制律表达式的实部即为 MRP 控制律，此外，式（3.133）或式（3.134）表明扭量控制器作用下闭环系统姿轨运动部分与 MRP 控制器作用下的闭环系统姿态运动相同。这体现了使用对偶数研究

航天器姿轨运动的优势，即六维姿轨问题的方法和结果可以由三维姿态问题拓展得到。如同基于对偶四元数的位置和姿态控制器可以进行统一设计且期望的性质与基于四元数的姿态控制器相同，基于扭量的位置和姿态控制器可以进行统一设计且期望的性质与基于 MRP 的姿态控制器相同。

整理式（3.134）的位置运动部分可得

$$\begin{cases}\dot{\boldsymbol{r}}^B=\boldsymbol{v}^B-\boldsymbol{\omega}^B\times\boldsymbol{r}^B\\ \dot{\boldsymbol{v}}^B=-k_p[(1-\boldsymbol{p}^2)\boldsymbol{r}^B+2\boldsymbol{p}\times\boldsymbol{r}^B+2(\boldsymbol{p}\cdot\boldsymbol{r}^B)\boldsymbol{p}]-k_d\boldsymbol{v}^B\end{cases}\tag{3.135}$$

下面介绍两种基于位姿对偶四元数的 PD 控制器：第一种以对偶四元数的矢部为状态反馈，在此简称为对偶四元数矢部反馈控制器；第二种以对偶四元数的对数为状态反馈，在此简称为对偶四元数对数反馈控制器。第一种对偶四元数控制器的比例微分反馈项为 $-2\underline{\widehat{\boldsymbol{K}}}_p\langle\widehat{q}\rangle_v-\underline{\widehat{\boldsymbol{K}}}_d\widehat{\boldsymbol{\Omega}}^B$，对应的闭环系统方程为

$$\begin{cases}\dot{\widehat{q}}=\dfrac{1}{2}\widehat{q}\widehat{\boldsymbol{\Omega}}^B\\ \underline{\widehat{\boldsymbol{M}}}\dot{\widehat{\boldsymbol{\Omega}}}^B=-2\underline{\widehat{\boldsymbol{K}}}_p\langle\widehat{q}\rangle_v-\underline{\widehat{\boldsymbol{K}}}_d\widehat{\boldsymbol{\Omega}}^B\end{cases}\tag{3.136}$$

写为姿态运动部分和位置运动部分：

$$\begin{cases}\dot{q}=\dfrac{1}{2}q\overline{\boldsymbol{\omega}}^B\\ \dot{\boldsymbol{\omega}}^B=-2k_p\boldsymbol{q}-k_d\boldsymbol{\omega}^B\\ \dot{\boldsymbol{r}}^B=\boldsymbol{v}^B-\boldsymbol{\omega}^B\times\boldsymbol{r}^B\\ \dot{\boldsymbol{v}}^B=-k_p(q_0\boldsymbol{r}^B+\boldsymbol{q}\times\boldsymbol{r}^B)-k_d\boldsymbol{v}^B\end{cases}\tag{3.137}$$

将位置运动部分整理可得

$$\begin{cases}\dot{\boldsymbol{r}}^B=\boldsymbol{v}^B-\boldsymbol{\omega}^B\times\boldsymbol{r}^B\\ \dot{\boldsymbol{v}}^B=-k_p(q_0\boldsymbol{r}^B+\boldsymbol{q}\times\boldsymbol{r}^B)-k_d\boldsymbol{v}^B\\ \quad\;=-k_p\dfrac{1}{1+\boldsymbol{p}^2}[(1-\boldsymbol{p}^2)\boldsymbol{r}^B+2\boldsymbol{p}\times\boldsymbol{r}^B]-k_d\boldsymbol{v}^B\end{cases}\tag{3.138}$$

第二种对偶四元数控制器的比例微分反馈项为 $-2\underline{\widehat{\boldsymbol{K}}}_p\ln\widehat{q}-\underline{\widehat{\boldsymbol{K}}}_d\widehat{\boldsymbol{\Omega}}^B$，其中

$$\ln\widehat{q}=\frac{\phi\boldsymbol{n}}{2}+\varepsilon\frac{\boldsymbol{r}^B}{2}\tag{3.139}$$

对应的闭环系统方程为

$$\begin{cases}\dot{\widehat{q}}=\dfrac{1}{2}\widehat{q}\widehat{\Omega}^B\\ \underline{\widehat{\boldsymbol{M}}}\dot{\widehat{\boldsymbol{\Omega}}}^B=-2\underline{\widehat{\boldsymbol{K}}}_p\ln\widehat{q}-\underline{\widehat{\boldsymbol{K}}}_d\widehat{\boldsymbol{\Omega}}^B\end{cases}\tag{3.140}$$

写为姿态运动部分和位置运动部分为

$$\begin{cases}\dot{q}=\frac{1}{2}q\overline{\boldsymbol{\omega}}^B\\ \dot{\boldsymbol{\omega}}^B=-k_p\phi\boldsymbol{n}-k_d\boldsymbol{\omega}^B\\ \dot{\boldsymbol{r}}^B=\boldsymbol{v}^B-\boldsymbol{\omega}^B\times\boldsymbol{r}^B\\ \dot{\boldsymbol{v}}^B=-k_p\boldsymbol{r}^B-k_d\boldsymbol{v}^B\end{cases} \tag{3.141}$$

比较可知，基于扭量的控制律直接使用扭量参数作为反馈状态量，与对偶四元数矢部反馈控制器类似。而对偶四元数对数反馈控制律形式和计算过程比前两种控制器烦琐，但是系统的闭环方程形式更为简单。考虑到扭量和对偶四元数的换算关系，若有必要可将扭量控制律基于对偶四元数控制律重新设计以得到与之相同的闭环方程。

2）稳定性分析

姿态运动的 Lyapunov 函数取为 MRP 姿态 PD 控制器的常见形式[4]：

$$V_A=\frac{1}{2}(4k_p)^{-1}|\boldsymbol{\omega}^B|^2+2\ln(1+|\boldsymbol{p}|^2)\geqslant 0 \tag{3.142}$$

求导并代入式（3.134）可得

$$\begin{aligned}\dot{V}_A&=(4k_p)^{-1}\boldsymbol{\omega}^B\cdot(-4k_p\boldsymbol{p}-k_d\boldsymbol{\omega}^B)+\frac{4}{1+\boldsymbol{p}^2}\boldsymbol{p}\cdot\dot{\boldsymbol{p}}\\ &=-k_d(4k_p)^{-1}|\boldsymbol{\omega}^B|^2\leqslant 0\end{aligned} \tag{3.143}$$

$V_A=0$ 成立当且仅当 $\boldsymbol{p}=0,\ \boldsymbol{\omega}^B=0$，即为闭环系统姿态运动部分的平衡点，另外易得 $\lim\limits_{\|\boldsymbol{p}\|\to\infty,\|\boldsymbol{\omega}\|\to\infty}V_A=\infty$。$\dot{V}_A=0$ 成立仅当 $\boldsymbol{\omega}^B=0$，此时仅有 $\boldsymbol{p}=0,\ \boldsymbol{\omega}^B=0$ 为系统的解。则根据 LaSalle 引理，姿态运动的闭环系统关于平衡点 $\boldsymbol{p}=0,\ \boldsymbol{\omega}^B=0$ 是全局渐近稳定的。

当姿态运动收敛后，有 $\boldsymbol{\Pi}=\frac{1}{4}\boldsymbol{I}$ 及 $\boldsymbol{A}=\boldsymbol{I}$，此时位置运动部分简化为

$$\ddot{\boldsymbol{r}}^B=-4k_p\boldsymbol{r}^B-k_d\dot{\boldsymbol{r}}^B \tag{3.144}$$

显然当 k_p、k_d 为正实数时，此二阶系统关于平衡点 $\boldsymbol{r}^B=0,\ \dot{\boldsymbol{r}}^B=0$（即 $\boldsymbol{b}=0,\ \boldsymbol{v}^B=0$）全局渐近稳定。

因此，扭量控制闭环系统的姿轨运动全局渐近稳定。

2. 线性滑模变结构控制器

为使控制器具有一定的鲁棒性，采用滑模变结构控制方法，克服运动模型的参数不确定带来的影响，包括航天器质量、转动惯量的不确定性及外部干扰力、干扰力矩的影响。由于基于对偶数的六维姿轨控制方法可以由三维姿态控制方法

拓展得到，本节尝试根据已有的 MRP 滑模变结构姿态控制器[5]直接拓展设计所需的扭量滑模变结构姿轨一体化控制器。

1）MRP 滑模变结构姿态控制器

一种经典的基于 MRP 的线性滑模变结构姿态控制器设计如下[5]。航天器姿态运动方程为

$$\begin{cases}\dot{\boldsymbol{p}}=\boldsymbol{\Pi}^{\mathrm{T}}\boldsymbol{\omega}^{B}\\ \dot{\boldsymbol{\omega}}^{B}=\boldsymbol{J}^{-1}\boldsymbol{u}-\boldsymbol{J}^{-1}(\boldsymbol{\omega}^{B}\times\boldsymbol{J}\boldsymbol{\omega}^{B})\end{cases}\tag{3.145}$$

滑模面设计为

$$\boldsymbol{s}=\boldsymbol{\omega}^{B}+\frac{4}{1+|\boldsymbol{p}|^{2}}\boldsymbol{K}_{1}\boldsymbol{p}\tag{3.146}$$

滑模趋近律设计为

$$\dot{\boldsymbol{s}}=-\boldsymbol{K}_{2}\,\mathrm{sgn}(\boldsymbol{s})\tag{3.147}$$

式中，$\boldsymbol{K}_1$、$\boldsymbol{K}_2$为正定控制系数矩阵。得到控制律为

$$\boldsymbol{u}=-\boldsymbol{J}\boldsymbol{K}_{2}\,\mathrm{sgn}(\boldsymbol{s})-\boldsymbol{J}\frac{\mathrm{d}}{\mathrm{d}t}\left(\frac{4}{1+|\boldsymbol{p}|^{2}}\boldsymbol{K}_{1}\boldsymbol{p}\right)+(\boldsymbol{\omega}^{B}\times\boldsymbol{J}\boldsymbol{\omega}^{B})\tag{3.148}$$

能达阶段的闭环运动方程即为式（3.147），Lyapunov 函数取为

$$V_{1}=\frac{1}{2}\boldsymbol{s}\cdot\boldsymbol{s}\geqslant 0\tag{3.149}$$

其导数为

$$\dot{V}_{1}=-\boldsymbol{K}_{2}\boldsymbol{s}\cdot\mathrm{sgn}(\boldsymbol{s})\leqslant 0\tag{3.150}$$

$V_1=0$成立当且仅当$\boldsymbol{s}=0$，即为能达阶段闭环系统运动的平衡点，另外易得$\lim\limits_{\|s\|\to\infty}V_1=\infty$。$\dot{V}_1=0$成立当且仅当$\hat{\boldsymbol{s}}=0$。则根据 LaSalle 引理，闭环系统在能达阶段关于平衡点$\hat{\boldsymbol{s}}=0$是全局渐近稳定的。滑动阶段的闭环运动方程为$\boldsymbol{s}=0$，即

$$\boldsymbol{\omega}^{B}=-\frac{4}{1+|\boldsymbol{p}|^{2}}\boldsymbol{K}_{1}\boldsymbol{p}\tag{3.151}$$

Lyapunov 取为[4]

$$V_{2}=\frac{1}{2}\boldsymbol{p}\cdot\boldsymbol{p}\geqslant 0\tag{3.152}$$

其导数为

$$\begin{aligned}\dot{V}_{2}&=\boldsymbol{p}\cdot(\boldsymbol{\Pi}^{\mathrm{T}}\boldsymbol{\omega}^{B})\\&=-\frac{4}{1+|\boldsymbol{p}|^{2}}\boldsymbol{K}_{1}\boldsymbol{p}\cdot(\boldsymbol{\Pi}^{\mathrm{T}}\boldsymbol{p})\\&=-\boldsymbol{p}\cdot(\boldsymbol{K}_{1}\boldsymbol{p})\leqslant 0\end{aligned}\tag{3.153}$$

$V_2 = 0$ 成立当且仅当 $\boldsymbol{p} = 0$，即为能达阶段闭环系统运动的平衡点，另外易得 $\lim_{\|\boldsymbol{p}\|\to\infty} V_2 = \infty$。$\dot{V}_2 = 0$ 成立当且仅当 $\boldsymbol{p} = 0$，此时仅有 $\boldsymbol{p} = 0,\ \boldsymbol{\omega}^B = 0$ 为系统的解。则根据 LaSalle 引理，闭环系统在滑动阶段关于平衡点 $\boldsymbol{p} = 0,\ \boldsymbol{\omega}^B = 0$ 是全局渐近稳定的。

2）控制律设计

根据以上的 MRP 线性滑模变结构姿态控制器，基于航天器姿轨运动方程式（3.120）（省略下标 BD），设计基于扭量的线性滑模变结构姿态控制器。扭量的运算是基于对偶四元数运算规则的，而对偶四元数对应的姿态参数是四元数，因此在将姿态 MRP 运算方程拓展为位姿扭量运算方程之前，需要先将矢量形式的 MRP 运算方程转换为四元数运算的形式。

将 MRP 姿态控制器的滑模面结构式（3.146）中的 $\boldsymbol{p}$ 与 $\boldsymbol{\omega}^B$ 看作标量为零的四元数 $\bar{\boldsymbol{p}}$ 与 $\bar{\boldsymbol{\omega}}^B$，则式（3.146）直接改写为四元数运算形式：

$$\bar{\boldsymbol{s}} = \bar{\boldsymbol{\omega}}^B + \bar{\boldsymbol{K}}_1 \frac{4}{1-\bar{\boldsymbol{p}}^2}\bar{\boldsymbol{p}} \tag{3.154}$$

同样，MRP 姿态控制器的滑模趋近律［式（3.147）］改写为

$$\dot{\bar{\boldsymbol{s}}} = -\bar{\boldsymbol{K}}_2 \operatorname{sgn}(\bar{\boldsymbol{s}}) \tag{3.155}$$

式（3.154）和式（3.155）中，$\bar{\boldsymbol{K}}_1$、$\bar{\boldsymbol{K}}_2$ 分别为 $\boldsymbol{K}_1$、$\boldsymbol{K}_2$ 对应的 4×4 矩阵，有

$$\bar{\boldsymbol{K}}_1 = \begin{bmatrix} 0 & 0 \\ 0 & \boldsymbol{K}_1 \end{bmatrix},\quad \bar{\boldsymbol{K}}_1 = \begin{bmatrix} 0 & 0 \\ 0 & \boldsymbol{K}_1 \end{bmatrix} \tag{3.156}$$

将式（3.154）与式（3.155）中的 MRP 与角速度分别替换为扭量与对偶速度，得到基于扭量的滑模面和滑模趋近律分别为

$$\hat{\boldsymbol{s}} = \hat{\boldsymbol{\Omega}}^B + \underline{\hat{\boldsymbol{K}}}_1 \underline{\hat{\boldsymbol{E}}} \left\langle \frac{4}{1-\hat{B}^2}\hat{B} \right\rangle_v \tag{3.157}$$

$$\dot{\hat{\boldsymbol{s}}} = -\underline{\hat{\boldsymbol{K}}}_2 \underline{\hat{\boldsymbol{E}}} \operatorname{sgn}(\hat{\boldsymbol{s}}) \tag{3.158}$$

式中，$\underline{\hat{\boldsymbol{K}}}_1$、$\underline{\hat{\boldsymbol{K}}}_2$ 为待设计的对偶常系数算子，且

$$\operatorname{sgn}(\hat{\boldsymbol{a}}) = \operatorname{sgn}(\boldsymbol{a}_r) + \varepsilon \operatorname{sgn}(\boldsymbol{a}_d) \tag{3.159}$$

于是对式（3.157）求导，代入式（3.120）并忽略对偶干扰力项 $\hat{\boldsymbol{F}}_d^B$，得到控制律为

$$\begin{aligned} \hat{\boldsymbol{F}}_u^B = & -\underline{\hat{\boldsymbol{M}}}\underline{\hat{\boldsymbol{K}}}_2 \underline{\hat{\boldsymbol{E}}} \operatorname{sgn}(\hat{\boldsymbol{s}}) - \underline{\hat{\boldsymbol{M}}}\underline{\hat{\boldsymbol{K}}}_1 \underline{\hat{\boldsymbol{E}}} \frac{\mathrm{d}}{\mathrm{d}t}\left\langle \frac{4}{1-\hat{B}^2}\hat{B} \right\rangle_v \\ & - \hat{\boldsymbol{F}}_g^B + \hat{\boldsymbol{\Omega}}_{BI}^B \times (\underline{\hat{\boldsymbol{M}}}\hat{\boldsymbol{\Omega}}_{BI}^B) + \underline{\hat{\boldsymbol{M}}}\dot{\hat{\boldsymbol{\Omega}}}_{DI}^B \end{aligned} \tag{3.160}$$

由对偶四元数的导数运算法则，有

$$\begin{aligned}\frac{\mathrm{d}}{\mathrm{d}t}\left(\frac{1}{1-\hat{B}^2}\hat{B}\right)&=\frac{1}{1-\hat{B}^2}\dot{\hat{B}}+\frac{\mathrm{d}}{\mathrm{d}t}\left(\frac{1}{1-\hat{B}^2}\right)\hat{B}\\&=\frac{1}{1-\hat{B}^2}\dot{\hat{B}}-\frac{1}{1-\hat{B}^2}(-\hat{B}\dot{\hat{B}}-\dot{\hat{B}}\hat{B})\frac{1}{1-\hat{B}^2}\hat{B}\\&=\frac{1}{(1-\hat{B}^2)^2}(\dot{\hat{B}}+\hat{B}\dot{\hat{B}}\hat{B})\end{aligned}\tag{3.161}$$

于是控制律可整理为

$$\begin{aligned}\hat{\boldsymbol{F}}_u^B=&-\hat{\underline{\boldsymbol{M}}}\hat{\underline{\boldsymbol{K}}}_2\hat{\underline{\boldsymbol{E}}}\,\mathrm{sgn}(\hat{\boldsymbol{s}})-\hat{\underline{\boldsymbol{M}}}\hat{\underline{\boldsymbol{K}}}_1\hat{\underline{\boldsymbol{E}}}\left\langle\frac{4}{(1-\hat{B}^2)^2}(\dot{\hat{B}}+\hat{B}\dot{\hat{B}}\hat{B})\right\rangle_v\\&-\hat{\boldsymbol{F}}_g^B+\hat{\boldsymbol{\Omega}}_{BI}^B\times(\hat{\underline{\boldsymbol{M}}}\hat{\boldsymbol{\Omega}}_{BI}^B)+\hat{\underline{\boldsymbol{M}}}\dot{\hat{\boldsymbol{\Omega}}}_{DI}^B\end{aligned}\tag{3.162}$$

式中，$\dot{\hat{\boldsymbol{B}}}$ 由扭量运动学方程计算。考虑姿态与位置控制设计的统一及姿态与位置各自三通道控制的统一，对偶系数算子设计为

$$\begin{cases}\hat{\boldsymbol{K}}_1=k_1\boldsymbol{I}\dfrac{\mathrm{d}}{\mathrm{d}\varepsilon}+k_1\boldsymbol{I}\varepsilon\\\hat{\boldsymbol{K}}_2=k_2\boldsymbol{I}\dfrac{\mathrm{d}}{\mathrm{d}\varepsilon}+k_2\boldsymbol{I}\varepsilon\end{cases}\tag{3.163}$$

式中，k_1、k_2 为正实数。将控制律代入运动方程组，得到系统闭环方程为

$$\begin{cases}\dot{\hat{B}}=\dfrac{1}{4}(1+\hat{B})\hat{\Omega}^B(1-\hat{B})\\\dot{\hat{\boldsymbol{\Omega}}}^B=-k_2\,\mathrm{sgn}\left(\hat{\boldsymbol{\Omega}}^B+\left\langle\dfrac{4k_1}{1-\hat{B}^2}\hat{B}\right\rangle_v\right)-\left\langle\dfrac{4k_1}{(1-\hat{B}^2)^2}(\dot{\hat{B}}+\hat{B}\dot{\hat{B}}\hat{B})\right\rangle_v\end{cases}\tag{3.164}$$

能达阶段关于 $\hat{\boldsymbol{s}}$ 的闭环方程为

$$\dot{\hat{\boldsymbol{s}}}=-k_2\,\mathrm{sgn}(\hat{\boldsymbol{s}})\tag{3.165}$$

滑动阶段的闭环方程为 $\hat{\boldsymbol{s}}=0$，即

$$\hat{\boldsymbol{\Omega}}^B=-\left\langle\frac{4k_1}{1-\hat{B}^2}\hat{B}\right\rangle_v\tag{3.166}$$

以上即为根据已有的 MRP 滑模变结构姿态控制器直接拓展得到的扭量滑模变结构姿态一体化控制器，各个表达式都为对偶形式，为便于分析，将闭环系统方程整理为对偶分部形式。滑模面的对偶分部形式为

$$
\begin{aligned}
\hat{\boldsymbol{s}} &= \boldsymbol{\omega}^B + \varepsilon \boldsymbol{v}^B + \left\langle \frac{4k_1}{1-(\bar{\boldsymbol{p}}+\varepsilon\bar{\boldsymbol{b}})(\bar{\boldsymbol{p}}+\varepsilon\bar{\boldsymbol{b}})}(\bar{\boldsymbol{p}}+\varepsilon\bar{\boldsymbol{b}}) \right\rangle_v \\
&= \boldsymbol{\omega}^B + \varepsilon \boldsymbol{v}^B + 4k_1 \left\{ \frac{1}{1+|\boldsymbol{p}|^2}\boldsymbol{p} + \varepsilon \left[\frac{1}{1+|\boldsymbol{p}|^2}\boldsymbol{b} - \frac{2\boldsymbol{p}\cdot\boldsymbol{b}}{(1+|\boldsymbol{p}|^2)^2}\boldsymbol{p} \right] \right\} \\
&= \boldsymbol{\omega}^B + \frac{4k_1}{1+|\boldsymbol{p}|^2}\boldsymbol{p} + \varepsilon \left[\boldsymbol{v}^B + \frac{4k_1}{1+|\boldsymbol{p}|^2}\boldsymbol{b} - \frac{8k_1\boldsymbol{p}\cdot\boldsymbol{b}}{(1+|\boldsymbol{p}|^2)^2}\boldsymbol{p} \right] \\
&= \boldsymbol{s}_r + \varepsilon \boldsymbol{s}_d
\end{aligned} \tag{3.167}
$$

滑模趋近律的对偶分部形式为

$$
\dot{\hat{\boldsymbol{s}}} = -k_2\,\mathrm{sgn}(\boldsymbol{s}_r) - \varepsilon k_2\,\mathrm{sgn}(\boldsymbol{s}_d) \tag{3.168}
$$

故能达阶段闭环方程的对偶分部形式为

$$
\begin{cases}
\dot{\boldsymbol{s}}_r = -k_2\,\mathrm{sgn}(\boldsymbol{s}_r) \\
\dot{\boldsymbol{s}}_d = -k_2\,\mathrm{sgn}(\boldsymbol{s}_d)
\end{cases} \tag{3.169}
$$

滑动阶段闭环方程的对偶分部形式为

$$
\begin{cases}
\boldsymbol{\omega}^B = -\dfrac{4k_1}{1+|\boldsymbol{p}|^2}\boldsymbol{p} + \varepsilon \left[\boldsymbol{v}^B + \dfrac{4k_1}{1+|\boldsymbol{p}|^2}\boldsymbol{b} - \dfrac{8k_1\boldsymbol{p}\cdot\boldsymbol{b}}{(1+|\boldsymbol{p}|^2)^2}\boldsymbol{p} \right] \\
\boldsymbol{v}^B = -\dfrac{4k_1}{1+|\boldsymbol{p}|^2}\boldsymbol{b} - \dfrac{8k_1\boldsymbol{p}\cdot\boldsymbol{b}}{(1+|\boldsymbol{p}|^2)^2}\boldsymbol{p}
\end{cases} \tag{3.170}
$$

3）稳定性分析

首先，根据 MRP 滑模变结构姿态控制器的稳定性证明过程，直接拓展得到在不考虑参数不确定及外部扰动时，扭量滑模变结构控制下位姿运动闭环系统[式（3.165）、式（3.166）]的稳定性证明。为构造对偶数运算的 Lyapunov 函数，定义运算[6]

$$
[\hat{\boldsymbol{a}}\,|\,\hat{\boldsymbol{b}}] = \boldsymbol{a}_r\cdot\boldsymbol{b}_d + \boldsymbol{a}_d\cdot\boldsymbol{b}_r \tag{3.171}
$$

则对于能达阶段，依照式（3.149），取 Lyapunov 函数为

$$
V_1 = \frac{1}{2}[\hat{\boldsymbol{s}}\,|\,\hat{\underline{\boldsymbol{E}}}\hat{\boldsymbol{s}}] \tag{3.172}
$$

即有

$$
V_1 = \frac{1}{2}(|\boldsymbol{s}_r|^2 + |\boldsymbol{s}_d|^2) \geqslant 0 \tag{3.173}
$$

求导并将式（3.165）代入式（3.173）得

$$
\begin{aligned}
\dot{V}_1 &= [\dot{\hat{\boldsymbol{s}}}\,|\,\hat{\underline{\boldsymbol{E}}}\hat{\boldsymbol{s}}] \\
&= -[k_2\,\mathrm{sgn}(\hat{\boldsymbol{s}})\,|\,\hat{\underline{\boldsymbol{E}}}\hat{\boldsymbol{s}}] \\
&= -k_2\,\mathrm{sgn}(\boldsymbol{s}_r)\cdot\boldsymbol{s}_r - k_2\,\mathrm{sgn}(\boldsymbol{s}_d)\cdot\boldsymbol{s}_d \leqslant 0
\end{aligned} \tag{3.174}
$$

$V_1=0$ 成立当且仅当 $\widehat{\boldsymbol{s}}=0$，即为能达阶段闭环系统运动的平衡点，另外易得 $\lim\limits_{|\boldsymbol{s}_r|\to\infty,|\boldsymbol{s}_d|\to\infty} V_1=\infty$。$\dot{V}_1=0$ 成立当且仅当 $\widehat{\boldsymbol{s}}=0$。则根据 LaSalle 引理，闭环系统在能达阶段关于平衡点 $\widehat{\boldsymbol{s}}=0$ 是全局渐近稳定的。对于滑动阶段，依照式（3.152），取 Lyapunov 函数为

$$V_2=\frac{1}{2}[\widehat{\boldsymbol{B}}\,|\,\underline{\widehat{\boldsymbol{E}}}\widehat{\boldsymbol{B}}] \tag{3.175}$$

即有

$$V_2=\frac{1}{2}(|\,\boldsymbol{p}\,|^2+|\,\boldsymbol{b}\,|^2)\geqslant 0 \tag{3.176}$$

对式（3.176）求导并将式（3.164）与式（3.166）代入式（3.176）得

$$\begin{aligned}\dot{V}_2&=[\dot{\widehat{\boldsymbol{B}}}\,|\,\underline{\widehat{\boldsymbol{E}}}\widehat{\boldsymbol{B}}]\\&=-\left[\left\langle\frac{k_1}{1-\widehat{B}\widehat{B}}(1+\widehat{B})\widehat{B}(1-\widehat{B})\right\rangle_v\,|\,\underline{\widehat{\boldsymbol{E}}}\widehat{\boldsymbol{B}}\right]\\&=-[k_1\widehat{\boldsymbol{B}}\,|\,\underline{\widehat{\boldsymbol{E}}}\widehat{\boldsymbol{B}}]\\&=-k_1(|\,\boldsymbol{p}\,|^2+|\,\boldsymbol{b}\,|^2)\leqslant 0\end{aligned} \tag{3.177}$$

$V_2=0$ 成立当且仅当 $\widehat{\boldsymbol{s}}=0$，即为能达阶段闭环系统运动的平衡点，另外易得 $\lim\limits_{|\boldsymbol{p}|\to\infty,|\boldsymbol{b}|\to\infty} V_1=\infty$。$\dot{V}_1=0$ 成立当且仅当 $\widehat{\boldsymbol{B}}=0$，此时仅有 $\widehat{\boldsymbol{B}}=0,\ \widehat{\boldsymbol{\Omega}}^B=0$ 为系统的解。则根据 LaSalle 引理，闭环系统在滑动阶段关于平衡点 $\widehat{\boldsymbol{B}}=0,\ \widehat{\boldsymbol{\Omega}}^B=0$ 是全局渐近稳定的。因此，扭量滑模变结构控制下闭环系统的姿轨运动全局渐近稳定。

考虑质量参数的不确定性及外部干扰，证明闭环系统的稳定性，表明本节设计的滑模变结构控制器的鲁棒性。将质量参数写为标称部分与不确定部分之和，即

$$\underline{\widehat{\boldsymbol{M}}}=\underline{\widehat{\boldsymbol{M}}}_{st}+\Delta\underline{\widehat{\boldsymbol{M}}} \tag{3.178}$$

则由航天器的扭量相对运动方程式（3.120），扭量动力学方程可重写为（省略下标 BD）

$$\begin{aligned}\underline{\widehat{\boldsymbol{M}}}_{st}\dot{\widehat{\boldsymbol{\Omega}}}^B=&\widehat{\boldsymbol{F}}_u^B+\widehat{\boldsymbol{F}}_g^B-\widehat{\boldsymbol{\Omega}}_{BI}^B\times(\underline{\widehat{\boldsymbol{M}}}_{st}\widehat{\boldsymbol{\Omega}}_{BI}^B)-\underline{\widehat{\boldsymbol{M}}}_{st}\dot{\widehat{\boldsymbol{\Omega}}}_{DI}^B\\&+\widehat{\boldsymbol{F}}_d^B-\Delta\underline{\widehat{\boldsymbol{M}}}\dot{\widehat{\boldsymbol{\Omega}}}^B-\widehat{\boldsymbol{\Omega}}_{BI}^B\times(\Delta\underline{\widehat{\boldsymbol{M}}}\widehat{\boldsymbol{\Omega}}_{BI}^B)-\Delta\underline{\widehat{\boldsymbol{M}}}\dot{\widehat{\boldsymbol{\Omega}}}_{DI}^B\end{aligned} \tag{3.179}$$

式中，等号右端第一行为动力学方程的标称部分，等号右端第二行为质量不确定与外部干扰引起的附加项。则控制律中仅已知质量参数的标称部分，即

$$\begin{aligned}\widehat{\boldsymbol{F}}_u^B=&-\underline{\widehat{\boldsymbol{M}}}_{st}k_2\,\mathrm{sgn}(\widehat{\boldsymbol{s}})-\underline{\widehat{\boldsymbol{M}}}_{st}k_1\left\langle\frac{4}{(1-\widehat{B}^2)^2}(\dot{\widehat{B}}+\widehat{B}\dot{\widehat{B}}\widehat{B})\right\rangle_v\\&-\widehat{\boldsymbol{F}}_g^B+\widehat{\boldsymbol{\Omega}}_{BI}^B\times(\underline{\widehat{\boldsymbol{M}}}_{st}\widehat{\boldsymbol{\Omega}}_{BI}^B)+\underline{\widehat{\boldsymbol{M}}}_{st}\dot{\widehat{\boldsymbol{\Omega}}}_{DI}^B\end{aligned} \tag{3.180}$$

将控制律代入运动方程组，并令

$$\Delta\widehat{\boldsymbol{F}} = \widehat{\boldsymbol{F}}_d^B - \Delta\underline{\widehat{\boldsymbol{M}}}\dot{\widehat{\boldsymbol{\Omega}}}^B - \widehat{\boldsymbol{\Omega}}_{BI}^B \times (\Delta\underline{\widehat{\boldsymbol{M}}}\widehat{\boldsymbol{\Omega}}_{BI}^B) - \Delta\underline{\widehat{\boldsymbol{M}}}\dot{\widehat{\boldsymbol{\Omega}}}_{DI}^B \tag{3.181}$$

得到系统闭环方程为

$$\begin{cases} \dot{\widehat{B}} = \dfrac{1}{4}(1+\widehat{B})\widehat{\Omega}^B(1-\widehat{B}) \\ \dot{\widehat{\boldsymbol{\Omega}}}^B = -k_2\,\mathrm{sgn}\left(\widehat{\boldsymbol{\Omega}}^B + \left\langle \dfrac{4k_1}{1-\widehat{\boldsymbol{B}}^2}\widehat{\boldsymbol{B}} \right\rangle_v\right) - \left\langle \dfrac{4k_1}{(1-\widehat{B}^2)^2}(\dot{\widehat{B}} + \widehat{B}\dot{\widehat{B}}\widehat{B}) \right\rangle_v + \underline{\widehat{\boldsymbol{M}}}_{st}^{-1}\Delta\widehat{\boldsymbol{F}} \end{cases} \tag{3.182}$$

于是能达阶段的闭环方程为

$$\dot{\widehat{\boldsymbol{s}}} = -k_2\,\mathrm{sgn}(\widehat{\boldsymbol{s}}) + \underline{\widehat{\boldsymbol{M}}}_{st}^{-1}\Delta\widehat{\boldsymbol{F}} \tag{3.183}$$

滑动阶段的闭环方程不变，仍为式（3.166）。可见，只需证明考虑质量参数的不确定性及外部干扰的能达阶段闭环系统的稳定性。Lyapunov 函数仍取为

$$\begin{aligned} V_1 &= \frac{1}{2}[\widehat{\boldsymbol{s}} \mid \underline{\widehat{\boldsymbol{E}}}\widehat{\boldsymbol{s}}] \\ &= \frac{1}{2}(|\boldsymbol{s}_r|^2 + |\boldsymbol{s}_d|^2) \geqslant 0 \end{aligned} \tag{3.184}$$

对式（3.184）求导并将式（3.183）代入式（3.184）得

$$\begin{aligned} \dot{V}_1 &= [\dot{\widehat{\boldsymbol{s}}} \mid \underline{\widehat{\boldsymbol{E}}}\widehat{\boldsymbol{s}}] \\ &= -[\{-k_2\,\mathrm{sgn}(\widehat{\boldsymbol{s}}) + \underline{\widehat{\boldsymbol{M}}}_{st}^{-1}\Delta\widehat{\boldsymbol{F}}\} \mid \underline{\widehat{\boldsymbol{E}}}\widehat{\boldsymbol{s}}] \\ &= -k_2\,\mathrm{sgn}(\boldsymbol{s}_r)\cdot\boldsymbol{s}_r - k_2\,\mathrm{sgn}(\boldsymbol{s}_d)\cdot\boldsymbol{s}_d - \langle\underline{\widehat{\boldsymbol{M}}}_{st}^{-1}\Delta\widehat{\boldsymbol{F}}\rangle_r\cdot\boldsymbol{s}_r - \langle\underline{\widehat{\boldsymbol{M}}}_{st}^{-1}\Delta\widehat{\boldsymbol{F}}\rangle_d\cdot\boldsymbol{s}_d \end{aligned} \tag{3.185}$$

只需 $\underline{\widehat{\boldsymbol{M}}}_{st}^{-1}\Delta\widehat{\boldsymbol{F}}$ 有界，则 k_2 足够大时即能保证 $\dot{V}_1 \leqslant 0$ 。$V_1 = 0$ 成立当且仅当 $\widehat{\boldsymbol{s}} = 0$ ，即为能达阶段闭环系统运动的平衡点，另外易得 $\lim\limits_{|s_r|\to\infty,|s_d|\to\infty} V_1 = \infty$ 。$\dot{V}_1 = 0$ 成立当且仅当 $\widehat{\boldsymbol{s}} = 0$ 。则根据 LaSalle 引理，闭环系统在能达阶段关于平衡点 $\widehat{\boldsymbol{s}} = 0$ 是全局渐近稳定的。因此，扭量滑模变结构姿轨控制闭环系统的姿轨运动是全局渐近稳定的，且对于质量参数的不确定性及外部干扰具有鲁棒性。

另外，若要抑制控制律中符号函数引起的振颤现象，可采用以下饱和函数代替符号函数

$$\mathrm{sat}(x,\sigma) = \begin{cases} \mathrm{sgn}(x), & |x| \geqslant \sigma \\ x/\sigma, & |x| < \sigma \end{cases} \tag{3.186}$$

式中，σ 为小的正实数常量。

扭量滑模变结构姿轨一体化控制器的控制律设计和稳定性证明再次体现出使用对偶数研究航天器姿轨运动的优势，即六维姿轨问题的方法和结果可以由三维姿态问题拓展得到，且基于扭量的位置和姿态控制器可以进行统一设计且期望的性质与基于 MRP 的姿态控制器相同。

3.3.3　分离式航天器扭量控制仿真

以分离式航天器控制为例验证本节设计的基于扭量同步滑模控制器的有效性[7]。

1. 仿真条件

分离式航天器包含机械解耦的载荷模块和支撑模块。两个模块进行近距编队，通过分离式作动器进行相互作用。载荷模块通过非接触式作动器进行控制，通过反作用于载荷模块产生控制力和力矩。同时通过外部作动器控制支撑模块以跟随载荷模块的运动。

仿真算例的控制目的是保证本体坐标系 $OX_BY_BZ_B$ 与期望坐标系 $OX_DY_DZ_D$ 之间的相对姿态和位置收敛至零，以保证支撑模块和载荷模块之间的设计间隙从而避免可能的碰撞。期望坐标系的原点设置在地球静止轨道（geostationary earth orbit，GEO）上。期望的姿态与当地轨道坐标系重合，X_D 轴由原点指向期望位置，Z_D 轴与期望轨道的角动量方向重合，Y_D 轴方向通过右手定则确定。坐标系定义和分离式卫星与第 2 章相同。

支撑模块的控制通过欧拉角来表示。考虑柔性太阳帆板的影响，支撑模块的姿态方程和柔性太阳帆板振动方程可写为

$$\begin{cases}\boldsymbol{I}_S\dot{\boldsymbol{\omega}}_S+\boldsymbol{B}_r\ddot{\boldsymbol{\eta}}+\boldsymbol{\omega}_S\times(\boldsymbol{I}_S+\boldsymbol{B}_r\dot{\boldsymbol{\eta}})=\boldsymbol{T}_{Sd}+\boldsymbol{T}_{Su}+\boldsymbol{T}_{Sp}\\ \ddot{\boldsymbol{\eta}}+\boldsymbol{C}\dot{\boldsymbol{\eta}}+\boldsymbol{K}\boldsymbol{\eta}+\boldsymbol{B}_r^{\mathrm{T}}\dot{\boldsymbol{\omega}}_S=\boldsymbol{0}\end{cases} \tag{3.187}$$

式中，$\boldsymbol{I}_S$ 为支撑模块的转动惯量；$\boldsymbol{\omega}_S$ 为角速度矢量；$\boldsymbol{\eta}$ 为柔性太阳帆板模态坐标；$\boldsymbol{B}_r$ 为卫星姿态与柔性太阳帆板振动耦合矩阵；$\boldsymbol{C}$ 和 $\boldsymbol{K}$ 分别为柔性太阳帆板的归一化阻尼和刚度矩阵，$\boldsymbol{C}=2\boldsymbol{\xi}\boldsymbol{\Omega}$，$\boldsymbol{K}=\boldsymbol{\Omega}^2$，变量定义与 2.1 节相同；$\boldsymbol{T}_{Sd}$ 和 $\boldsymbol{T}_{Su}$ 分别为扰动力矩和控制力矩；$\boldsymbol{T}_{Sp}$ 为支撑模块的反作用力矩。

支撑模块的转动惯量为[8]

$$\boldsymbol{I}_S^P=\begin{bmatrix}400 & 3 & 10\\ 3 & 300 & 12\\ 10 & 12 & 200\end{bmatrix} \tag{3.188}$$

载荷模块通过基于扭量的滑模控制器进行控制。采用扭量的相对运动方程如式（3.120）所示。载荷模块的标称质量和转动惯量如下：

$$m_{\mathrm{pst}}=m_0,\quad \boldsymbol{I}_{\mathrm{pst}}^B=\begin{bmatrix}I_{xx} & I_{xy} & I_{xz}\\ I_{yx} & I_{yy} & I_{yz}\\ I_{zx} & I_{zy} & I_{zz}\end{bmatrix} \tag{3.189}$$

式中，$m_0=85\text{kg}$；$I_{xx}=85\text{kg}\cdot\text{m}^2$；$I_{yy}=90\text{kg}\cdot\text{m}^2$；$I_{zz}=95\text{kg}\cdot\text{m}^2$；$I_{xy}=I_{yx}=0.85\text{kg}\cdot\text{m}^2$；$I_{xz}=I_{zx}=0.9\text{kg}\cdot\text{m}^2$；$I_{yz}=I_{zy}=0.95\text{kg}\cdot\text{m}^2$。

考虑质量不确定性时载荷模块的质量和转动惯量为

$$m_p=m_0(1+w_m\varDelta_m)$$

$$\boldsymbol{I}_s^B=\begin{bmatrix} I_{xx}(1+w_x\varDelta_x) & I_{xy} & I_{xz} \\ I_{yx} & I_{yy}(1+w_y\varDelta_y) & I_{yz} \\ I_{zx} & I_{zy} & I_{zz}(1+w_z\varDelta_z) \end{bmatrix} \tag{3.190}$$

式中，w_m、w_x、w_y、w_z 设为 0.01，仿真中 $|\varDelta_m|$、$|\varDelta_x|$、$|\varDelta_y|$、$|\varDelta_z|<1$。

支撑模块与柔性太阳帆板耦合力矩为[8]

$$\boldsymbol{B}_r=\begin{bmatrix} -9.47 & -0.53 & 0.55 & -12.15 & -0.03 & 0.23 & -0.89 & 1.16 & -0.17 & -1.49 \\ -15.59 & 0.49 & 4.55 & 11.71 & 0.02 & 0.83 & 5.45 & 2.64 & 0.31 & 2.0 \\ 0.01 & 18.01 & 17.05 & 0 & 6.24 & -35.73 & 1.55 & -0.1 & 3.62 & -0.29 \end{bmatrix}\text{kg}^{1/2}\cdot\text{m} \tag{3.191}$$

考虑 J_2 扰动、重力梯度力矩和太阳光压扰动（将其看作太阳光压扰动力和力矩扰动）。

J_2 扰动为[9]

$$\begin{cases} F_x=-\dfrac{3}{2}m\mu J_2R_e^2\dfrac{x}{R^5}\left(1-\dfrac{5z^2}{R^2}\right) \\ F_y=-\dfrac{3}{2}m\mu J_2R_e^2\dfrac{y}{R^5}\left(1-\dfrac{5z^2}{R^2}\right) \\ F_z=-\dfrac{3}{2}m\mu J_2R_e^2\dfrac{z}{R^5}\left(1-\dfrac{5z^2}{R^2}\right) \end{cases} \tag{3.192}$$

式中，m 为载荷模块质量；μ 为地球引力常数；R_e 为地球半径；R 为载荷模块与地心之间的距离；x、y 和 z 为惯性系下载荷模块的坐标分量。

重力梯度力矩为[10]

$$\boldsymbol{T}_g=\frac{3\mu}{R^5}\boldsymbol{R}_1\boldsymbol{J}^B\boldsymbol{R} \tag{3.193}$$

式中，$\boldsymbol{J}^B$ 为载荷模块到质心的惯性张量；$\boldsymbol{R}$ 为载荷模块到地心的向量；$\boldsymbol{R}_1$ 为 $\boldsymbol{R}$ 的相邻矩阵。

太阳光压扰动力和力矩为

$$\begin{cases} \boldsymbol{F}_s=\displaystyle\int_A(\boldsymbol{p}_n+\boldsymbol{p}_\tau)\text{d}A \\ \boldsymbol{T}_s=\displaystyle\int_A\boldsymbol{d}\times(\boldsymbol{p}_n+\boldsymbol{p}_\tau)\text{d}A \end{cases} \tag{3.194}$$

式中

$$\begin{cases} |\boldsymbol{p}_n| = \dfrac{I}{c}\cos\psi\left\{\dfrac{2}{3}\rho\mu + [1+\rho(1-\kappa)]\cos\psi\right\} \\ |\boldsymbol{p}_\tau| = (1-\rho+\rho\kappa)\cos\psi\sin\psi \end{cases} \tag{3.195}$$

式中，I 为太阳常数；c 为光速；ψ 为太阳辐射入射角；ρ、κ 分别为反射系数和辐射系数；A 为载荷模块表面积；$\boldsymbol{d}$ 为 dA 相对于质心的向量。

初始相对状态，包括姿态四元数、角速度、位置和速度，设为

$$\begin{cases} q_{BD} = [0 \quad 0 \quad 0 \quad 1]^{\mathrm{T}} \\ \boldsymbol{\omega}_{BD}^{B} = [0 \quad 0 \quad 0]^{\mathrm{T}} \\ \boldsymbol{r}_{BD}^{D} = [-0.005 \quad 0.01 \quad 0.005]^{\mathrm{T}} \\ \dot{\boldsymbol{r}}_{BD}^{D} = [0 \quad 0 \quad 0]^{\mathrm{T}} \end{cases} \tag{3.196}$$

此外

$$\begin{cases} \boldsymbol{p}_{BD} = [0 \quad 0 \quad 1]^{\mathrm{T}} \\ \boldsymbol{b}_{BD} = [0.005 \quad 0.0025 \quad 0.0025]^{\mathrm{T}} \\ \boldsymbol{\omega}_{BD}^{B} = [0 \quad 0 \quad 0]^{\mathrm{T}} \\ \boldsymbol{v}_{BD}^{B} = [0 \quad 0 \quad 0]^{\mathrm{T}} \end{cases} \tag{3.197}$$

航天器相对于期望位置的姿态和位置都位于 $O_D X_D Y_D$ 平面上。三轴控制力和力矩限制如式（3.198）所示

$$\begin{cases} f_{u,i}^{B} \leqslant 20\mathrm{N}, & i = x,y,z \\ \tau_{u,i}^{B} \leqslant 1\mathrm{N}\cdot\mathrm{m}, & i = x,y,z \end{cases} \tag{3.198}$$

此外，为了最大限度地减小由 sgn 函数引起的控制力矩抖动，使用饱和函数来代替符号函数

$$\mathrm{sat}(x,\sigma) = \begin{cases} \mathrm{sgn}(x), & |x| \geqslant \sigma \\ x/\sigma, & |x| < \sigma \end{cases} \tag{3.199}$$

式中，σ 为小值正数，设为 0.1。

2. 仿真结果

为了证明本节设计控制器的有效性，下面给出 PD 控制器的仿真结果。采用卫星标称参数设计的 PD 控制参数为 $k_{\mathrm{p}} = 3/200$，$k_{\mathrm{d}} = 3\sqrt{2}/20$。

首先给出不考虑质量不确定和外部扰动的仿真结果，PD 控制器的仿真结果如图 3.1 所示。图 3.1 中三种线型分别表示三个轴上的状态变量分量。支撑模块在载荷扰动和环境扰动环境中保持稳定，本部分未给出支撑模块的仿真结果。

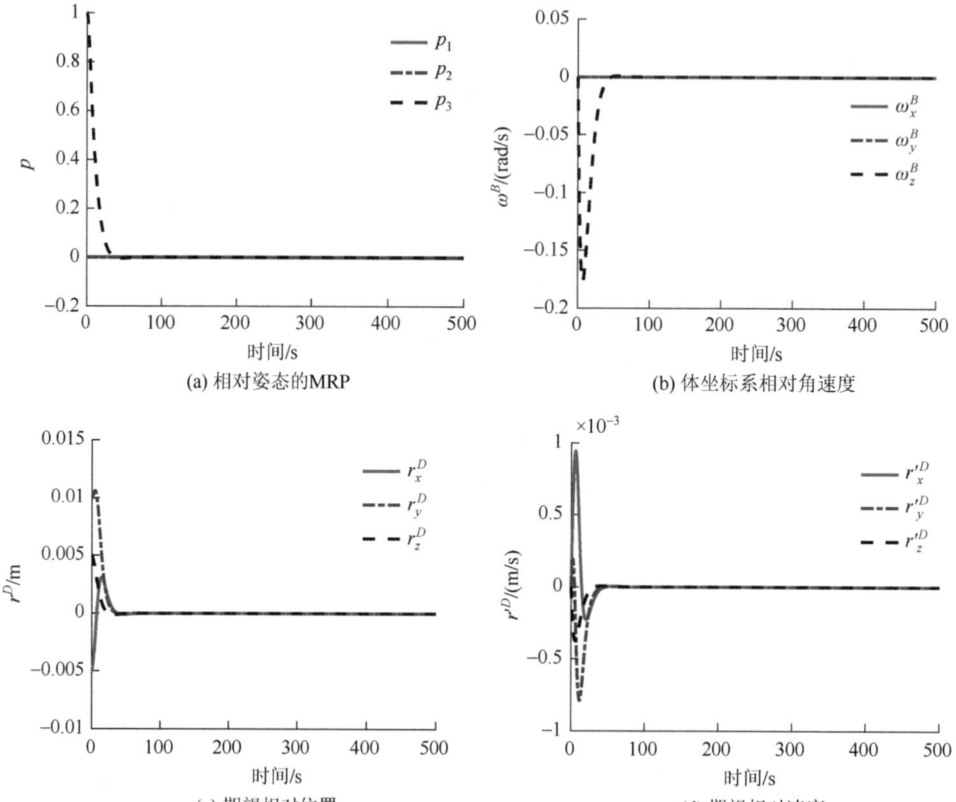

(a) 相对姿态的MRP　(b) 体坐标系相对角速度

(c) 期望相对位置　(d) 期望相对速度

图 3.1　PD 控制器仿真结果

采用卫星标称参数设计的基于扭量的滑模控制器参数为$k_\alpha = 0.1,\ k_\beta = 1$。图 3.2 给出了采用本节设计的基于扭量同步滑模控制器时的相对姿态和相对位置。

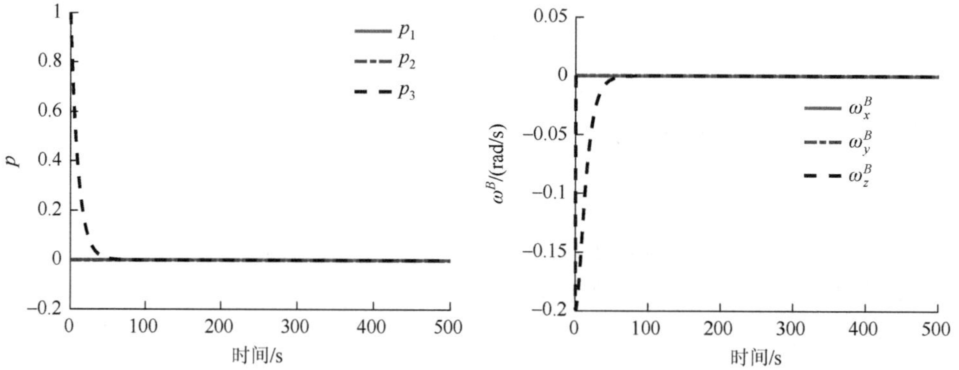

(a) 相对姿态的MRP　(b) 体坐标系相对角速度

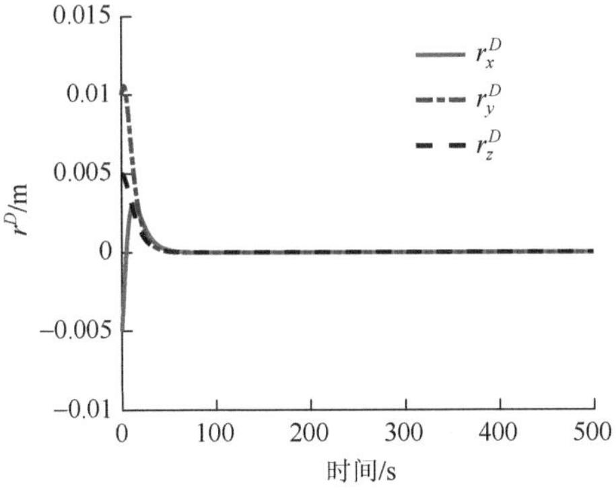

(c) 期望相对位置

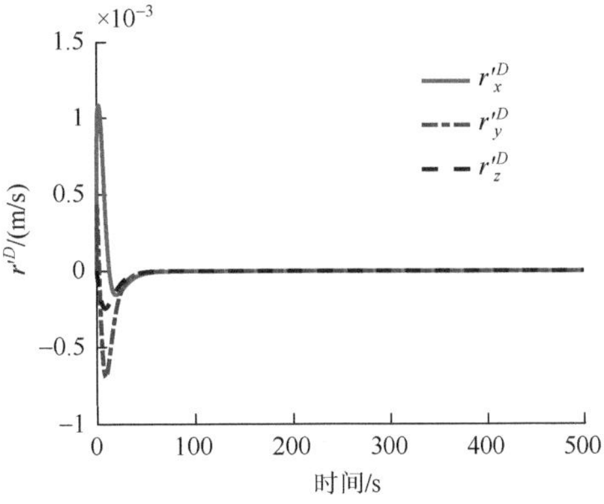

(d) 期望相对速度

图 3.2　基于扭量的同步滑模控制器仿真结果

控制性能通过相对运动调节时间来评估，调节时间对比如表 3.1 所示。

表 3.1　调节时间对比

相对运动	PD 控制器/s	滑模控制器/s
相对姿态角（≤0.02°）	35.0	54.5
相对位置（≤2×10^{-4}m）	33.2	47.3
相对角速度（≤0.06°/s）	43.7	61.4
相对速度（≤1×10^{-4}m/s）	30.4	31.0

标称系统的仿真结果表明，与滑模控制器相比，PD 控制器具有更快的收敛速度。由于未考虑扰动影响，图 3.1 和图 3.2 中的仿真结果稳态值均为零。下面将考虑质量不确定性和外部扰动，进一步研究两种控制器的抗干扰性能。仿真中采用与上面相同的控制器参数。采用两种控制器时的稳态误差对比如表 3.2 所示。PD 控制器和滑模控制器仿真结果分别如图 3.3 和图 3.4 所示。对于 PD 控制器，相对姿态的调节时间为 35.4s，相对位置的调节时间为 15.4s。对于本节设计的滑模控制器，相对姿态和相对位置的调节时间分别为 54.6s 与 50.1s。

表 3.2　稳态误差对比

相对运动	PD 控制器	滑模控制器
相对姿态/(°)	4.8×10^{-3}	7.2×10^{-5}
相对位置/m	4.7×10^{-3}	7.0×10^{-5}
相对角速度/(°/s)	5.6×10^{-4}	8.6×10^{-6}
相对速度/(m/s)	1.1×10^{-5}	1.6×10^{-7}

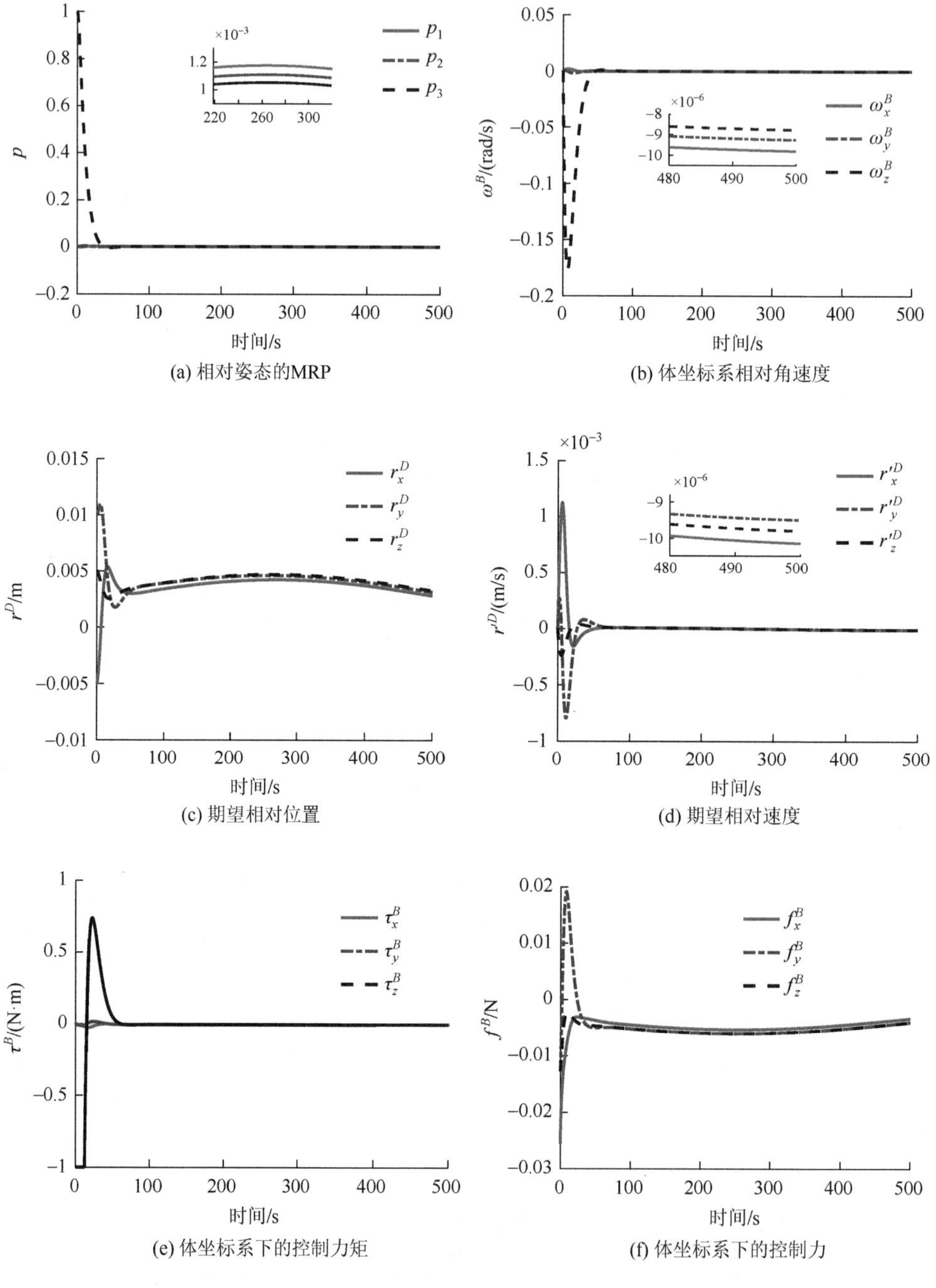

(a) 相对姿态的MRP

(b) 体坐标系相对角速度

(c) 期望相对位置

(d) 期望相对速度

(e) 体坐标系下的控制力矩

(f) 体坐标系下的控制力

图 3.3 PD 控制器仿真结果

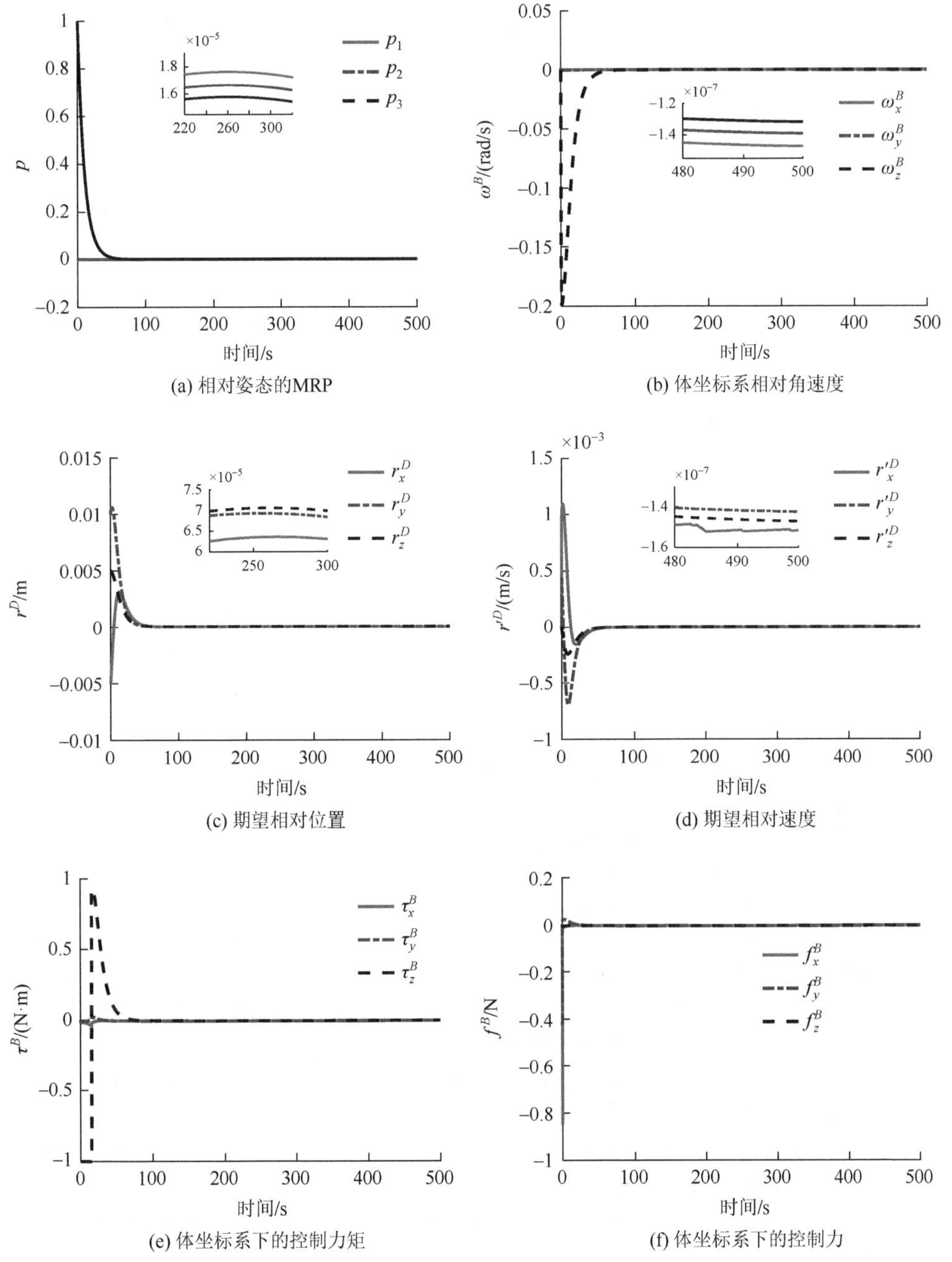

(a) 相对姿态的MRP　(b) 体坐标系相对角速度

(c) 期望相对位置　(d) 期望相对速度

(e) 体坐标系下的控制力矩　(f) 体坐标系下的控制力

图 3.4　滑模控制器仿真结果

3. 讨论

图 3.1 和图 3.2 中的仿真结果表明，在不考虑质量不确定性和外部扰动时，PD

控制器的控制性能优于滑模控制器，能够实现更短的相对运动的调节时间。然而，如图 3.3 和图 3.4 所示，当考虑质量不确定性和外部扰动时，相比于 PD 控制器，本节设计的滑模控制器能够实现更小的相对姿态和相对位置稳态误差。本节设计的滑模控制器的相对姿态误差相比于 PD 控制器减小了 1.5%，相对位置误差减小为 PD 控制器的 1.49%。

本节设计的滑模控制器姿态和位置稳定性相比于 PD 控制器提高了 98%。姿态稳定性和位置稳定性相比于 PD 控制器都提高了一个量级以上。

仿真结果表明，本节设计的滑模控制器能够对姿态和位置进行同步控制，同时保证相对姿态和相对位置的高精度高稳定度控制。

3.4 本 章 小 结

本章首先介绍了描述刚体位姿运动的扭量定义，建立了它与传统位姿参数的联系，并且给出了扭量表示的航天器运动学和动力学模型。其次建立了航天器姿轨相对运动的扭量模型，并以分离式航天器为例，进行了控制仿真分析。

参 考 文 献

[1] Deng Y F，Wang Z G，Liu L. Unscented Kalman filter for spacecraft pose estimation using twistors[J]. Journal of Guidance，Control，and Dynamics，2016，39（8）：1844-1856.

[2] Deng Y F，Wang Z G. Modeling and control for spacecraft relative pose motion by using twistor representation[J]. Journal of Guidance，Control and Dynamics，2016，39（5）：1144-1151.

[3] Hestenes D，Fasse E D. Homogeneous rigid body mechanics with elastic coupling[C]//Proceedings of Applications of Geometric Algebra in Computer Science and Engineering，Boston，2002.

[4] Tsiotras P. Stabilization and optimality results for the attitude control problem[J]. Journal of Guidance，Control，and Dynamics，1996，19（4）：772-779.

[5] Crassidis J L，Markley F L. Sliding mode control using modified rodrigues parameters[J]. Journal of Guidance，Control，and Dynamics，1996，19（6）：1381-1383.

[6] Brodsky V，Shoham M. Dual numbers representation of rigid body dynamics[J]. Mechanism and Machine Theory，1999，34：693-718.

[7] Li Q，Liu L，Deng Y F，et al. Twistor-based synchronous sliding mode control of space attitude and position[J]. Chinese Journal of Aeronautics，2018，31（5）：1153-1164.

[8] Liu L，Tan K K，Guo Y，et al. Active vibration isolation based on model reference adaptive control[J]. International Journal of Systems Science，2014，45（2）：97-108.

[9] Wie B. Space Vehicle Dynamics and Control[M]. Reston：American Institute of Aeronautics and Astronautics，1998.

[10] 黄圳圭. 航天器姿态动力学[M]. 长沙：国防科技大学出版社，1994.

第 4 章　分离式航天器微碰振动力学

为了实现载荷模块和服务模块的物理隔离，分离式航天器一般采用非接触的音圈作动器作为执行机构，为了让载荷模块能够在一定的空间内运动，音圈作动器需要预留一定的行程。由于分离式航天器与传统刚性连接航天器不同，分离式航天器载荷模块和服务模块的连接刚度极小，且音圈作动器的行程有限，当任一模块受到较大扰动时，两模块的相对运动可能会超出音圈作动器的调节范围，导致两模块发生碰撞，造成对音圈作动器及星上敏感载荷的破坏，影响其控制精度和稳定度，严重情况下会使分离式系统失效。为了防止碰撞对音圈作动器造成破坏，音圈作动器支腿一般都会设计保护沟槽，如图 4.1 所示。沟槽能够在碰撞时对音圈作动器的永久磁铁和线圈进行保护，但是不能避免碰撞的发生。所以，有必要建立分离式航天器这一类的非接触系统的微碰撞模型，并采取主动控制对碰撞进行有效规避，保护星上精密仪器，提高系统的可靠性。

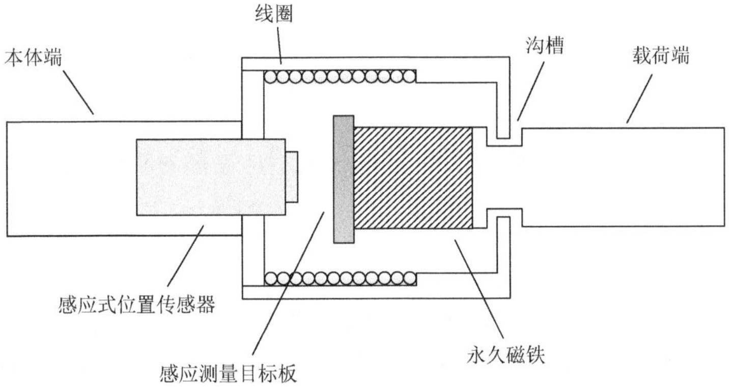

图 4.1　分离式航天器音圈作动器

本章将建立分离式航天器的碰撞动力学模型，研究碰撞对载荷模块指向精度和指向稳定度的影响；建立接触碰撞过程中连续接触力模型，研究两模块的碰撞规避控制，提高分离式航天器的防碰撞性能[1, 2]。

4.1　接触碰撞模型

当航天器进行空间操作时，例如，空间抓捕[3]、空间机械臂操作[4]和航天器对接[5]等，需要知道接触碰撞过程中碰撞力的变化、碰撞截面的变形和碰撞作用时间等，以便给航天器结构设计和碰撞控制提供参考。而经典的碰撞模型基于动量定理计算，只能得到碰撞前后的运行状态，不能得到碰撞过程中的接触力，不适合这种应用背景，需要建立连续碰撞的动力学模型。

根据碰撞过程中是否存在能量耗散，连续接触力模型可分为纯弹性接触力模型和耗散接触力模型[6]。针对不同的接触碰撞场合，这两类接触力模型又可继续细分，如图 4.2 所示。

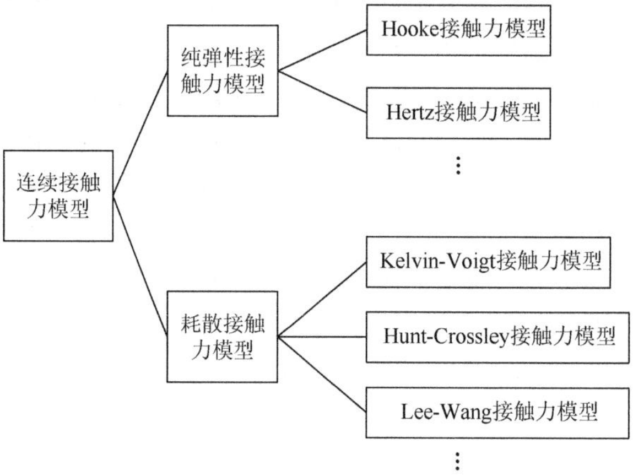

图 4.2　连续接触力模型

最简单的纯弹性接触力用线性弹簧原件表示，也称为胡克定律，碰撞过程中的接触力可以表示为[7]

$$F_N = k\delta \tag{4.1}$$

式中，k 为弹簧刚度；δ 为碰撞物体相对刺穿深度。

更常用的纯弹性接触力模型是基于 Hertz 接触理论[8-11]推导来的，碰撞接触力的表达式为

$$F_N = K\delta^n \tag{4.2}$$

式中，K 为接触刚度系数；n 一般情况下取 1.5。

接触刚度系数取决于接触表面的材料和形状，在接触表面为球体时，接触刚度系数可表示为[11]

$$K = \frac{4}{3(\sigma_i + \sigma_j)}\sqrt{\frac{R_i R_j}{R_i + R_j}} \tag{4.3}$$

式中，R_i 与 R_j 分别为两个接触球面的半径；

$$\begin{cases}\sigma_i = \dfrac{1-\nu_i^2}{E_i} \\ \sigma_j = \dfrac{1-\nu_j^2}{E_j}\end{cases} \tag{4.4}$$

其中，ν 为接触表面材料的泊松比；E 为接触表面材料的弹性模量。

当碰撞接触表面为球体和平面时，接触刚度系数可表示为[12]

$$K = \frac{4}{3(\sigma_i + \sigma_j)}\sqrt{R_i} \tag{4.5}$$

纯弹性接触力模型没有考虑碰撞过程中能量耗散的过程，为了更加精确地表征碰撞过程，需要在纯弹性接触力模型的基础上进一步考虑能量耗散的过程。Kelvin 和 Voigt 最早提出了耗散接触力模型[11]，Kelvin-Voigt 接触力模型可写为

$$F_N = K\delta + D\dot{\delta} \tag{4.6}$$

式中，D 为阻尼系数；$\dot{\delta}$ 为碰撞相对运动速度。

式(4.6)中接触力是碰撞物体相对刺穿深度和碰撞相对运动速度的线性函数，因而不能体现碰撞过程中的非线性性质，限制了该模型在某些场合的应用，如高速碰撞过程。Hunt 和 Crossley[13]认为，式（4.6）的接触力模型不能表示接触碰撞过程中能量传递的物理性质。他们认为接触力模型中耗散项应该是阻尼的非线性函数，并提出了非线性的接触力模型为

$$F_N = K\delta^n + D\dot{\delta} \tag{4.7}$$

阻尼系数 D 可表示为相对刺穿深度的函数：

$$D = \chi\delta^n \tag{4.8}$$

式中，χ 是滞后阻尼因子，在高恢复系数与不考虑摩擦的碰撞下可写成[14]

$$\chi = \frac{3K(1-e)}{2\dot{\delta}^-} \tag{4.9}$$

式中，e 是碰撞恢复系数；$\dot{\delta}^-$ 是碰撞前相对运动速度。

将式（4.8）和式（4.9）代入式（4.7），则 Hunt-Crossley 非线性接触力模型可写成

$$F_N = K\delta^n\left[1 + \frac{3(1-e)}{2}\frac{\dot{\delta}}{\dot{\delta}^-}\right] \tag{4.10}$$

表 4.1 为耗散接触力模型的表达式和适用范围。

表 4.1　耗散接触力模型的表达式和适用范围

接触力模型	表达式	适用范围
Kelvin-Voigt 接触力模型[11]	$F_N = K\delta + D\dot{\delta}$	材料阻尼小的接触碰撞
Hunt-Crossley 接触力模型[13]	$F_N = K\delta^n\left[1+\dfrac{3(1-e)}{2}\dfrac{\dot{\delta}}{\dot{\delta}^-}\right]$	高恢复系数，正碰撞，不考虑摩擦
Lee-Wang 接触力模型[15]	$F_N = K\delta^n\left[1+\dfrac{3(1-e)}{4}\dfrac{\dot{\delta}}{\dot{\delta}^-}\right]$	满足碰撞边界条件的间歇机构接触碰撞
Lankarani-Nikravesh 接触力模型[16]	$F_N = K\delta^n\left[1+\dfrac{3(1-e^2)}{4}\dfrac{\dot{\delta}}{\dot{\delta}^-}\right]$	高恢复系数，碰撞能量耗散小
Flores 接触力模型[17]	$F_N = K\delta^n\left[1+\dfrac{8(1-e)}{5e}\dfrac{\dot{\delta}}{\dot{\delta}^-}\right]$	完全弹性或完全塑性
Gonthier 接触力模型[18]	$F_N = K\delta^n\left[1+\dfrac{(1-e^2)}{e}\dfrac{\dot{\delta}}{\dot{\delta}^-}\right]$	圆柱平行接触

4.2　分离式航天器碰振动力学建模和仿真

4.2.1　分离式航天器碰振动力学建模

当分离式航天器载荷模块或服务模块的运动状态发生变化时，会带动音圈作动器一起运动。由于音圈作动器设计有保护沟槽，因此音圈作动器受到双向运动约束。音圈作动器可能出现如图 4.3 和图 4.4 所示的两种碰撞形式。

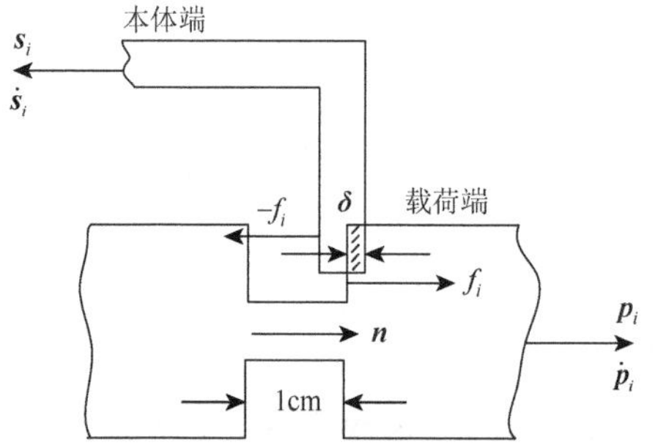

图 4.3　音圈作动器碰撞形式（1）

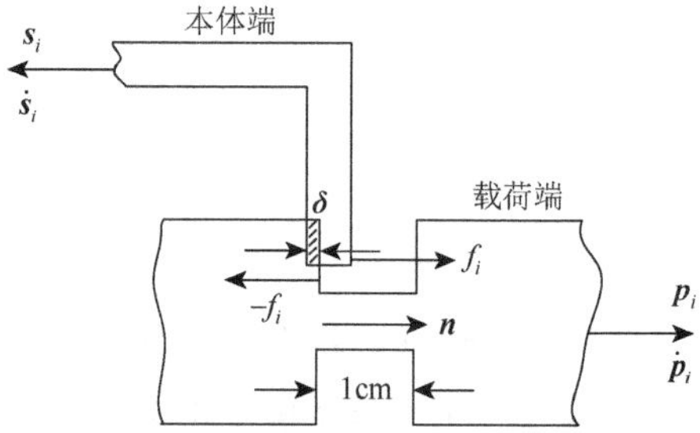

图 4.4　音圈作动器碰撞形式（2）

f_i 为接触碰撞过程中连续接触力，与 $\boldsymbol{n}$ 同向为正，反向为负；$\boldsymbol{p}_i$、$\dot{\boldsymbol{p}}_i$ 是音圈作动器在载荷模块安装点的位置和速度；$\boldsymbol{s}_i$、$\dot{\boldsymbol{s}}_i$ 是音圈作动器在服务模块安装点的位置和速度假设音圈作动器行程为 1cm，若初始时刻音圈作动器位于沟槽中间，则音圈作动器可运动的范围为±0.5cm。载荷模块或服务模块运动状态发生变化时，音圈作动器的伸缩量可表示为

$$\Delta\boldsymbol{L}=\boldsymbol{J}_p\boldsymbol{\chi}_p-\boldsymbol{J}_b\boldsymbol{\chi}_b \tag{4.11}$$

式中，$\Delta\boldsymbol{L}=[\cdots\ \ \Delta l_i\ \ \cdots]^{\mathrm{T}}$ 是音圈作动器的伸缩量；$\boldsymbol{J}_p$、$\boldsymbol{J}_b$ 是音圈作动器安装构型雅可比矩阵；$\boldsymbol{\chi}_p=[r_{px}\ \ r_{py}\ \ r_{pz}\ \ \theta_{px}\ \ \theta_{py}\ \ \theta_{pz}]^{\mathrm{T}}$ 是载荷模块质心位移和相对于惯性系的欧拉角；$\boldsymbol{\chi}_b=[r_{bx}\ \ r_{by}\ \ r_{bz}\ \ \theta_{bx}\ \ \theta_{by}\ \ \theta_{bz}]^{\mathrm{T}}$ 是服务模块质心位移和相对于惯性系的欧拉角。

当音圈作动器的伸缩量超过音圈作动器可运动范围时，认为碰撞发生，即

$$\begin{cases}|\Delta\boldsymbol{l}_i|<0.5\text{cm}, & \text{无碰撞}\\ |\Delta\boldsymbol{l}_i|\geqslant 0.5\text{cm}, & \text{有碰撞}\end{cases} \tag{4.12}$$

碰撞中相对刺穿深度 δ_i 可表示为

$$\delta_i=|\Delta\boldsymbol{l}_i|-0.0005 \tag{4.13}$$

碰撞前相对运动速度 $\dot{\boldsymbol{\delta}}_i$ 可表示为

$$\dot{\boldsymbol{\delta}}_i=\boldsymbol{n}_i^{\mathrm{T}}(\dot{\boldsymbol{r}}_p+\boldsymbol{\omega}_p\times\boldsymbol{p}_i)-\boldsymbol{n}_i^{\mathrm{T}}(\dot{\boldsymbol{r}}_s+\boldsymbol{\omega}_s\times s_i) \tag{4.14}$$

考虑在音圈作动器接触碰撞过程中存在能量损失，根据表 4.1 选取滞后阻尼因子为

$$\chi=\frac{3(1-e^2)}{4}\frac{K}{\dot{\delta}^-} \tag{4.15}$$

考虑音圈作动器本体端和载荷端在接触碰撞过程中为平面接触，则接触刚度系数可写成[19]

$$K=\frac{a}{0.475(\sigma_p+\sigma_s)} \tag{4.16}$$

式中，将接触平面等效为面积相等的正方形，a 为此正方形边长的一半。

音圈作动器碰撞过程中的连续接触力为

$$\boldsymbol{f}_i=K\boldsymbol{\delta}_i^n+\chi\boldsymbol{\delta}_i^n\dot{\boldsymbol{\delta}}_i \tag{4.17}$$

计算得到的碰撞力沿碰撞平面的法向，即沿音圈作动器的安装方向，需要通

过转换矩阵将碰撞力转换为对载荷模块质心的力和力矩[20]。根据虚功原理，载荷模块质心受到的碰撞力和力矩为

$$\begin{bmatrix} \boldsymbol{F}_{im} \\ \boldsymbol{T}_{im} \end{bmatrix} = \boldsymbol{J}_p^{\mathrm{T}} \boldsymbol{f} \tag{4.18}$$

式中，$\boldsymbol{f} = [\cdots \quad \boldsymbol{f}_i \quad \cdots]^{\mathrm{T}}$。

4.2.2 分离式航天器碰振仿真

根据式（4.12）可判断分离式航天器是否发生碰撞，当碰撞发生时，将式（4.18）的碰撞力作用到分离式航天的动力学模型中可仿真碰撞过程。仿真中，分离式航天器载荷模块和服务模块之间安装了 6 根音圈作动器，用于载荷模块质心位移和姿态控制。音圈作动器的安装构型为 Cubic 构型。分离式航天器仿真参数如表 4.2 所示。

表 4.2 分离式航天器仿真参数

参数	值	参数	值
载荷模块质量/kg	180	服务模块质量/kg	2000
载荷模块转动惯量/(kg·m^2)	diag([30, 20, 20])	载荷模块转动惯量/(kg·m^2)	$\begin{bmatrix} 1500 & -50 & 30 \\ -50 & 1300 & -40 \\ 30 & -40 & 1300 \end{bmatrix}$
柔性线缆线刚度/(N·m^{-1})	diag([0.8, 1, 1])	柔性线缆转动刚度/(N·rad^{-1})	$\begin{bmatrix} 1.25 & 0.02 & 0.12 \\ 0.02 & 1.35 & 0.12 \\ 0.12 & 0.13 & 2.25 \end{bmatrix}$
柔性线缆线阻尼/(N·s·m^{-1})	$\begin{bmatrix} 1.45 & -0.25 & -0.15 \\ -0.05 & 2.70 & 0.40 \\ -0.15 & -0.35 & 0.80 \end{bmatrix}$	柔性线缆转动阻尼/(N·s·rad^{-1})	$\begin{bmatrix} 1.05 & 0.01 & 0.06 \\ 0.01 & 0.75 & 0.06 \\ 0.06 & 0.06 & 0.65 \end{bmatrix}$
载荷模块柔性线缆安装点/m	$[0.01, 0.01, -0.1]^{\mathrm{T}}$	柔性线缆服务模块安装点/m	$[0.1, 0.1, -0.75]^{\mathrm{T}}$
音圈作动器等效阻尼系数/(N·s·m)	0.5	碰撞界面材料弹性模量/GPa	206
碰撞界面材料泊松比	0.3	碰撞恢复系数	0.56

碰撞仿真过程中，不对载荷模块施加主动控制。当载荷模块绕 y 轴初始角速度为 1.5°/s 时，两模块将会发生碰撞，碰撞过程中音圈作动器的伸缩量随时间的变化如图 4.5 所示。

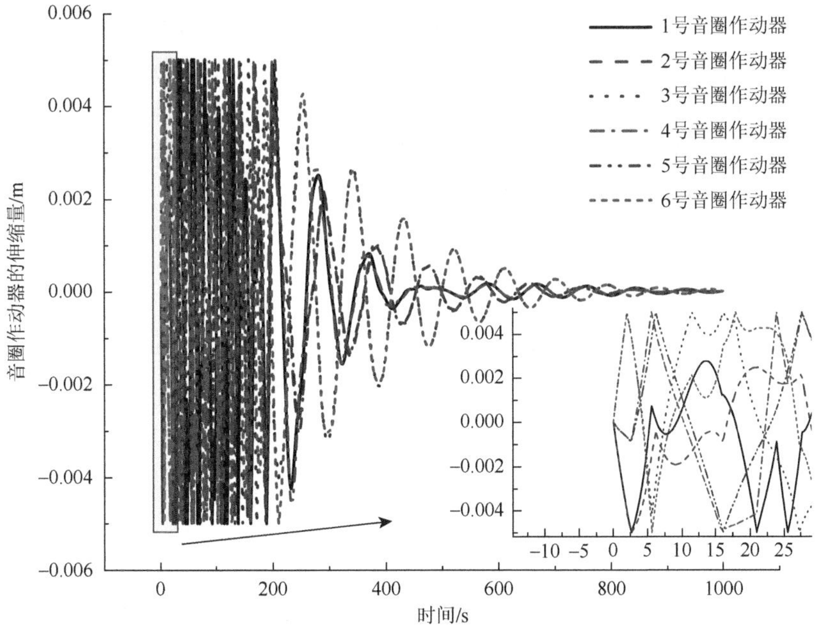

图 4.5　音圈作动器的伸缩量随时间的变化

音圈作动器相对运动速度随时间的变化如图 4.6 所示。

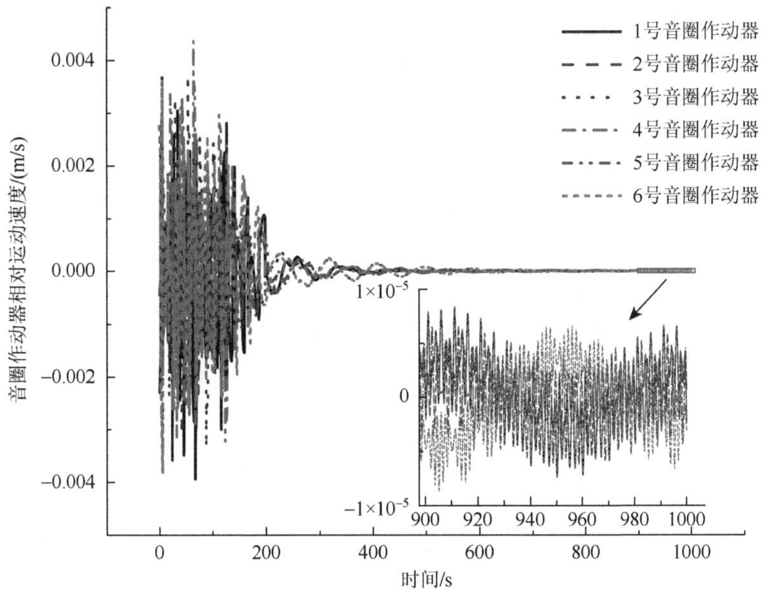

图 4.6　音圈作动器相对运动速度随时间的变化

由图 4.5 和图 4.6 可以看出，6 号音圈作动器在 $t = 1.93\text{s}$ 时满足碰撞条件，分离式航天器两模块发生碰撞。两模块之间阻尼和刚度较小，需要经过多次碰撞耗散能量才能降低载荷模块的质心速度和转动角速度，使得两模块脱离碰撞状态。当 6 号音圈作动器发生第一次碰撞后，分离式航天器进入持续碰撞阶段，最后一次碰撞发生在 $t = 209.14\text{s}$，碰撞持续了 207.21s。

以 50s 为一个时间间隔，音圈作动器在 0～250s 共 5 个时间段内碰撞次数统计如图 4.7 所示。

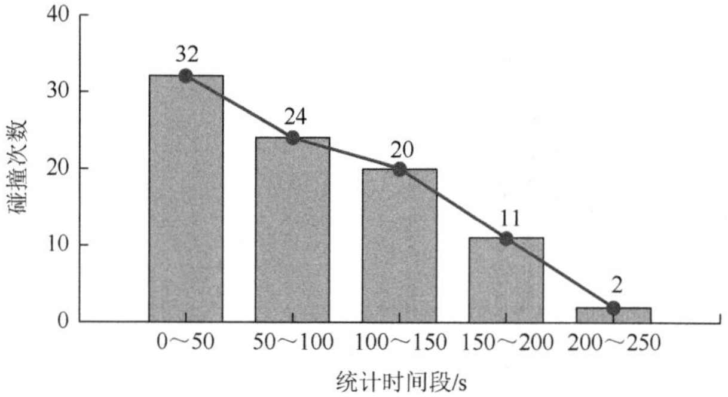

图 4.7　音圈作动器碰撞次数统计

由图 4.7 可以看出，6 个音圈作动器共发生 89 次碰撞，平均每 2.81s 发生一次碰撞，平均每个音圈作动器发生 14.8 次碰撞。音圈作动器在 0～50s 内碰撞次数最多，共发生 32 次碰撞，平均每 1.56s 发生一次碰撞，平均每个音圈作动器发生 5.3 次碰撞。随着仿真时间增加，载荷模块的角速度不断降低，两次碰撞之间平均时间间隔增加。

当 6 号音圈作动器发生第一次碰撞时，碰撞过程中产生的连续接触力如图 4.8 所示。

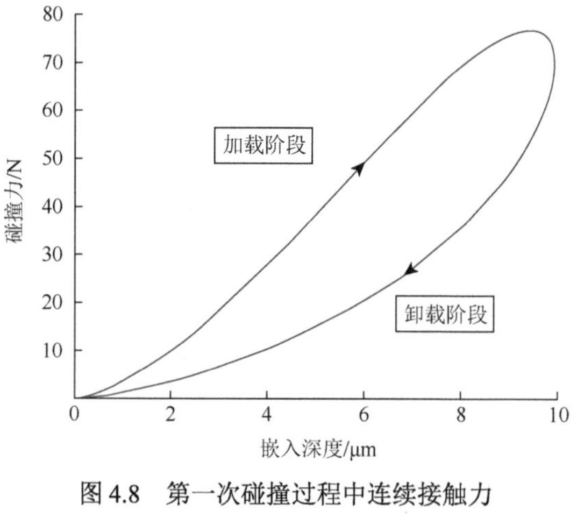

图 4.8　第一次碰撞过程中连续接触力

由图 4.8 可以看出，接触力模型中存在阻尼迟滞因子，导致碰撞中加载阶段和卸载阶段接触力不沿同一路径，存在能量损失。加载阶段，当嵌入深度从 0μm 增加到 10μm 时，接触力由 0N 增加到 78N，音圈作动器相对速度和碰撞前相对速度同向，接触力模型中阻尼力和弹性力同向；在卸载阶段，音圈作动器相对速度和碰撞前相对速度反向，接触力模型中阻尼力和弹性力反向，导致在相同的嵌入深度下，加载阶段的接触力要大于卸载阶段的接触力。在发生第一次碰撞过程中，6 号音圈作动器相对运动速度变化如图 4.9 所示。

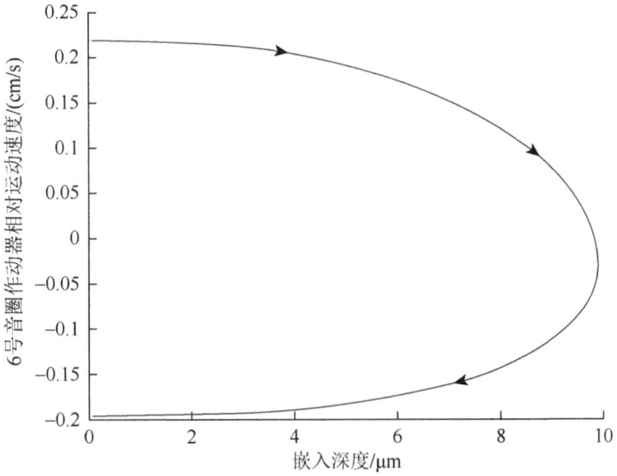

图 4.9　第一次碰撞中 6 号音圈作动器相对运动速度变化

由图 4.9 可以看出，当嵌入深度由 0μm 增加到 10μm 时，6 号音圈作动器相对运动速度由 0.22cm/s 降低到 0cm/s。因为存在能量损失，碰撞结束后相对运动速度变成–0.19cm/s，碰撞后的动能要小于碰撞前的动能。载荷模块质心位移响应如图 4.10 所示。

由图 4.10 可以看出，载荷模块质心位移在碰撞阶段，z 方向质心位移响应幅值为 13.41cm，x 方向质心位移响应幅值为 1.3cm，y 方向质心位移响应幅值为 0.2cm。在完成最后一次碰撞后，载荷模块质心位移向平衡位置收敛，在 1000s 时 x 方向和 y 方向质心运动幅值小于 1×10^{-2}cm。载荷模块质心速度响应如图 4.11 所示。

由图 4.11 可以看出，在碰撞阶段，分离式卫星载荷模块 x 方向质心速度响应幅值最大，达到 0.45cm/s，z 方向质心速度响应幅值达到 0.26cm/s，y 方向质心速度响应达到 0.24cm/s。从局部放大图中看出，载荷模块质心速度在碰撞结束后会逐渐收敛至稳态值，y 和 z 方向速度在 1000s 时振动幅值小于 1×10^{-3}cm/s。载荷模块转动角响应如图 4.12 所示。

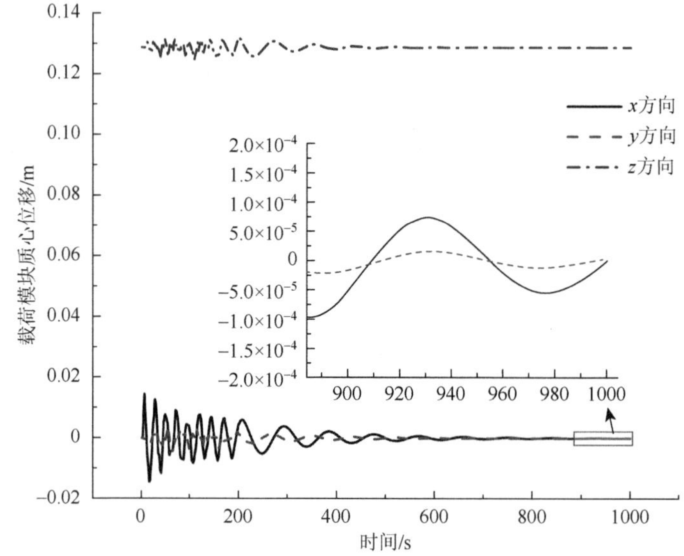

图 4.10　载荷模块质心位移响应

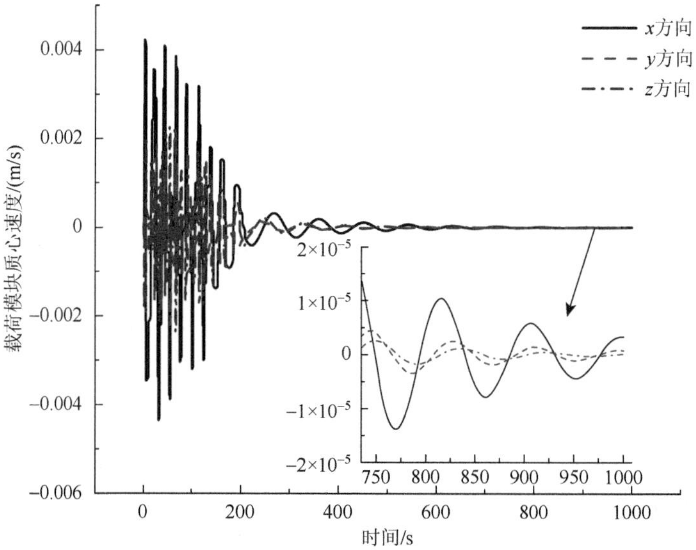

图 4.11　载荷模块质心速度响应

由图 4.12 可以看出，载荷模块绕 y 轴最大转动角为 0.071rad。在发生第一次碰撞后，音圈作动器碰撞力导致载荷模块绕 x 轴和绕 z 轴转动角也会发生变化，绕 x 轴最大转动角为 0.02rad，绕 z 轴最大转动角为 0.051rad。碰撞结束后载荷模块转动角逐渐收敛到稳态值，在 1000s 时指向精度优于 5×10^{-6}rad，碰撞使得载荷模块指向性能下降 5 个数量级。载荷模块转动角速度响应如图 4.13 所示。

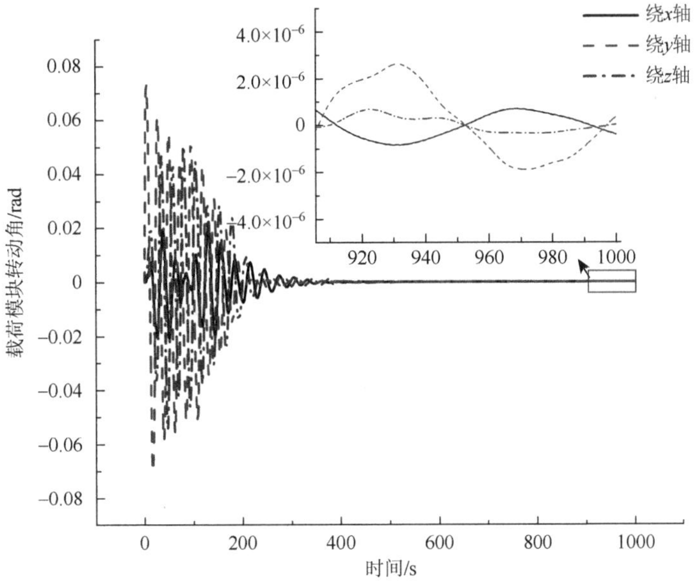

图 4.12　载荷模块转动角响应

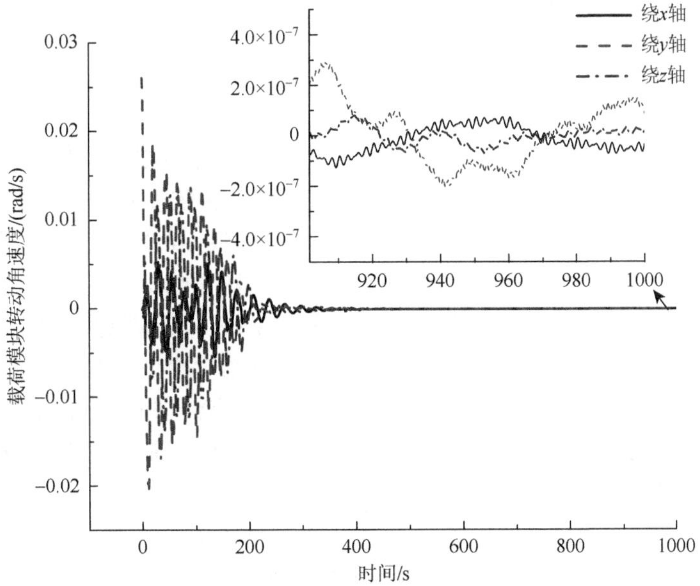

图 4.13　载荷模块转动角速度响应

由图 4.13 可以看出，当两模块发生碰撞时，碰撞力使得载荷模块绕 z 轴转动角速度响应峰值达到−0.015rad/s，绕 x 轴转动角速度达到−0.005rad/s。载荷模块转动角速度在碰撞结束后将会收敛于稳态值，在 1000s 时载荷模块的指向稳定度优于

5×10^{-7}rad/s，碰撞使得载荷模块指向稳定度下降 5 个数量级。载荷模块绕 y 轴的转动角速度振荡收敛，随着碰撞过程中不断消耗能量，载荷模块的角速度不断降低。

以两模块发生最后一次碰撞时刻为起点，载荷模块质心位移恢复到 1×10^{-4}m，质心速度恢复到 1×10^{-5}m/s，载荷模块转动角恢复到 1×10^{-6}rad，转动角速度恢复到 1×10^{-8}rad/s 为终点，视为载荷模块恢复到超静超稳工作状态所需时间，载荷模块恢复超静超稳工作状态所需时间如表 4.3 所示。

表 4.3　载荷模块恢复超静超稳工作状态所需时间

自由度	恢复时间/s
x	1070
y	850
z	785
绕 x 轴	1275
绕 y 轴	1455
绕 z 轴	1011

从表 4.3 可以看出，当载荷模块受到扰动导致碰撞后，载荷模块恢复到超静超稳工作状态所需的时间长达 1455s。

4.3　分离式航天器碰撞规避控制

从 4.2.1 节可以看出，在不施加主动控制的情况下，碰撞使得分离式航天器的指向精度和指向稳定度下降 5 个量级，虽然经过多次碰撞后，分离式航天器载荷模块能够恢复超静超稳工作状态，但是恢复时间超过 1000s。此外，单次碰撞时间较短，碰撞中产生的冲击还可能损坏载荷模块上的精密仪器设备，影响航天器控制系统的稳定性。因此有必要对载荷模块进行主动控制，降低两模块之间的碰撞概率。本节根据分离式航天器姿态控制系统的特点，研究基于模型预测控制的分离式航天器碰撞规避策略，设计分离式航天器的模型预测控制器，并进行了碰撞规避控制仿真，仿真中对比了模型预测控制器和传统比例-微分（proportion differential，PD）控制器的防碰撞能力。

4.3.1　基于模型预测控制的碰撞规避策略

分离式航天器的姿态控制系统结构图如图 4.14 所示。

由图 4.14 可以看出，载荷模块的姿态和位置由安装在两模块之间的音圈作动器进行控制，服务模块的姿态和位置由安装在服务模块上的反作用飞轮或者喷气机构进行控制。分离式航天器姿态控制系统中最重要的一点是，两模块之间的

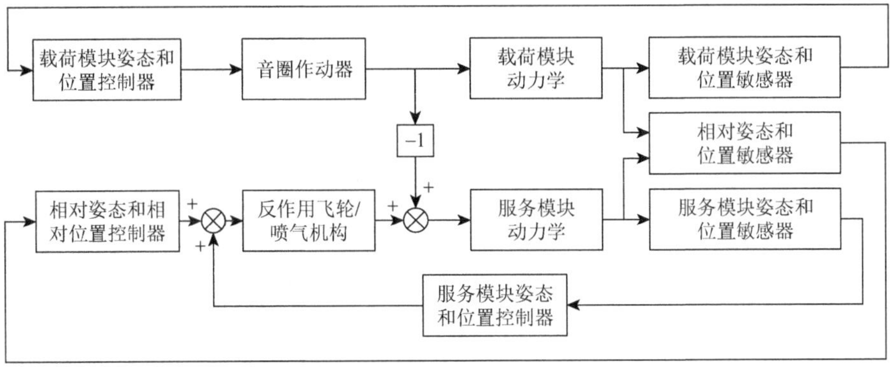

图 4.14　分离式航天器的姿态控制系统结构图

相对位置和相对姿态同样由服务模块上的反作用飞轮或者喷气机构进行控制。在这样的控制策略下，两模块之间的相对位置和相对姿态信息经过控制器运算后，控制命令将驱动反作用飞轮或者喷气机构控制服务模块的质心位置和姿态不断跟随载荷模块运动。这种控制策略的优点是姿态/位置敏感器和执行机构的噪声不会影响载荷模块的指向精度和指向稳定度。但是当两模块相对运动速度较快时，相对姿态和位置控制器可能无法控制服务模块跟踪载荷模块，因此载荷模块的姿态和位置控制器中需要设计防碰撞控制策略，使得载荷模块在进行指向控制的同时具备一定的防碰撞能力。

模型预测控制是一种计算机易实现的控制方法，在空间对接避障控制、多智能体避障控制和无人驾驶避障控制中得到了广泛的应用，基于模型预测控制的分离式航天器碰撞规避控制原理图如图 4.15 所示。

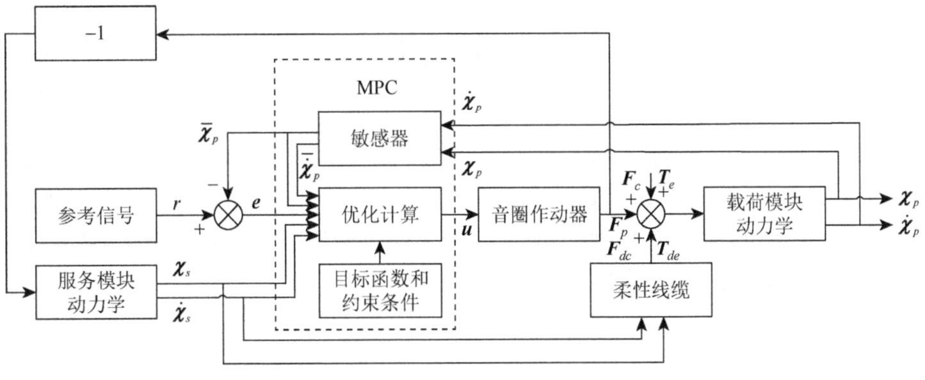

图 4.15　分离式航天器碰撞规避控制原理图

模型预测控制器将分离式航天器的碰撞规避控制问题转换成一个多变量/多目标优化问题。优化目标是最小化载荷模块的指向误差，同时还需尽可能地降低音圈作动器的能量消耗。在每一个离散采样点上，利用传感器测量的状态变量和分离式航天器的动力学模型对两模块的运动进行预测，随后在计算机上求解最优化问题，获得音圈作动器的控制电压输入，实现碰撞规避控制。

4.3.2　模型预测控制器设计

分离式航天器模型预测控制中，约束优化问题的目标函数可写成

$$\begin{cases}\min J(\Delta\boldsymbol{U})=\dfrac{1}{2}\|\boldsymbol{T}_e(\boldsymbol{Y}(t)-\boldsymbol{R}(t))\|_2^2+\dfrac{1}{2}\|\boldsymbol{T}_u\Delta\boldsymbol{U}(t)\|_2^2\\ \text{s.t. }\ \boldsymbol{u}_{\min}\leqslant\boldsymbol{u}_i\leqslant\boldsymbol{u}_{\max,i},\ i=0,\cdots,N_c-1\\ \qquad\Delta\boldsymbol{u}_{\min}\leqslant\Delta\boldsymbol{u}_i\leqslant\Delta\boldsymbol{u}_{\max},\ i=0,\cdots,N_c-1\\ \qquad\Delta\boldsymbol{L}_{\min}\leqslant\Delta\boldsymbol{L}_i\leqslant\Delta\boldsymbol{L}_{\max},\ i=0,\cdots,N\end{cases}\tag{4.19}$$

式中，$\boldsymbol{T}_e$ 和 $\boldsymbol{T}_u$ 为优化目标的权重矩阵；N 和 N_c 为模型预测控制中的预测域和控制域；$\boldsymbol{Y}(t)=[\boldsymbol{\chi}_{t+1|t}\ \cdots\ \boldsymbol{\chi}_{t+N|t}]^{\mathrm{T}}$ 为载荷模块在预测域内的状态向量；$\boldsymbol{R}(t)=[\boldsymbol{r}_{t+1|t}\ \cdots\ \boldsymbol{r}_{t+N|t}]^{\mathrm{T}}$ 为载荷模块在预测域内的参考向量；$\Delta\boldsymbol{U}=[\Delta\boldsymbol{u}_0\ \cdots\ \Delta\boldsymbol{u}_{N_c-1}]^{\mathrm{T}}$ 为载荷模块在控制域内的控制信号；$\Delta\boldsymbol{L}_i=[\Delta l_1\ \ \Delta l_2\ \ \Delta l_3\ \ \Delta l_4\ \ \Delta l_5\ \ \Delta l_6]^{\mathrm{T}}$ 为音圈作动器的伸缩量。

目标函数可展开写成

$$\begin{aligned}J(\Delta\boldsymbol{U})&=\frac{1}{2}\|\boldsymbol{T}_e(\boldsymbol{Y}(t)-\boldsymbol{R}(t))\|_2^2+\frac{1}{2}\|\boldsymbol{T}_u\Delta\boldsymbol{U}(t)\|_2^2\\&=\frac{1}{2}\boldsymbol{R}^{\mathrm{T}}(t)\boldsymbol{T}_e\boldsymbol{R}(t)+\frac{1}{2}\boldsymbol{Y}^{\mathrm{T}}(t)\boldsymbol{T}_e\boldsymbol{Y}(t)-\boldsymbol{R}^{\mathrm{T}}(t)\boldsymbol{T}_e\boldsymbol{Y}(t)+\frac{1}{2}\Delta\boldsymbol{U}^{\mathrm{T}}\boldsymbol{T}_u\Delta\boldsymbol{U}\end{aligned}\tag{4.20}$$

载荷模块在预测域内的状态向量可通过离散形式的状态空间方程和当前传感器测量的状态向量进行预测。离散形式的状态空间方程为

$$\begin{cases}\boldsymbol{x}_{t+1}^p=\boldsymbol{A}_d\boldsymbol{x}_t^p+\boldsymbol{B}_u\boldsymbol{u}_t+\boldsymbol{B}_{dv}\boldsymbol{v}_t+\boldsymbol{B}_{ds}\boldsymbol{x}_t^s\\ \boldsymbol{y}_{t+1}^p=\boldsymbol{C}_d\boldsymbol{x}_{t+1}^p\end{cases}\tag{4.21}$$

式中，$\boldsymbol{x}_t^p=[\boldsymbol{\chi}_p\ \ \dot{\boldsymbol{\chi}}_p]^{\mathrm{T}}$ 为载荷模块在 t 时刻的状态向量；$\boldsymbol{x}_t^s=[\boldsymbol{\chi}_s\ \ \dot{\boldsymbol{\chi}}_s]^{\mathrm{T}}$ 为服务模块在 t 时刻的状态向量；$\boldsymbol{v}_t=[\boldsymbol{F}_d\ \ \boldsymbol{T}_d]^{\mathrm{T}}$ 为载荷模块受到的扰动力和扰动力矩；$\boldsymbol{A}_d$ 和 $\boldsymbol{B}$ 是状态空间方程中的状态矩阵和输入矩阵，矩阵 $\boldsymbol{B}$ 不同的下标对应不同的输入向量。

根据式（4.21），在预测域内，向量 $\boldsymbol{Y}(t)$ 可以写成

$$\boldsymbol{Y}(t)=\boldsymbol{C}\left(\boldsymbol{D}\boldsymbol{x}_t^p+\boldsymbol{F}\boldsymbol{u}_{t-1|t}+\boldsymbol{G}\boldsymbol{v}_t+\boldsymbol{H}\begin{bmatrix}\Delta\boldsymbol{u}_0\\ \Delta\boldsymbol{u}_1\\ \vdots\\ \Delta\boldsymbol{u}_{N_c-1}\end{bmatrix}_t+\boldsymbol{I}\begin{bmatrix}\boldsymbol{x}_t^s\\ \boldsymbol{x}_{t+1}^s\\ \vdots\\ \boldsymbol{x}_{t+N-1}^s\end{bmatrix}\right)\tag{4.22}$$

式中，$\boldsymbol{C}=\begin{bmatrix}\boldsymbol{C}_d & & \\ & \ddots & \\ & & \boldsymbol{C}_d\end{bmatrix}$；$\boldsymbol{D}=\begin{bmatrix}\boldsymbol{A}_d \\ \boldsymbol{A}_d^2 \\ \vdots \\ \boldsymbol{A}_d^N\end{bmatrix}$；$\boldsymbol{F}=\begin{bmatrix}\boldsymbol{B}_u \\ \sum_{i=0}^{1}\boldsymbol{A}_d^i\boldsymbol{B}_u \\ \vdots \\ \sum_{i=0}^{N-1}\boldsymbol{A}_d^i\boldsymbol{B}_u\end{bmatrix}$；$\boldsymbol{G}=\begin{bmatrix}\boldsymbol{B}_{dv} \\ \vdots \\ \sum_{i=0}^{N-1}\boldsymbol{A}_d^i\boldsymbol{B}_{dv}\end{bmatrix}$；

$$\boldsymbol{H}=\begin{bmatrix}\boldsymbol{B}_u & & & \\ \sum_{i=0}^{1}\boldsymbol{A}^i\boldsymbol{B}_u & \boldsymbol{B}_u & & \\ \vdots & \vdots & \ddots & \boldsymbol{B}_u \\ \sum_{i=0}^{N-1}\boldsymbol{A}_d^i\boldsymbol{B}_u & \sum_{i=0}^{N-2}\boldsymbol{A}_d^i\boldsymbol{B}_u & \cdots & \boldsymbol{B}_u\end{bmatrix};\quad \boldsymbol{I}=\begin{bmatrix}\boldsymbol{B}_{ds} & & & \\ \boldsymbol{A}_d\boldsymbol{B}_{ds} & \boldsymbol{B}_{ds} & & \\ \vdots & \ddots & \boldsymbol{B}_{ds} & \\ \boldsymbol{A}_d^{N-1}\boldsymbol{B}_{ds} & \cdots & \boldsymbol{A}_d\boldsymbol{B}_{ds} & \boldsymbol{B}_{ds}\end{bmatrix}。$$

同样地，若服务模块的状态空间方程为

$$\boldsymbol{x}_{k+1}^s=\boldsymbol{A}_s\boldsymbol{x}_k^s+\boldsymbol{B}_{us}\boldsymbol{u}_k \tag{4.23}$$

则服务模块在预测域内，状态向量可写成

$$\begin{bmatrix}\boldsymbol{x}_{t+1}^s \\ \boldsymbol{x}_{t+2}^s \\ \vdots \\ \boldsymbol{x}_{t+N}^s\end{bmatrix}=\boldsymbol{L}\boldsymbol{x}_t^s+\boldsymbol{M}\boldsymbol{u}_{t-1|t}+\boldsymbol{N}\begin{bmatrix}\Delta\boldsymbol{u}_0 \\ \Delta\boldsymbol{u}_1 \\ \vdots \\ \Delta\boldsymbol{u}_{N_c-1}\end{bmatrix} \tag{4.24}$$

式中，$\boldsymbol{L}=\begin{bmatrix}\boldsymbol{A}_s \\ \boldsymbol{A}_s^2 \\ \vdots \\ \boldsymbol{A}_s^N\end{bmatrix}$；$\boldsymbol{M}=\begin{bmatrix}\boldsymbol{B}_{us} \\ \sum_{i=0}^{1}\boldsymbol{A}_s^i\boldsymbol{B}_{us} \\ \vdots \\ \sum_{i=0}^{N-1}\boldsymbol{A}_s^i\boldsymbol{B}_{us}\end{bmatrix}$；$\boldsymbol{N}=\begin{bmatrix}\boldsymbol{B}_{us} & & & \\ \sum_{i=0}^{1}\boldsymbol{A}_s^i\boldsymbol{B}_{us} & \boldsymbol{B}_{us} & & \\ \vdots & \vdots & \ddots & \\ \sum_{i=0}^{N-1}\boldsymbol{A}_s^i\boldsymbol{B}_{us} & \sum_{i=0}^{N-2}\boldsymbol{A}_s^i\boldsymbol{B}_{us} & \cdots & \boldsymbol{B}_{us}\end{bmatrix}$。

将式（4.22）和式（4.24）代入式（4.20），则优化目标函数可写成

$$\min J(\Delta\boldsymbol{U})=\frac{1}{2}\Delta\boldsymbol{U}^{\mathrm{T}}\boldsymbol{T}_1\Delta\boldsymbol{U}+\boldsymbol{T}_2\Delta\boldsymbol{U} \tag{4.25}$$

式中

$$\boldsymbol{T}_1=(\boldsymbol{H}+\boldsymbol{I}\tilde{\boldsymbol{N}})^{\mathrm{T}}\tilde{\boldsymbol{Q}}(\boldsymbol{H}+\boldsymbol{I}\tilde{\boldsymbol{N}})+\boldsymbol{T}_u$$

$$\boldsymbol{T}_2=\left((\boldsymbol{x}_t^p)^{\mathrm{T}}\boldsymbol{D}^{\mathrm{T}}\tilde{\boldsymbol{Q}}+(\boldsymbol{v}_t)^{\mathrm{T}}\boldsymbol{G}^{\mathrm{T}}\tilde{\boldsymbol{Q}}+(\boldsymbol{u}_{t-1|t})^{\mathrm{T}}(\boldsymbol{F}+\boldsymbol{I}\tilde{\boldsymbol{M}})^{\mathrm{T}}\tilde{\boldsymbol{Q}}+(\boldsymbol{x}_t^s)^{\mathrm{T}}(\boldsymbol{I}\tilde{\boldsymbol{L}})^{\mathrm{T}}\tilde{\boldsymbol{Q}}-\boldsymbol{R}^{\mathrm{T}}(t)\boldsymbol{T}_e\boldsymbol{C}\right)(\boldsymbol{H}+\boldsymbol{I}\tilde{\boldsymbol{N}})$$

其中，$\tilde{\boldsymbol{M}}=\begin{bmatrix}\boldsymbol{O}_{12\times6} \\ \boldsymbol{M}_{12(N-1)\times6}\end{bmatrix}$；$\tilde{\boldsymbol{L}}=\begin{bmatrix}\boldsymbol{E}_{12\times12} \\ \boldsymbol{L}_{12(N-1)\times12}\end{bmatrix}$；$\tilde{\boldsymbol{N}}=\begin{bmatrix}\boldsymbol{O}_{12\times6(N_c-1)} \\ \boldsymbol{N}_{12(N-1)\times6(N_c-1)}\end{bmatrix}$；

$$\tilde{\boldsymbol{Q}}=\begin{bmatrix}\boldsymbol{C}_d^{\mathrm{T}}\boldsymbol{T}_e\boldsymbol{C}_d & & \\ & \ddots & \\ & & \boldsymbol{C}_d^{\mathrm{T}}\boldsymbol{T}_e\boldsymbol{C}_d\end{bmatrix}。$$

优化过程中，受到的约束条件：一是碰撞约束；二是音圈作动器最大输出力的约束。由于音圈作动器设计了保护沟槽，因此碰撞发生的条件是音圈作动器的伸缩量超过了最大行程，则碰撞约束条件在数学上可表示成

$$\begin{bmatrix}\Delta\boldsymbol{L}_1\\ \vdots\\ \Delta\boldsymbol{L}_N\\ -\Delta\boldsymbol{L}_1\\ \vdots\\ -\Delta\boldsymbol{L}_N\end{bmatrix}\geqslant\begin{bmatrix}\Delta\boldsymbol{L}_{\min}\\ \vdots\\ \Delta\boldsymbol{L}_{\min}\\ -\Delta\boldsymbol{L}_{\max}\\ \vdots\\ -\Delta\boldsymbol{L}_{\max}\end{bmatrix} \tag{4.26}$$

根据音圈作动器的伸缩量和两模块之间的运动学关系，有

$$\Delta\boldsymbol{L}_i=\boldsymbol{J}_p(\boldsymbol{\chi}_{t+i}^p-\boldsymbol{\chi}_0)-\boldsymbol{J}_s\boldsymbol{\chi}_{t+i}^s,\quad i=1,\cdots,N \tag{4.27}$$

将式（4.22）和式（4.24）代入式（4.27），则碰撞约束条件可写成

$$\begin{bmatrix}\boldsymbol{W}_1\\ \boldsymbol{W}_2\end{bmatrix}\begin{bmatrix}\Delta\boldsymbol{u}_0\\ \Delta\boldsymbol{u}_1\\ \vdots\\ \Delta\boldsymbol{u}_{N-1}\end{bmatrix}\geqslant\boldsymbol{s}_1 \tag{4.28}$$

式中，$\boldsymbol{W}_1=[\tilde{\boldsymbol{J}}_p(\boldsymbol{H}+\boldsymbol{I}\tilde{\boldsymbol{N}})-\tilde{\boldsymbol{J}}_s\boldsymbol{N}]$；$\boldsymbol{W}_2=[-\tilde{\boldsymbol{J}}_p(\boldsymbol{H}+\boldsymbol{I}\tilde{\boldsymbol{N}})+\tilde{\boldsymbol{J}}_s\boldsymbol{N}]$；$\boldsymbol{s}_1=\begin{bmatrix}\Delta\boldsymbol{L}_{\min}+\boldsymbol{J}_p\boldsymbol{\chi}_{p_0}\\ \vdots\\ \Delta\boldsymbol{L}_{\min}+\boldsymbol{J}_p\boldsymbol{\chi}_{p0}\\ -\Delta\boldsymbol{L}_{\max}-\boldsymbol{J}_p\boldsymbol{\chi}_{p0}\\ \vdots\\ -\Delta\boldsymbol{L}_{\max}-\boldsymbol{J}_p\boldsymbol{\chi}_{p_0}\end{bmatrix}$ $+\begin{bmatrix}-\tilde{\boldsymbol{J}}_p(\boldsymbol{E}\boldsymbol{x}_t^p+\boldsymbol{G}\boldsymbol{v}_t+(\boldsymbol{F}+\boldsymbol{I}\tilde{\boldsymbol{M}})\boldsymbol{u}_{t-1|t}+\boldsymbol{I}\tilde{\boldsymbol{L}}\boldsymbol{x}_t^s)+\tilde{\boldsymbol{J}}_s(\boldsymbol{L}\boldsymbol{x}_t^s+\boldsymbol{M}\boldsymbol{u}_{t-1|t})\\ \tilde{\boldsymbol{J}}_p(\boldsymbol{E}\boldsymbol{x}_t^p+\boldsymbol{G}\boldsymbol{v}_t+(\boldsymbol{F}+\boldsymbol{I}\tilde{\boldsymbol{M}})\boldsymbol{u}_{t-1|t}+\boldsymbol{I}\tilde{\boldsymbol{L}}\boldsymbol{x}_t^s)-\tilde{\boldsymbol{J}}_s(\boldsymbol{L}\boldsymbol{x}_t^s+\boldsymbol{M}\boldsymbol{u}_{t-1|t})\end{bmatrix}$。其中，$\tilde{\boldsymbol{J}}_p=\begin{bmatrix}\boldsymbol{J}_p\boldsymbol{C}_d & & \\ & \ddots & \\ & & \boldsymbol{J}_p\boldsymbol{C}_d\end{bmatrix}$；

$$\tilde{\boldsymbol{J}}_s=\begin{bmatrix}\boldsymbol{J}_s\boldsymbol{C}_d & & \\ & \ddots & \\ & & \boldsymbol{J}_s\boldsymbol{C}_d\end{bmatrix}。$$

由于功率的限制，音圈作动器的最大输出力也是优化过程中需要考虑的约束条件，输出力限制条件可写成

$$
\boldsymbol{W}_3\begin{bmatrix}\Delta\boldsymbol{u}_0\\ \vdots\\ \Delta\boldsymbol{u}_{N_c-1}\end{bmatrix}\geqslant \boldsymbol{s}_2 \tag{4.29}
$$

式中，$\boldsymbol{s}_2=\begin{bmatrix}\boldsymbol{u}_{\min}\\ \vdots\\ \boldsymbol{u}_{\min}\\ -\boldsymbol{u}_{\max}\\ \vdots\\ -\boldsymbol{u}_{\max}\end{bmatrix}-\begin{bmatrix}\boldsymbol{u}_{t-1|t}\\ \vdots\\ \boldsymbol{u}_{t-1|t}\\ -\boldsymbol{u}_{t-1|t}\\ \vdots\\ -\boldsymbol{u}_{t-1|t}\end{bmatrix}$；$\boldsymbol{W}_3=\begin{bmatrix}\boldsymbol{E}_6 & & \\ \vdots & \ddots & \\ \boldsymbol{E}_6 & \cdots & \boldsymbol{E}_6\\ -\boldsymbol{E}_6 & & \\ \vdots & \ddots & \\ -\boldsymbol{E}_6 & \cdots & -\boldsymbol{E}_6\end{bmatrix}$。

4.3.3　碰撞规避控制仿真

仿真中，模型预测控制器参数如表 4.4 所示。

表 4.4　模型预测控制器参数

参数	值
预测域 N	10
控制域 N_c	2
离散时间 t / s	0.1
权重矩阵 $\boldsymbol{T}_e$	$10\,\boldsymbol{I}_6$
权重矩阵 $\boldsymbol{T}_u$	$10^{-4}\boldsymbol{I}_6$

从权重矩阵 $\boldsymbol{T}_e$ 和 $\boldsymbol{T}_u$ 的取值上来看，最小化载荷模块的指向误差是主要的优化目标，而节省音圈作动器的能量消耗是次要的优化目标。音圈作动器的运动范围与 4.2.1 节一致，都是±0.5cm，音圈作动器的输出力为±4N。音圈作动器的安装构型为各向同性构型，如图 4.16 所示[21]。

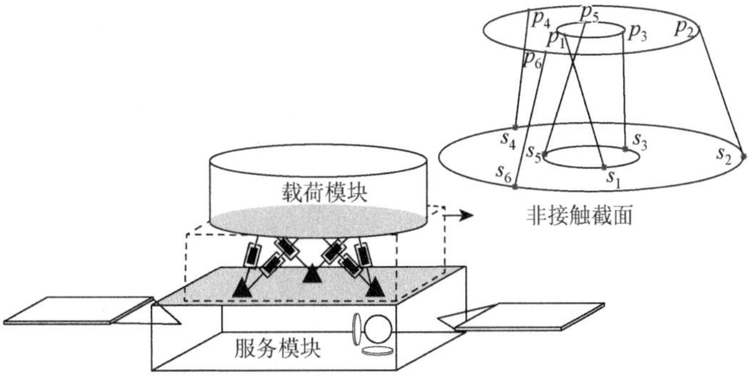

图 4.16　分离式航天器音圈作动器安装构型

图 4.16 中音圈作动器安装的雅可比矩阵满足

$$\boldsymbol{J}_p^{\mathrm{T}}\boldsymbol{J}_p = \begin{bmatrix} 2 & & & & & \\ & 2 & & & & \\ & & 2 & & & \\ & & & 0.04 & & \\ & & & & 0.04 & \\ & & & & & 0.04 \end{bmatrix} \tag{4.30}$$

若载荷模块在外部扰动作用或者初始释放过程中，绕 x 轴具有初始角速度，根据 4.2.2 节仿真结果，在不进行主动防碰撞控制的情况下，当初始角速度为 1.5°/s 时，音圈作动器共出现了 200 多次碰撞。在采取主动防碰撞措施下，音圈作动器的伸缩量如图 4.17 和图 4.18 所示。

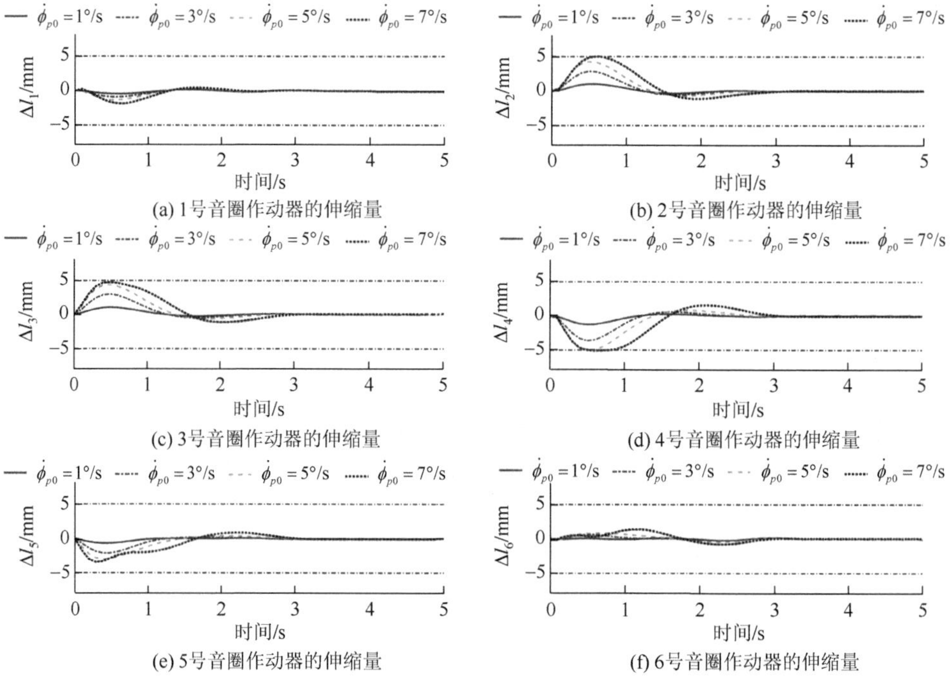

(a) 1号音圈作动器的伸缩量　(b) 2号音圈作动器的伸缩量

(c) 3号音圈作动器的伸缩量　(d) 4号音圈作动器的伸缩量

(e) 5号音圈作动器的伸缩量　(f) 6号音圈作动器的伸缩量

图 4.17　音圈作动器伸缩量（模型预测控制器）

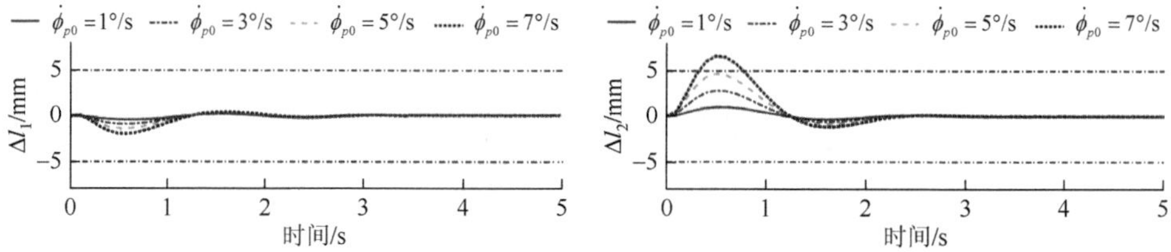

(a) 1号音圈作动器的伸缩量　(b) 2号音圈作动器的伸缩量

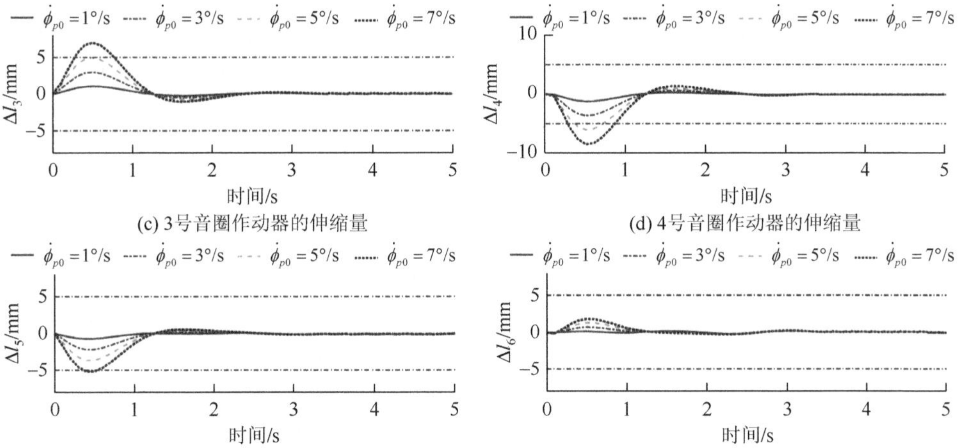

(c) 3号音圈作动器的伸缩量　(d) 4号音圈作动器的伸缩量

(e) 5号音圈作动器的伸缩量　(f) 6号音圈作动器的伸缩量

图 4.18　音圈作动器伸缩量（传统 PD 控制器）

图 4.17 和图 4.18 分别是采用模型预测控制器和传统 PD 控制器时，音圈作动器伸缩量随时间的变化情况。从图 4.17 可以看出，当载荷模块初始角速度 $\dot{\phi}_{p0}$ 从 1°/s 增加到 7°/s 时，6 根音圈作动器的伸缩量最大值不超过 5mm，载荷模块和服务模块没有发生碰撞。在图 4.18 中，当载荷模块初始角速度 $\dot{\phi}_{p0}$ 为 5°/s 时，4 号音圈作动器的伸缩量超过了 5mm，载荷模块和服务模块发生了碰撞。仿真结果表明模型预测控制器的碰撞规避控制性能要优于传统 PD 控制器。音圈作动器的最大伸缩量随初始角速度的变化情况如图 4.19 所示。

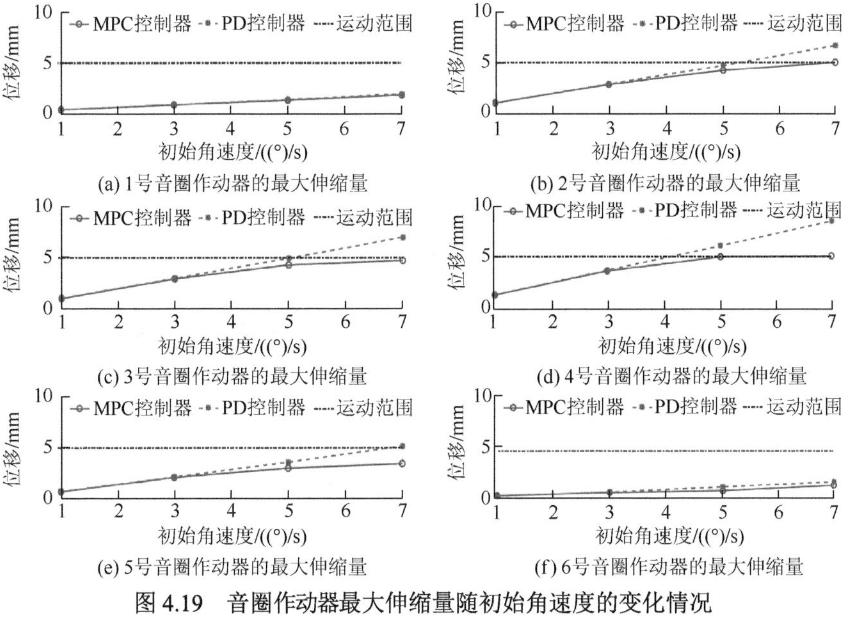

(a) 1号音圈作动器的最大伸缩量　(b) 2号音圈作动器的最大伸缩量

(c) 3号音圈作动器的最大伸缩量　(d) 4号音圈作动器的最大伸缩量

(e) 5号音圈作动器的最大伸缩量　(f) 6号音圈作动器的最大伸缩量

图 4.19　音圈作动器最大伸缩量随初始角速度的变化情况

由图 4.19 可以看出，当传统 PD 控制器的增益系数给定时，传统 PD 控制器的控制性能也随之确定，因而音圈电机的最大伸缩量随初始角速度增大而线性增加，当载荷模块初始角速度 $\dot{\phi}_{p0}$ 达到 4°/s 时，载荷模块和服务模块发生碰撞。对于模型预测控制器，当载荷模块初始角速度较小时，没有触发到碰撞规避约束条件，因而模型预测控制具有与传统 PD 控制器接近的控制性能。当载荷模块初始角速度 $\dot{\phi}_{p0}$ 达到 4°/s 时，优化过程中碰撞规避约束条件被激活，模型预测控制器优化出避免碰撞发生的控制力，当载荷模块初始角速度 $\dot{\phi}_{p0}$ 达到 7°/s 时，模型预测控制器将不能优化出满足所有约束条件的控制力，载荷模块和服务模块同样会发生碰撞，但模型预测控制器的防碰撞性能要优于传统 PD 控制器。

仿真过程中，载荷模块质心位移和欧拉角如图 4.20 和图 4.21 所示。

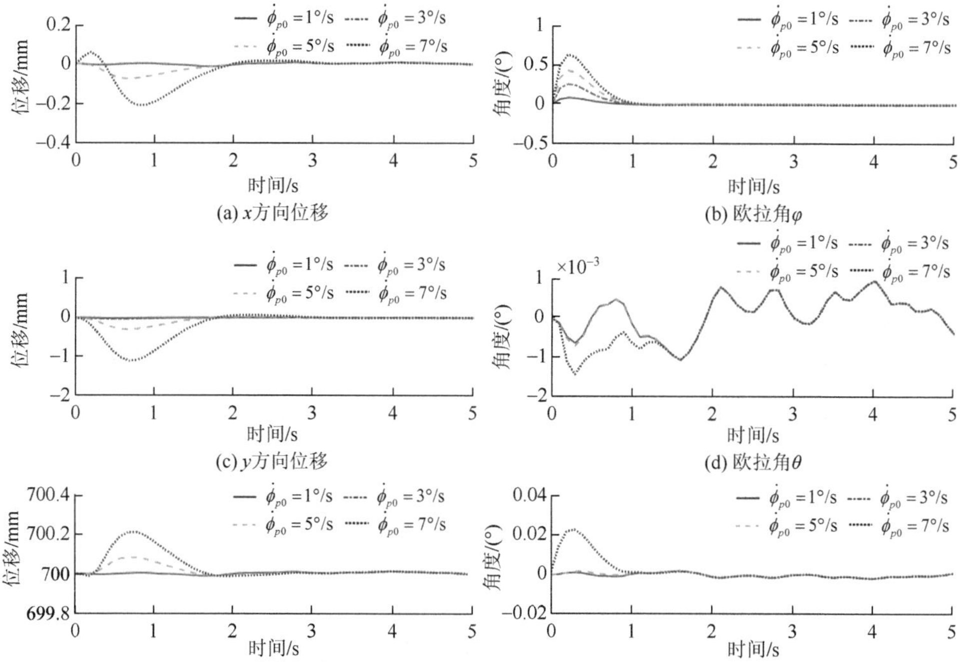

(a) x方向位移　(b) 欧拉角φ
(c) y方向位移　(d) 欧拉角θ
(e) z方向位移　(f) 欧拉角ψ

图 4.20　载荷模块质心位移和欧拉角响应（模型预测控制器）

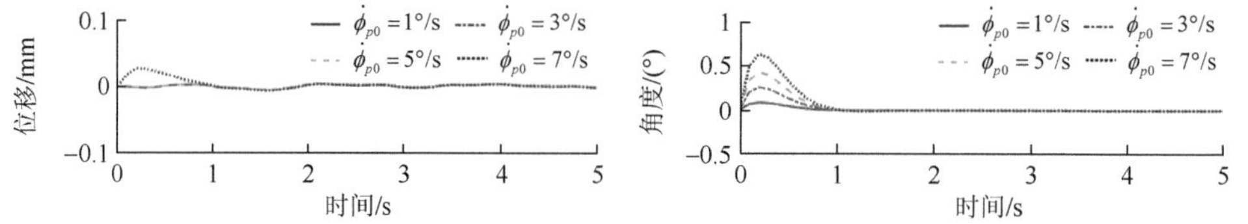

(a) x方向位移　(b) 欧拉角φ

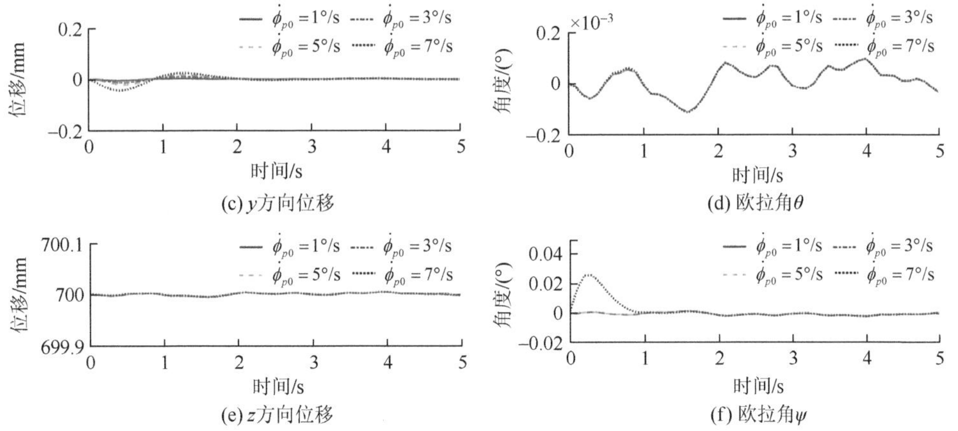

图 4.21　载荷模块质心位移和欧拉角响应（传统 PD 控制器）

由图 4.20 和图 4.21 可以看出，当载荷模块绕 x 轴的初始角速度大于 5°/s 时，激活碰撞规避约束条件后，模型预测控制器通过协调控制载荷模块六自由度的运动，避免碰撞的发生，但传统 PD 控制器不具备这样的协调控制能力，其防碰撞能力弱于模型预测控制器。

仿真中，音圈作动器的输出力如图 4.22 和图 4.23 所示。

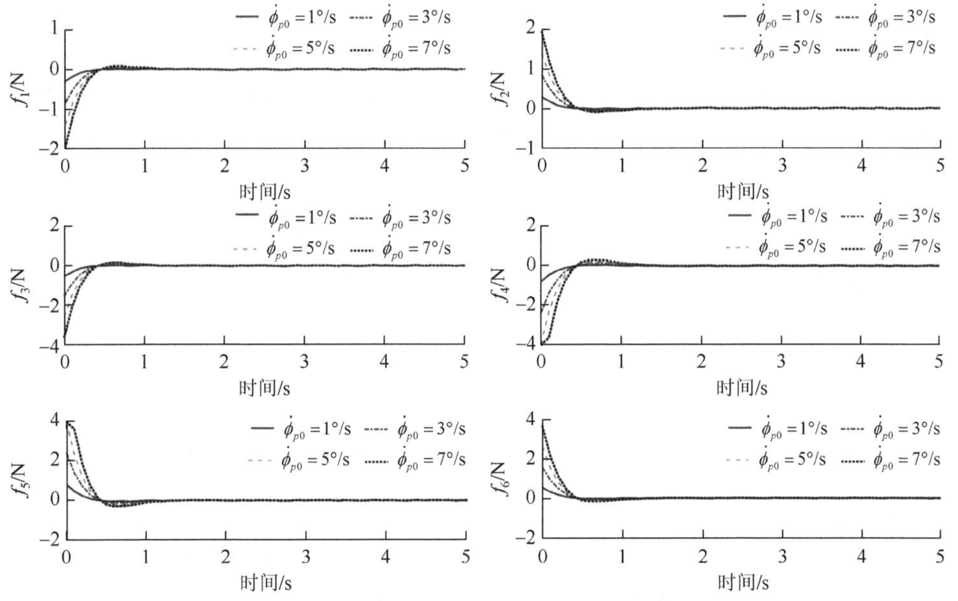

图 4.22　音圈作动器的输出力（模型预测控制器）

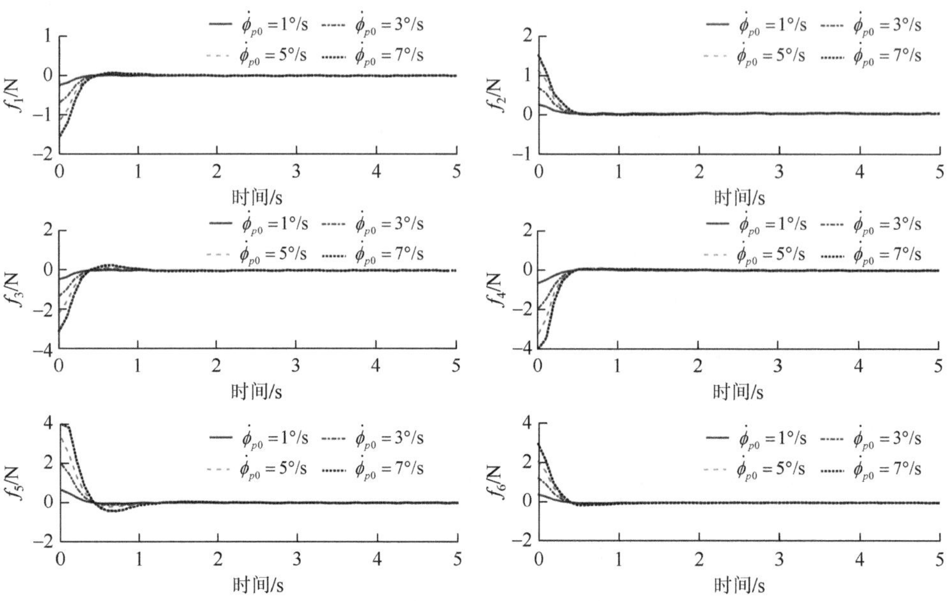

图 4.23　音圈作动器的输出力（传统 PD 控制器）

由图 4.22 和图 4.23 可以看出，当载荷模块初始角速度 $\dot{\phi}_{p0}$ 达到 7°/s 时，音圈作动器的输出力都是满量程输出，导致模型预测控制优化过程中，无法满足输出力最大值约束条件，导致优化失败，因此提高音圈作动器最大输出力可提高载荷模块和服务模块的防碰撞性能。

表 4.5 对比了传统 PD 控制器和模型预测控制器在载荷模块和服务模块不发生碰撞的前提下，载荷模块六自由度允许的最大初始速度。

表 4.5　载荷模块六自由度允许的最大初始速度

控制方式	线自由度/(mm/s)			角自由度/((°)/s)		
	r_{px0}	r_{py0}	r_{pz0}	ϕ_{p0}	θ_{p0}	ψ_{p0}
无控制器	0.52	0.53	0.89	0.85	0.86	1.7
传统 PD 控制器	4.12	4.23	73.13	4.15	4.06	21.22
模型预测控制器	5.25	5.43	73.21	7.12	7.08	20.21

由表 4.5 可以看出，采取主动控制后，载荷模块六自由度允许的最大初始速度提高了至少 7 倍，这有利于降低分离式航天器对初始解锁释放机构的要求。模型预测控制器和传统 PD 控制器相比，模型预测控制器在两个线自由度和两个角自由度上都允许载荷模块具备更高的初始速度，而在 z 方向线运动和绕 z 轴转动两个自由度上，两种控制器允许的最大初始速度相同。

4.4 本章小结

本章针对分离式航天器可能发生的碰撞问题，首先给出了接触碰撞模型。其次，建立了分离式航天器碰振动力学模型并进行仿真，结果表明当载荷模块受到扰动导致碰撞后，载荷模块恢复到超静超稳工作状态所需的时间长达千秒，影响航天器的稳定性。最后针对这一碰撞问题，设计了基于模型预测的碰撞规避控制策略，设计了控制器并进行了仿真，仿真结果验证了碰撞规避控制的有效性，证明本章提出的模型预测控制规避性能优于传统 PD 控制规避性能。

本章建立的微碰振动力学模型及碰撞规避控制还可以应用在其他非接触系统及低刚度连接结构中，实现连接体之间的碰撞规避，提高系统的可靠性。

参考文献

[1] Yang H J，Liu L，Yun H，et al. Modeling and collision avoidance control for the disturbance-free payload spacecraft[J]. Acta Astronautica，2019，164：415-424.

[2] 杨鸿杰，刘磊，李新国，等. 超静超稳卫星碰振动力学建模[J]. 宇航学报，2019，40（8）：861-869.

[3] 豆博，岳晓奎. 考虑摩擦的空间抓捕过程碰撞动力学分析与控制[J]. 中国空间科学技术，2018，38（1）：54-62.

[4] 贾庆轩，张龙，陈钢，等. 基于等效质量的太空机械臂多体系统碰撞分析[J]. 宇航学报，2015，36（12）：1356-1362.

[5] 于登云，曲广吉，曾辛，等. 航天器对接接触过程撞击动力学分析[J]. 空间科学学报，1998（1）：62-68.

[6] Paulo F，Hamid M L. Contact Force Models for Multibody Dynamics Springer Link[M]. Cham：Springer，2016.

[7] Ravn P. A continuous analysis method for planar multibody systems with joint clearance[J]. Multibody System Dynamics，1998，2（1）：1-24.

[8] Stronge W J. Impact Mechanics[M]. Cambridge：Cambridge University Press，2018.

[9] Johnson K L，Johnson K L. Contact Mechanics[M]. Cambridge：Cambridge University Press，1987.

[10] Johnson K L. One hundred years of Hertz contact[J]. Proceedings of the Institution of Mechanical Engineers，1982，196（1）：363-378.

[11] Goldsmith W. Impact：The Theory and Physical Behavior of Colliding Solids[M]. London：Edward Arnold，1960.

[12] Flores P，Ambrósio J，Claro J C P，et al. Translational joints with clearance in rigid multibody systems[J]. Journal of Computational and Nonlinear Dynamics，2008，3（1）：112-113.

[13] Hunt K H，Crossley F R E. Coefficient of restitution interpreted as damping in vibroimpact[J]. Journal of Applied Mechanics，1975，42（2）：440-445.

[14] Dopico D，Luaces A，Gonzalez M，et al. Dealing with multiple contacts in a human-in-the-loop application[J]. Multibody System Dynamics，2011，25（2）：167-183.

[15] Lee T W，Wang A C. On the dynamics of intermittent-motion mechanisms. Part 1：Dynamic model and response[J]. Journal of Mechanisms，Transmissions，and Automation in Design，1983，105（3）：534-540.

[16] Lankarani H M，Nikravesh P E. A contact force model with hysteresis damping for impact analysis of multibody systems[J]. Journal of Mechanical Design，1990，112（3）：369-376.

[17] Flores P，Machado M，Silva M T，et al. On the continuous contact force models for soft materials in multibody dynamics[J]. Multibody System Dynamics，2011，25（3）：357-375.

[18] Gonthier Y，Mcphee J，Lange C，et al. A regularized contact model with asymmetric damping and dwell-time dependent friction[J]. Multibody System Dynamics，2004，11（3）：209-233.

[19] Flores P，Ambrósio J，Claro J C P，et al. Translational joints with clearance in rigid multibody systems[J]. Journal of Computational and Nonlinear Dynamics，2008，3（1）：112-113.

[20] 刘磊，王萍萍，孔宪仁，等. Stewart 平台动力学建模及鲁棒主动隔振控制[J]. 宇航学报，2011，32（6）：1231-1238.

[21] Yun H，Liu L，Li Q，et al. Development of an isotropic Stewart platform for telescope secondary mirror[J]. Mechanical Systems and Signal Processing，2019，127：328-344.

第 5 章　先进航天器微振动及空间时频传递应用

航天器上的微振动扰源有很多，如旋转飞轮、天线、柔性帆板及制冷机的不平衡等都会导致微振动，这些扰源产生的微振动使得航天器的精度损失很大，引发了一系列问题。例如，使高精度成像的分辨率降低，影响激光通信和星间链路的建立。同时，帆板的低频模态使得航天器本体有长时间周期性的振动，有可能减少航天器的寿命，因此对航天器微振动的研究和抑制需求十分迫切。本章主要建立航天器不平衡飞轮微振动模型，结合柔性附件振动利用拉格朗日方程给出柔性航天器微振动模型。为了评估微振动对先进航天器的影响，本章将以空间时频传递为例，建立高精度时频传递模型，仿真验证姿态抖动对时频传递中相对论误差的影响。

5.1　柔性航天器微振动问题

5.1.1　参考坐标系

求解柔性航天器姿态动力学方程，需要建立 4 个坐标系，如图 5.1 所示。

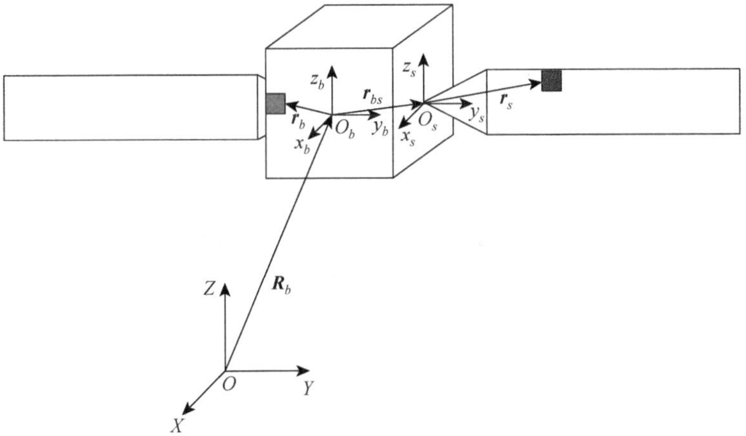

图 5.1　航天器示意图

$\boldsymbol{R}_b$ 为航天器质心在惯性系下的位置矢量；$\boldsymbol{r}_b$ 为航天器本体上任意一点在航天器质心坐标系下的位置矢量；$\boldsymbol{r}_{bs}$ 为柔性太阳帆板铰接点在航天器质心坐标系下的位置矢量；$\boldsymbol{r}_s$ 为柔性太阳帆板上任意一点在帆板固连坐标系下的位置矢量

（1）惯性系 $OXYZ$：本章选择 J2000 赤道坐标系为惯性系。

（2）航天器本体系 $O_b x_b y_b z_b$：O_b 为航天器质心，$O_b x_b$、$O_b y_b$ 及 $O_b z_b$ 分别沿 3 个惯量主轴构成右手坐标系。

（3）航天器系统质心坐标系，本节假设航天器帆板对称，航天器系统质心坐标系与航天器本体系重合。

（4）帆板固连坐标系 $O_s x_s y_s z_s$：原点 O_s 位于柔性太阳帆板与航天器本体的铰接点处，$O_s y_s$ 与柔性太阳帆板的纵向对称面重合，$O_s z_s$ 垂直于柔性太阳帆板，$O_s x_s$、$O_s y_s$ 和 $O_s z_s$ 构成右手坐标系。

5.1.2　柔性航天器刚柔耦合动力学模型

由于柔性模态的存在，不能依靠动量矩定理来求解，因此本节利用拉格朗日方程建立柔性航天器微振动模型。整个航天器系统的拉格朗日方程为

$$\frac{\mathrm{d}}{\mathrm{d}t}\left(\frac{\partial T}{\partial \dot{q}_j}\right)+\frac{\partial D}{\partial \dot{q}_j}-\frac{\partial T}{\partial q_j}+\frac{\partial V}{\partial q_j}=Q_j,\quad j=1,2,\cdots,n \tag{5.1}$$

式中，T 为系统动能；V 为系统势能；D 为系统耗散函数；q_j 为系统广义坐标；Q_j 为系统广义坐标对应的非保守广义力。为得到柔性航天器的微振动模型，需要求解柔性航天器的动能、势能及耗散能。

柔性航天器动能分为两部分，航天器本体动能及柔性太阳帆板动能。航天器本体速度为

$$\boldsymbol{V}_b=\frac{\mathrm{d}(\boldsymbol{R}_b+\boldsymbol{r}_b)}{\mathrm{d}t}=\boldsymbol{v}_b+\boldsymbol{\omega}_r\times\boldsymbol{r}_b \tag{5.2}$$

式中，$\boldsymbol{v}_b$ 为航天器的质心速度；$\boldsymbol{\omega}_r$ 为航天器的转动角速度。

柔性帆板速度为

$$\boldsymbol{V}_s=\frac{\mathrm{d}(\boldsymbol{R}_b+\boldsymbol{r}_{bs}+\boldsymbol{r}_s+\boldsymbol{q})}{\mathrm{d}t}=\boldsymbol{v}_b+\boldsymbol{\omega}_r\times\boldsymbol{r}_{bs}+(\boldsymbol{\omega}_r+\boldsymbol{\omega}_s)\times\boldsymbol{r}_s+(\boldsymbol{\omega}_r+\boldsymbol{\omega}_s)\times\boldsymbol{q}+\dot{\boldsymbol{q}} \tag{5.3}$$

式中，$\boldsymbol{\omega}_s$ 为柔性太阳帆板转动角速度；$\boldsymbol{q}$ 为柔性太阳帆板弹性振动引起的位移。

将式（5.2）和式（5.3）投影到各自的计算坐标系可得

$$\boldsymbol{V}_b=\boldsymbol{C}_b\boldsymbol{v}_b+(\boldsymbol{r}_b^{\times})^{\mathrm{T}}\boldsymbol{\omega}_r \tag{5.4}$$

$$\boldsymbol{V}_s=\boldsymbol{C}_s\boldsymbol{C}_b\boldsymbol{v}_b+[\boldsymbol{C}_s(\boldsymbol{r}_b^{\times})^{\mathrm{T}}+(\boldsymbol{r}_s^{\times})^{\mathrm{T}}\boldsymbol{C}_s+(\boldsymbol{q}^{\times})^{\mathrm{T}}\boldsymbol{C}_s]\boldsymbol{\omega}_r+[(\boldsymbol{r}_s^{\times})^{\mathrm{T}}+(\boldsymbol{q}^{\times})^{\mathrm{T}}]\boldsymbol{\omega}_s+\dot{\boldsymbol{q}} \tag{5.5}$$

式中，$\boldsymbol{q}^{\times}$ 表示 $\boldsymbol{q}$ 在当前坐标系下的叉乘算子；$\boldsymbol{C}_b$ 表示从惯性系到航天器本体坐标系（简称为本体系）的转换矩阵；$\boldsymbol{C}_s$ 表示从航天器本体系到柔性太阳帆板固连坐标系的转换矩阵。

航天器本体的动能为

$$T_b = \frac{1}{2}\int_b \boldsymbol{V}_b^{\mathrm{T}}\boldsymbol{V}_b \mathrm{d}m_b = \frac{1}{2}\boldsymbol{v}_b^{\mathrm{T}}\boldsymbol{M}_b\boldsymbol{v}_b + \boldsymbol{v}_b^{\mathrm{T}}\boldsymbol{C}_b^{\mathrm{T}}\boldsymbol{P}_b\boldsymbol{\omega}_r + \frac{1}{2}\boldsymbol{\omega}_r^{\mathrm{T}}\boldsymbol{I}_b\boldsymbol{\omega}_r \tag{5.6}$$

式中，$\boldsymbol{M}_b$ 为航天器本体质量矩阵；$\boldsymbol{I}_b$ 为航天器本体相对于航天器质心的转动惯量；$\boldsymbol{P}_b$ 为航天器中心刚体相对于航天器系统质心的静矩阵。

柔性太阳帆板的动能为

$$\begin{aligned} T_s &= \frac{1}{2}\int_s \boldsymbol{V}_s^{\mathrm{T}}\boldsymbol{V}_s \mathrm{d}m_s \\ &= \frac{1}{2}\boldsymbol{v}_b^{\mathrm{T}}\boldsymbol{M}_s\boldsymbol{v}_b + \frac{1}{2}\boldsymbol{\omega}_r^{\mathrm{T}}\boldsymbol{I}_{bs}\boldsymbol{\omega}_r + \frac{1}{2}\boldsymbol{\omega}_s^{\mathrm{T}}\boldsymbol{I}_s\boldsymbol{\omega}_s + \frac{1}{2}\int_s \dot{\boldsymbol{q}}^{\mathrm{T}}\dot{\boldsymbol{q}}\mathrm{d}m_s + \boldsymbol{v}_b^{\mathrm{T}}\boldsymbol{C}_b^{\mathrm{T}}\boldsymbol{P}_s\bar{\boldsymbol{\omega}}_r \\ &\quad + \boldsymbol{v}_b^{\mathrm{T}}\boldsymbol{C}_b^{\mathrm{T}}\boldsymbol{P}_{sl}\boldsymbol{\omega}_s + \boldsymbol{\omega}_r^{\mathrm{T}}\boldsymbol{R}_{sl}\boldsymbol{\omega}_s + \int_s \boldsymbol{v}_b^{\mathrm{T}}\boldsymbol{C}_b^{\mathrm{T}}\boldsymbol{C}_s^{\mathrm{T}}\dot{\boldsymbol{q}}\mathrm{d}m_s + \int_s \boldsymbol{\omega}_r^{\mathrm{T}}\boldsymbol{F}_{s1}\dot{\boldsymbol{q}}\mathrm{d}m_s + \int_s \boldsymbol{\omega}_s^{\mathrm{T}}\boldsymbol{F}_{s2}\dot{\boldsymbol{q}}\mathrm{d}m_s \end{aligned} \tag{5.7}$$

式中，$\boldsymbol{M}_s$ 为柔性附件质量矩阵；$\boldsymbol{P}_s$ 为柔性附件相对于航天器质心的静矩矩阵；$\boldsymbol{P}_{sl}$ 为柔性附件相对于铰接点的静矩矩阵；$\boldsymbol{I}_{bs}$ 为柔性附件相对于航天器质心的转动惯量矩阵；$\boldsymbol{I}_s$ 为柔性附件相对于铰接点的转动惯量矩阵；$\boldsymbol{R}_{sl}$ 为柔性附件的转动与航天器转动的耦合系数矩阵；$\boldsymbol{F}_{s1}$ 为柔性附件的振动与航天器转动的耦合系数矩阵；$\boldsymbol{F}_{s2}$ 为柔性附件的转动与振动的耦合矩阵。

采用有限元法，柔性太阳帆板的振动位移 $\boldsymbol{q}$ 可以用归一化模态坐标表示，即 $\boldsymbol{q}=\boldsymbol{\Phi\eta}$。其中，$\boldsymbol{\eta}$ 为柔性太阳帆板的模态坐标，$\boldsymbol{\Phi}$ 为柔性太阳帆板的振型函数。归一化模态坐标具有如下性质：

$$\begin{cases} \boldsymbol{\Phi}^{\mathrm{T}}\boldsymbol{M}_s\boldsymbol{\Phi} = \boldsymbol{E} \\ \boldsymbol{\Phi}^{\mathrm{T}}\boldsymbol{K}_s\boldsymbol{\Phi} = \omega\omega^{\mathrm{T}} \end{cases} \tag{5.8}$$

式中，$\boldsymbol{E}$ 为单位矩阵；$\boldsymbol{K}_s$ 为柔性太阳帆板的刚度矩阵；$\boldsymbol{\omega}$ 为柔性太阳帆板的固有频率矩阵。

因此，柔性太阳帆板动能可以重写为

$$\begin{aligned} T_s &= \frac{1}{2}\int_s \boldsymbol{V}_s^{\mathrm{T}}\boldsymbol{V}_s \mathrm{d}m_s \\ &= \frac{1}{2}\boldsymbol{v}_b^{\mathrm{T}}\boldsymbol{M}_s\boldsymbol{v}_b + \frac{1}{2}\boldsymbol{\omega}_r^{\mathrm{T}}\boldsymbol{I}_{bs}\boldsymbol{\omega}_r + \frac{1}{2}\boldsymbol{\omega}_s^{\mathrm{T}}\boldsymbol{I}_s\boldsymbol{\omega}_s + \frac{1}{2}\dot{\boldsymbol{\eta}}^{\mathrm{T}}\boldsymbol{\eta} + \boldsymbol{v}_b^{\mathrm{T}}\boldsymbol{C}_b^{\mathrm{T}}\boldsymbol{P}_s\bar{\boldsymbol{\omega}}_r + \boldsymbol{v}_b^{\mathrm{T}}\boldsymbol{C}_b^{\mathrm{T}}\boldsymbol{P}_{sl}\bar{\boldsymbol{\omega}}_s \\ &\quad + \boldsymbol{\omega}_r^{\mathrm{T}}\boldsymbol{R}_{sl}\boldsymbol{\omega}_s + \boldsymbol{v}_b^{\mathrm{T}}\boldsymbol{C}_b^{\mathrm{T}}\boldsymbol{C}_s^{\mathrm{T}}\boldsymbol{B}_t\dot{\boldsymbol{\eta}} + \boldsymbol{\omega}_r^{\mathrm{T}}\boldsymbol{B}_r\dot{\boldsymbol{\eta}} + \boldsymbol{\omega}_s^{\mathrm{T}}\boldsymbol{B}_{rt}\dot{\boldsymbol{\eta}} \end{aligned} \tag{5.9}$$

式中，$\boldsymbol{B}_t = \int_s \boldsymbol{\Phi}\mathrm{d}m_s$；$\boldsymbol{B}_r = \int_s \boldsymbol{F}_{s1}\boldsymbol{\Phi}\mathrm{d}m_s$；$\boldsymbol{B}_{rt} = \int_s \boldsymbol{F}_{s2}\boldsymbol{\Phi}\mathrm{d}m_s$。

柔性太阳帆板的势能为

$$V = \frac{1}{2}\boldsymbol{q}^{\mathrm{T}}\boldsymbol{K}_s\boldsymbol{q} = \frac{1}{2}\boldsymbol{\eta}^{\mathrm{T}}\boldsymbol{\Phi}^{\mathrm{T}}\boldsymbol{K}_s\boldsymbol{\Phi\eta} = \frac{1}{2}\boldsymbol{\eta}^{\mathrm{T}}\omega\omega^{\mathrm{T}}\boldsymbol{\eta} \tag{5.10}$$

柔性太阳帆板的耗散函数为

$$D=\frac{1}{2}\dot{\boldsymbol{q}}^{\mathrm{T}}\boldsymbol{C}\dot{\boldsymbol{q}}=\dot{\boldsymbol{\eta}}^{\mathrm{T}}\xi\omega\dot{\boldsymbol{\eta}} \tag{5.11}$$

式中，ξ 为柔性太阳帆板阻尼矩阵。

将得到的动能、势能和耗散函数等代入式（5.1）并忽略二阶小量可得

$$(\boldsymbol{M}_b+\boldsymbol{M}_s)\dot{\boldsymbol{v}}_b+\boldsymbol{C}_b^{\mathrm{T}}\boldsymbol{C}_s^{\mathrm{T}}\boldsymbol{B}_t\ddot{\boldsymbol{\eta}}=\boldsymbol{F}_g+\boldsymbol{F}_d \tag{5.12}$$

$$(\boldsymbol{I}_b+\boldsymbol{I}_{bs})\dot{\boldsymbol{\omega}}_r+\boldsymbol{\omega}_r\times[(\boldsymbol{I}_b+\boldsymbol{I}_{bs})\boldsymbol{\omega}_r]+\boldsymbol{R}_{sl}\dot{\boldsymbol{\omega}}_s+\boldsymbol{B}_r\ddot{\boldsymbol{\eta}}=\boldsymbol{T}_c+\boldsymbol{T}_d \tag{5.13}$$

$$\boldsymbol{I}_s\dot{\boldsymbol{\omega}}_s+\boldsymbol{\omega}_s\times\boldsymbol{I}_s\boldsymbol{\omega}_s+\boldsymbol{R}_{sl}^{\mathrm{T}}\dot{\boldsymbol{\omega}}_r+\boldsymbol{B}_{rt}\ddot{\boldsymbol{\eta}}=\boldsymbol{T}_s \tag{5.14}$$

$$\ddot{\boldsymbol{\eta}}+\boldsymbol{B}_t^{\mathrm{T}}\boldsymbol{C}_s\boldsymbol{C}_b\dot{\boldsymbol{v}}_b+\boldsymbol{B}_r^{\mathrm{T}}\dot{\boldsymbol{\omega}}_r+\boldsymbol{B}_{rt}^{\mathrm{T}}\dot{\boldsymbol{\omega}}_s+2\xi\omega\dot{\boldsymbol{\eta}}+\omega\omega^{\mathrm{T}}\boldsymbol{\eta}=0 \tag{5.15}$$

式中，$\boldsymbol{F}_g$ 为航天器受到的重力；$\boldsymbol{F}_d$ 为航天器受到的环境扰动力；$\boldsymbol{T}_c$ 为航天器受到的控制力矩；$\boldsymbol{T}_d$ 为航天器受到的干扰力矩；$\boldsymbol{T}_s$ 为柔性太阳帆板受到的进动力矩。

5.1.3 飞轮扰动模型

飞轮是航天器上重要的执行机构，它的工作原理是动量矩定理，即利用自身旋转产生的动量矩调节航天器其他部分的动量矩，将航天器主体的多余动量矩转移到飞轮上，进而调节航天器的姿态变化。但是由于加工和装备误差，飞轮不可避免地会产生质心偏置，诱发微振动，是高精度航天器的主要微振源。本节主要推导含有不平衡飞轮的刚体受扰航天器系统的姿态动力学方程。不平衡飞轮模型如图 5.2 所示。

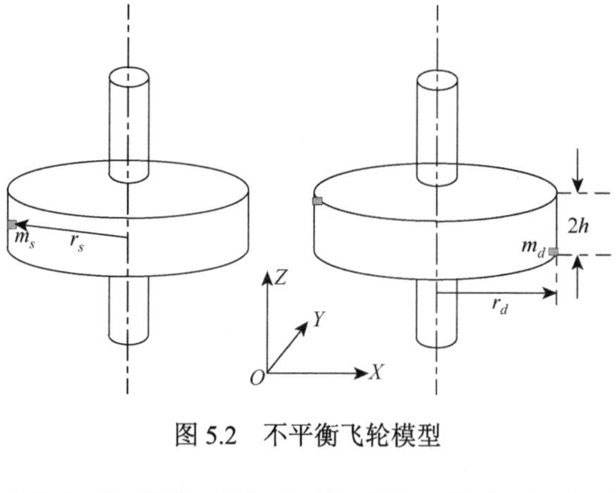

图 5.2 不平衡飞轮模型

目前飞轮扰动的主要来源为动静不平衡质量：①动不平衡是由飞轮惯性主轴与旋转轴不重合造成的；②静不平衡是由飞轮静止时质量偏心造成的。其中，m_s 为飞轮的静不平衡质量，与飞轮转轴距离为 r_s，m_d 为飞轮静不平衡质量，与飞轮转轴距离为 r_d，飞轮厚度为 $2h$。

飞轮转动时，静不平衡质量 m_s 旋转对系统质心产生的力矩及两个动不平衡质量 m_d 旋转产生的力矩和为

$$\begin{cases} T_x = U_d\Omega^2\cos(\Omega t+\beta_0)+U_s r_{sc}\Omega^2\cos(\Omega t+\alpha_0+90°) \\ T_y = U_d\Omega^2\sin(\Omega t+\beta_0)+U_s r_{sc}\Omega^2\sin(\Omega t+\alpha_0+90°) \end{cases} \tag{5.16}$$

式中，α_0 和 β_0 为初始相位角；$U_s = m_s r_s$；$U_d = 2m_d r_d h$；r_{sc} 为飞轮静不平衡质量所产生的离心力对系统质心作用的力臂长。

在实际应用中，为实现三轴稳定控制，通常需要至少三个反作用飞轮。考虑存在动静不平衡质量且三正交安装的不平衡飞轮高速转动的影响，三正交飞轮安装示意图如图 5.3 所示。

三正交安装的三个飞轮按照图 5.3 所示方式旋转，$O_b x_b y_b z_b$ 为装有三正交飞轮的航天器质心坐标系，$O_i x_i y_i z_i (i=1,2,3)$ 分别为三正交飞轮坐标系，假设三个不平衡飞轮的自旋相位角分别为 μ_x、μ_y、μ_z。

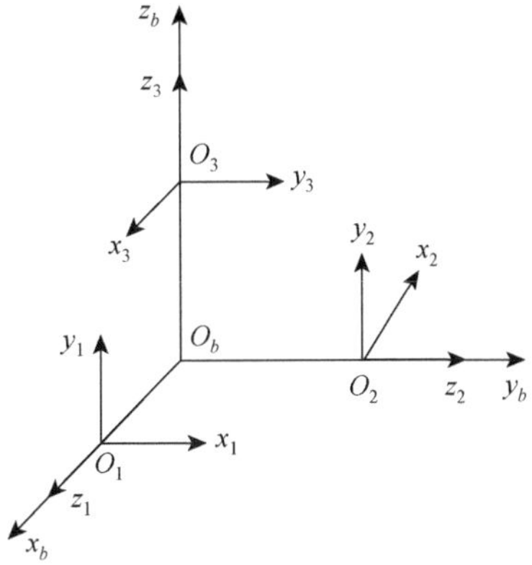

图 5.3　三正交飞轮安装示意图

考虑三正交飞轮动静不平衡质量相同，取 $\mu_x=\mu_y=\mu_z=0$，$\beta_0=90°$，$\alpha_0=0°$，可以得到飞轮扰动力矩为

$$\begin{aligned} \boldsymbol{T}_w &= \boldsymbol{C}_x^{\mathrm{T}}\begin{bmatrix} T_x \\ T_y \\ 0 \end{bmatrix} + \boldsymbol{C}_y^{\mathrm{T}}\begin{bmatrix} T_x \\ T_y \\ 0 \end{bmatrix} + \boldsymbol{C}_z^{\mathrm{T}}\begin{bmatrix} T_x \\ T_y \\ 0 \end{bmatrix} \\ &= 2m_d Rh\begin{bmatrix} \Omega_y^2\sin(\Omega_y t)-\Omega_z^2\sin(\Omega_z t) \\ \Omega_z^2\cos(\Omega_z t)-\Omega_x^2\sin(\Omega_x t) \\ \Omega_x^2\cos(\Omega_x t)+\Omega_y^2\cos(\Omega_y t) \end{bmatrix} \\ &\quad + m_s R\begin{bmatrix} \Omega_y^2 r_{2y}\sin(\Omega_y t)-\Omega_z^2 r_{3z}\sin(\Omega_z t) \\ \Omega_z^2 r_{3z}\cos(\Omega_z t)-\Omega_x^2 r_{1x}\sin(\Omega_x t) \\ \Omega_x^2 r_{1x}\cos(\Omega_x t)+\Omega_y^2 r_{2y}\cos(\Omega_y t) \end{bmatrix} \end{aligned} \tag{5.17}$$

式中，$(r_{1x}\quad 0\quad 0)^{\mathrm{T}}$、$(0\quad r_{2y}\quad 0)^{\mathrm{T}}$、$(0\quad 0\quad r_{3z})^{\mathrm{T}}$ 分别为三正交飞轮在航天器本体坐标系中的安装位置；$\boldsymbol{C}_x$、$\boldsymbol{C}_y$ 与 $\boldsymbol{C}_z$ 分别为从航天器质心坐标系到飞轮坐标系的坐标转换矩阵，有

$$\boldsymbol{C}_x = \begin{bmatrix} 0 & \cos\mu_x & \sin\mu_x \\ 0 & -\sin\mu_x & \cos\mu_x \\ 1 & 0 & 0 \end{bmatrix}$$

$$\boldsymbol{C}_y = \begin{bmatrix} -\cos\mu_y & 0 & \sin\mu_y \\ \sin\mu_y & 0 & \cos\mu_y \\ 0 & 1 & 0 \end{bmatrix}$$

$$
\boldsymbol{C}_z = \begin{bmatrix} \cos\mu_z & \sin\mu_z & 0 \\ -\sin\mu_z & \cos\mu_z & 0 \\ 0 & 0 & 1 \end{bmatrix}
$$

5.1.4 柔性航天器微振动模型

除反作用飞轮和柔性太阳帆板微振动扰动外，柔性航天器依据实际载荷还可能受到制冷机微振动扰动和伺服机构运动扰动等，此外，还有空间环境扰动，本节不再详细介绍。综合 5.1.2 节建立的柔性航天器刚柔耦合动力学模型及 5.1.3 节建立的反作用飞轮扰动模型，本节得到不考虑航天器轨道运动和柔性太阳帆板进动下的柔性航天器微振动模型，该模型可广泛应用于柔性航天器的姿态控制问题。

$$
(\boldsymbol{I}_b + \boldsymbol{I}_{bs})\dot{\boldsymbol{\omega}}_r + \boldsymbol{\omega}_r \times [(\boldsymbol{I}_b + \boldsymbol{I}_{bs})\boldsymbol{\omega}_r] + \boldsymbol{B}_r \ddot{\boldsymbol{\eta}} = \boldsymbol{T}_c + \boldsymbol{T}_w + \boldsymbol{T}_d \tag{5.18}
$$

$$
\ddot{\boldsymbol{\eta}} + \boldsymbol{B}_t^{\mathrm{T}} \boldsymbol{C}_s \boldsymbol{C}_b \dot{\boldsymbol{v}}_b + \boldsymbol{B}_r^{\mathrm{T}} \dot{\boldsymbol{\omega}}_r + \boldsymbol{B}_{rt}^{\mathrm{T}} \dot{\boldsymbol{\omega}}_s + 2\xi\boldsymbol{\omega}\dot{\boldsymbol{\eta}} + \boldsymbol{\omega}\boldsymbol{\omega}^{\mathrm{T}}\boldsymbol{\eta} = 0 \tag{5.19}
$$

式中，$\boldsymbol{T}_c$ 为航天器姿态控制力矩；$\boldsymbol{T}_w$ 为飞轮扰动力矩；$\boldsymbol{T}_d$ 为除飞轮扰动外的干扰力矩。

5.2 微振动与时频传递

皮秒量级星间激光时间传递的实现在微重力科学任务中起着重要作用，如引力波探测、下一代全球导航定位系统、深空探测、广义相对论验证和暗物质探测。在皮秒量级或者更高精度，亟须深入研究轨道摄动和姿态抖动引发的星间激光时间传递相对论误差，并且进行补偿。本节研究单向激光时间传递与双向激光时间传递中轨道摄动和姿态抖动引发的相对论估计模型。相对论估计模型的提出包含航天器姿态动力学模型及单向激光时间传递和双向激光时间传递的相对论模型。最后通过仿真研究姿态抖动对相对论误差的影响[1]。

5.2.1 模型建立

本节建立了航天器轨道动力学模型与姿态动力学模型。建立轨道动力学模型需要选择地球静止轨道，建立姿态动力学模型需要选择刚柔耦合航天器。地球静止轨道距离地球足够远，可以消除地球引力势对高精度空间原子钟的影响，同时地球静止轨道航天器有利于接收和转发来源于其他航天器的高精度时间。由于刚柔航天器具有高可靠性和较长的工作时间等优点，所以被广泛地应用于地球静止轨道，如欧洲 Eurostar-2000 系列、中国东方红-3 系列及俄罗斯 Express 系列。

1. 航天器轨道动力学模型

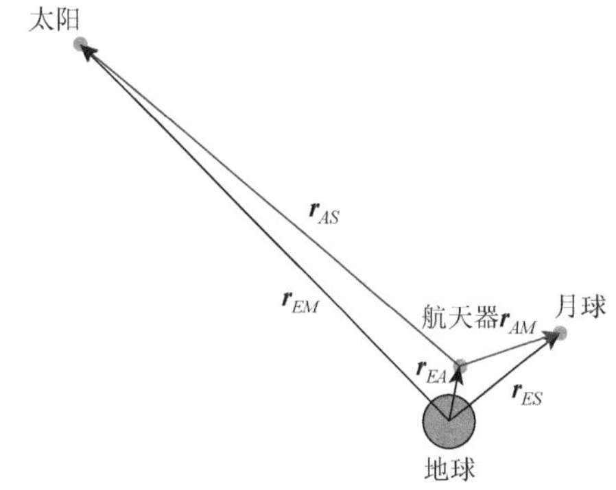

图 5.4　轨道向量示意图

在惯性参考系内建立高精度轨道动力学模型，考虑太阳引力摄动、月球引力摄动、J_2 摄动及太阳光压摄动。图 5.4 定义了与轨道相关的向量。A、E、M 及 S 分别代表航天器、地球、月球及太阳。$\boldsymbol{r}_{AS}$ 代表从航天器到太阳的向量，$\boldsymbol{r}_{AM}$、$\boldsymbol{r}_{EM}$、$\boldsymbol{r}_{EA}$ 及 $\boldsymbol{r}_{ES}$ 的含义与 $\boldsymbol{r}_{AS}$ 类似。

航天器轨道动力学模型为

$$\ddot{\boldsymbol{r}}_{EA} = -\frac{\mu}{|\boldsymbol{r}_{EA}|^3}\boldsymbol{r}_{EA} + \boldsymbol{f}_{J_2} + \boldsymbol{f}_s + \boldsymbol{f}_m + \boldsymbol{f}_R + O(10^{-8}\mathrm{m/s^2}) \tag{5.20}$$

式中，$-\frac{\mu}{|\boldsymbol{r}_{EA}|^3}\boldsymbol{r}_{EA}$ 为不考虑地球形状摄动力时的地球中心引力加速度；$\boldsymbol{f}_{J_2}$ 为 J_2 摄动加速度；$\boldsymbol{f}_s$ 为太阳引力摄动加速度；$\boldsymbol{f}_m$ 为月球引力摄动加速度；$\boldsymbol{f}_R$ 为太阳光压摄动加速度。

$\boldsymbol{f}_{J_2}$、$\boldsymbol{f}_s$、$\boldsymbol{f}_m$ 及 $\boldsymbol{f}_R$ 为

$$\boldsymbol{f}_{J_2} = -\frac{Gm_e}{r_{EA}^3}\frac{3J_2R_e^2}{2|\boldsymbol{r}_{EA}|^2}\boldsymbol{r}_{EA} \tag{5.21}$$

$$\boldsymbol{f}_s = Gm_s\left(\frac{\boldsymbol{r}_{AS}}{|\boldsymbol{r}_{AS}|^3} - \frac{\boldsymbol{r}_{ES}}{|\boldsymbol{r}_{ES}|^3}\right) \approx -Gm_s\frac{\boldsymbol{r}_{EA}}{|\boldsymbol{r}_{ES}|^3} \tag{5.22}$$

$$\boldsymbol{f}_m = Gm_m\left(\frac{\boldsymbol{r}_{AM}}{|\boldsymbol{r}_{AM}|^3} \cdot \frac{\boldsymbol{r}_{EM}}{|\boldsymbol{r}_{EM}|^3}\right) \approx -Gm_m\frac{\boldsymbol{r}_{EA}}{|\boldsymbol{r}_{EM}|^3} \tag{5.23}$$

$$\boldsymbol{f}_R = -KpA\boldsymbol{r}_{AS}/|\boldsymbol{r}_{AS}| \tag{5.24}$$

式中，R_e 为地球平均赤道半径；J_2 为地球形状摄动系数；m_s 为太阳质量；m_m 为月球质量；K 为太阳光压摄动系数；p 为太阳光压强度；A 为垂直于太阳光的航天器截面积；$\boldsymbol{r}_{AS}/|\boldsymbol{r}_{AS}|$ 为航天器到太阳的单位向量，可以近似为地球到太阳的单位向量 $\boldsymbol{r}_{ES}/|\boldsymbol{r}_{ES}|$；$\boldsymbol{r}_{AM}/|\boldsymbol{r}_{AM}|$ 为航天器到月球的单位向量，可以近似为地球到月球的单位向量 $\boldsymbol{r}_{EM}/|\boldsymbol{r}_{EM}|$。

2. 航天器姿态动力学模型

在空间扰动下（例如，外部空间环境、内部机械旋转部件、柔性太阳帆板驱动及柔性太阳帆板和刚性航天器本体的耦合效应），航天器姿态处于不断变化中。航天器姿态抖动会引发激光时间传递的相对论效应误差。为了深入地研究航天器姿态抖动对激光时间传递的影响，本节建立刚柔耦合航天器的姿态动力学模型。

采用 5.1 节建立的航天器刚柔动力学方程，有

$$\begin{cases} \boldsymbol{I}_s\dot{\boldsymbol{\omega}}_r + \boldsymbol{B}_r\ddot{\boldsymbol{\eta}} = \boldsymbol{T}_{ds} + \boldsymbol{T}_c \\ \ddot{\boldsymbol{\eta}} + 2\boldsymbol{\xi}\boldsymbol{\omega}\boldsymbol{\eta} + \boldsymbol{\omega}^2\boldsymbol{\eta} + \boldsymbol{B}_r^{\mathrm{T}}\dot{\boldsymbol{\omega}}_r = \boldsymbol{0} \end{cases} \tag{5.25}$$

式中，$\boldsymbol{B}_r$ 为航天器本体与柔性太阳帆板的耦合矩阵；$\boldsymbol{T}_c$ 为航天器系统的控制力矩；$\boldsymbol{T}_{ds}$ 为柔性太阳帆板驱动力矩；$\boldsymbol{I}_s$ 为航天器系统转动惯量；$\boldsymbol{\omega}_r$ 为航天器系统转动角速度；$\boldsymbol{\eta}$ 为柔性太阳帆板模态坐标矩阵；$\boldsymbol{\xi}$ 为柔性太阳帆板阻尼矩阵；$\boldsymbol{\omega}$ 为柔性太阳帆板基频。

航天器角速度 $\boldsymbol{\omega}_r$ 与航天器姿态角 φ、θ 及 ψ 之间的关系为

$$\boldsymbol{\omega}_r = \begin{bmatrix} \omega_x \\ \omega_y \\ \omega_z \end{bmatrix} = \begin{bmatrix} \dot{\varphi} - \dot{\psi}\sin\theta \\ \dot{\theta}\cos\varphi + \dot{\psi}\cos\theta\sin\varphi \\ -\dot{\theta}\sin\varphi + \dot{\psi}\cos\theta\cos\varphi \end{bmatrix} \tag{5.26}$$

姿态控制力矩 $\boldsymbol{T}_c$ 的执行器为三正交反作用飞轮组，$\boldsymbol{T}_c$ 可以表示为

$$\boldsymbol{T}_c = -\begin{bmatrix} J_x\dot{\Omega}_x \\ J_y\dot{\Omega}_y \\ J_z\dot{\Omega}_z \end{bmatrix} \tag{5.27}$$

式中，$J_i(i = x, y, z)$ 为三正交反作用飞轮组的转动惯量；$\Omega_i(i = x, y, z)$ 为三正交反作用飞轮组的转动速度。

扰动力矩 $\boldsymbol{T}_d$ 可以分为如下 3 部分：

$$\boldsymbol{T}_d = \boldsymbol{T}_w + \boldsymbol{T}_e + \boldsymbol{T}_{ds} \tag{5.28}$$

式中，$\boldsymbol{T}_w$ 为飞轮的扰动力矩，由式（5.17）给出；$\boldsymbol{T}_e$ 为外界环境扰动力矩；$\boldsymbol{T}_{ds}$ 为柔性太阳帆板驱动力矩。

5.2.2　相对论估计模型

本节研究了两种激光时间传递方法的相对论模型，包括单向激光时间传递及双向激光时间传递。相对论误差包含几何项和引力项。引力项已经被其他学者深入研究，而且轨道摄动和姿态抖动对引力项的影响非常小[2]。因此，本节不考虑引力项。在激光时间传递中，进行 3 项假设：

（1）不同星载原子钟的时间尺度在同一坐标系定义（地球质心非旋转坐标系）。

（2）依据星载原子钟的位置和速度，不同星载原子钟已经进行校正，以原时运行。

（3）不考虑设备误差和引力引起的误差。

1. 单向激光时间传递的相对论估计模型

单向激光时间传递原理图如图 5.5 所示。SAT1（基础航天器）及 SAT2（目标

航天器）是地球静止轨道的两颗航天器，并且带有高精度原子钟。激光时间传递过程为：t_1 时刻，SAT1 上的激光发射器向 SAT2 发射一个激光脉冲；然后，t_2 时刻，SAT2 上的激光探测器接收脉冲。图 5.5 中，实线 $\boldsymbol{X}_2$ 是从 SAT1 到 SAT2 的激光脉冲的实际传递路径，虚线 $\boldsymbol{X}_1$ 为 t_1 时刻从 SAT1 到 SAT2 的位置向量。

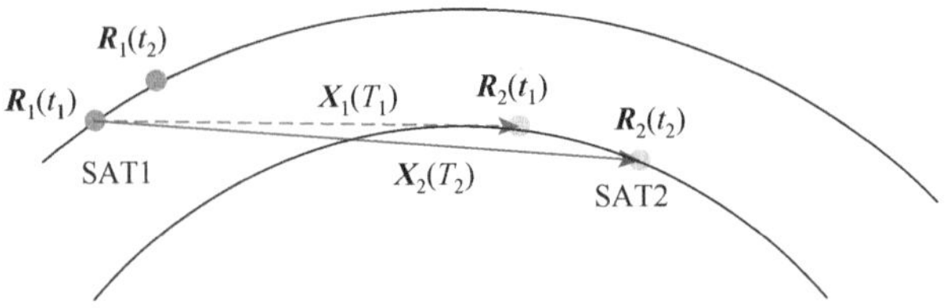

图 5.5　单向激光时间传递原理图

由于 SAT2 的相对运动引起的相对论误差 S 是相对论误差的几何项，单向激光时间传递的相对论模型可以从图 5.5 得到。

$$S = T_2 - T_1 = \frac{1}{c}(\|\boldsymbol{X}_2\| - \|\boldsymbol{X}_1\|) \tag{5.29}$$

为建立单向激光时间传递的相对论估计模型，由轨道摄动和姿态抖动引起的相对论误差原理图如图 5.6 和图 5.7 所示。图中，$\boldsymbol{X}_0$ 为 t_1 时刻在惯性系中从 SAT1 到 SAT2 的位置向量；$\boldsymbol{X}_1$ 是未考虑轨道摄动和姿态抖动情况下，从 SAT1 到 SAT2 的实际激光传递路径；$\boldsymbol{X}_2$ 是考虑轨道摄动未考虑姿态抖动情况下，从 SAT1 到 SAT2 的实际激光传递路径；$\boldsymbol{X}_3$ 是考虑轨道摄动和姿态抖动情况下，从 SAT1 到 SAT2 的实际激光传递路径。假设 t_1 时刻 SAT1 和 SAT2 的本体系与惯性系重合。

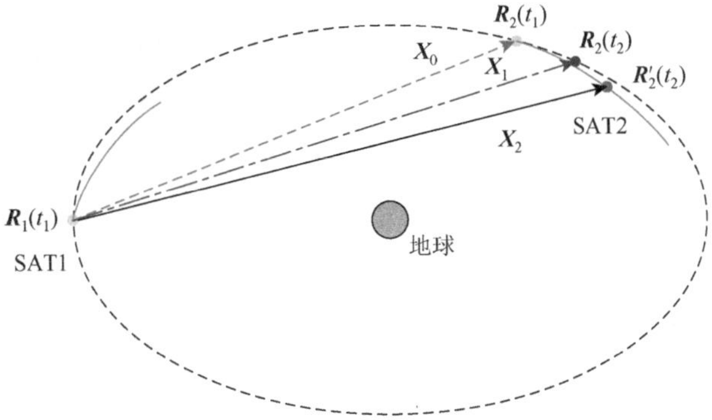

图 5.6　单向激光时间传递中轨道摄动引起的相对论误差原理图

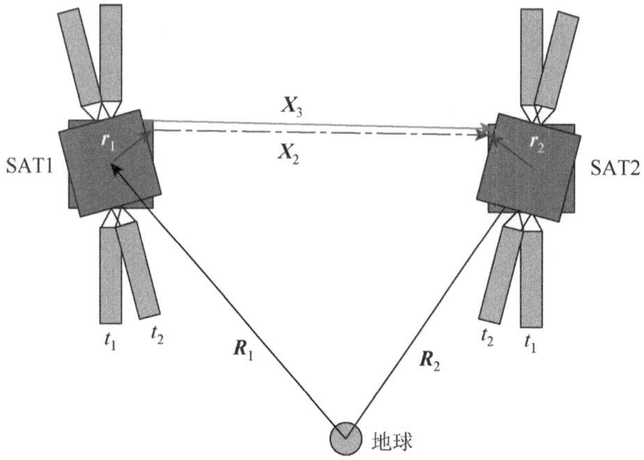

图 5.7　单向激光时间传递中姿态抖动引起的相对论误差原理图

在图 5.6 和图 5.7 中，$\boldsymbol{X}_0$、$\boldsymbol{X}_1$、$\boldsymbol{X}_2$ 及 $\boldsymbol{X}_3$ 可以表示为

$$\begin{cases}\boldsymbol{X}_0=[\boldsymbol{R}_2(t_1)+\boldsymbol{r}_2]-[\boldsymbol{R}_1(t_1)+\boldsymbol{r}_1]\\ \boldsymbol{X}_1=[\boldsymbol{R}_2(t_2)+\boldsymbol{r}_2]-[\boldsymbol{R}_1(t_1)+\boldsymbol{r}_1]\\ \boldsymbol{X}_2=[\boldsymbol{R}_2'(t_2)+\boldsymbol{r}_2]-[\boldsymbol{R}_1(t_1)+\boldsymbol{r}_1]\\ \boldsymbol{X}_3=[\boldsymbol{R}_2'(t_2)+\boldsymbol{C}_2(t_2)\boldsymbol{r}_2]-[\boldsymbol{R}_1(t_1)+\boldsymbol{C}_1(t_1)\boldsymbol{r}_1]\end{cases} \tag{5.30}$$

式中，$\boldsymbol{R}_1$ 为 SAT1 在惯性系中的质心位置向量；$\boldsymbol{R}_2$ 为 SAT2 未考虑轨道摄动时在惯性系中的质心位置向量；$\boldsymbol{R}_2'$ 为 SAT2 考虑轨道摄动时在惯性系中的质心位置向量。$\boldsymbol{R}_1$、$\boldsymbol{R}_2$ 及 $\boldsymbol{R}_2'$ 可以由式（5.20）计算得到；$\boldsymbol{r}_1$ 为激光发射器在 SAT1 本体系上的位置向量；$\boldsymbol{r}_2$ 为激光探测器在 SAT2 本体系上的位置向量；$\boldsymbol{C}_1$ 为从 SAT1 本体坐标系到惯性系的坐标转换矩阵；$\boldsymbol{C}_2$ 为从 SAT2 本体坐标系到惯性系的坐标转换矩阵。可以根据式（5.25）与式（5.26）计算得到 $\boldsymbol{C}_1$ 和 $\boldsymbol{C}_2$。

$$\boldsymbol{C}_1=\begin{bmatrix}1 & \psi_1 & -\theta_1\\ -\psi_1 & 1 & \varphi_1\\ \theta_1 & -\varphi_1 & 1\end{bmatrix},\quad \boldsymbol{C}_2=\begin{bmatrix}1 & \psi_2 & -\theta_2\\ -\psi_2 & 1 & \varphi_2\\ \theta_2 & -\varphi_2 & 1\end{bmatrix} \tag{5.31}$$

通过将式（5.30）代入式（5.29）可以得到 S_1、S_2 和 S_3：

$$\begin{aligned}S_1&=\frac{1}{c}(\|\boldsymbol{X}_3\|-\|\boldsymbol{X}_0\|)\\ &=\frac{1}{c}\|[\boldsymbol{R}_2'(t_2)\boldsymbol{C}_2(t_2)\boldsymbol{r}_2]-[\boldsymbol{R}_1(t_1)+\boldsymbol{C}_1(t_1)\boldsymbol{r}_1]\|\\ &\quad-\frac{1}{c}\|[\boldsymbol{R}_2(t_1)+\boldsymbol{r}_2]-[\boldsymbol{R}_1(t_1)+\boldsymbol{r}_1]\|\end{aligned} \tag{5.32}$$

$$S_2=\frac{1}{c}(\|\boldsymbol{X}_1\|-\|\boldsymbol{X}_0\|)$$
$$=\frac{1}{c}\|[\boldsymbol{R}_2(t_2)+\boldsymbol{r}_2]-[\boldsymbol{R}_1(t_1)+\boldsymbol{r}_1]\|-\frac{1}{c}\|[\boldsymbol{R}_2(t_1)+\boldsymbol{r}_2]-[\boldsymbol{R}_1(t_1)+\boldsymbol{r}_1]\| \quad (5.33)$$

$$S_3=\frac{1}{c}(\|\boldsymbol{X}_2\|-\|\boldsymbol{X}_0\|)$$
$$=\frac{1}{c}\|[\boldsymbol{R}_2'(t_2)+\boldsymbol{r}_2]-[\boldsymbol{R}_1(t_1)+\boldsymbol{r}_1]\|-\frac{1}{c}\|[\boldsymbol{R}_2(t_1)+\boldsymbol{r}_2]-[\boldsymbol{R}_1(t_1)+\boldsymbol{r}_1]\| \quad (5.34)$$

式中，S_1 为由轨道运动、轨道摄动及姿态抖动引起的相对论误差；S_2 为由轨道运动引起的相对论误差；S_3 为由轨道运动和轨道摄动引起的相对论误差。

根据范数的基本定理，对于任意两个向量 $\boldsymbol{A},\boldsymbol{B}\in\boldsymbol{R}^{3\times1}$，下面的不等式成立

$$\|\|\boldsymbol{A}\|-\|\boldsymbol{B}\|\|\leqslant\|\boldsymbol{A}-\boldsymbol{B}\| \quad (5.35)$$

通过式（5.35），可以得到由轨道摄动和姿态抖动引起的相对论误差估计模型满足：

$$-\frac{1}{c}\|\boldsymbol{C}_2(t_2)\boldsymbol{r}_2-\boldsymbol{r}_2-\boldsymbol{C}_1(t_1)\boldsymbol{r}_1+\boldsymbol{r}_1\|-\frac{1}{c}\|\boldsymbol{R}_2'(t_2)-\boldsymbol{R}_2(t_2)\|$$
$$\leqslant\Delta S_0=S_1-S_2$$
$$\leqslant\frac{1}{c}\|\boldsymbol{C}_2(t_2)\boldsymbol{r}_2-\boldsymbol{r}_2-\boldsymbol{C}_1(t_1)\boldsymbol{r}_1+\boldsymbol{r}_1\|+\frac{1}{c}\|\boldsymbol{R}_2'(t_2)-\boldsymbol{R}_2(t_2)\| \quad (5.36)$$

可以发现由轨道摄动和姿态抖动引起的相对论误差是有界的，与目标航天器轨道摄动 $\|\boldsymbol{R}_2'(t_2)-\boldsymbol{R}_2(t_2)\|$、目标航天器姿态抖动 $\boldsymbol{C}_2(t_2)$、基础航天器姿态抖动 $\boldsymbol{C}_1(t_1)$ 及激光设备位置 $\boldsymbol{r}_1$、$\boldsymbol{r}_2$（激光发射器和接收器）相关。

由轨道摄动引起的相对论误差及由姿态抖动引起的相对论误差分别满足式（5.37）和式（5.38）。

$$-\frac{1}{c}\|\boldsymbol{R}_2'(t_2)-\boldsymbol{R}_2(t_2)\|\leqslant\Delta S_1=S_3-S_2$$
$$\leqslant\frac{1}{c}\|\boldsymbol{R}_2'(t_2)-\boldsymbol{R}_2(t_2)\| \quad (5.37)$$

$$-\frac{1}{c}\|\boldsymbol{C}_2(t_2)\boldsymbol{r}_2-\boldsymbol{r}_2-\boldsymbol{C}_1(t_1)\boldsymbol{r}_1+\boldsymbol{r}_1\|$$
$$\leqslant\Delta S_2=S_1-S_3$$
$$\leqslant\frac{1}{c}\|\boldsymbol{C}_2(t_2)\boldsymbol{r}_2-\boldsymbol{r}_2-\boldsymbol{C}_1(t_1)\boldsymbol{r}_1+\boldsymbol{r}_1\| \quad (5.38)$$

式中，ΔS_1 为轨道摄动引起的相对论误差；ΔS_2 为姿态抖动引起的相对论误差。

2. 双向激光时间传递相对论估计模型

双向激光时间传递原理图如图 5.8 所示。图中，$\boldsymbol{X}_{12}$ 为惯性系中 SAT1 到 SAT2 的实际激光传递路径，$\boldsymbol{X}_{22}$ 为惯性系中 SAT2 到 SAT1 的实际激光传递路径。

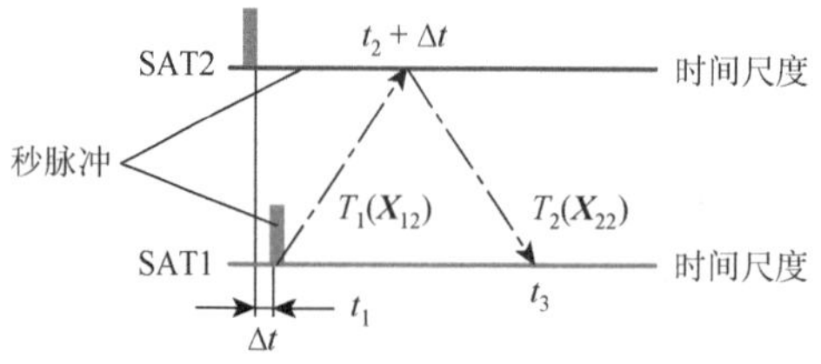

图 5.8　双向激光时间传递原理图

双向激光时间传递的过程为：首先，SAT1 由激光发射器向 SAT2 发射激光脉冲，同时 SAT1 记录发射时间 t_1，SAT2 记录到达时间；然后，SAT2 通过后向反射器将激光脉冲反射回 SAT1，SAT1 记录反射脉冲到达时间 t_3。

传递时间 T_1 和 T_2 可以从图 5.8 得到。

$$\begin{cases} T_1 = t_2 + \Delta t - t_1 \\ T_2 = t_3 - t_2 - \Delta t \end{cases} \tag{5.39}$$

式中，Δt 为 SAT1 和 SAT2 的时钟误差，通过求解式（5.39）可以得到 Δt。

$$\begin{cases} \Delta t = \dfrac{1}{2}(t_3 + t_1) - t_2 + S \\ S = \dfrac{1}{2}(T_1 - T_2) = \dfrac{1}{2c}(\|\boldsymbol{X}_{12}\| - \|\boldsymbol{X}_{22}\|) \end{cases} \tag{5.40}$$

式中，S 为相对论校正误差。

在双向激光时间传递中，由轨道摄动和姿态抖动引起的相对论误差原理图如图 5.9 和图 5.10 所示。图中，$\boldsymbol{X}_{11}$ 为未考虑轨道摄动和姿态抖动情况下，从 SAT1 到 SAT2 的激光传递路径；$\boldsymbol{X}_{12}$ 为未考虑轨道摄动和姿态抖动情况下，从 SAT2 到 SAT1 的激光传递路径；$\boldsymbol{X}_{21}$ 为考虑轨道摄动未考虑姿态抖动情况下，从 SAT1 到 SAT2 的激光传递路径；$\boldsymbol{X}_{22}$ 为考虑轨道摄动未考虑姿态抖动情况下，从 SAT2 到 SAT1 的激光传递路径；$\boldsymbol{X}_{31}$ 为考虑轨道摄动和姿态抖动情况下，从 SAT1 到 SAT2 的激光传递路径；$\boldsymbol{X}_{32}$ 为考虑轨道摄动和姿态抖动情况下，从 SAT2 到 SAT1 的激光传递路径。

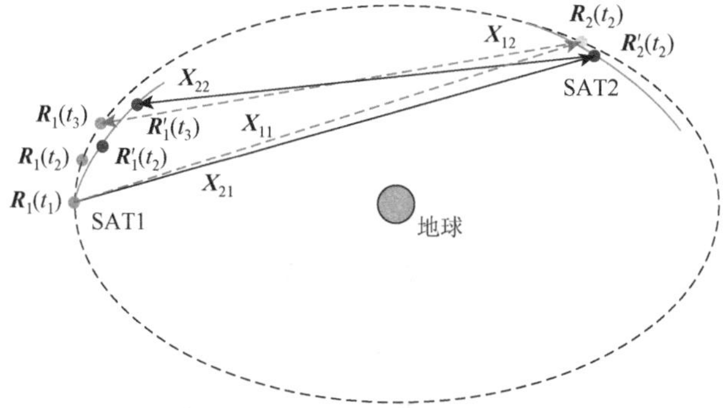

图 5.9　双向激光时间传递中轨道摄动引起的相对论误差原理图

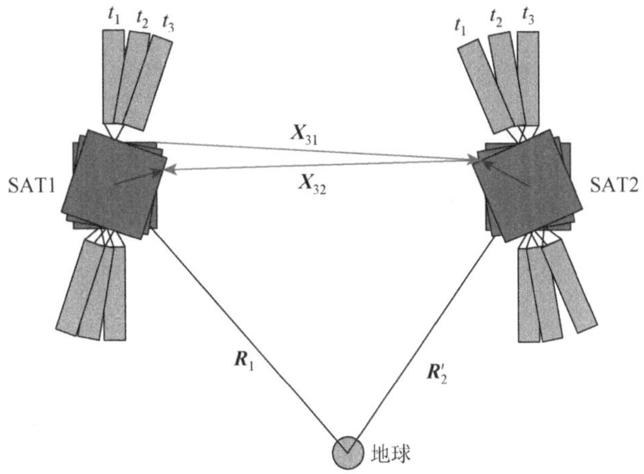

图 5.10　双向激光时间传递中姿态抖动引起的相对论误差原理图

从图 5.9 和图 5.10 可以得到 $\boldsymbol{X}_{11}$、$\boldsymbol{X}_{12}$、$\boldsymbol{X}_{21}$、$\boldsymbol{X}_{22}$、$\boldsymbol{X}_{31}$ 及 $\boldsymbol{X}_{32}$：

$$\begin{cases}\boldsymbol{X}_{11}=\boldsymbol{R}_2(t_2)+\boldsymbol{r}_2-\boldsymbol{R}_1(t_1)-\boldsymbol{r}_1\\ \boldsymbol{X}_{12}=\boldsymbol{R}_1(t_3)+\boldsymbol{r}_1-\boldsymbol{R}_2(t_2)-\boldsymbol{r}_2\\ \boldsymbol{X}_{21}=\boldsymbol{R}_2'(t_2)+\boldsymbol{r}_2-\boldsymbol{R}_1(t_1)-\boldsymbol{r}_1\\ \boldsymbol{X}_{22}=\boldsymbol{R}_1'(t_3)+\boldsymbol{r}_1-\boldsymbol{R}_2'(t_2)-\boldsymbol{r}_2\\ \boldsymbol{X}_{31}=[\boldsymbol{R}_2'(t_2)+\boldsymbol{C}_2(t_2)\boldsymbol{r}_2]-[\boldsymbol{R}_1(t_1)+\boldsymbol{C}_1(t_1)\boldsymbol{r}_1]\\ \boldsymbol{X}_{32}=[\boldsymbol{R}_1'(t_3)+\boldsymbol{C}_1(t_3)\boldsymbol{r}_1]-[\boldsymbol{R}_2'(t_2)+\boldsymbol{C}_2(t_2)\boldsymbol{r}_2]\end{cases}\tag{5.41}$$

将式（5.41）代入式（5.40）可以得到 S_{11}、S_{22} 和 S_{33}：

$$\begin{aligned}S_{11}&=\frac{1}{2c}(\|\boldsymbol{X}_{11}\|-\|\boldsymbol{X}_{12}\|)\\&=\frac{1}{2c}\|\boldsymbol{R}_2(t_2)+\boldsymbol{r}_2-\boldsymbol{R}_1(t_1)-\boldsymbol{r}_1\|-\frac{1}{2c}\|\boldsymbol{R}_1(t_3)+\boldsymbol{r}_1-\boldsymbol{R}_2(t_2)-\boldsymbol{r}_2\|\end{aligned}\tag{5.42}$$

$$\begin{aligned}S_{22}&=\frac{1}{2c}(\|\boldsymbol{X}_{21}\|-\|\boldsymbol{X}_{22}\|)\\&=\frac{1}{2c}\|\boldsymbol{R}_2'(t_2)+\boldsymbol{r}_2-\boldsymbol{R}_1(t_1)-\boldsymbol{r}_1\|-\frac{1}{2c}\|\boldsymbol{R}_1'(t_3)+\boldsymbol{r}_1-\boldsymbol{R}_2'(t_2)-\boldsymbol{r}_2\|\end{aligned}\tag{5.43}$$

$$\begin{aligned}S_{33}&=\frac{1}{2c}(\|\boldsymbol{X}_{12}\|-\|\boldsymbol{X}_{22}\|)\\&=\frac{1}{2c}(\|[\boldsymbol{R}_2'(t_2)+\boldsymbol{C}_2(t_2)\boldsymbol{r}_2]-[\boldsymbol{R}_1(t_1)+\boldsymbol{C}_1(t_1)\boldsymbol{r}_1]\|)\\&\quad-\frac{1}{2c}(\|[\boldsymbol{R}_1'(t_3)+\boldsymbol{C}_1(t_3)\boldsymbol{r}_1]-[\boldsymbol{R}_2'(t_2)+\boldsymbol{C}_2(t_2)\boldsymbol{r}_2]\|)\end{aligned}\tag{5.44}$$

式中，S_{11} 为由轨道运动引起的相对论误差；S_{22} 为由轨道运动和轨道摄动引起的相对论误差；S_{33} 为由轨道运动、轨道摄动和姿态抖动引起的相对论误差。

与单向激光时间传递类似，可以得到由轨道摄动引起的双向激光时间传递相对论估计模型及由姿态抖动引起的双向激光时间传递相对论估计模型。

$$\Delta S_{11} = S_{22} - S_{11} \tag{5.45}$$

$$\Delta S_{22} = S_{33} - S_{22} \tag{5.46}$$

式中，ΔS_{11} 为轨道摄动引起的相对论效应误差；ΔS_{22} 为姿态抖动引起的相对论效应误差。

5.2.3 仿真研究

以两颗刚柔耦合地球静止轨道航天器为例，对由轨道摄动和姿态抖动引起的相对论效应误差进行研究。航天器的初始距离不确定度在 0.06mm 量级[3-5]。由于航天器初始姿态不确定度小于 0.2″（对应的距离为 0.002mm），因此假设初始不确定度是由初始轨道距离不确定引起的。

1. 单向激光时间传递仿真研究

1）轨道摄动引起的相对论误差仿真研究

地球静止轨道摄动的标准仿真参数如表 5.1 所示。

表 5.1　地球静止轨道摄动的标准仿真参数

参数	参数名称	参数值
$\boldsymbol{R}_1(t_1)/\mathrm{m}$	SAT1 初始位置	$[-r_e \quad 0 \quad 0]^{\mathrm{T}}$
$\boldsymbol{R}_2(t_1)/\mathrm{m}$	SAT2 初始位置	$\left[r_e\cos\frac{\pi}{3} \quad r_e\sin\frac{\pi}{3} \quad 0\right]^{\mathrm{T}}$
m_1/kg	SAT1 质量	2334.3
m_2/kg	SAT2 质量	2334.3
$\boldsymbol{v}_1(t_1)/(\mathrm{m/s})$	SAT1 初始速度	$[0 \quad v_e \quad 0]^{\mathrm{T}}$
$\boldsymbol{v}_2(t_1)/(\mathrm{m/s})$	SAT2 初始速度	$\left[v_e\cos\frac{\pi}{6} \quad -v_e\sin\frac{\pi}{6} \quad 0\right]^{\mathrm{T}}$
J_2	地球形状摄动系数	1082.63×10^{-6}
R_e/m	地球平均赤道半径	6.378×10^{6}
$G/(\mathrm{N\cdot m^2/kg^2})$	万有引力常数	6.673×10^{-11}
m_e/kg	地球质量	5.965×10^{24}
m_S/kg	太阳质量	1.989×10^{30}
m_m/kg	月球质量	7.349×10^{22}
r_{ES}/m	日地距离	1.496×10^{11}

续表

参数	参数名称	参数值
r_{EM} / m	地月距离	3.844×10^{8}
K	太阳光压摄动系数	1
p / (N / m²)	太阳光压强度	4.65×10^{-6}
A / m²	垂直于太阳光的航天器截面积	27
$\boldsymbol{r}_{ES}/\lvert\boldsymbol{r}_{ES}\rvert$	地球到太阳的单位向量	$[1\quad 0\quad 0]^{\mathrm{T}}$
$\boldsymbol{r}_{EM}/\lvert\boldsymbol{r}_{EM}\rvert$	地球到月球的单位向量	$[1\quad 0\quad 0]^{\mathrm{T}}$

对地球静止轨道航天器，有 $r_e=\sqrt[3]{\dfrac{Gm_eT^2}{4\pi^2}}=42220.6\text{km}$，$v_e=\sqrt{\dfrac{Gm_e}{r_e}}=3.07\text{km/s}$ $(T=86400\text{s})$。SAT1 到 SAT2 的传递时间可以通过 $\boldsymbol{X}_1$ 进行估计。

$$t_0=\|\boldsymbol{X}_1\|/c=\|\boldsymbol{R}_1(t_2)-\boldsymbol{R}_1(t_1)\|/c\approx0.2438\text{s} \tag{5.47}$$

实际传递时间与 t_0 之间的误差小于 0.0001s。$t_2=t_0+t_1$ 的精度足够计算单向激光时间传递中由轨道摄动和姿态抖动引起的相对论误差。这是因为轨道摄动和姿态抖动周期远远大于 0.0001s。

仿真结果如图 5.11 和图 5.12 所示。图 5.11 为单向激光时间传递中单项轨道摄动引起的相对论误差。图 5.12 为单向激光时间传递中全轨道摄动引起的相对论误差。图 5.12 考虑了初始不确定度，初始不确定度大小为 0.06mm，对应于 0.2ps。

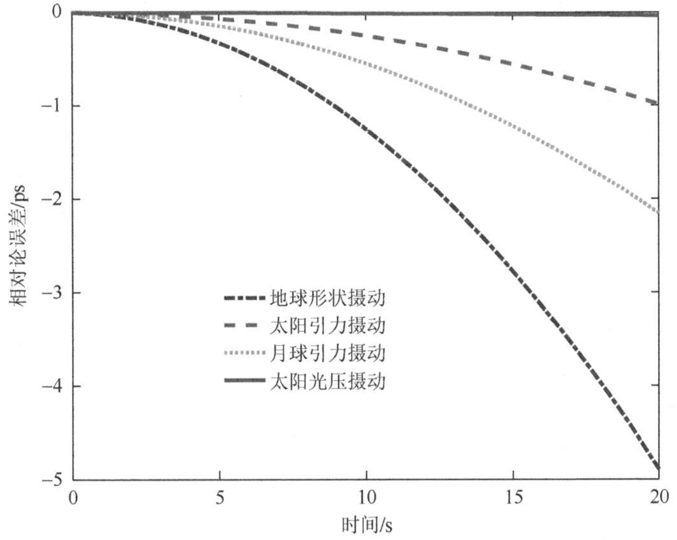

图 5.11　单向激光时间传递中单项轨道摄动引起的相对论误差

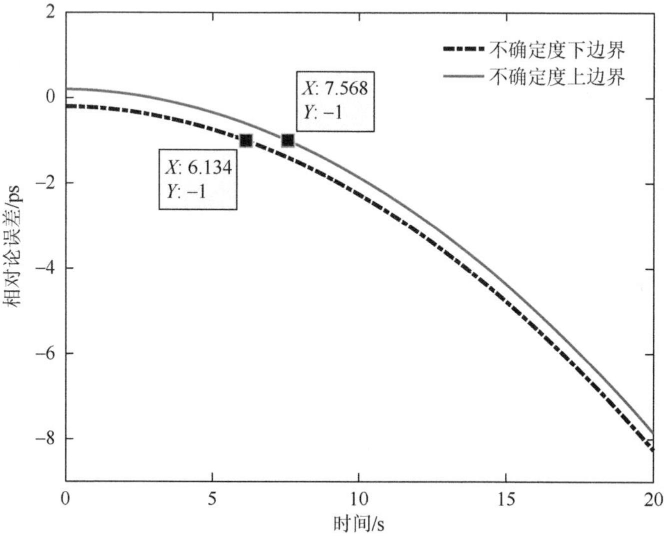

图 5.12　单向激光时间传递中全轨道摄动引起的相对论误差

从图 5.11 可以看出，由 J_2 摄动引起的相对论误差最大，其他摄动引起的相对论误差从大到小为月球引力摄动、太阳引力摄动及太阳光压摄动。从图 5.12 可以看出，全轨道摄动引起的相对论误差随时间增加而增大，最差的情况下在 6.134s 达到 1ps。当不考虑其他误差时，皮秒量级单向激光时间传递可以在 0～6.134s 进行。在最好的情况下，在 7.568s 相对论误差达到 1ps。为了延长皮秒量级激光时间传递的时间，必须补偿由轨道摄动引起的相对论误差。如果补偿建模轨道摄动（J_2 摄动、月球引力摄动、太阳引力摄动及太阳光压摄动），由未建模轨道摄动引起的相对论误差如图 5.13 所示。

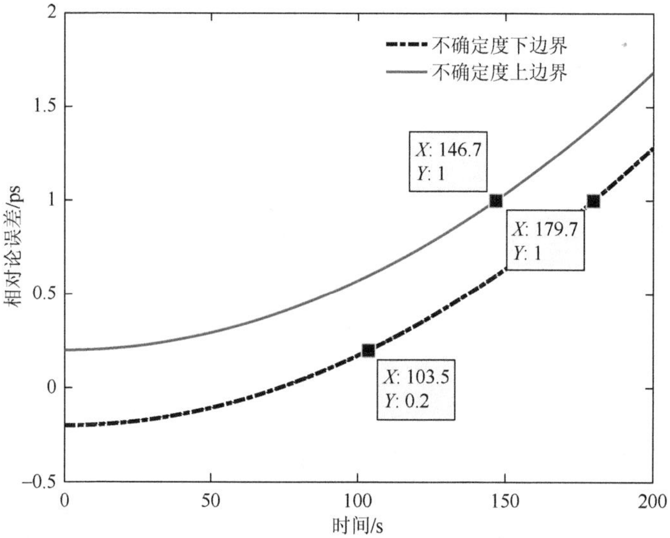

图 5.13　单向激光时间传递中未建模轨道摄动引起的相对论误差

从图 5.13 可以看出，最差的情况下在 146.7s 相对论误差达到 1ps，皮秒量级单向激光时间传递可以在 0～146.7s 进行。在最好的情况下，皮秒量级单向激光时间传递可以延长到 179.7s。除此之外，相对论误差在 103.5s 会超过 0.2ps。

2）姿态抖动引起的相对论误差仿真研究

姿态抖动仿真参数如表 5.2 所示，航天器参数来源于参考文献[6]。

表 5.2　姿态抖动仿真参数

变量	变量名	值
$\boldsymbol{r}_1$ / m	激光发射器位置	$[1.1\quad 1\quad 1.5]^{\mathrm{T}}$
$\boldsymbol{r}_2$ / m	激光接收器位置	$[1.1\quad 1\quad 1.5]^{\mathrm{T}}$
$\boldsymbol{C}_1(t_1)$	SAT1 初始坐标转换矩阵	$\boldsymbol{I}_3$
$\boldsymbol{C}_2(t_1)$	SAT2 初始坐标转换矩阵	$\boldsymbol{I}_3$
$\boldsymbol{I}_s$ / (kg·m²)	航天器系统转动惯量	$\begin{bmatrix} 4552.64 & 0 & 0 \\ 0 & 4884.99 & 0 \\ 0 & 0 & 6992.73 \end{bmatrix}$
B_r^{T}	柔性太阳帆板耦合矩阵	$\begin{bmatrix} -44.7546 & 0.2404 & 0.4144 \\ 0.2369 & -12.1033 & 45.8615 \\ 0.2179 & -5.9076 & -5.6713 \\ 9.6937 & -0.0130 & 0.0151 \end{bmatrix}$
$\boldsymbol{\omega}$ / Hz	柔性太阳帆板基频	$\mathrm{diag}(0.15853\quad 0.44764\quad 0.86703\quad 0.96188)$
$\boldsymbol{\xi}$	柔性太阳帆板阻尼矩阵	$0.001\times\mathrm{diag}(4\quad 5\quad 6.4\quad 8)$

柔性太阳帆板驱动力矩 $\boldsymbol{T}_{ds}$ 是一个方波，如图 5.14 所示。

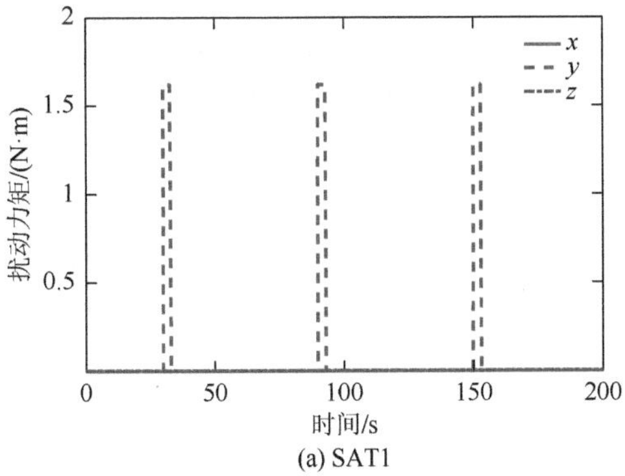

(a) SAT1

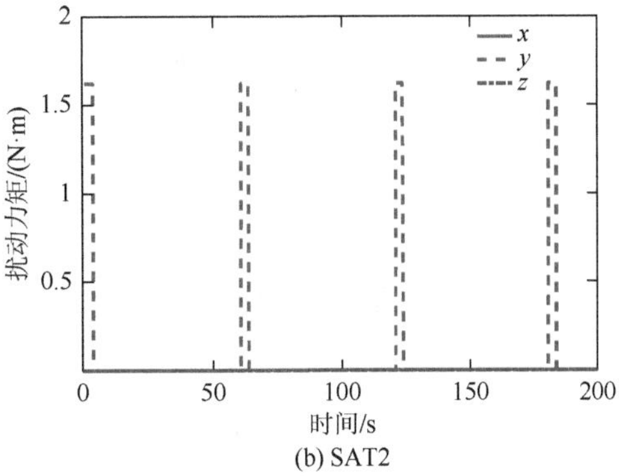

(b) SAT2

图 5.14　柔性太阳帆板驱动力矩

对 SAT1 和 SAT2 设计相同的 PD 控制率[7]

$$\boldsymbol{T}_c = -\boldsymbol{K}_d\boldsymbol{\omega}_r - \boldsymbol{K}_p(\boldsymbol{\theta} - \boldsymbol{\theta}_0) \tag{5.48}$$

式中，$\boldsymbol{\theta}$ 为航天器姿态角；$\boldsymbol{\theta}_0$ 为航天器期望姿态角。

$$\boldsymbol{K}_p = \boldsymbol{I}_s(2\pi\omega_c)^2, \quad \boldsymbol{K}_d = 0.707\boldsymbol{I}_s(4\pi\omega_c) \tag{5.49}$$

本节选择 $\omega_c = 0.1\text{Hz}$。

SAT1 和 SAT2 的姿态角变化曲线如图 5.15 所示。

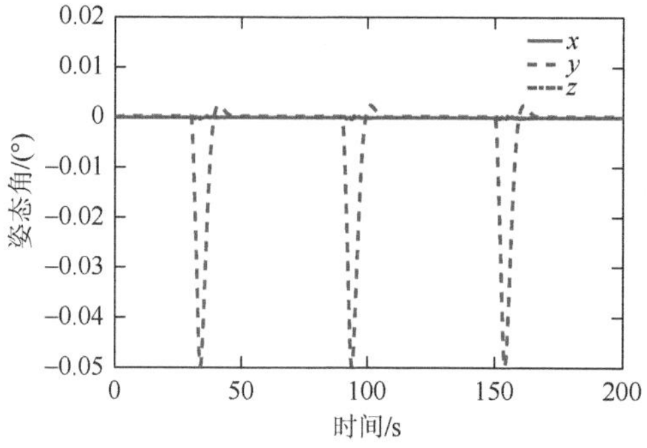

(a) SAT1

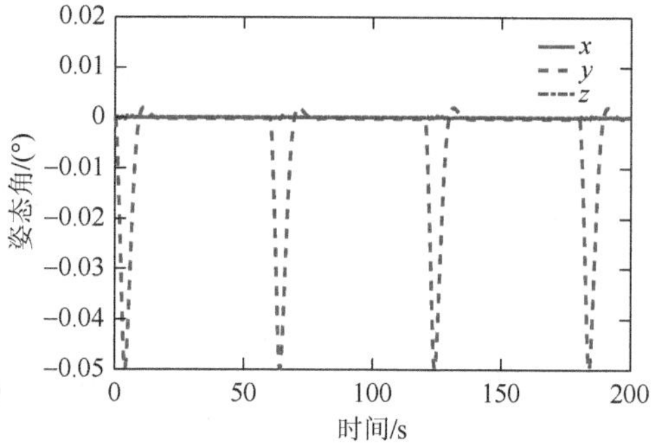

(b) SAT2

图 5.15　航天器姿态角变化曲线

从图 5.15 可以看出，SAT1 和 SAT2 的姿态角为[0.01°　–0.05°]。

单向激光时间传递中未建模姿态抖动引起的相对论误差如图 5.16 所示。单向激光时间传递中姿态抖动引起的相对论误差如图 5.17 所示。

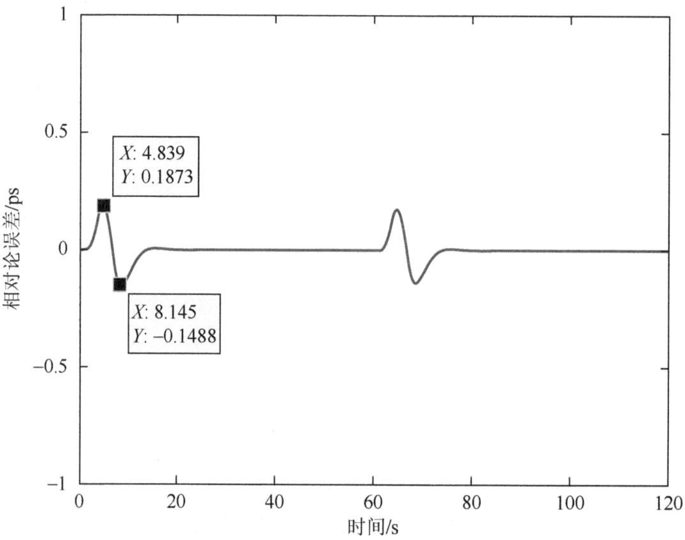

图 5.16　单向激光时间传递中未建模姿态抖动引起的相对论误差

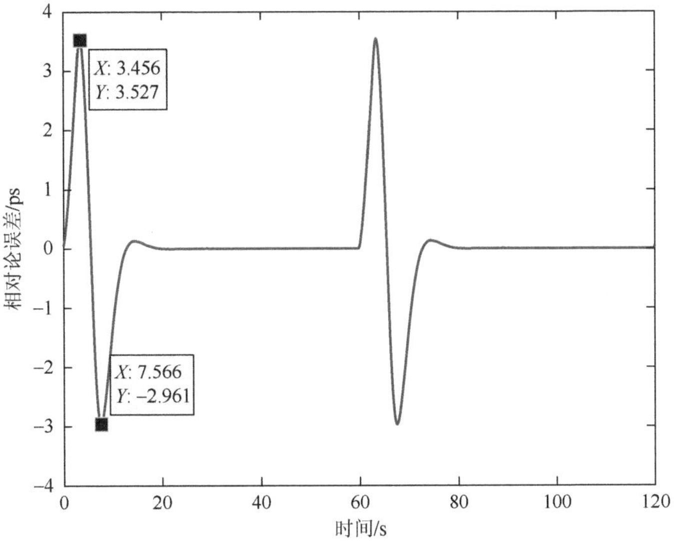

图 5.17　单向激光时间传递中姿态抖动引起的相对论误差

从图 5.16 可以看出，在最差的情况下由航天器未建模姿态抖动引起的相对论误差峰峰值为 0.34ps，小于初始不确定度的峰峰值 0.4ps。姿态动力学模型建模精度与初始不确定度匹配。从图 5.17 可以看出，由姿态抖动引起的相对论误差峰峰值为 6.49ps。通过计算，当姿态保持在[−0.008°　0.008°]时，单向时间传递中由姿态抖动引起的相对论误差小于 1ps。

2. 双向激光时间传递仿真研究

1）轨道摄动引起的相对论误差仿真研究

仿真参数与单向激光时间传递相同。相似地，对于双向激光时间传递，可以得到从 SAT1 到 SAT2 的传递时间为

$$t_{01} = t_{02} = \| \boldsymbol{X}_{11} \| / c = \| \boldsymbol{R}_2(t_1) - \boldsymbol{R}_1(t_1) \| / c \approx 0.2438\text{s} \tag{5.50}$$

对于双向激光时间传递，实际传递时间与 t_{01} 及 t_{02} 之间的误差小于 0.0001s。$t_2 = t_{01} + t_1$ 和 $t_3 = t_{02} + t_2$ 的精度足够计算激光时间传递中轨道摄动和姿态抖动引起的相对论误差。

图 5.18 为双向激光时间传递中单项轨道摄动引起的相对论误差。图 5.19 为双向激光时间传递中全轨道摄动引起的相对论误差。图 5.19 考虑了初始不确定度。

与图 5.11 相比较，图 5.18 显示了相同的规律，地球形状摄动引起的相对论误差最大，其次分别为月球引力摄动、太阳引力摄动及太阳光压摄动。不同的是，双向激光时间传递中的相对论误差小于单向激光时间传递中的相对论误差。从图 5.19 可以看出，全轨道摄动引起的相对论误差随时间增加而增大，最差的情况下在 8.554s 达到 1ps，时间比单向激光时间传递长。当不考虑其他误差时，皮秒量级双

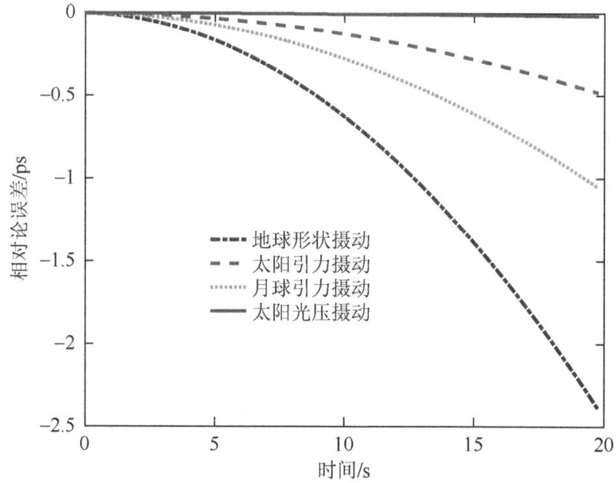

图 5.18　双向激光时间传递中单项轨道摄动引起的相对论误差

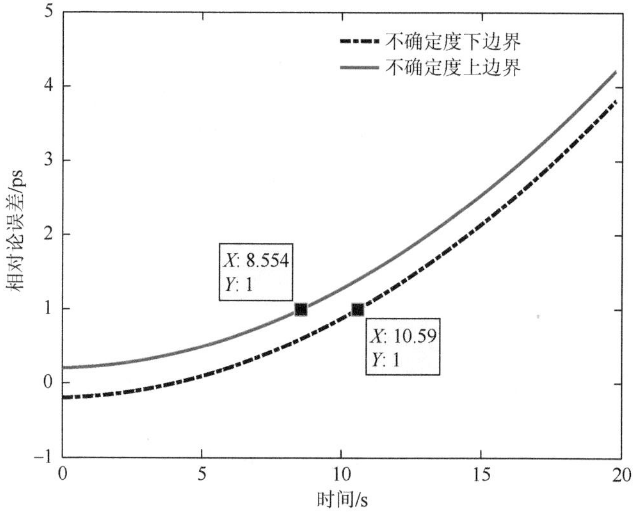

图 5.19　双向激光时间传递中全轨道摄动引起的相对论误差

向激光时间传递可以在 0～8.554s 进行。如果补偿建模轨道摄动（地球形状摄动、月球引力摄动、太阳引力摄动及太阳光压摄动），由未建模轨道摄动引起的相对误差如图 5.20 所示。

从图 5.20 可以看出，最差的情况下在 207.7s 相对论误差达到 1ps，皮秒量级双向激光时间传递可以在 0～207.7s 进行。在最好的情况下，皮秒量级双向激光时间传递的时间可以延长到 254.5s。除此之外，相对论误差在 146.6s 会超过 0.2ps。

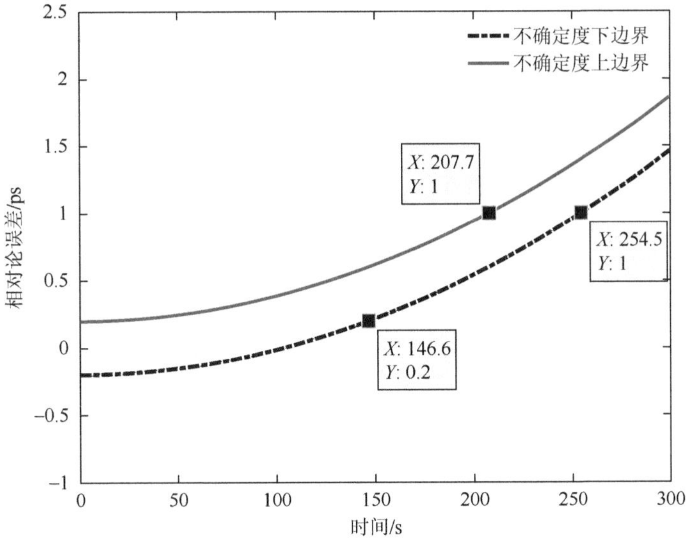

图 5.20　双向激光时间传递中未建模轨道摄动引起的相对论误差

2）姿态抖动引起的相对论误差仿真研究

双向激光时间传递中未建模姿态抖动引起的相对论误差如图 5.21 所示。双向激光时间传递中姿态抖动引起的相对论误差如图 5.22 所示。

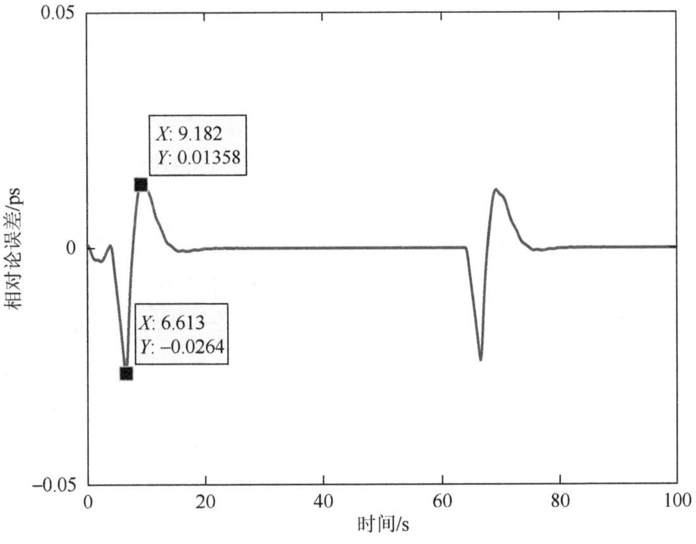

图 5.21　双向激光时间传递中未建模姿态抖动引起的相对论误差

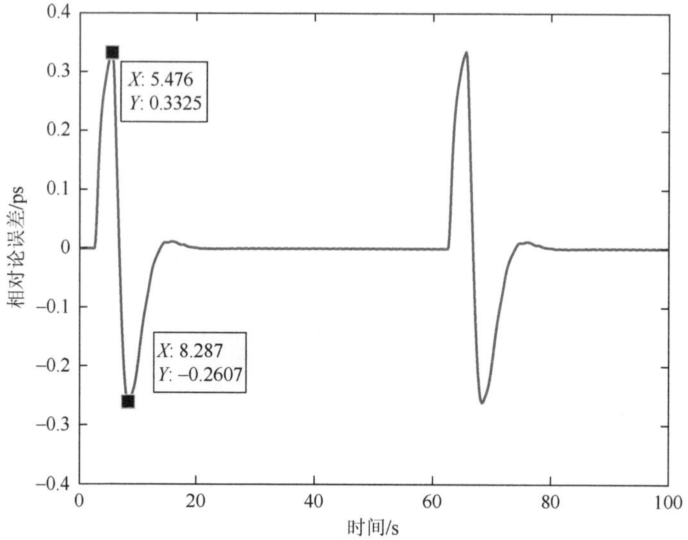

图 5.22　双向激光时间传递中姿态抖动引起的相对论误差

从图 5.21 可以看出，在最差的情况下由航天器未建模姿态抖动引起的相对论误差峰峰值为 0.04ps，小于初始不确定度的峰峰值 0.4ps。姿态动力学模型建模精度与初始不确定度匹配。从图 5.22 可以看出，由姿态抖动引起的相对论误差峰峰值为 0.59ps。通过计算，当姿态保持在[−0.083°　0.083°]时，双向时间传递中由姿态抖动引起的相对论误差小于 1ps。

3. 讨论

姿态抖动引起的相对论误差在几秒内大于轨道摄动引起的相对论误差。但是，随着时间增加，轨道摄动引起的相对论误差大于姿态抖动引起的相对论误差。在单向激光时间传递中，轨道摄动引起的相对论误差在 20s 时增大到 8ps，而由姿态抖动引起的相对论误差为 6.49ps。在双向激光时间传递中，轨道摄动引起的相对论误差在 20s 时增大到 4ps，而由姿态抖动引起的相对论误差为 0.59ps。

在轨道摄动中，相同条件下双向激光时间传递的相对论误差小于单向激光时间传递中的相对论误差。在 20s 时，双向激光时间传递的相对论误差为 4ps，而单向激光时间传递的相对论误差为 8ps。通过补偿，双向激光时间传递可以在 0～146.7s 进行，而单向激光时间传递只能在 0～103.5s 进行。

在姿态抖动中，相同条件下双向激光时间传递的相对论误差也小于单向激光时间传递中的相对论误差。原因是姿态抖动周期大于激光传递周期。当两个航天器之间的距离足够远时，双向激光时间传递的相对论误差与单向激光时间传递中的相对论误差相等。对于单向激光时间传递，姿态抖动范围应该抑制到[−0.008°　0.008°]；

对于双向激光时间传递，姿态抖动范围应该抑制到[−0.083°　0.083°]。实际中，轨道摄动和姿态抖动是同时存在的，对轨道摄动补偿及姿态抖动抑制的要求更高。

轨道摄动和姿态抖动引起的相对论估计模型未来可以用两个在轨无拖曳航天器验证。无拖曳航天器包含两部分：航天器本体及无拖曳模块。航天器本体保护无拖曳模块不受非保守力的影响，无拖曳模块也可以通过非接触式作动器进行精确控制。因此，通过测量两颗航天器之间的距离及两个航天器本体与两个无拖曳质量之间的距离可以得到非保守力（如太阳光压）的影响。通过控制无拖曳质量消除其他保守力，某一个保守力的影响就可以进行验证。相似地，可以通过消除轨道摄动的影响来验证姿态抖动。

5.3　本 章 小 结

本章首先建立了航天器不平衡飞轮微振动模型，给出了飞轮扰动力矩。其次考虑柔性附件振动，建立了柔性航天器微振动模型及姿态动力学方程。最后为了评估航天器微振动的影响，给出了轨道摄动和姿态抖动分别与单、双向时频传递的关系并进行仿真。仿真结果表明，二者均会给时频传递引入误差，其中轨道摄动和姿态抖动对单向时频传递的影响大于双向时频传递。

参 考 文 献

[1] Liang J，Liu L，Tang S. Relativistic evaluation models of laser time transfer between satellites resulting from orbit perturbations and attitude jitters[J]. Microgravity Science and Technology，2020，32（5）：1-13.

[2] Petit G，Wolf P. Relativistic theory for picosecond time transfer in the vicinity of the Earth[J]. Astronomy and Astrophysics，1994，286（3）：971-977.

[3] Birnbaum K M，Chen Y，Hemmati H. Precision optical ranging by paired one-way time of flight[C]//Free-Space Laser Communication Technologies XXII. International Society for Optics and Photonics，San Francisco，2010.

[4] Chen Y J，Birnbaum K M，Hemmati H. Field demonstrations of active laser ranging with sub-mm precision[C]// Free-Space Laser Communication Technologies XXIII. International Society for Optics and Photonics，San Francisco，2011.

[5] Exertier P，Bonnefond P，Deleflie F，et al. Contribution of laser ranging to Earth's sciences[J]. Comptes Rendus Geoscience，2006，338（14/15）：958-967.

[6] 吕旺，向明江，叶文郁，等. 挠性卫星在轨非约束模态计算研究[J]. 宇航学报，2014，35（4）：404-409.

[7] Markley F L，Bauer F H，Deily J J，et al. Attitude control system conceptual design for geostationary operational environmental satellite spacecraft series[J]. Journal of Guidance，Control，and Dynamics，1995，18（2）：247-255.

第 6 章　航天器大柔性部件动力学与控制

根据 5.1 节柔性航天器的刚柔耦合动力学模型可以看出，航天器的姿态和柔性附件的振动存在耦合，在航天器在轨机动时，会引起柔性附件的结构变形和低频振动。为了降低柔性附件的结构变形和低频振动对航天器姿态控制的影响，考虑控制柔性航天器的振动，从扰源抑制微振动。

常用的柔性航天器振动控制分为被动控制和主动控制。被动控制技术无须外部能源的输入，主要通过在结构上增加一些附加装置，改变系统的质量、刚度或阻尼，从而改变整个结构的动力学特性，以达到减振消振的目的。被动控制技术结构简单、经济实用、成本低廉、稳定性和可靠性高、无须额外的能源或测量信息，但是不够灵活，只能隔离特定频带的振动，对低频振动和结构变形抑制效果不明显。主动控制技术需要额外的能源来抑制振动。如图 6.1 所示，一个典型的主动振动控制系统通过传感器测量结构对象的实际振动状态，经过信号调制和放大后反馈给控制器，控制器按照给定的控制规律计算并输出控制指令，作动器接收控制指令并产生主动控制力或力矩，作用于结构上，从而控制系统的振动。主动控制技术具有适应性强、抑制低频振动效果好等优点，缺点是需要额外的能源、可靠性比被动隔振差等。

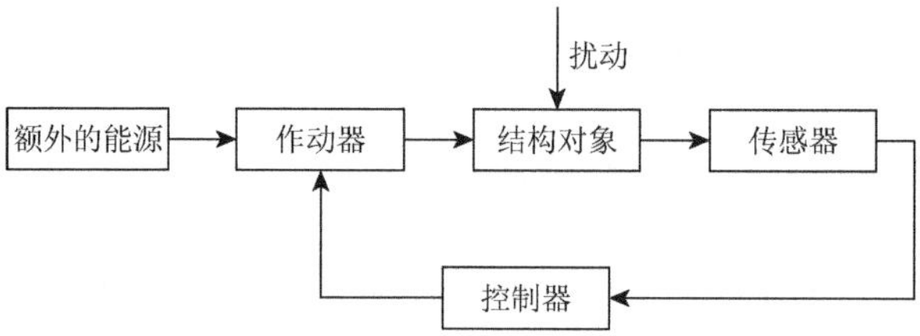

图 6.1　主动振动控制原理

本章采取主动控制方法，采用输入成形法与独立模态空间控制实现柔性先进航天器结构变形和振动补偿。

6.1　柔性航天器结构变形和低频振动控制系统

柔性航天器结构变形和低频振动控制系统如图 6.2 所示。图中，柔性航天器的结构变形和低频振动控制系统包括输入成形法和独立模态空间控制两个部分。

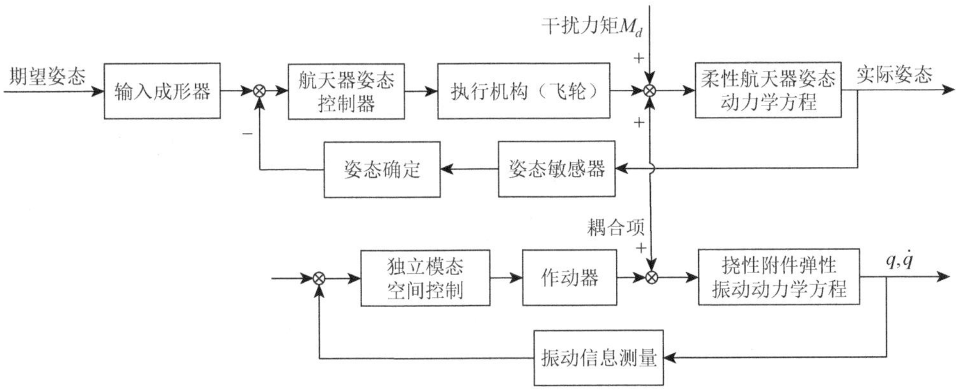

图 6.2　柔性航天器结构变形和低频振动控制系统

其中，输入成形器作为前置滤波，在航天器机动过程中，将期望的输入指令与脉冲序列（即输入成形器）进行卷积变换，通过飞轮等执行机构提供的控制力矩对柔性附件的低频振动进行抑制，既保证了航天器的刚体运动，又抑制了系统的低频振动，但是无法实现柔性附件的结构变形。

基于压电材料智能作动器，设计独立模态空间控制算法，对每阶模态单独设计控制器，可直接实现对柔性附件的结构变形和低频振动控制。该算法通过引入主动的模态控制力，可实现低频振动快速衰减或按需求实现结构变形。

在本章控制器设计及仿真中，均假设柔性航天器的姿态和柔性附件的振动状态已知，不考虑柔性航天器姿态信息和柔性附件模态信息的测量问题。

6.2　基于输入成形法的柔性航天器姿态机动控制

6.2.1　姿态控制器设计

根据 5.1 节柔性航天器的动力学建模结果，针对此类三轴稳定的航天器，设计如下形式的 PD 姿态控制器：

$$\boldsymbol{M}_c = \boldsymbol{K}_p(\boldsymbol{\Theta}_d - \boldsymbol{\Theta}) - \boldsymbol{K}_d\dot{\boldsymbol{\Theta}} \tag{6.1}$$

式中，$\boldsymbol{M}_c = [M_{cx}\quad M_{cy}\quad M_{cz}]^{\mathrm{T}}$ 为滚转、俯仰和偏航三个方向的控制力矩；$\boldsymbol{K}_p = [K_{px}\quad K_{py}\quad K_{pz}]$ 为三个方向控制器的比例系数，且 $K_{px},K_{py},K_{pz} > 0$；$\boldsymbol{K}_d = [K_{dx}\quad K_{dy}\quad K_{dz}]$ 为三个方向控制器的微分系数，且 $K_{dx},K_{dy},K_{dz} > 0$；$\boldsymbol{\Theta}_d = [\varphi_d\quad \theta_d\quad \psi_d]^{\mathrm{T}}$ 为三个方向的期望姿态角；$\dot{\boldsymbol{\Theta}} = [\dot{\varphi}\quad \dot{\theta}\quad \dot{\psi}]^{\mathrm{T}}$ 为三个方向的姿态角速度。

采用上述姿态控制律，可以证明此时该系统是全局渐近稳定的，证明过程略去。

6.2.2　输入成形器设计

输入成形法于 1990 年由 Singer 和 Seering[1]提出，是一种简单、高效的前馈补偿器。该方法考虑了系统的物理特性和振动特性，使航天器系统在完成刚体运动的同时不引起或只引起工程中可接受的残余振动。输入成形法原理示意图如图 6.3 所示，将一个脉冲序列（称为输入成形器）与期望输入指令的卷积结果（阶梯输入）作为新的期望输入指令作用于航天器系统。其中，期望输入指令由航天器姿态机动的需求得到，以实现刚体运动；脉冲序列的幅值和作用时间由求解与系统各阶模态频率和阻尼比相关的约束方程得到，以抑制振动。

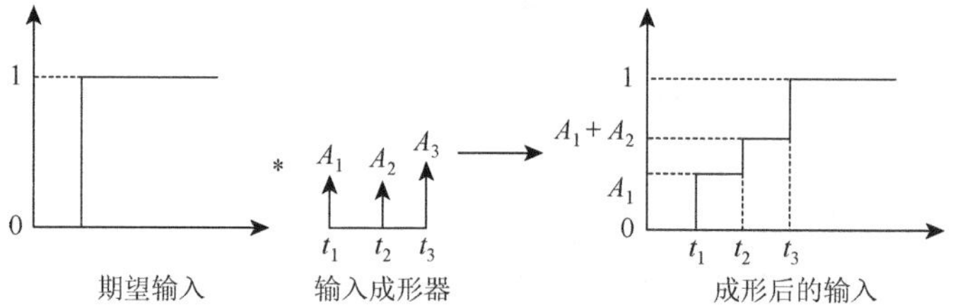

图 6.3　输入成形法原理示意图

当系统受到 m 个作用时间为 t_i 、幅值为 A_i 的脉冲信号的响应时，合理地选择脉冲序列的幅值和作用时间，可使得系统受到 m 个脉冲响应之后的残余振动为零，从而消除振动。如图 6.4 所示，以一个双脉冲输入为例，第一个脉冲信号的作用

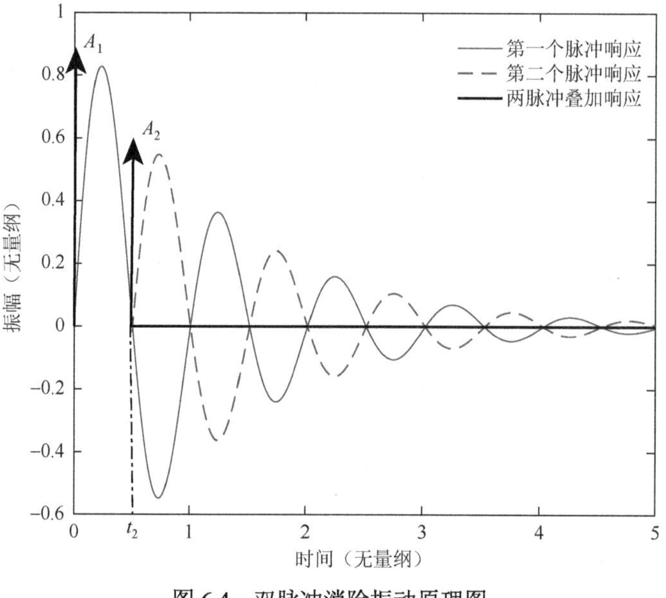

图 6.4　双脉冲消除振动原理图

时间为 0、幅值为 A_1，经过 t_2 时刻，施加幅值为 A_2 的脉冲信号，使得这两个脉冲信号在 t_2 时刻以后的响应大小相等，方向相反，则可消除振动。

在输入成形法中，脉冲序列的幅值和作用时间与固有频率 ω_n 和阻尼比 ξ 这两个参数有关，而对于一个确定的系统，当系统的固有频率 ω_n 和阻尼比 ξ 已知时，就可设计合适的输入成形器，以抑制系统的振动。

当系统的模型准确时，若在某个输入成形器的作用下，系统的残余振动为零，则称此成形器为零振动输入成形器（ZV 输入成形器）。

航天器的姿态动力学模型可以表示为一个典型的单模态二阶系统形式，其传递函数可以写作

$$G(s)=\frac{\omega_n^2}{s^2+2\xi\omega_n s+\omega_n^2} \tag{6.2}$$

式中，ξ 为系统的阻尼比；ω_n 为系统的固有频率。

当此系统受到 m 个作用时间为 t_i、幅值为 A_i 的脉冲信号作用时，可得到一个能消除系统单模态残余振动的双脉冲成形序列，为使脉冲数量最少，令 $m=2$，ZV 成形器[2]的数学表达式如下：

$$\mathbf{ZV}=\begin{bmatrix} A_1 & A_2 \\ t_1 & t_2 \end{bmatrix}=\begin{bmatrix} \dfrac{1}{1+K} & \dfrac{K}{1+K} \\ 0 & \dfrac{\pi}{\omega_d} \end{bmatrix} \tag{6.3}$$

式中

$$t_2=\pi/\omega_d \tag{6.4}$$

$$K=\mathrm{e}^{-\pi\xi/\sqrt{1-\xi^2}} \tag{6.5}$$

其中，t_2 为输入成形器的长度；$\omega_d=\omega_n\sqrt{1-\xi^2}$，表示系统的衰减频率。

由式（6.3）可知，ZV 成形器的设计依赖于系统的参数，对固有频率 ω_n 和阻尼比 ξ 较为敏感。为提高输入成形器的鲁棒性，可增加额外约束方程得到具有高阶鲁棒性的成形器。令残余扰动幅值对固有频率的导数为零，可通过求解约束方程组，得到具有三个脉冲的一阶鲁棒性成形器（ZVD 输入成形器），可表示为

$$\mathbf{ZVD}=\begin{bmatrix} A_1 & A_2 & A_3 \\ t_1 & t_2 & t_3 \end{bmatrix}=\begin{bmatrix} \dfrac{1}{(1+K)^2} & \dfrac{2K}{(1+K)^2} & \dfrac{K^2}{(1+K)^2} \\ 0 & \dfrac{\pi}{\omega_d} & \dfrac{2\pi}{\omega_d} \end{bmatrix} \tag{6.6}$$

同理，若再令残余扰动幅值对固有频率的高阶导数为零，可得到具有更高阶鲁棒性的输入成形器。

上述分析中，ZV 成形器和 ZVD 成形器均是针对单一模态系统设计的。在研

究多模态系统的振动抑制问题时，可将求解得到的单模态输入成形器经卷积计算后得到新的输入成形器，即

$$A_{\text{multi}} = A_{1s} * A_{2s} * \cdots * A_{ns} \tag{6.7}$$

式中，A_{multi} 为多模态输入成形器脉冲序列；A_{ns} 为抑制第 i 阶模态的输入成形器脉冲序列；$*$ 为卷积运算。

6.3　柔性附件结构变形和振动的独立模态空间控制

独立模态空间控制方法针对每一阶模态单独设计控制器，可与速度反馈、极点配置、最优化方法等其他控制理论相结合。对每阶模态独立控制而不影响其他阶模态，避免了控制溢出的问题，是一种常用的主动振动控制方法[3]。本节选取压电堆作为作动器，利用柔性附件的 n 阶离散模型建立了柔性附件的控制模型，并推导了模态控制力和作动器输入电压之间的关系。

柔性附件可简化为柔性悬臂梁。如图 6.5 所示，表示一个含控制系统的柔性附件有限元模型。在该模型中，选取压电堆作为作动器，并设计了 π 型弯矩作动器将压电堆的驱动力转化为控制力矩，既能抑制柔性悬臂梁的振动模态，又能实现柔性悬臂梁的结构变形控制。

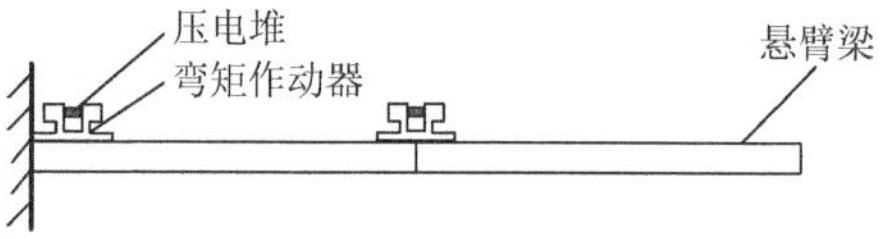

图 6.5　柔性附件的控制模型

为建立柔性附件的控制模型，做如下几个假设：所有 π 型弯矩作动器和压电堆规格相同；弯矩作动器和压电堆的尺寸及质量远小于柔性附件，可忽略其对柔性附件的有限元动力学特性矩阵的影响；忽略弯矩作动器与柔性附件的安装带来的动力学影响；不考虑柔性附件变形的测量问题。

假设该柔性附件共有 n 阶模态，安装了 m 个压电作动器，将柔性附件离散为 n 自由度的多自由度系统，当有外力作用时，该系统的动力学方程可表示为[4]

$$\boldsymbol{M}_e\ddot{\boldsymbol{\delta}} + \boldsymbol{C}_e\dot{\boldsymbol{\delta}} + \boldsymbol{K}_e\boldsymbol{\delta} = \boldsymbol{D\tau} \tag{6.8}$$

式中，$\boldsymbol{\delta}$ 为 n 维位移列向量；$\boldsymbol{M}_e$、$\boldsymbol{C}_e$ 和 $\boldsymbol{K}_e$ 均为 $n\times n$ 矩阵，分别为柔性附件离散系统的质量矩阵、阻尼矩阵和刚度矩阵；$\boldsymbol{\tau}$ 为 m 维控制力列向量；$\boldsymbol{D}$ 为 $n\times m$ 矩阵，表示控制载荷分配矩阵。

将位移向量 $\boldsymbol{\delta}$ 表示为柔性附件模态的线性组合

$$\boldsymbol{\delta}(t) = \boldsymbol{\Phi\eta}(t) = \sum_{i=1}^{n}\phi_i\eta_i(t) \tag{6.9}$$

式中，$\boldsymbol{\Phi}$ 为该系统的正规振型矩阵，$\boldsymbol{\Phi} = [\phi_1 \quad \phi_2 \quad \cdots \quad \phi_n]$。

若仅考虑控制系统的前 n_c 阶模态，则该系统的模态坐标和正规振型矩阵可表示为

$$\boldsymbol{\eta}=[\boldsymbol{\eta}_c \quad \boldsymbol{\eta}_r]^{\mathrm{T}}, \quad \boldsymbol{\Phi}=[\boldsymbol{\Phi}_c \quad \boldsymbol{\Phi}_r] \tag{6.10}$$

式中，$\boldsymbol{\eta}_c \in \mathbf{R}^{n_c\times 1}$ 为前 n_c 阶受控模态坐标；$\boldsymbol{\eta}_r \in \mathbf{R}^{(n-n_c)\times 1}$ 为后 $n-n_c$ 阶剩余模态坐标；$\boldsymbol{\Phi}_c \in \mathbf{R}^{n\times n_c}$ 为前 n_c 阶受控模态组成的振型矩阵；$\boldsymbol{\Phi}_r \in \mathbf{R}^{n\times(n-n_c)}$ 为后 $n-n_c$ 阶剩余模态振型矩阵。

则该系统前 n_c 阶模态的控制方程可表示为

$$\ddot{\boldsymbol{\eta}}_c+2\boldsymbol{\xi}_c\boldsymbol{\omega}_{dc}\dot{\boldsymbol{\eta}}_c+\boldsymbol{\Lambda}_c\boldsymbol{\eta}_c=\boldsymbol{V} \tag{6.11}$$

式中，$\boldsymbol{\xi}_c=\mathrm{diag}(\xi_1,\cdots,\xi_{nc})$ 为前 n_c 阶受控模态阻尼比组成的对角阵；$\boldsymbol{\omega}_{dc}=\mathrm{diag}(\omega_{n,1},\cdots,\omega_{n,nc})$ 为前 n_c 阶受控模态频率组成的对角阵；$\boldsymbol{V}$ 为 n_c 维列向量，表示前 n_c 阶模态控制力向量。

后 $n-n_c$ 阶剩余模态的振动方程可表示为

$$\ddot{\boldsymbol{\eta}}_r+2\boldsymbol{\xi}_r\boldsymbol{\omega}_{dr}\dot{\boldsymbol{\eta}}_r+\boldsymbol{\Lambda}_r\boldsymbol{\eta}_r=\boldsymbol{w} \tag{6.12}$$

式中，$\boldsymbol{\xi}_r=\mathrm{diag}(\xi_{n_c+1},\cdots,\xi_n)$ 为后 $n-n_c$ 阶剩余模态阻尼比组成的对角阵；$\boldsymbol{\omega}_{dr}=\mathrm{diag}(\omega_{n,n_c+1},\cdots,\omega_{n,n})$ 为后 $n-n_c$ 阶剩余模态频率组成的对角阵；$\boldsymbol{w}$ 为 $n-n_c$ 维列向量，表示模态控制力对剩余 $n-n_c$ 阶模态的影响。

利用式（6.9）对式（6.8）进行坐标变换，可得

$$\ddot{\boldsymbol{\eta}}+2\boldsymbol{\xi}\boldsymbol{\omega}_d\dot{\boldsymbol{\eta}}+\boldsymbol{\Lambda}\boldsymbol{\eta}=\boldsymbol{\Phi}^{\mathrm{T}}\boldsymbol{D}\boldsymbol{\tau} \tag{6.13}$$

则对系统前 n_c 阶模态的控制方程（6.11）有

$$\boldsymbol{V}=\boldsymbol{\Phi}_c^{\mathrm{T}}\boldsymbol{D}\boldsymbol{\tau} \tag{6.14}$$

则

$$\boldsymbol{\tau}=(\boldsymbol{\Phi}_c^{\mathrm{T}}\boldsymbol{D})^{-1}\boldsymbol{V} \tag{6.15}$$

同样对后 $n-n_c$ 阶剩余模态的振动方程（6.12）有

$$\boldsymbol{w}=\boldsymbol{\Phi}_r^{\mathrm{T}}\boldsymbol{D}\boldsymbol{u}=\boldsymbol{\Phi}_r^{\mathrm{T}}\boldsymbol{D}(\boldsymbol{\Phi}_c^{\mathrm{T}}\boldsymbol{D})^{-1}\boldsymbol{V} \tag{6.16}$$

将式（6.11）和式（6.12）按每一阶模态展开，得

$$\ddot{\eta}_{ci}+2\xi_{ci}\omega_{nci}\dot{\eta}_{ci}+\omega_{nci}^2\eta_{ci}=V_i, \quad i=1,2,\cdots,n_c \tag{6.17}$$

$$\ddot{\eta}_{ri}+2\xi_{ri}\omega_{nri}\dot{\eta}_{ri}+\omega_{nri}^2\eta_{ri}=w_i, \quad i=n_c+1,\cdots,n \tag{6.18}$$

式中，V_i 为 $\boldsymbol{V}$ 的第 i 行；w_i 为 $\boldsymbol{w}$ 的第 i 行。由式（6.18）可知，实际控制力 $\boldsymbol{\tau}$ 的输出对柔性附件的剩余模态也有激励作用。

通常可将第 i 阶模态控制力 V_i 表示为如下形式：

$$V_i=-g_{1i}\eta_i-g_{2i}\dot{\eta}_i \tag{6.19}$$

式中，g_{1i}、g_{2i} 分别为第 i 阶模态控制的位移增益和速度增益。

令

$$\boldsymbol{X}_1=\boldsymbol{\eta}, \quad \boldsymbol{X}_2=\dot{\boldsymbol{\eta}} \tag{6.20}$$

为系统的状态变量，对每一阶受控模态，单独采用线性二次型（linear quadratic regulator，LQR）最优控制理论，选取性能指标设计模态控制器，解得 g_{1i}、 g_{2i}。

独立模态空间控制方法的原理图如图 6.6 所示。首先测量得到结构的位移 $\boldsymbol{\delta}$ 和速度 $\dot{\boldsymbol{\delta}}$，经“滤模态”后提取到模态坐标 $\boldsymbol{\eta}$ 和模态速度 $\dot{\boldsymbol{\eta}}$，然后根据设计的模态控制律计算模态控制力 $\boldsymbol{V}$，最后根据式（6.15）求出实际控制力 $\boldsymbol{\tau}$，施加于被控对象上。

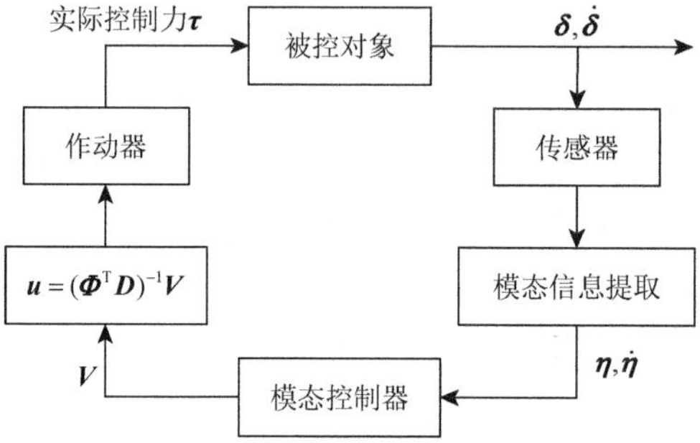

图 6.6　独立模态空间控制方法的原理图

对于图 6.5 中的柔性附件的控制模型，若考虑柔性悬臂梁的前四阶模态，其中受控模态为前两阶，在柔性悬臂梁的根部和中间位置处安装弯矩作动器，则该结构的相关参数为

$$\begin{cases} n=4 \\ n_c=2, \\ m=2 \end{cases} \quad \boldsymbol{D}=\begin{bmatrix} 0 & 0 \\ 1 & 0 \\ 0 & 0 \\ 0 & 1 \end{bmatrix} \tag{6.21}$$

将式（6.21）代入式（6.15）中，模态控制力与实际控制力的关系可表示为

$$\begin{bmatrix} \boldsymbol{\tau}_1 \\ \boldsymbol{\tau}_2 \end{bmatrix}=\left(\begin{bmatrix} \varphi_{11} & \varphi_{21} & \varphi_{31} & \varphi_{41} \\ \varphi_{12} & \varphi_{22} & \varphi_{32} & \varphi_{42} \end{bmatrix}\begin{bmatrix} 0 & 0 \\ 1 & 0 \\ 0 & 0 \\ 0 & 1 \end{bmatrix}\right)^{-1}\begin{bmatrix} \boldsymbol{V}_1 \\ \boldsymbol{V}_2 \end{bmatrix}=\begin{bmatrix} \varphi_{21} & \varphi_{41} \\ \varphi_{22} & \varphi_{42} \end{bmatrix}^{-1}\begin{bmatrix} \boldsymbol{V}_1 \\ \boldsymbol{V}_2 \end{bmatrix} \tag{6.22}$$

式中，模态控制力 $\boldsymbol{V}_i$ 可由式（6.19）求出。

6.4　弯矩作动器变形控制

在空间环境中，由于力、热扰动或航天器机动的作用，柔性附件会产生结构变形和低频振动，或为实现某些功能，要求柔性附件按一定规律产生变形。本章为研究这一问题，将柔性悬臂梁作为实验对象，对独立模态空间控制理论进行了初步实验探究。本章采用压电堆作为执行机构，设计 π 型弯矩作动器，建立柔性悬臂梁的动力学模型，并设计前馈控制器和复合控制器，搭建柔性悬臂梁变形控制实验系统，对柔性悬臂梁的一阶模态进行控制，验证所设计的弯矩作动器和控制器对柔性悬臂梁变形控制的效果[5]。

6.4.1　系统设计

1. 作动器设计

当驱动电压作用在压电堆栈上时，由于逆压电效应，压电堆栈将会产生沿其轴向方向的位移。当压电堆栈的位移被限制时，将会产生轴向的驱动力。如果将驱动力转化为一对弯矩，就可以用来控制悬臂梁的位移。弯矩作动器的原理图如图 6.7 所示。

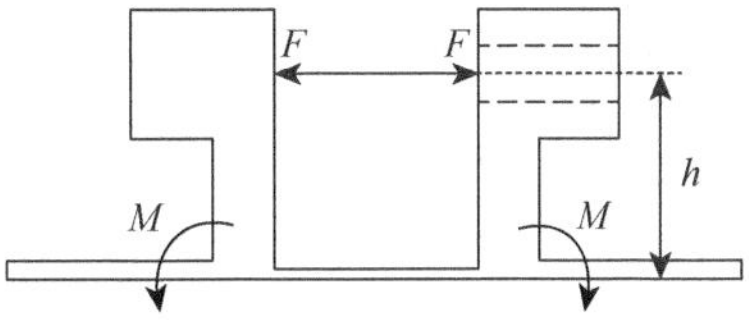

图 6.7　弯矩作动器的原理图

图 6.7 中，M 为弯矩，F 为压电堆栈的推力，h 为弯矩作动器的压电堆安装位置的轴线与悬臂梁之间的距离。从图 6.7 可以得到如下关系：

$$M = Fh \tag{6.23}$$

在弯矩作动器上用螺栓固定连接压电堆，当在压电堆两端施加电压时，压电堆输出控制力并转化成期望的控制力矩。弯矩作动器的优点是将压电堆与被控悬臂梁进行耦合，便于压电堆的安装及以后的更换。依据压电堆的尺寸及实验中用到的实验室设备，本节设计了弯矩作动器的三维模型示意图（图 6.8）。

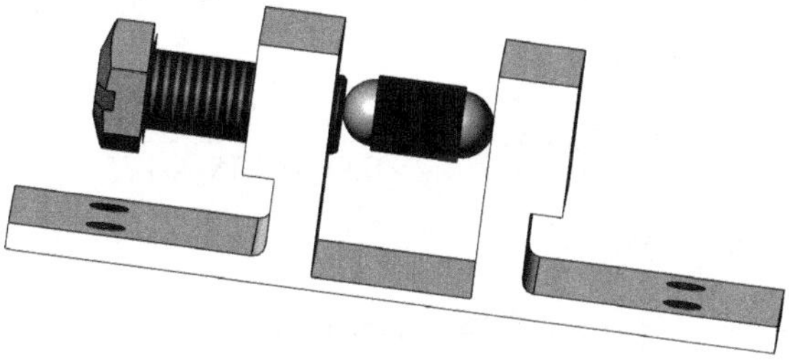

图 6.8　弯矩作动器的三维模型示意图

2. 悬臂梁设计

以铝制悬臂梁为研究对象，由于外加干扰的存在，悬臂梁会产生变形，为补偿铝板的变形，本节对铝板的性能参数进行研究。铝板的尺寸为 345mm×50mm×2.86mm，弹性模量为 71.7GPa，密度为 2.7×10^3kg/m^3。由于在悬臂梁末端产生的变形最大，故将电涡流传感器安装在铝板末端，用于测量铝板的横向位移。在悬臂梁根部，安装弯矩作动器，产生驱动力，弯矩作动器的压电堆安装位置的轴线与悬臂梁之间的距离记为h，经测量，$h=2.5\text{cm}$。弯矩作动器与悬臂梁构成大型空间结构系统，该系统的三维模型图如图 6.9 所示。

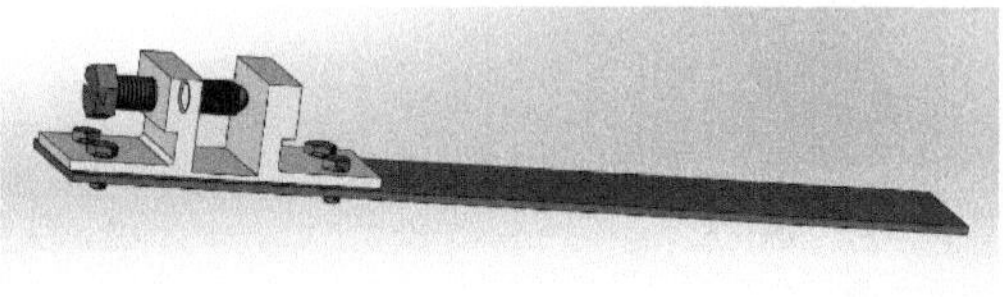

图 6.9 大型空间结构系统的三维模型图

6.4.2 模型建立

1. 系统结构动力学模型

由于悬臂梁和弯矩作动器固连后，无法精确求出大型空间结构系统的固有频率、阻尼等，故采用阶跃输入，根据大型空间结构系统的动态响应特征，来辨识大型空间结构系统的参数。为了简化研究对象，在本实验中，假设压电作动器两端产生的弯矩与所加电压为线性关系，同时大型空间结构系统为一个二阶系统，则大型空间结构系统的传递函数应为

$$G(s)=k\frac{\omega_n^2}{s^2+2\xi\omega_n s+\omega_n^2} \tag{6.24}$$

式中，k为弯矩和电压之间的比例系数；ξ为二阶系统的阻尼比；ω_n为系统的固有频率。

辨识出的最终结果为$\omega_n=174.5337$，$\xi=0.0029$。得到最终辨识出的大型空间结构系统近似二阶模型为

$$G(s)=0.64\times\frac{175^2}{s^2+2\times0.003\times175s+175^2} \tag{6.25}$$

2. 系统迟滞动力学模型

压电堆的迟滞动力学模型不是简单的线性关系，而是特定的非线性关系。仍然按照线性关系控制压电堆的输出，控制精度有限。PID 反馈控制可以提高控制精度到一定范围，为进一步提高控制精度，本节设计基于系统迟滞动力学模型的前馈控制器。本节使用 Bouc-Wen 迟滞动力学模型，描述压电堆的迟滞效应，为前馈控制器设计提供数学模型，迟滞动力学模型及辨识具体步骤将在第 8 章给出，这里仅给出辨识结果。

辨识结果为$k_u=0.9516$，$x_0=-3.287$，$A=-0.3406$，$\beta=0.0317$，$\gamma=-0.0395$。仿真迟滞曲线与实验迟滞曲线对比图如图 6.10 所示。

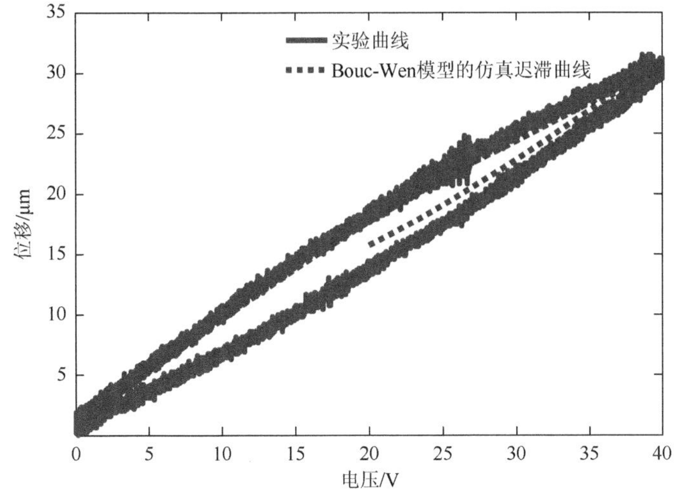

图 6.10　仿真迟滞曲线与实验迟滞曲线对比图

从图 6.10 可以看出，Bouc-Wen 模型的仿真迟滞曲线与实验曲线结果吻合良好。

6.4.3　弯矩作动器控制器设计

为更准确地描述系统的动力学特性，综合考虑系统结构动力学模型与迟滞动力学模型组成的复合模型。针对提出的复合模型，本节设计了 PID 反馈控制器、基于 Bouc-Wen 模型的前馈控制器，以及 PID 反馈控制器与前馈控制器组成的复合控制器。

1. PID 反馈控制器

基于复合模型，使用 Z-N 整定方法设计 PID 反馈控制器[6]，设计的 PID 反馈控制器参数为

$$K_{\mathrm{PID}} = 0.6 \times 1.1228 \times \left(1 + \frac{2}{0.03s} + \frac{0.03}{8}s\right) \tag{6.26}$$

PID 反馈控制器回路图如图 6.11 所示。

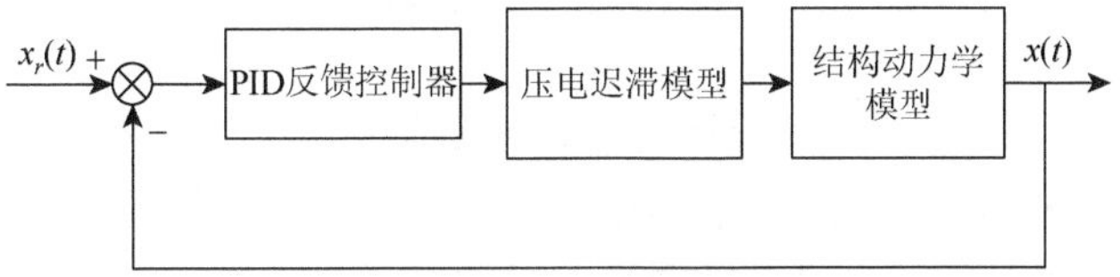

图 6.11　PID 反馈控制器回路图

使用 MATLAB/Simulink 仿真，悬臂梁末端跟踪信号为 $x_r(t)=30+30\sin(0.1\times 2\pi t)\mu\text{m}$。参考信号和跟踪信号曲线如图 6.12 所示，PID 反馈控制器跟踪误差曲线如图 6.13 所示。

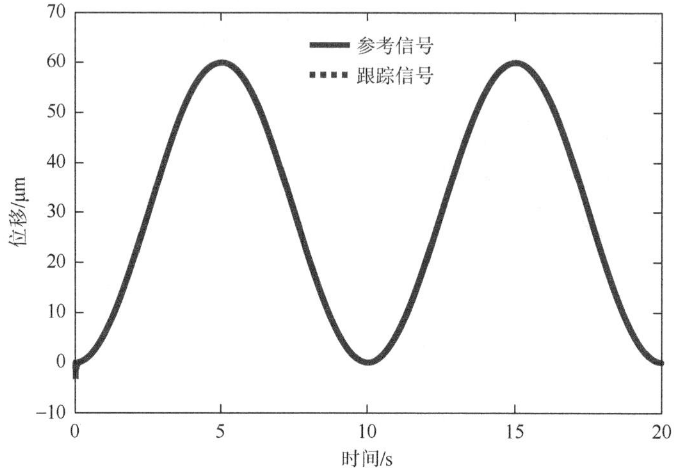

图 6.12　参考信号和跟踪信号曲线（PID 反馈控制器）

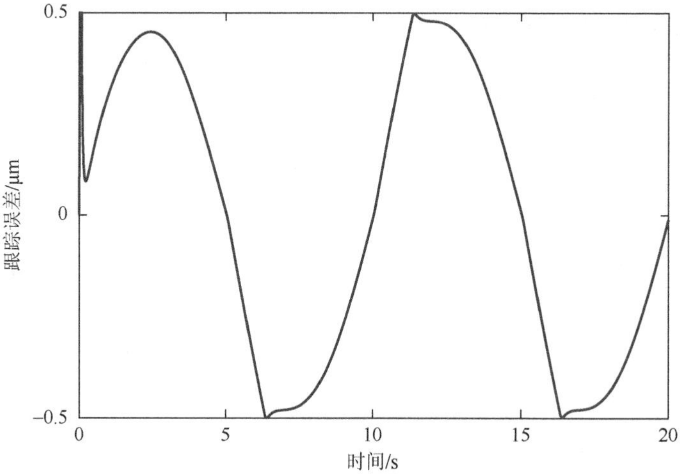

图 6.13　PID 反馈控制器跟踪误差曲线

从图 6.13 可以看出，PID 反馈控制器跟踪误差为±0.5μm。对于控制精度要求不高的情况，PID 反馈控制器可以满足要求。但是对于控制精度要求高的情况，还需要增加基于 Bouc-Wen 迟滞模型的前馈控制器。

2. 前馈控制器

本节设计了基于 Bouc-Wen 模型的前馈控制器。转动角设计如图 6.14 所示。

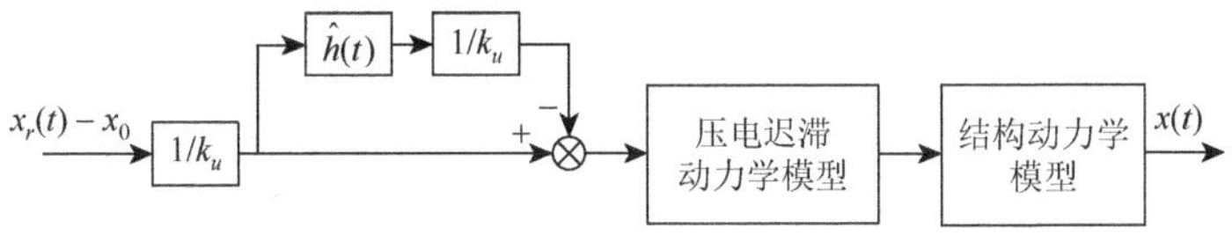

图 6.14　转动角设计

使用前馈控制器跟踪相同的参考信号 $x_r(t)=[30+30\sin(0.1\times 2\pi t)]\mu m$。参考信号和跟踪信号曲线如图 6.15 所示，前馈控制器跟踪误差曲线如图 6.16 所示。

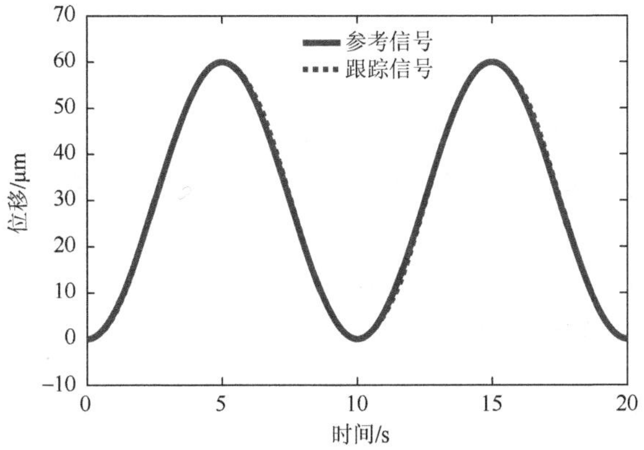

图 6.15　参考信号和跟踪信号曲线（基于 Bouc-Wen 模型的前馈控制器）

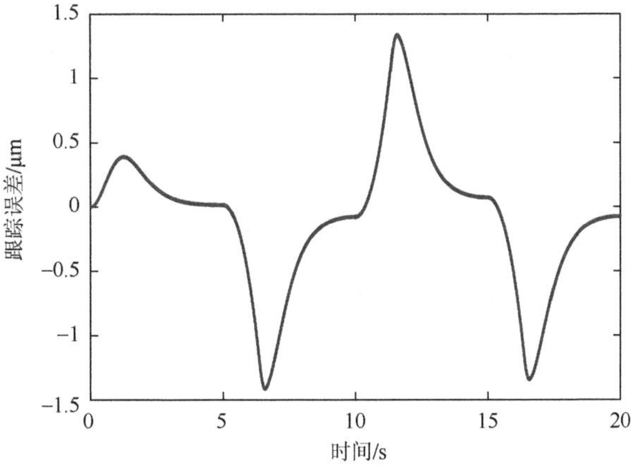

图 6.16　前馈控制器跟踪误差曲线

从图 6.16 可以看出，前馈控制器跟踪误差为±1.5μm。由于建模精度与实际模型的微小差异，前馈控制器跟踪误差大于 PID 反馈控制器。

3. 复合控制器

为进一步提高控制精度，本节提出由 PID 反馈控制器和基于 Bouc-Wen 模型的前馈控制器组成的复合控制器。复合控制流程图如图 6.17 所示。

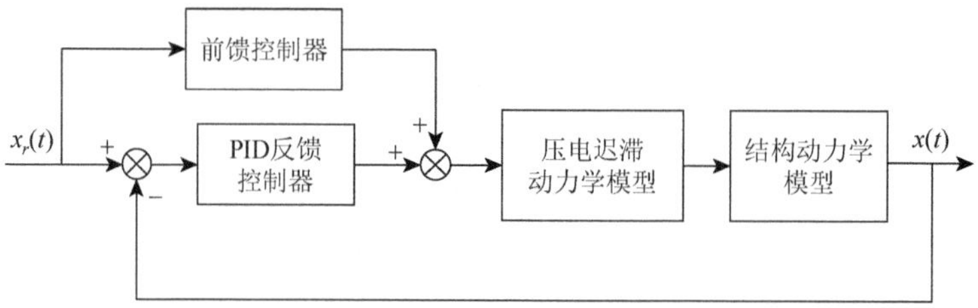

图 6.17　复合控制流程图

使用复合控制器跟踪相同的参考信号 $x_r(t)=30+30\sin(0.1\times 2\pi t)\mu m$ 。复合控制下参考信号和跟踪信号曲线如图 6.18 所示，复合控制器跟踪误差曲线如图 6.19 所示。

从图 6.19 可以看出，复合控制器跟踪误差为±0.07μm。复合控制器精度高于 PID 反馈控制器及前馈控制器。

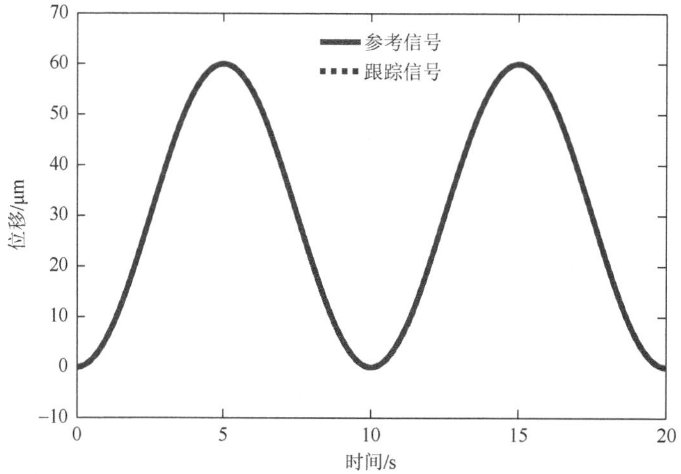

图 6.18　复合控制下参考信号和跟踪信号曲线

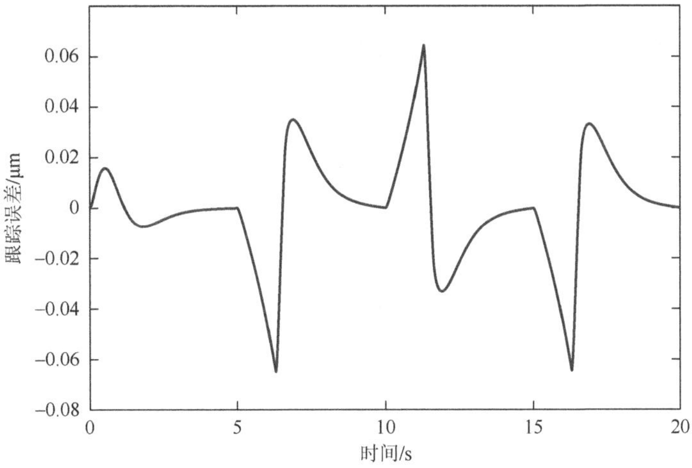

图 6.19　复合控制器跟踪误差曲线

6.4.4　实验验证

1. 实验系统介绍

本实验首先开发了悬臂梁及相应的弯矩作动器组成的大型空间结构系统，实验系统控制及信号处理使用 dSPACE 实时控制系统。电涡流传感器用来测量悬臂梁末端的位移，并将测量信号传输到 dSPACE 实时控制系统，dSPACE 实时控制系统依据控制率输出控制电压，压电作动器根据不同的控制电压输出控制力，控制力通过弯矩作动器转化为对悬臂梁的控制力矩，控制悬臂梁末端的位移。实验原理图如图 6.20 所示，实验平台实物图如图 6.21 所示。

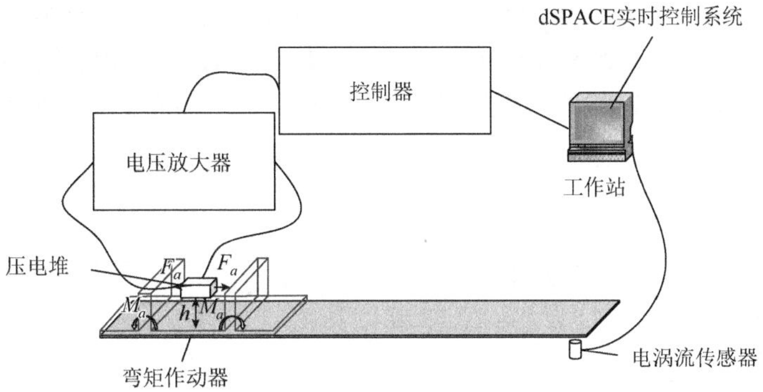

图 6.20　实验原理图

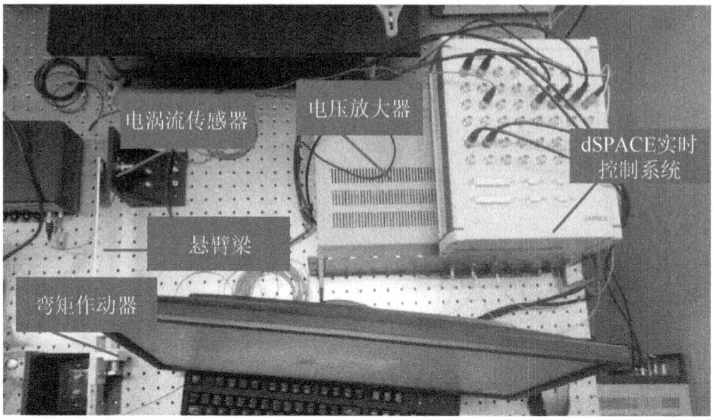

图 6.21　实验平台实物图

实验中，使用的压电堆型号为 PI 公司的 P-888.31，具体参数如表 6.1 所示。压电堆的输入电压为 0～100V，最大输入电压为 120V。

表 6.1　压电堆参数

参数	参数值
尺寸	10mm×10mm×13.5mm
标称作动范围	11μm
最大位移	13μm
阻滞力	3500N
谐振频率	90kHz
静电容量	4.3μF
刚度	297N/μm

压电堆只能承受压力，不能承受拉力和剪切力。因此，在压电堆末端使用两个半球帽以确保输出力均匀施加在压电堆表面。本实验采用的是由美国 Thorlabs 公司生产的型号为 PKHESP 的半球端帽，直径为 10mm。实验控制流程图如图 6.22 所示。

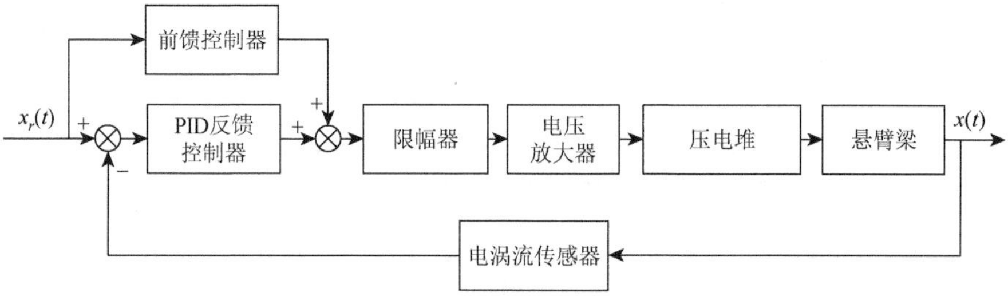

图 6.22　实验控制流程图

2. 实验结果

跟踪相同的参考信号 $x_r(t)=30+30\sin(0.1\times 2\pi t)\mu m$，PID 反馈控制器下参考信号和跟踪信号曲线如图 6.23 所示，复合控制器下参考信号和跟踪信号曲线如图 6.24 所示，跟踪误差曲线如图 6.25 所示。

从图 6.25 可以看出，复合控制器下跟踪误差由 10μm 降低到 5μm，控制精度提高 50%。

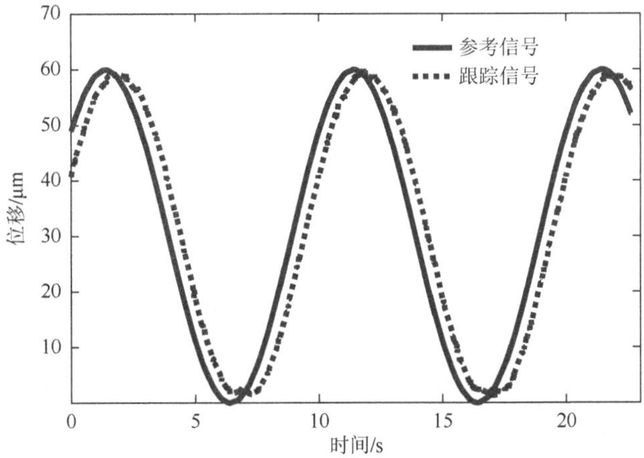

图 6.23　PID 反馈控制器下参考信号和跟踪信号曲线

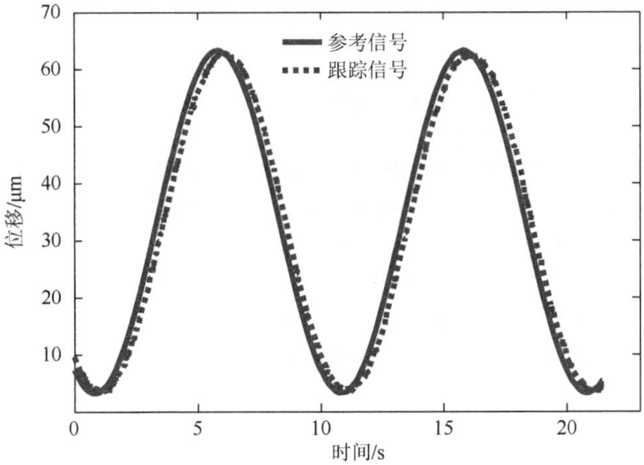

图 6.24　复合控制器下参考信号和跟踪信号曲线

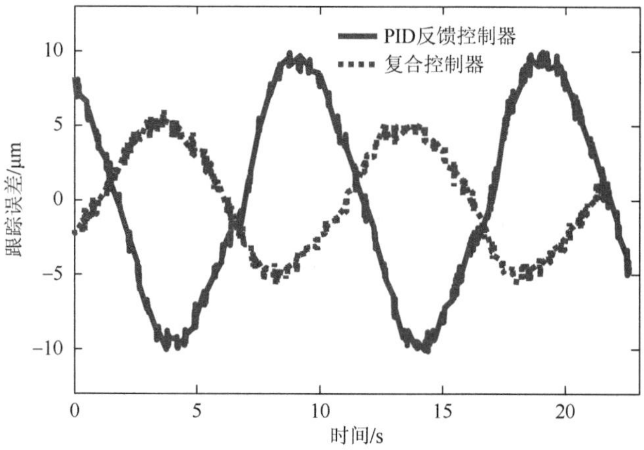

图 6.25 跟踪误差曲线

6.5 本 章 小 结

本章首先介绍了柔性航天器的结构变形和低频振动控制系统，研究了基于输入成形法的柔性航天器姿态机动控制，设计了输入成形器。其次研究了基于压电堆的结构变形和振动控制，设计了独立模态空间控制器，并依据压电堆设计了一种弯矩作动器，并将其应用在大型空间结构的控制上，对其控制能力进行仿真和实验。结果表明复合控制器精度高于 PID 反馈控制器及基于 Bouc-Wen 模型的前馈控制器，实验结果与仿真结果吻合。

参 考 文 献

[1] Singer N C，Seering W P. Preshaping command inputs to reduce system vibration[J]. Journal of Dynamic Systems, Measurement, and Control，1990，112（1）：76-82.

[2] 林炳. 输入成形法在挠性航天器姿态机动控制中的应用[D]. 南京：南京理工大学，2014.

[3] Meirovitch L，Shenhar J. Control of large flexible spacecraft by the independent modal-space control method[D]. Blacksburg：Virginia Polytechnic Institute and State University，1984.

[4] 李洋. 柔性航天器在轨振动主动控制研究[D]. 西安：西安电子科技大学，2013.

[5] Liang J，Xiong M，Liu L，et al. Design，modeling and shape control of bending moment actuator[C]//2017 IEEE International Conference on Cybernetics and Intelligent Systems and IEEE Conference on Robotics, Automation and Mechatronics, Ningbo，2017：405-410.

[6] Hang C C，Åström K J，Ho W K. Refinements of the Ziegler-Nichols tuning formula[J]. IEEE Proceedings D Control Theory and Applications，1991，138（2）：111-118.

第 7 章　先进航天器隔振技术

除了抑制扰源振动，降低微振动的传递效率也是一种行之有效的抑制振动方法。在载荷与航天器平台间设置隔振器，隔离和抑制外部或自身产生的扰动，为先进航天器精密载荷提供安静的工作环境。

通常，隔振器可分为被动隔振器、半主动隔振器、主动隔振器和混合隔振器。被动隔振器能够通过降低其固有频率来抑制高频振动，较为可靠且成本低，得到了广泛的应用，但不适合隔离随机及低频振动，且难以兼顾共振峰和高频噪声抑制效果。半主动隔振器可以提高系统参数变化时的隔振性能和鲁棒性，也可以根据不同的情况改变刚度和阻尼。但是被动和半主动隔振器都不能在隔离基座振动的同时在相同的频率上抑制载荷振动。

为了解决这一问题，可以使用由执行器、传感器、驱动器和 DSP 组成的主动隔振器，同时更好地隔离低频振动。然而，主动隔振若失效会导致整个系统失效。为了保证高可靠性和高性能，可以使用具有被动和主动隔振能力的混合隔振器。当主动隔振失效时，系统仍有隔振性能。混合隔振器具有主动隔振器和被动隔振器的优点。

本章将针对被动隔振器存在的隔振缺陷，设计一种模型参考自适应控制（model reference adaptive control，MRAC）复合 PID 控制的主动隔振方法，并将其应用于四支腿平台和六支腿平台的多自由度隔振，研究采用 Stewart 平台消除抖动和实现航天器精密定向的技术[1]。此外本章还将简单介绍一种基于自适应 LMS 滤波的主动隔振控制方法。

7.1　隔振问题描述

7.1.1　单级隔振器隔振性能权衡

载荷在不同的位置受到的扰动可能不同。图 7.1（a）表示质量 m_2 受到载荷扰动和作用于隔振器 m_1 的基座扰动影响。基座扰动和载荷扰动以不同的方式影响有效载荷。为了隔离基座扰动，可以使用软隔振器，但硬隔振器可以抑制更多的载荷扰动。因此，需要建立不同位置扰动之间的关系。基座扰动 d_1 到载荷位移 x_2 的传递函数为

$$\frac{X_2(s)}{D_1(s)}=\frac{1}{s^2}\frac{c_2s+k_2}{m_1m_2s^2+(m_1+m_2)c_2s+(m_1+m_2)k_2} \tag{7.1}$$

式中，$X_2(s)$为x_2的拉普拉斯变换形式；$D_1(s)$为d_1的拉普拉斯变换形式；m_1为基座质量；m_2为载荷质量；k_2和c_2分别为连接m_1与m_2的刚度和阻尼。

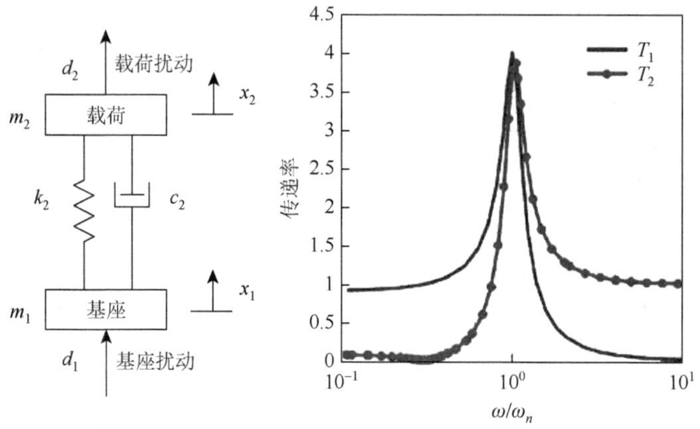

(a) (b)

图 7.1 载荷所受的基座扰动与载荷扰动

载荷扰动d_2到载荷位移x_2的传递函数为

$$\frac{X_2(s)}{D_2(s)}=\frac{1}{s^2}\frac{m_1s^2+c_2s+k_2}{m_1m_2s^2+(m_1+m_2)c_2s+(m_1+m_2)k_2} \tag{7.2}$$

式中，$D_2(s)$为载荷扰动d_2的拉普拉斯变换形式。

此外，基座扰动加速度d_1/m_2到载荷加速度$\ddot{x}_2$的传递率为

$$\frac{s^2X_2(s)}{D_1(s)/m_1}=\frac{m_1(c_2s+k_2)}{m_1m_2s^2+(m_1+m_2)c_2s+(m_1+m_2)k_2} \tag{7.3}$$

同样地，载荷扰动加速度d_2/m_2到载荷加速度$\ddot{x}_2$的传递率为

$$\frac{s^2X_2(s)}{D_2(s)/m_2}=\frac{m_2(m_1s^2+c_2s+k_2)}{m_1m_2s^2+(m_1+m_2)c_2s+(m_1+m_2)k_2} \tag{7.4}$$

基座扰动和载荷扰动的加速度传递率可以分别表示为$T_1(s)=s^2X_2(s)/(D_1(s)/m_1)$和$T_2(s)=s^2X_2(s)/(D_2(s)/m_2)$。

最后可以得到$T_1(s)$和$T_2(s)$的关系为

$$T_1(s)+T_2(s)=1 \tag{7.5}$$

由式（7.1）可知，基座扰动传递率$T_1(s)$类似控制理论中的灵敏度函数，载荷扰动传递率$T_2(s)$类似灵敏度补偿函数。也可以看出，载荷扰动表现为噪声，可以被性能差的隔振器（即硬隔振器）抑制。系统的共振频率$\omega_n=\sqrt{(1/m_1+1/m_2)k_2}$。

使用正常频率 $\overline{\omega}=\omega/\omega_n$，$T_1(s)$ 和 $T_2(s)$ 在伯德图中的量级如图 7.1（b）所示，表明只能在 $\omega/\omega_n>\sqrt{2}$ 的频率范围内隔离基座扰动，能在 $\omega/\omega_n<\sqrt{2}/2$ 的频率范围内抑制载荷扰动，在 $\sqrt{2}/2<\omega/\omega_n<\sqrt{2}$ 的频率范围内，基座扰动和载荷扰动都会被隔振器放大。共振峰可以通过较高的阻尼进行抑制。如果 ω_n 增加，可抑制的载荷扰动的频率范围会扩大，但可隔离基座扰动的频率范围会缩小。相反地，如果 ω_n 减少，可隔离基座扰动的频率范围会扩大，但可抑制的载荷扰动的频率范围会缩小。换句话说，弹簧需要尽可能软来隔离更多的基座振动，但弹簧又需要尽可能硬以抑制载荷扰动。因此，对隔离基座扰动和抑制载荷扰动的要求不同，若仅使用一个被动隔振器，在相同的频率范围内无法同时抑制载荷扰动和基座扰动。

7.1.2　两级隔振器隔振性能权衡

为了提高被动隔振器的隔振性能，可以采用多级隔振器。两级被动隔振器在不同扰动下的示意图如图 7.2（a）所示。状态空间模型可以表示为

$$\begin{cases} m\ddot{x}_0=-k_1(x_0-x_1)-c_1(\dot{x}_0-\dot{x}_1)+d_0 \\ m_1\ddot{x}_1=-k_1(x_1-x_0)-c_1(\dot{x}_1-\dot{x}_0) \\ \qquad -k_2(x_1-x_2)-c_2(\dot{x}_1-\dot{x}_2)+d_1 \\ m_2\ddot{x}_2=-k_2(x_2-x_1)-c_2(\dot{x}_2-\dot{x}_1)+d_2 \end{cases} \tag{7.6}$$

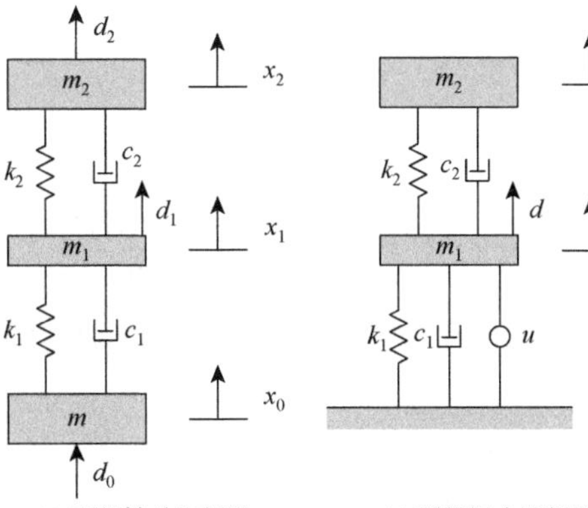

图 7.2　两级隔振器示意图

令 $a_1=c_1s+k_1$，$a_2=c_2s+k_2$，为了表示不同位置的扰动之间的关系，可以推导扰动 d_0 与载荷位移 x_2 之间的传递函数为

$$\frac{s^2X_2(s)}{D_0(s)}=\frac{a_1a_2}{B(s)} \tag{7.7}$$

式中，$B(s)=mm_1m_2s^4+(mm_2a_1+mm_2a_2+m_1m_2a_1+mm_1a_2)s^2+ma_1a_2+m_1a_1a_2+m_2a_1a_2$。

同样地，扰动 d_1 与载荷位移 x_2 之间的传递函数为

$$\frac{s^2X_2(s)}{D_1(s)}=\frac{a_1a_2+ma_2s^2}{B(s)} \tag{7.8}$$

扰动 d_2 与载荷位移 x_2 之间的传递函数为

$$\frac{s^2X_2(s)}{D_2(s)}=\frac{mm_1s^4+(ma_1+ma_2+m_1a_1)s^2+a_1a_2}{B(s)} \tag{7.9}$$

根据式（7.7）～式（7.9），$\frac{s^2X_2(s)}{D_0(s)}$、$\frac{s^2X_2(s)}{D_1(s)}$和$\frac{s^2X_2(s)}{D_2(s)}$满足式（7.10）。

$$\frac{s^2x_2}{d_0/m}+\frac{s^2x_2}{d_1/m_1}+\frac{s^2x_2}{d_2/m_2}=1 \tag{7.10}$$

不失一般性，令 $T_0(s)=s^2X_2(s)/[D_0(s)/m]$，$T_1(s)=s^2X_2(s)/[D_1(s)/m_1]$，$T_2(s)=s^2X_2(s)/[D_2(s)/m_2]$，最终给出式（7.11），表明所有扰动的总传递率为 1。

$$T_0(s)+T_1(s)+T_2(s)=1 \tag{7.11}$$

考虑一个 n 自由度的隔振器，扰动传递率满足式（7.12）。因此被动隔振器总会存在一个权衡问题，即被动隔振器不能隔离和抑制在不同位置的相同频率的扰动。

$$T_0(s)+T_1(s)+\cdots+T_{n-1}(s)=1 \tag{7.12}$$

7.1.3 隔振动力学模型

由前面的推导可以看出，被动隔振器的振动抑制存在权衡的问题。为了克服这一问题，并可在大的频率范围内隔离不同位置的振动，本节采取如图 7.2（b）所示的两级混合隔振器，并建立了两级混合隔振器的动力学模型，如式（7.13）所示。

$$\begin{cases} m_1\ddot{x}_1=-k_1x_1-c_1\dot{x}_1-k_2(x_1-x_2) \\ \qquad -c_2(\dot{x}_1-\dot{x}_2)+d+u \\ m_2\ddot{x}_2=k_2(x_1-x_2)+c_2(\dot{x}_1-\dot{x}_2) \end{cases} \tag{7.13}$$

式中，u 为隔振器的控制力；d 为 m 引起的扰动，$d=k_1x_0+c_1\dot{x}_0+d_1$；$m_1=1\text{kg}$；$m_2=15\text{kg}$；$c_1=50\text{N·s/m}$；$c_2=200\text{N·s/m}$；$k_1=800000\text{N/m}$；$k_2=800000\text{N/m}$。一阶共振频率 ω_n 为 25.7Hz，阻尼比 ξ 为 0.0123。由 7.1.1 节可知，被动隔振器可以隔离频率高于 36.5Hz 的振动，但是频率在 18.2Hz＜ω＜36.5Hz 的振动会被被动隔振器放大。

7.2　两级混合隔振器 MRAC-PID 复合控制器

7.2.1　多项式方法主动隔振设计

针对被动隔振器存在的不足，本节提出了一种新的主动隔振设计方案。假设系统存在参数不确定性和建模不确定性，且系统参数可能存在缓慢漂移，因此本节假设只有系统的模型结构已知，并且在高频下存在建模不确定性。自适应控制使用加速度反馈来隔离基座扰动，并采用多项式方法设计自适应控制器。控制信号 u 到有效载荷运动 x_2 的传递函数如式（7.14）所示，其相对阶数为 1，且能够简化模型参考自适应控制的设计。

$$G(s)=\frac{k_p Z_p(s)}{R_p(s)} \tag{7.14}$$

式中

$$\begin{aligned}R_p(s)=s^4&+\frac{m_1c_2+m_2c_1+m_2c_2}{m_1m_2}s^3\\&+\frac{m_2k_1+m_1k_2+m_2k_2+c_1c_2}{m_1m_2}s^2\\&+\frac{k_2c_1+k_1c_2}{m_1m_2}s+\frac{k_1k_2}{m_1m_2}\end{aligned}$$

$Z_p(s)=s^3+k_2s^2/c_2$，$k_p=c_2/m_1$。如式（7.15）所示，Diophantine 等式可用于推导自适应控制器的估计量[2, 3]。

$$T_f(s)R_m(s)=R_p(s)E(s)+F(s) \tag{7.15}$$

式中，$T_f(s)$ 为要设计的观测多项式；$R_m(s)$ 的阶数为系统 $G(s)$ 的相对阶数，$R_m(s)=s+a_m$ 是用来表示参考模型的特征多项式；$E(s)$ 和 $F(s)$ 可以通过 Diophantine 等式得到，$T_f(s)$、$E(s)$ 和 $F(s)$ 都是首一多项式。由于系统的具体参数未知，自适应控制信号可以表示为

$$u(t)=-\hat{\boldsymbol{\theta}}\hat{\boldsymbol{\omega}} \tag{7.16}$$

式中

$\hat{\boldsymbol{\theta}}=[\theta_{2n-1}\quad \theta_{2n-2}\quad \cdots\quad \theta_1]^{\mathrm{T}}$，$\hat{\boldsymbol{\omega}}=[s^{n-1}y^f\quad \cdots\quad sy^f\quad y^f\quad s^{n-1}u^f\quad \cdots\quad su^f\quad u^f\quad r]^{\mathrm{T}}$

其中，$y^f=y/T_f(s)$，$u^f=u/T_f(s)$。$\hat{\boldsymbol{\theta}}$ 可由自适应律得到。

此外，为了抑制由于未建模动力学引起的控制器参数漂移，可以在自适应律中加入比例增益[2]。自适应律表示为

$$\hat{\boldsymbol{\theta}} = -\left(\gamma_1 \int \mathrm{sgn}(k_p) \boldsymbol{\Gamma} \hat{\boldsymbol{\omega}} e_1 \mathrm{d}t + \gamma_2 \,\mathrm{sgn}(k_p) \boldsymbol{\Gamma} \hat{\boldsymbol{\omega}} e_1\right) \tag{7.17}$$

式中，$e_1 = y - y_m$，y 为测得的加速度，y_m 为参考加速度；γ_1、γ_2 分别为自适应律的积分增益和比例增益，仿真中 $\gamma_1 = 20$，$\gamma_2 = 100$，$\boldsymbol{\Gamma} = 75\boldsymbol{I}_4$。

MRAC 采用加速度反馈设计，与普通的 MRAC 相比要求不同。隔振性能用参考模型表示，使用低通滤波器隔振，如式（7.18）所示。

$$G_m(s) = \frac{k_m}{R_m(s)} \tag{7.18}$$

式中，$R_m(s) = s + a_m$，$a_m = 0.01$；$k_m = 0.01$。

同样地，使用参考信号驱动参考模型，使用高频参考信号使 MRAC 适应小的输出，可以抑制更多的振动。系统的阶数为 4，为了减少计算时间，采用滤波器 T_f 进行 2 阶降阶，该滤波器如式（7.19）所示。

$$T_f(s) = s^2 + b_1 s + b_0 \tag{7.19}$$

式中，仿真中 $b_1 = 2000\pi$，$b_0 = (2000\pi)^2$。

图 7.3（a）为 MRAC 结构，系统和参考模型如式（7.14）和式（7.18）所示，估计量由式（7.17）和式（7.19）表示，控制器如式（7.16）所示。

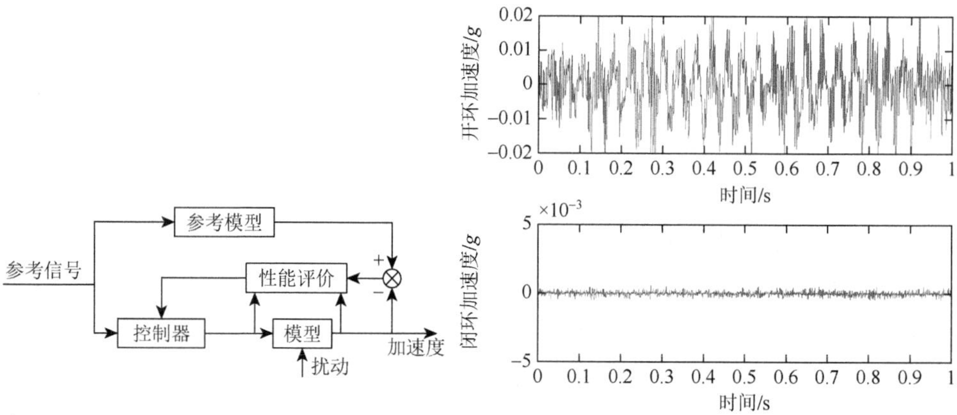

(a) MRAC结构　　(b) 随机振动的隔振性能

图 7.3　基于 MRAC 的隔振系统及隔振性能

图 7.3（b）为随机振动的隔振性能，其参考信号为 $r = 0.01\sin(4000t)$，基座扰动采用均方根（root mean square，RMS）为 10N 的白噪声。开环加速度 $\ddot{x}_2$ 的均方根为 $0.0093g$（$g = 9.84\mathrm{m/s^2}$）。经过 MRAC 后，加速度 $\ddot{x}_2$ 的均方根为 $0.0000478g$。仿真结果表明，采用 MRAC 后，系统的随机隔振性能可达 45.8dB 以上（相当于 99.5%），这证明 MRAC 加速度反馈隔振性能良好。

MRAC 将隔振器变软，使其能够充分地隔离振动加速度。如图 7.4 所示，开环位移 x_2 的均方根为 3.4823μm，闭环位移 x_2 的均方根为 2.7224μm。振动位移的抑制性能可达 2.14dB（21.8%）。测量位移的隔振性能比测量加速度的隔振性能差。

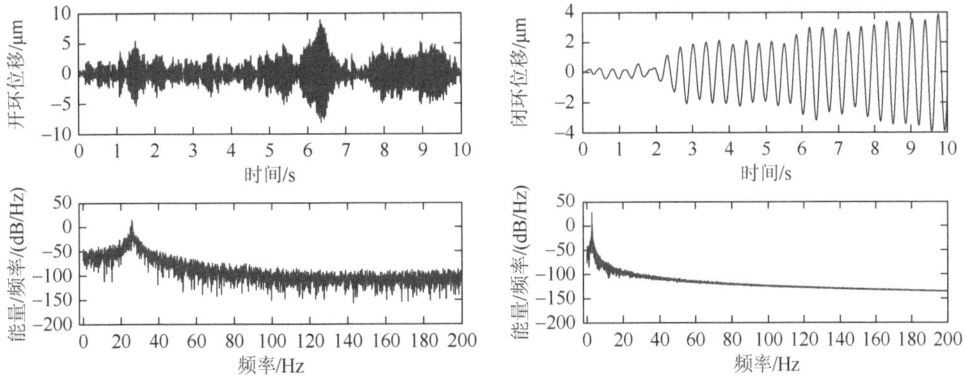

图 7.4　开环和闭环位移的隔振性能

经过加速度反馈的 MRAC 后，隔振器变得非常软，反而放大了低频振动的位移。将位移 x_2 在 1Hz 时的功率谱密度放大到 60dB，相当于将 1Hz 的位移放大了 30dB。在某些情况下，设备对振动位移很敏感，因此低频振动位移也需要抑制。但如果考虑低频加速度测量的噪声，不容易采用加速度反馈进行低频位移隔振。

7.2.2　主动隔振的 MRAC-PID 复合控制

由 7.2.1 节的仿真结果可以看到，基于加速度反馈的 MRAC 隔离基座扰动效果良好，但是仍然需要抑制位移 x_2。另外，这种软隔振器对载荷扰动的隔振效果不好。如果需要同时抑制基座扰动和带宽频率的载荷扰动，可以采用 MRAC-PID 复合控制。首先，隔振器被 MRAC 软化，又由于 MRAC 后隔振器的位移振动主要集中在低频，再考虑附加位移反馈的 PID 控制器。PID 控制器为

$$K_{\mathrm{PID}} = K_{\mathrm{P}}\left(1+\frac{1}{\tau_{\mathrm{I}} s}+\tau_{\mathrm{D}} s\right) \tag{7.20}$$

对 MRAC 闭环回路进行 Z-N 整定，所得到的 PID 控制器仿真参数为 $K_{\mathrm{P}}=30$，$\tau_{\mathrm{I}}=1.43$，$\tau_{\mathrm{D}}=0.36$。在 MRAC-PID 复合控制中，位移反馈的 PID 控制能够抑制位移 x_2，同时也能抑制载荷扰动。如图 7.5 所示，复合控制的位移隔离性能更好。采用 MRAC-PID 复合控制的 x_2 均方根为 0.0249μm，相较于仅采用 MRAC，x_2 均方根明显地降低了 38.7dB。采用 MRAC-PID 复合控制，当基座受到随机扰动激励时，位移和加速度振动均可被隔离。

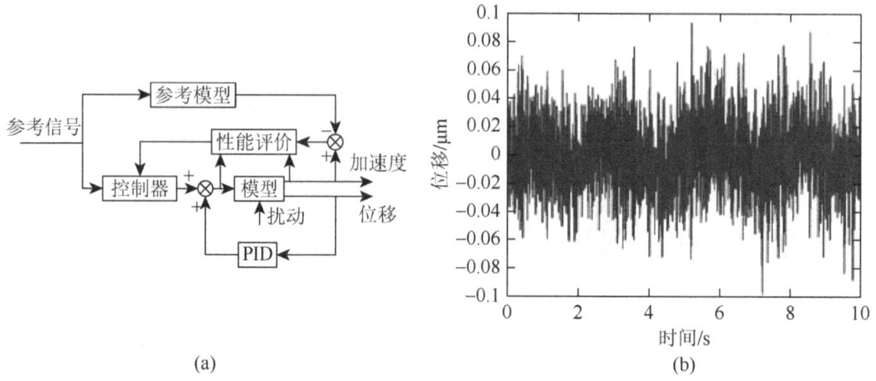

图 7.5　复合控制框图和隔振性能

7.3　采用 MRAC-PID 复合控制的多自由度主动隔振

本节研究了多自由度隔振定向的 MRAC-PID 复合控制。目前，关于隔振控制的研究很多，但多自由度隔振仍然存在一些难点，多支腿平台能为各自由度隔振提供一些解决方法。这种平台的支腿数量及构型取决于实际需求。由于在系统中改变支腿方向的成本高昂且比较困难，大多数情况下只能通过控制支腿长度变化实现隔振。支腿长度和有效载荷的一般坐标之间的关系为

$$\delta\boldsymbol{\chi} = \boldsymbol{J}\delta\boldsymbol{l} \tag{7.21}$$

式中，$\boldsymbol{J}$ 为腿长到载荷广义坐标的转换矩阵；$\boldsymbol{\chi}$ 为载荷的广义坐标，是一个六维列向量；$\boldsymbol{l}$ 为每根支腿的长度；δ 表示它的变化。

7.3.1　4 支腿平台控制姿态倾斜

在某些情况下，需要抑制或控制载荷的倾斜姿态变化[4]，这种情况可以使用一个如图 7.6（a）所示的 4 支腿平台，其中每个支腿是一个两级隔振器，其动力学模型如式（7.13）所示。该平台可以控制镜面倾斜来保持光学光束稳定，可应用于深空激光通信和空间望远镜中，其控制带宽可达 500Hz。θ_x、θ_y 和 θ_z 为小角度，进行小角度假设，支腿位移 l_2 和 l_4 随角度变化如图 7.6（b）所示。

支腿位移 l_1、l_2、l_3 和 l_4 与角度变化的关系为

$$\begin{cases} l_1 = z - \theta_y d/2 \\ l_2 = z + \theta_x d/2 \\ l_3 = z + \theta_y d/2 \\ l_4 = z - \theta_x d/2 \end{cases} \tag{7.22}$$

式中，z 为载荷质心的垂向位移；d 为 4 支腿平台的对角线长度；θ_x、θ_y 为倾斜角。

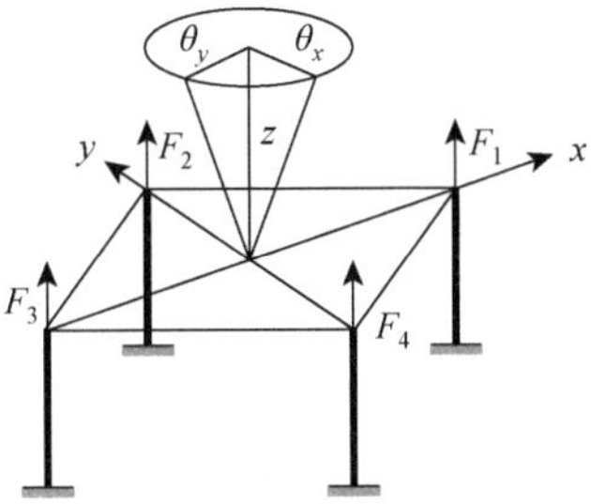

(a) 平台示意图

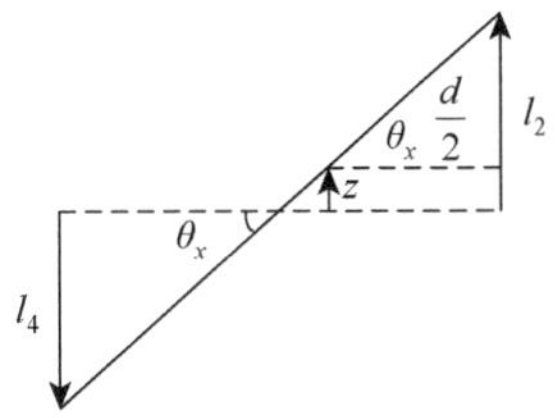

(b) z和θ_x对支腿造成的长度变化示意图

图 7.6　倾斜控制的 4 支腿平台

每个支腿的动力学模型如式（7.13）所示。载荷姿态动力学为

$$\boldsymbol{M} = \boldsymbol{I}_B\dot{\boldsymbol{\omega}}_P + \boldsymbol{\omega}_P \times \boldsymbol{I}_B\boldsymbol{\omega}_P \tag{7.23}$$

式中，$\boldsymbol{M} = [M_x \quad M_y \quad M_z]$ 为作用在载荷上的力矩；$\boldsymbol{I}_B$ 和 $\boldsymbol{\omega}_P$ 分别为转动惯量阵和载荷的角速度。

载荷质心的垂向动力学为

$$m_p\ddot{z} = F_1 + F_2 + F_3 + F_4 \tag{7.24}$$

式中，F_1、F_2、F_3、F_4 为 4 支腿作用在载荷上的力；$\ddot{z}$ 为载荷质心的垂向位移；m_p 为载荷质量，仿真中设定为 15kg。力矩与 F_1、F_2、F_3、F_4 的关系为

$$\begin{cases} M_x = (F_2 - F_4)d/2 \\ M_y = (F_3 - F_1)d/2 \\ M_z = -k_\theta\theta_z \end{cases} \tag{7.25}$$

式中，k_θ 为扭转刚度。仿真中，$k_\theta = 800\text{N/m}$，是支撑刚度的 1%。

如果姿态角小于 90°，可以使用欧拉角表示姿态角[5]。欧拉角和角速度 $\boldsymbol{\omega}_p = [\omega_x \quad \omega_y \quad \omega_z]^{\mathrm{T}}$ 的关系为

$$\begin{bmatrix} \dot{\theta}_x \\ \dot{\theta}_y \\ \dot{\theta}_z \end{bmatrix} = \begin{bmatrix} 1 & \dfrac{\sin\theta_x\sin\theta_y}{\cos\theta_y} & \dfrac{\cos\theta_x\sin\theta_y}{\cos\theta_y} \\ 0 & \cos\theta_x & -\sin\theta_x \\ 0 & \dfrac{\sin\theta_x}{\cos\theta_y} & \dfrac{\cos\theta_x}{\cos\theta_y} \end{bmatrix} \begin{bmatrix} \omega_x \\ \omega_y \\ \omega_z \end{bmatrix} \tag{7.26}$$

MRAC-PID 复合控制的测量量如式（7.27）所示。MRAC 的测量量是支腿作用在平台的垂向力，这与 7.2.2 节中测量加速度的隔振控制不同。PID 控制采用 $\theta_x d/2$ 和 $\theta_y d/2$ 的测量量。复合控制不使用支腿长度。

$$\boldsymbol{y}_{\mathrm{MRAC}}=\begin{bmatrix}F_1\\F_2\\F_3\\F_4\end{bmatrix},\quad \boldsymbol{y}_{\mathrm{PID}}=\begin{bmatrix}-\theta_y d/2\\ \theta_x d/2\\ \theta_y d/2\\ -\theta_x d/2\end{bmatrix} \tag{7.27}$$

式中，θ_x、θ_y 为载荷倾斜角；d 为 F_1 和 F_3 的距离，F_2 和 F_4 之间有同样的距离。载荷平台的宽度为 0.4m。所有的支腿是垂直载荷平台的。矩阵 $\boldsymbol{J}$ 和转动惯量阵 $\boldsymbol{I}_B$ 为

$$\boldsymbol{J}=\begin{bmatrix}0&0&1&0&-0.2828&0\\0&0&1&0.2828&0&0\\0&0&1&0&0.2828&0\\0&0&1&-0.2828&0&0\end{bmatrix},\quad \boldsymbol{I}_B=\begin{bmatrix}6&0.3&0.45\\0.45&7.5&0.23\\0.18&0.2&9\end{bmatrix}$$

采用相同的 MRAC-PID 复合控制器来抑制振动，然而它的性能只有 7.2.2 节的 1/5。使用 RMS 为 1N 的白噪声模拟基座扰动，倾斜控制的性能如图 7.7 所示。开环控制倾斜角、RMS 分别为 0.0000433°和 0.0000484°，它们被降低到开环倾斜角的 0.4%以下，即角度振动减少了 47dB。

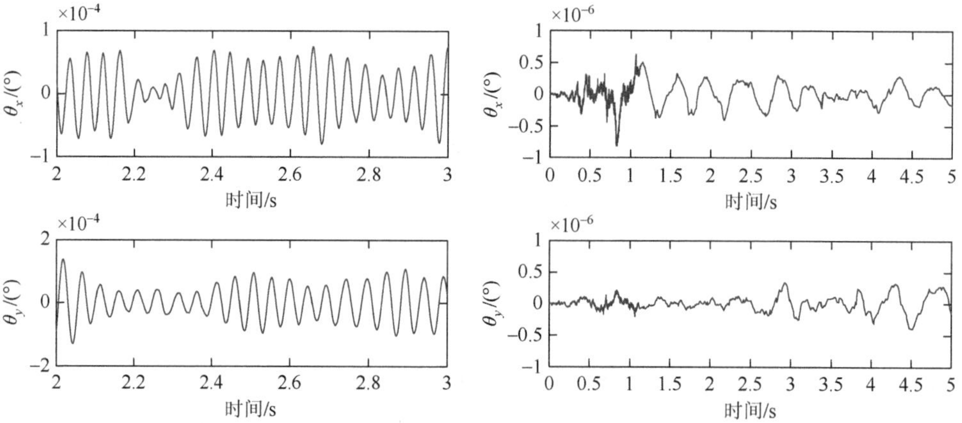

(a) 无复合控制的姿态角　(b) 复合控制下的姿态角

图 7.7　姿态角对比 1

如果要控制载荷的六自由度，则需要其他类型的平台。在 7.3.2 节中，使用 6 支腿的 Stewart 平台控制六自由度的隔振和定向。

7.3.2　柔性航天器的 Stewart 平台姿态抖动抑制

航天器要求高精度的定向和严格的姿态稳定，例如，下一代空间望远镜的指向精度小于 0.01μrad，空间干涉仪的位置精度小于 10nm。然而，星上会有扰动源

激发柔性模态，导致姿态抖动和结构振动[6]。因此，需要多自由度主动隔振来消除抖动、振动和其他扰动。

1. Stewart 平台及其隔振动力学模型

6 支腿平台也称为 Stewart 平台，它可以实现六自由度的隔振和精确运动及指向[7]。文献[8]讨论了它的支腿模型，然而本章研究的支腿模型与一般不同。图 7.8 为 Stewart 平台模型。m_{si} 为隔振器质量，令 $m_{si}=1\text{kg}$。载荷具有相同的质量 m_p 和相同的转动惯量 $\boldsymbol{I}_B$。k_{i3} 和 c_{i3} 分别表示支腿 i 的附加刚度和阻尼。在仿真中采用立方体构型的 Stewart 平台，支腿长 0.5m，$k_{i3}=800\text{N/m}$，$c_{i3}=10\text{N·s/m}$，$k_{i1}=k_{i2}=800000\text{N/m}$，$c_{i1}=50\text{N·s/m}$，$c_{i2}=50\text{N·s/m}$。雅可比矩阵 $\boldsymbol{J}$ 是一个 6×6 的矩阵。如果 $\boldsymbol{J}$ 非奇异，那么线性方程（7.21）的解是唯一的，即广义坐标 $\boldsymbol{\chi}$ 的支腿长度是唯一的。因此载荷的六自由度振动可以通过独立的支腿控制来实现，可以简化控制器设计。本节采用与 7.3.1 节相同的 MRAC-PID 复合控制器结构，调节其控制增益。

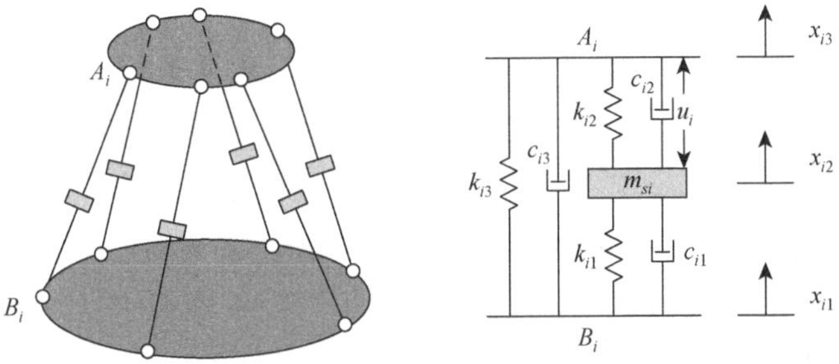

图 7.8 Stewart 平台模型

质量 m_{si} 的动力学方程为

$$m_{si}\ddot{x}_{i2}=k_{i2}(x_{i3}-x_{i2})+c_{i2}(\dot{x}_{i3}-\dot{x}_{i2})+k_{i1}(x_{i1}-x_{i2})\\+c_{i1}(\dot{x}_{i1}-\dot{x}_{i2})-u_i \tag{7.28}$$

式中，u_i 为支腿 i 的控制信号。

载荷所受力 ${}^{P}F_i^{B}$ 为

$${}^{P}F_i^{B}=-k_{i2}(x_{i3}-x_{i2})-c_{i2}(\dot{x}_{i3}-\dot{x}_{i2})-k_{i1}(x_{i1}-x_{i2})\\-c_{i1}(\dot{x}_{i1}-\dot{x}_{i2})+u_i \tag{7.29}$$

同样，基座所受力 ${}^{B}F_i^{P}$ 为

$${}^{B}F_i^{P}=k_{i3}(x_{i3}-x_{i1})+c_{i3}(\dot{x}_{i3}-\dot{x}_{i1})-k_{i1}(x_{i1}-x_{i2})\\-c_{i1}(\dot{x}_{i1}-\dot{x}_{i2}) \tag{7.30}$$

载荷质心平动动力学表示为

$$m_P \ddot{z}_P = \sum ({}^P F_i^B \boldsymbol{l}_i) \tag{7.31}$$

式中，$\ddot{z}_P$ 为载荷质心的位移；m_P 为载荷质量；$\boldsymbol{l}_i$ 为支腿 i 的单位向量，$\boldsymbol{l}_i = (\boldsymbol{A}_i - \boldsymbol{B}_i) / \| \boldsymbol{A}_i - \boldsymbol{B}_i \|$。载荷所受的力矩 $\boldsymbol{M}$ 为

$$\boldsymbol{M} = \sum \boldsymbol{r}_i \times {}^P F_i^B \boldsymbol{l}_i \tag{7.32}$$

式中，$\boldsymbol{r}_i$ 为由载荷质心指向支腿 i 在载荷上的铰点的矢量。

接下来将研究六自由度隔振和精确定向/转向在航天中的应用。图 7.9 显示了带有 Stewart 平台的柔性航天器，姿态角采用状态反馈控制。但是传感器的噪声、干扰及柔性结构与控制器之间的耦合使得姿态抖动难以消除，可采用 Stewart 平台抑制抖动和振动。

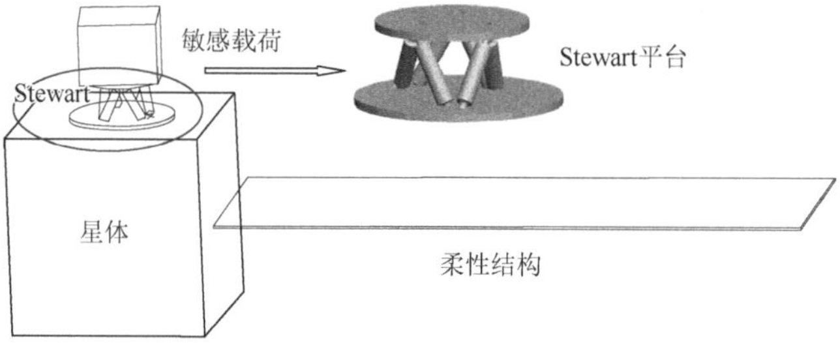

图 7.9　带有 Stewart 平台的柔性航天器

柔性航天器的动力学建模已经成熟[9, 10]，其模型可以表示为

$$\begin{cases} \dot{\boldsymbol{\Psi}} = \boldsymbol{\kappa} - \boldsymbol{B}_r \boldsymbol{\omega}_B \\ \dot{\boldsymbol{\kappa}} = -(\boldsymbol{C\kappa} + \boldsymbol{K\Psi}) + \boldsymbol{CB}_r \boldsymbol{\omega}_B \\ \mathbb{I} \dot{\boldsymbol{\omega}}_B = -\boldsymbol{\omega}_B \times (\mathbb{I} \boldsymbol{\omega}_B + \boldsymbol{B}_r^{\mathrm{T}} \boldsymbol{\kappa}) + \boldsymbol{B}_r (\boldsymbol{C\kappa} + \boldsymbol{K\Psi} - \boldsymbol{CB}_r \boldsymbol{\omega}_B) + \boldsymbol{T}_c \end{cases} \tag{7.33}$$

式中，$\boldsymbol{\omega}_B$ 为角速度；$\boldsymbol{K}$ 和 $\boldsymbol{C}$ 分别为柔性结构的刚度阵和阻尼阵；$\mathbb{I} = \boldsymbol{I}_{\text{sys}} - \boldsymbol{B}_r \boldsymbol{B}_r^{\mathrm{T}}$，其中，$\boldsymbol{I}_{\text{sys}}$ 为航天器的转动惯量阵，$\boldsymbol{B}_r$ 为航天器和柔性结构的耦合矩阵；$\boldsymbol{T}_c$ 为姿态控制力矩。仿真中使用的是热电推进式外行星飞船（thermoelectric outer planet space craft，TOPS）的参数[9, 10]。TOPS 的模态频率为 0.074rad/s、0.075rad/s、0.076rad/s、0.116rad/s、0.385rad/s、0.502rad/s、0.566rad/s、0.569rad/s，模态阻尼为 0.004、0.005、0.0064、0.008、0.0085、0.0092、0.0105、0.012、0.015、0.017，耦合矩阵 $\boldsymbol{B}_r$ 为

$$\boldsymbol{B}_r^{\mathrm{T}} = \begin{bmatrix} -9.47 & -0.53 & 0.55 & -12.15 & -0.03 & 0.23 & -0.89 & 1.16 & -0.17 & -1.49 \\ -15.59 & 0.49 & 4.55 & 11.71 & 0.02 & 0.83 & 5.45 & 2.64 & 0.31 & 2.0 \\ 0.01 & 18.01 & 17.0 & 0 & 6.24 & -35.73 & 1.55 & -0.1 & 3.62 & -0.29 \end{bmatrix}$$

2. Stewart 平台主动隔振及抖动消除

Stewart 平台可用于主动隔振、精确运动及定向控制，其中，假设精密设备可以产生微振动及小雅可比矩阵 $\boldsymbol{J}$。使用直接驱动的压电作动器，可以得到的姿态角最大为 1°，足以进行微振动隔离和微小角度转向控制。在这种情况下，只需要在 μm 量级上改变腿的长度。

控制过程分为两步。首先，柔性航天器进行姿态控制，实现精度为 0.002°的粗指向；其次，由力反馈的 MRAC 和位置反馈的 PID 控制器组成的 MRAC-PID 复合控制器对敏感载荷进行精指向控制。支腿的 MRAC 反馈控制可以通过六自由度的隔振来抑制带宽频率内的姿态抖动，支腿长度误差反馈可以实现良好的指向控制，同时能抑制低频抖动。

仿真假设 Stewart 平台的每根支腿都受到 RMS 为 1N 的白噪声扰动力，仿真结果表明，单输入单输出的 MRAC-PID 控制器具有优秀的性能。设置 PID 控制器的比例系数为 28，微分系数为 9，如图 7.10（a）所示，经过 PID 控制后的载荷姿态抖动仍然很大，为 0.006°。当平台采用所设计的 MRAC-PID 控制器时，如图 7.10（b）所示，最大姿态抖动小于 0.000001°，也就是说抖动被减小了超过 60dB。

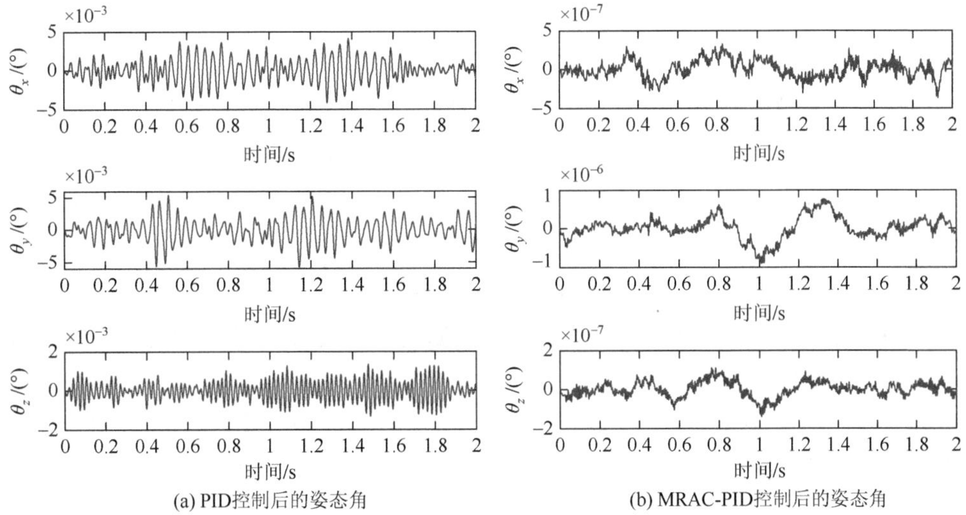

(a) PID控制后的姿态角　(b) MRAC-PID控制后的姿态角

图 7.10　姿态角对比 2

7.4　基于自适应 LMS 滤波的单自由度主动隔振

为了提高隔振器的主动隔振性能，除了上述复合控制器，有许多自适应控制算法可以应用在主动隔振中。本节简单介绍一种基于自适应 LMS 滤波的主动隔振算法，并实验验证它在单自由度隔振中的性能[11, 12]。

7.4.1　自适应 LMS 滤波隔振算法

1. 自适应 LMS 滤波算法

自适应 LMS 滤波算法（最小均方差算法）是以最小均方差误差为准则的自适应算法，图 7.11 给出了该算法的原理图。

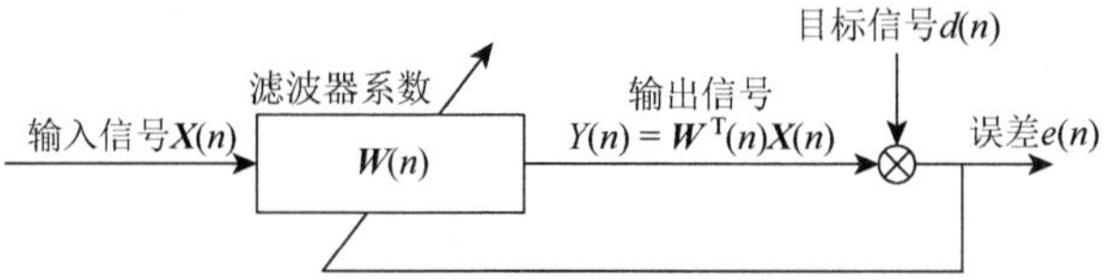

图 7.11　LMS 滤波算法原理图

自适应 LMS 滤波算法的基本原理如下所示。

输入信号 $\boldsymbol{X}(n)$经过自适应滤波器 $\boldsymbol{W}(n)$产生输出信号 $Y(n)$。设输入信号 $\boldsymbol{X}(n)=[x(n),x(n-1),\cdots,x(n-m+1)]^{\mathrm{T}}$，滤波器系数 $\boldsymbol{W}(n)=[w_1(n),w_2(n),\cdots,w_m(n)]^{\mathrm{T}}$，因此有

$$Y(n)=\boldsymbol{W}^{\mathrm{T}}(n)\boldsymbol{X}(n) \tag{7.34}$$

目标信号 $d(n)$与输出信号 $Y(n)$的误差为

$$e(n)=d(n)-Y(n)=d(n)-\boldsymbol{W}^{\mathrm{T}}(n)\boldsymbol{X}(n) \tag{7.35}$$

均方差为 $J(n)=E[e^2(n)]$，为了使得均方差 $J(n)$最小，将其对 $W(n)$求梯度，化简得

$$\nabla J(n)=-2e(n)\boldsymbol{X}(n) \tag{7.36}$$

为了使得均方差 $J(n)$达到最小，自适应滤波器系数 $\boldsymbol{W}(n)$的迭代更新规则为向逆梯度方向逼近，即

$$\boldsymbol{W}(n+1)=\boldsymbol{W}(n)-\mu\nabla J(n)=\boldsymbol{W}(n)+2\mu e(n)\boldsymbol{X}(n) \tag{7.37}$$

式中，μ 为更新系数。

2. 自适应 LMS 滤波主动隔振算法

将自适应 LMS 滤波算法应用于主动隔振，原理框图如图 7.12 所示。图 7.12 中 F_d 和 f_c 分别表示扰动力和控制力，$d(n)$和 $y(n)$分别为扰动加速度和控制加速度，$e(n)=d(n)+y(n)$ 为载荷平台的真实加速度。$\boldsymbol{H}$ 为隔振器从输入控制力到输出加速度的系统模型。$\boldsymbol{W}(n)$为自适应滤波器系数，$x(n)$为参考输入，且与 $d(n)$相关。

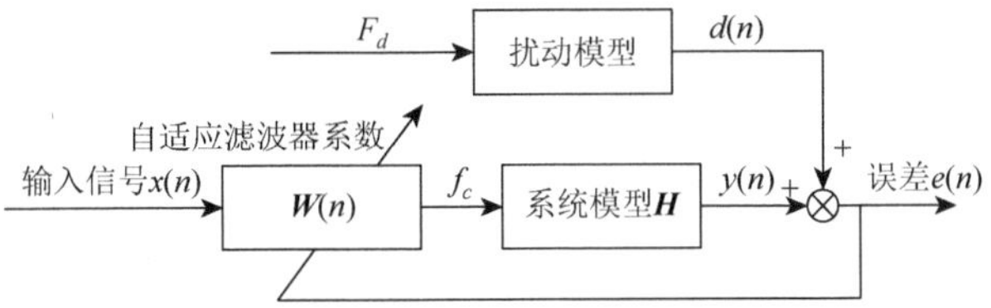

图 7.12 LMS 滤波主动隔振算法原理框图

主动隔振就是控制力 f_c 产生的加速度抵消由扰动力产生的加速度，从而达到减振的目的。设 $\boldsymbol{H}$ 是已经辨识出的系统模型，为一个系数为 $\boldsymbol{H}(n)$的 FIR 滤波器。因此，$y(n)$的表达式可以通过 $\boldsymbol{X}(n)$、$\boldsymbol{W}(n)$和 $\boldsymbol{H}(n)$得到。

$$\begin{cases} f_c(n) = \boldsymbol{W}^{\mathrm{T}}(n)\boldsymbol{X}(n) \\ y(n) = \boldsymbol{H}^{\mathrm{T}}(n)\boldsymbol{F}_c(n) \end{cases} \tag{7.38}$$

其中，$\boldsymbol{F}_c(n) = [f_c(n), f_c(n-1), \cdots, f_c(n-m+1)]^{\mathrm{T}}$。

令 $\boldsymbol{X}_c(n) = \boldsymbol{X}(n) * \boldsymbol{H}(n)$，根据 $e(n) = d(n) + y(n)$ 可以得到 $\boldsymbol{W}(n)$的更新公式：

$$\boldsymbol{W}(n+1) = \boldsymbol{W}(n) - 2\mu e(n)\boldsymbol{X}_c(n) \tag{7.39}$$

综上，基于自适应 LMS 滤波算法的主动隔振便可实现。

7.4.2 自适应 LMS 滤波隔振算法实验结果

为了验证自适应 LMS 滤波隔振算法的效果，采用 Stewart 平台进行了隔振实验。实验中参数 μ 取 0.001，采样时间为 0.5ms，扰动频率设定为 40Hz。图 7.13 给出了基于 Stewart 平台利用自适应 LMS 滤波隔振算法得到的 6 个支腿的隔振性能。6 个支腿的隔振性能分别为 25.3dB、26.7dB、25.9dB、23.2dB、24.8dB 和 24.0dB。实验结果表明自适应 LMS 滤波隔振算法可以实现主动振动隔离。

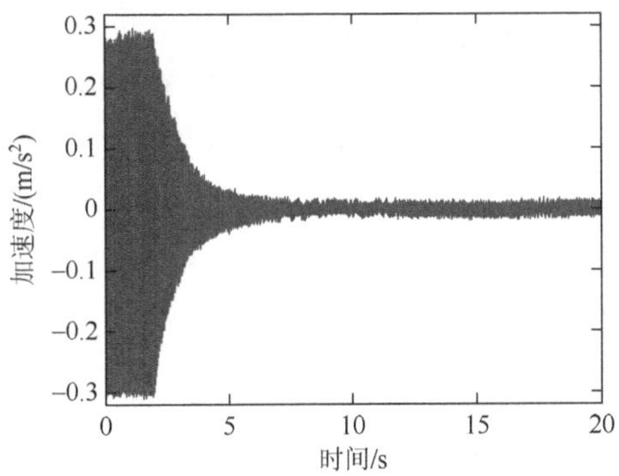

(a) 支腿1

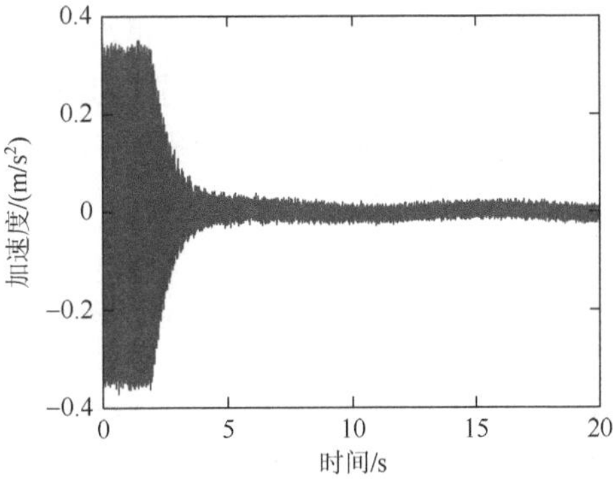

(b) 支腿2

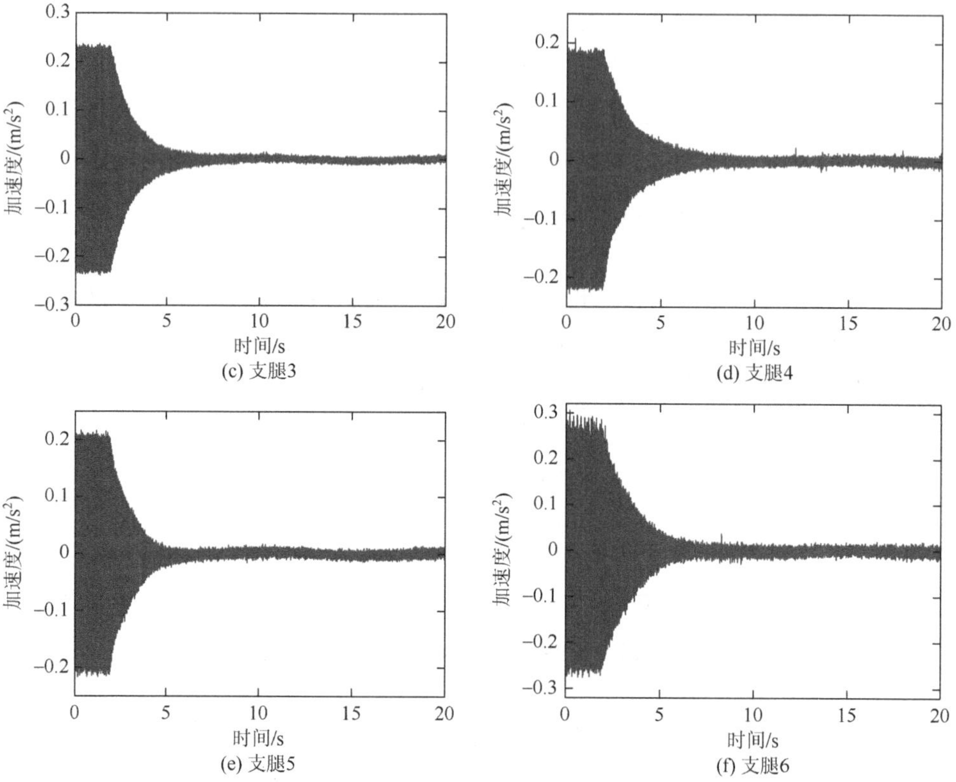

图 7.13　自适应 LMS 滤波隔振算法的隔振实验结果

7.5　本 章 小 结

本章首先研究了单级和多级被动隔振器性能权衡，以此提出了两级混合隔振器，并给出隔振动力学模型。其次设计了两级混合隔振器的 MRAC-PID 控制器，仿真并讨论了隔振器的性能。再次将 MRAC-PID 控制器应用于柔性航天器的多自由度的主动隔振，仿真验证了隔振器具有良好的隔振性能。最后还简单介绍了一种基于自适应 LMS 滤波的隔振算法，实验验证了它的单自由度隔振性能。

参 考 文 献

[1] Liu L，Tan K K，Guo Y，et al. Active vibration isolation based on model reference adaptive control[J]. International Journal of Systems Science，2014，45（2）：97-108.

[2] Åström K J，Wittenmark B. Adaptive Control[M]. Boston：Addison-Wesley，1995.

[3] Hang C C，Lee T H，Ho W K. Adaptive Control[M]. North Carolina：Instrument Society of America，1993.

[4] Hunt J W，Ray J C. STEREO guidance and control system on-orbit pointing performance[J]. Johns Hopkins APL Technical Digest，2009，28（2）：145-154.

[5] Sidi M J. Spacecraft Dynamics and Control：A practical Engineering Approach[M]. Cambridge：Cambridge University Press，1997.

[6] Agrawal B. Jitter control for imaging spacecraft[C]//2009 4th International Conference on Recent Advances in Space Technologies，Istanbul，2009：615-620.

[7] Preumont A，Horodinca M，Romanescu I，et al. A six-axis single-stage active vibration isolator based on Stewart platform[J]. Journal of Sound and Vibration，2007，300（3-5）：644-661.

[8] Hauge G S，Campbell M E. Sensors and control of a space-based six-axis vibration isolation system[J]. Journal of Sound and Vibration，2004，269（3-5）：913-931.

[9] Fleischer G E，Likins P W. Results of flexible spacecraft attitude control studies utilizing hybrid coordinates[J]. Journal of Spacecraft and Rockets，1971，8（3）：264-273.

[10] di Gennaro S. Output attitude tracking for flexible spacecraft[J]. Automatica，2002，38（10）：1719-1726.

[11] Yun H，Liu L，Li Q，et al. Investigation on two-stage vibration suppression and precision pointing for space optical payloads[J]. Aerospace Science and Technology，2020，96：105543.

[12] Widrow B. Adaptive Filters[M]//Aspects of network and system theory. New York：Holt，Rinehart，and Winston，1971：653.

第 8 章　先进航天器压电智能材料迟滞动力学建模及辨识

在先进航天器振动抑制和 ATP 控制中，压电材料因其体积小、重量轻、刚度大、分辨率高、控制精度高、响应速度快等优点被广泛应用。但是压电材料的迟滞非线性效应会严重限制压电系统的控制精度，为了提高压电作动器的定位和定向精度，保证压电系统的高精度控制，需要研究压电作动系统迟滞动力学的辨识和补偿技术。

图 8.1 为本章研究的压电作动系统的输入电压与输出位移之间的动态迟滞曲线，从图中可以观察到明显的动态迟滞。随着输入频率的增大，增益畸变和相位延迟也增大。这表明率无关的迟滞模型不足以代表压电作动系统在宽频带的迟滞动力学。宽频带的压电作动模型中应该包括压电作动系统的动态性能，可以将率无关的迟滞与非迟滞动力学级联描述压电作动系统性能。本章将分别采用经典的 Preisach 模型和 Bouc-Wen 模型进行压电作动系统迟滞动力学建模及辨识[1, 2]。

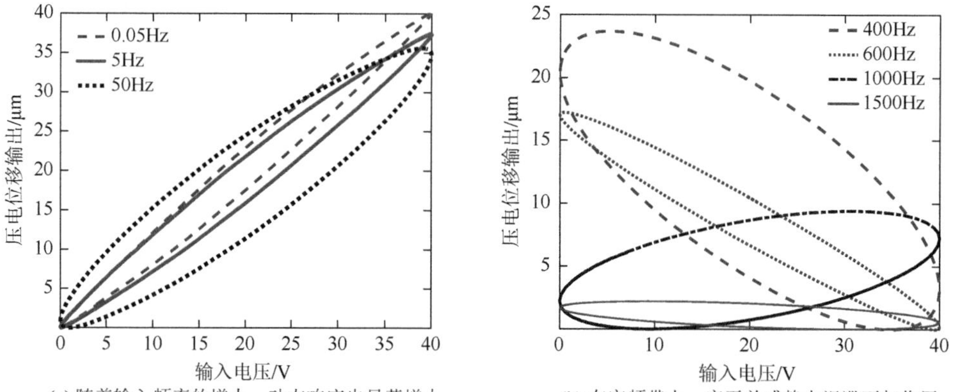

(a) 随着输入频率的增大，动态响应也显著增大　　(b) 在宽频带上，率无关或静态迟滞不起作用

图 8.1　压电作动系统的输入电压与输出位移之间的动态迟滞曲线

8.1　压电作动系统动力学模型

为了准确方便地描述迟滞动力学，本节研究了压电作动系统的多场效应和动力学。一般来说，压电作动系统可以被描述为具有线性压电效应的电容器，但线

性关系的描述精度非常有限。本节综合了研究文献的建模方法，基于文献[3]～[6]，采用级联结构描述压电作动动力学。本节采用率无关的迟滞模型来表示静态迟滞效应，并考虑了耦合蠕变效应。根据对文献[3]的研究，在压电作动系统中没有建立直接压电效应的模型。因此，我们使用了迟滞、蠕变、电动力学和振动动力学的级联来表示压电作动系统的复杂特性，用传递函数描述蠕变、电动力学和振动动力学。以下以一个典型的压电快速转向平台模型来描述压电作动系统动力学模型。

压电快速转向平台示意图如图 8.2 所示，内部主要包括四个压电堆栈作动器、一个挠性连接件、一个刚性弹簧、四个刚性球、四个应变式传感器和一个镜子。镜子通过黏合剂连接到平台上。通过使用压电快速转向平台可以实现亚微弧度量级的高精度角度运动。本节中所采用的压电快速转向平台行程为 2mrad。

图 8.2　压电快速转向平台示意图

如今，对于压电快速转向平台的高带宽运动需求与对其亚微弧度精度需求同样突出。一般来说，亚微弧度的角运动可以在低频通过高增益实现，但同时其速度和带宽都会减小以保证系统的稳定性，PID 控制器或其他经典控制器的控制性能有限。一般地，为权衡压电快速转向平台的速度与精度，在高频处也能实现亚微弧度角运动精度，可采用先进反馈控制与基于逆模型前馈补偿的复合控制器。因此需要得到压电快速转向平台系统宽频带内的精确模型，以实现基于模型的补偿器。

图 8.3 给出了宽频域内压电快速转向平台输出响应中的典型效应及动力学。从实验中可以看出，压电材料固有属性引起的蠕变效应为慢动力学，其响应为分钟量级。迟滞模型是一种率无关非线性效应。压电堆栈作动器的 *RC* 动力学与电压放大器的 *RLC* 动力学主要影响系统的中频段和高频段响应。此外，压电堆栈作动器和柔性连接件的振动动力学也是另外一个影响高频段稳定性的重要因素。电动力学（*RC* 效应和 *RLC* 效应）与振动动力学的响应一般都在毫秒量级。在压电快速转向平台系统中，高频的镜面零极点动力学也比较明显。

下面介绍蠕变效应与电-机械动力学。

1. 蠕变效应

蠕变效应为慢动力学效应，是压电堆栈作动器的主要低频动力学效应之一。在本节中，压电快速转向平台的蠕变动力学采用非迟滞弹簧阻尼器来表示[7]。蠕变效应为

$$G_c(s)=k_c\prod_i\frac{s+z_{ci}}{s+p_{ci}} \tag{8.1}$$

式中，i 为蠕变模型的阶数；z_{ci} 和 p_{ci} 分别为蠕变动力学模型中的零点和极点；k_c 为常值增益。当发现持续增加 i 时，测量系统无法测量出输出的变化，此时 i 的数值即为所采用的蠕变模型阶数。

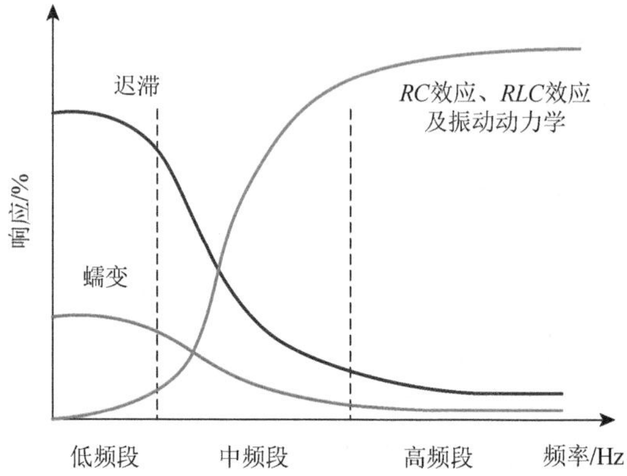

图 8.3　宽频域内压电快速转向平台级联模型（*RC* 表示压电堆栈作动器的电动力学，*RLC* 表示电压放大器的电动力学）

2. 电-机械动力学

压电快速转向平台的电动力学可分为三部分：电压放大器动力学、压电堆栈作动器电动力学、振动动力学。

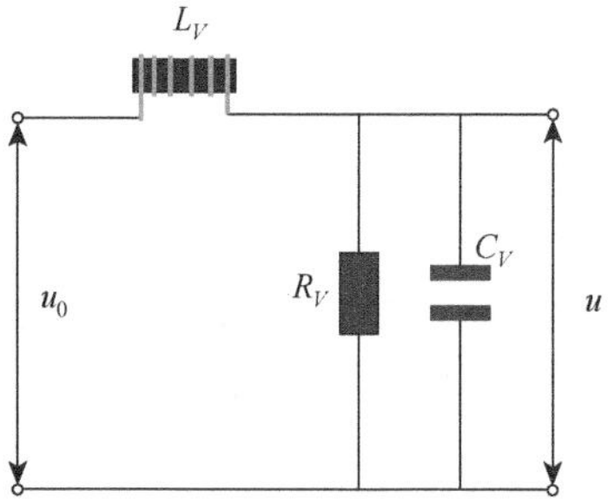

图 8.4　电压放大器的 *RLC* 电路示意图

1）电压放大器动力学

电压放大器的功率和带宽有限，随着输入信号频率的增加，电流会减小，同时相位延迟会增加。为了描述这种动力学响应，本节给出了电压放大器的动力学方程。图 8.4 给出了电压放大器的 *RLC* 电路示意图，其中放大因子未标注。R_V、L_V 和 C_V 分别表示电压放大器的电阻、电感和电容，u_0 和 u 分别为电压放大器的输入电压和输出电压。因此有

$$\frac{U(s)}{U_0(s)}=\frac{1/(L_V C_V)}{s^2+s/(R_V C_V)+1/(L_V C_V)} \tag{8.2}$$

令 $\omega_E=1/\sqrt{L_V C_V}$，$\xi_E=\sqrt{L_V C_V}/(2R_V C_V)$，式（8.2）可写为

$$\frac{U(s)}{U_0(s)}=\frac{\omega_E^2}{s^2+2\xi_E\omega_E s+\omega_E^2} \tag{8.3}$$

2）压电堆栈作动器电动力学

压电堆栈作动器的迟滞效应采用迟滞模型进行描述。图 8.5 显示了迟滞效应

和 RC 效应。Γ 表示迟滞效应，R 和 C 分别为压电堆栈作动器的电阻和电容。T_{em} 为压电材料的机电转换率。u 和 i 分别为压电堆栈作动器的输入电压和输入电流，u_p 为压电堆栈作动器的有效电压。

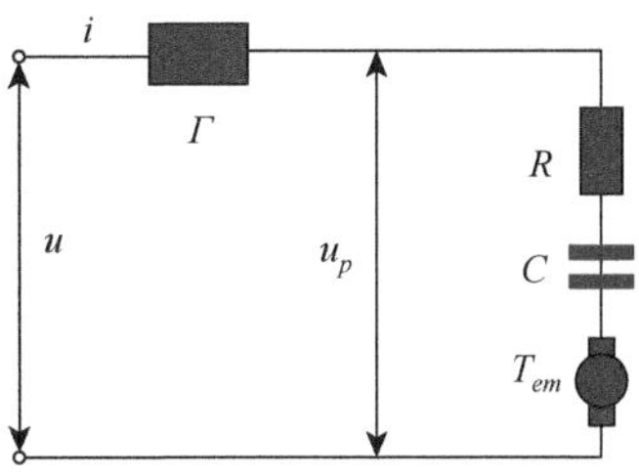

图 8.5　迟滞效应和 RC 效应

有效电压 u_p 可写为

$$u_p = u_r + u_c \tag{8.4}$$

式中，u_r 为电阻 R 引起的电压降；u_c 为压电堆栈作动器等效电容的电压。考虑电路关系，压电堆栈作动器电动力学方程可写为

$$\frac{Q(s)}{U_p(s)} = \frac{C}{1+\tau s} \tag{8.5}$$

式中，$\tau = RC$；Q 表示电荷。

压电快速转向平台的电动力学包括电压放大器与压电堆栈作动器两部分，综合式（8.3）和式（8.5），压电快速转向平台的电动力学方程可写为

$$G_e(s) = \frac{C}{1+\tau s}\frac{\omega_E^2}{s^2 + 2\xi_E\omega_E s + \omega_E^2} \tag{8.6}$$

由作动器逆压电效应产生的力可表示为

$$F = T_{em}Q \tag{8.7}$$

3）振动动力学

压电快速转向平台的结构和等效动力学模型分别如图 8.6 和图 8.7 所示。

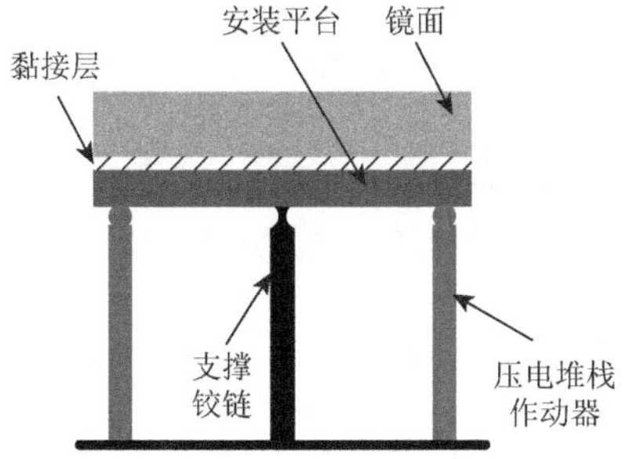

图 8.6　压电快速转向平台的结构

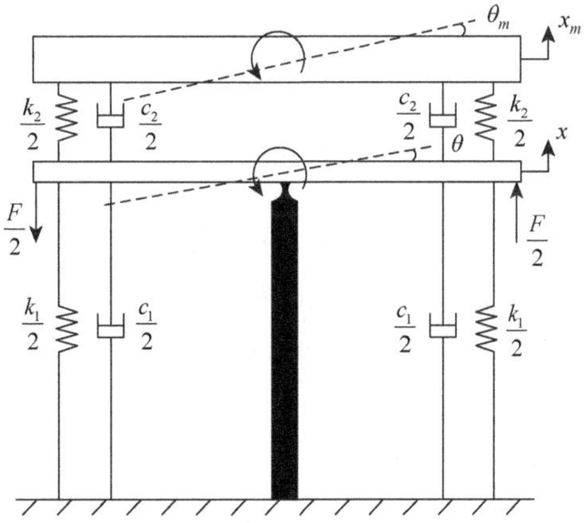

图 8.7　压电快速转向平台的等效动力学模型

通过弹簧阻尼模型来描述压电作动器及镜面与安装面之间的黏接层。等效刚度和阻尼分别为 $k_1/2$、$k_2/2$ 与 $c_1/2$、$c_2/2$。如图 8.7 所示，x 和 x_m 分别表示压

电堆栈作动器和镜面的微小位移，θ 和 θ_m 表示转角，$\dot{\theta}$ 和 $\dot{\theta}_m$ 表示角速度，$\ddot{\theta}$ 和 $\ddot{\theta}_m$ 表示角加速度。支撑铰链的弯曲刚度远小于 $k_1/2$，在振动动力学中不考虑。因此，可得压电快速转向平台一个自由度的转动动力学为

$$\begin{cases} J_1\ddot{\theta} = M_1 \\ J_2\ddot{\theta}_m = M_2 \end{cases} \tag{8.8}$$

式中，J_1 和 J_2 分别为安装平台和镜子的转动惯量；M_1 和 M_2 为作用力矩。J_1、J_2 和 M_1、M_2 的表达式分别如下：

$$\begin{cases} J_1 = m_1L^2/2 \\ J_2 = m_2L^2/2 \end{cases} \tag{8.9}$$

$$\begin{cases} M_1 = FL - k_1(L\theta)L - c_1(L\dot{\theta})L \\ \qquad -k_2L(\theta-\theta_m)L - c_2L(\dot{\theta}-\dot{\theta}_m)L \\ M_2 = k_2L(\theta-\theta_m)L + c_2L(\dot{\theta}-\dot{\theta}_m)L \end{cases} \tag{8.10}$$

式中，m_1 和 m_2 分别为安装平台和镜面的质量；L 为力 $F/2$ 的力臂。

根据以上内容可得，压电快速转向平台振动动力学为

$$\begin{aligned} G_v(s) = \frac{\theta(s)}{F(s)} &= \frac{\left(\frac{1}{2}m_2s^2 + c_2s + k_2\right)\Big/L}{\frac{1}{4}m_1m_2s^4 + \lambda_1s^3 + \lambda_2s^2 + \lambda_3s + k_1k_2} \\ &= \frac{k\omega_2^2\omega_3^2/\omega_1^2(s^2 + 2\xi_1\omega_1s + \omega_1^2)}{(s^2 + 2\xi_2\omega_2s + \omega_2^2)(s^2 + 2\xi_3\omega_3s + \omega_3^2)} \end{aligned} \tag{8.11}$$

式中，k 为常数增益，同时有

$$\begin{cases} \lambda_1 = \frac{1}{2}m_2(c_1 + c_2) + \frac{1}{2}m_1c_2 \\ \lambda_2 = \frac{1}{2}m_2(k_1 + k_2) + \frac{1}{2}m_1k_2 + c_1c_2 \\ \lambda_3 = k_1c_2 + k_2c_1 \end{cases} \tag{8.12}$$

$s^2 + 2\xi_1\omega_1s + \omega_1^2$ 是由镜面和黏接层产生的零点多项式，方波输入下会在上升沿和下降沿产生瞬态反向运动。最终给出压电快速转向平台的电-振动动力学：

$$G_{ev} = T_{em}G_eG_v \tag{8.13}$$

可写作

$$G_{ev}(s) = \frac{k_{ev}}{\tau s + 1}\frac{\prod_{j-2}^{n}(s^2 + 2\overline{\xi}_j\overline{\omega}_js + \overline{\omega}_j^2)}{\prod_{j}^{n}(s^2 + 2\xi_j\omega_js + \omega_j^2)} \tag{8.14}$$

式中，k_{ev} 为常值增益；ξ_j 和 ω_j 分别为第 j 阶模态的阻尼比和模态频率；n 是振动动力学的模态阶数。

压电作动系统级联模型如图 8.8 所示。输出 y 视实际的应用而定，如在压电快速转向平台系统中，输出 y 即为偏转角 θ。采用级联模型有许多优点：①级联迟滞模型在宽频域内有效；②级联迟滞模型具有明确的物理意义，如电-振动动力学；③线性动力学可以采用经典的传递函数来表示，因此，可以根据线性动力学设计各种先进控制器；④各部分动力学模型之间的串联关系也使得对迟滞模型的辨识和研究更加简单。

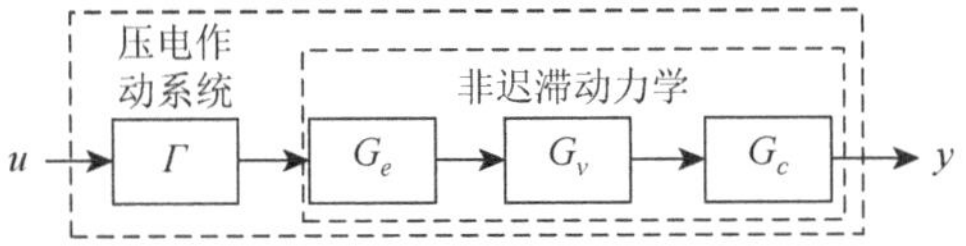

图 8.8　压电作动系统级联模型

8.2　压电作动系统 Preisach 迟滞辨识

8.2.1　Preisach 迟滞模型

率无关的迟滞 Γ_P 由经典的 Preisach 模型表示[8]：

$$v(t)=\iint_S \mu(\alpha,\beta)\gamma_{\alpha\beta}[u(t)]\mathrm{d}\alpha\mathrm{d}\beta \tag{8.15}$$

式中，S 为 Preisach 平面 $\alpha\geqslant\beta$ 的极限三角形；$v(t)$ 为迟滞输出；$\mu(\alpha,\beta)$ 和 $\gamma_{\alpha\beta}$ 分别为权重函数和在 Preisach 平面上的点 (α,β) 的迟滞输出。

对于输入电压为正的压电作动系统，可以将迟滞输出设置为 1 和 0。极限三角形在 Preisach 平面分为 $\gamma_{\alpha\beta}=1$ 的 S^+ 区域和 $\gamma_{\alpha\beta}=0$ 的 S^- 区域。图 8.9（a）与（b）分别为继电器的迟滞算子和 Preisach 平面。

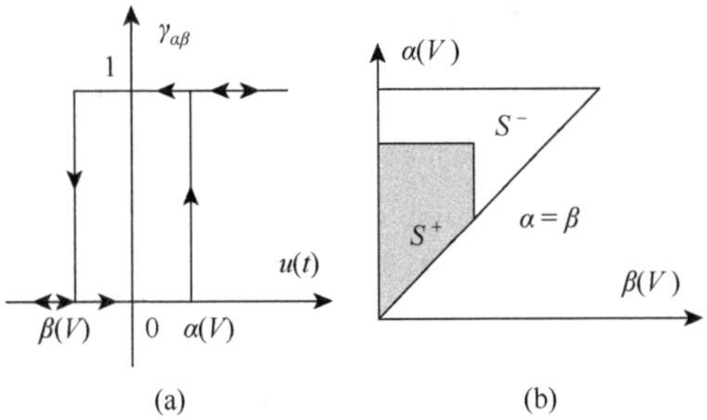

图 8.9　继电器的迟滞算子和 Preisach 平面

接下来将重点介绍输入信号为方波时的 Preisach 迟滞特性。具有方波输入的率无关的迟滞效应表现为无动态响应的输入增益不确定。因此，如果使用方波信号分别辨识压电作动系统的电动力学和振动动力学，那么辨识的直流增益将随着输入信号振幅的不同而不同。这种增益不确定性实际上是由增益的迟滞造成的。

采用如式（8.15）所示的经典 Preisach 模型来表示率无关迟滞效应。此外，Preisach 迟滞与路径相关，且具有全局记忆性。显然，经典的 Preisach 迟滞模型中没有速度或加速度项。Preisach 平面中的方波输入信号的迟滞现象如图 8.10 所示。图 8.10（a）表示输入电压从 0 增加到 u_2。在阴影区域，迟滞被激活，$\gamma_{\alpha\beta}=1$。相反地，迟滞在空白区域和大三角形外，$\gamma_{\alpha\beta}=0$。无论电压瞬变还是在长时间缓慢变化，阴影区域是相同的，即为率无关性质，因为输出只依赖于历史输入的极值和当前输入。如果电压发生瞬变，迟滞输出也会瞬时响应。同样地，如果输入电压从 u_2 变为 u_1，则会形成一个新的阴影区域，如图 8.10（b）所示。图 8.10（c）所示为方波输入信号所形成的阴影区域 S_m。极值为 u_1 和 u_2 的方波输入信号会产生极值为 v_1 和 v_2 的方波输出。如图 8.10（d）所示，输入和输出信号之间没有时间延迟。

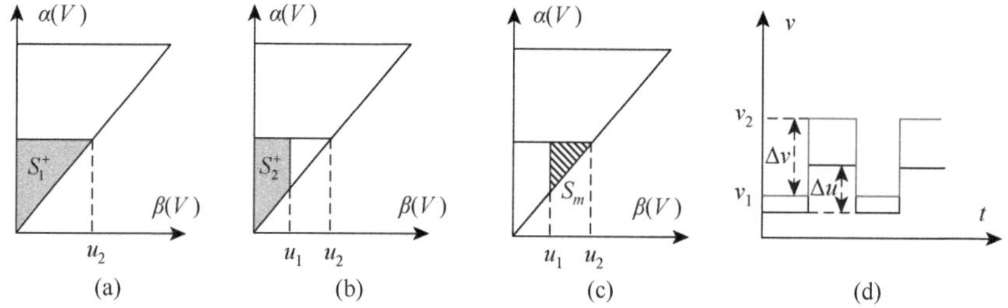

图 8.10　Preisach 平面中的方波输入信号的迟滞现象

因此，在方波输入下，迟滞输出 v 可以表示为

$$v=\lambda_0+\lambda u \tag{8.16}$$

式中，λ_0 为偏移量；λ 为不确定增益。

注意：在方波输入下，经典 Preisach 迟滞的作用是改变输入信号的幅度。换句话说，对于方波输入，经典 Preisach 迟滞特性表现为无相位延迟和动态响应的非线性放大器。这一特性将用于非迟滞分量的辨识。

8.2.2　Preisach 参数辨识实验设计

1. Preisach 迟滞模型的离散化

Preisach 迟滞模型可离散化表示为

$$v(k)=\sum_{i=1}^{L_d}\sum_{j=1}^{i}\mu_{ij}s_{ij}\gamma_{ij}(u(k)) \tag{8.17}$$

式中，$v(k)$ 和 $u(k)$ 分别为时间常数为 k 时的迟滞输出电压与输入电压；L_d 是输入电压 $u(t)$ 的离散化阶数；s_{ij} 是已知网格 (i,j) 的面积；μ_{ij} 和 γ_{ij} 分别为网格 (i,j) 的权重函数与迟滞输出。

这样，$v(k)$ 可以写成矩阵形式：

$$v(k)=\boldsymbol{A}_k\boldsymbol{X} \tag{8.18}$$

式中，$\boldsymbol{A}_k=[\gamma_{11}(u(k)),\gamma_{21}(u(k)),\gamma_{22}(u(k)),\cdots,\gamma_{L_dL_d}(u(k))]$；$\boldsymbol{X}^{\mathrm{T}}=[\mu_{11}s_{11},\mu_{21}s_{21},\mu_{22}s_{22},\cdots,\mu_{L_dL_d}s_{L_dL_d}]$。

如果向量 $\boldsymbol{X}$ 确定，因为 $s_{11},s_{21},\cdots,s_{L_dL_d}$ 已知，则权重函数 $\mu_{11},\mu_{21},\cdots,\mu_{L_dL_d}$ 可以被直接辨识出来。

2. 输入信号设计

具有不同振幅的特殊输入信号可以生成用于迟滞特性辨识的数据。与动力系统的情况不同，率无关的迟滞无法通过改变频率进行辨识，因为它没有动态因子。相反地，具有多种振幅的输入信号可以激活更多的继电器迟滞算子，并产生足够辨识的记忆曲线。因此，在 Preisach 模型的参数辨识中，适当的振幅能够进行持续激励。

为了生成足够的振幅，振幅阶梯式单调递增的输入电压 $u(t)$ 如式（8.19）所示。在电压最大为 $u_{\max}$ 时，输入范围为 $[0,u_{\max}]$。在每个谐波周期之后，输入信号恢复到 0。

$$u(t)=\frac{P(t)}{2}(1-\cos\omega_r t) \tag{8.19}$$

式中，t 为时间；$\omega_r=1/T_{\mathrm{sub}}$，$T_{\mathrm{sub}}$ 为图 8.11 所示的每个谐波信号的周期；$P(t)$ 为输入信号的阶梯幅值，可以表示为

$$P(t)=\mathrm{fix}\left(1+\frac{t-\mathrm{fix}\left(\dfrac{t}{T}\right)T}{T_{\mathrm{sub}}}\right)\cdot\delta \tag{8.20}$$

式中，T 为 $P(t)$ 的周期，$T=L_d\omega_r$，在图 8.11 中 fix(x)将 x 四舍五入到其最接近于零的整数，δ 由式（8.21）给出：

$$\delta=\frac{u_{\max}}{L_d} \tag{8.21}$$

式中，L_d 为离散化阶数；$u_{\max}$ 为用于辨识的最大电压。

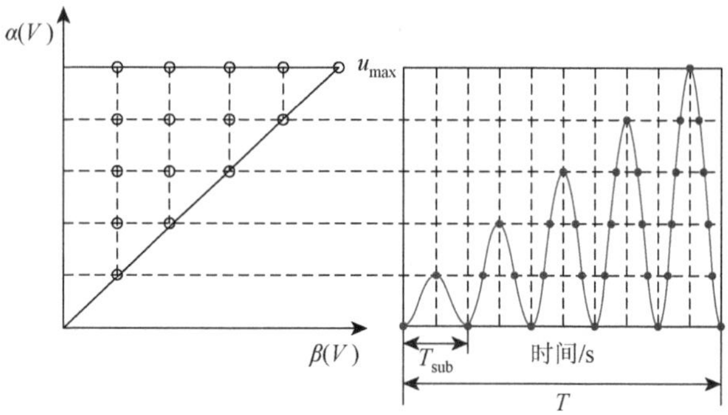

图 8.11　Preisach 平面的采样和离散化

3. 采样律设计

根据式（8.19）的输入信号，构造采样律，将 Preisach 平面通过输入电压扩大。迟滞输出直接依赖于输入电压 u，并非时间 t。而且，经典 Preisach 模型是率无关的。因此，基于输入 u 的采样比基于时间 t 的采样更合适。本节设计了一种基于输入电压 u 的采样律。为了提高计算效率，输入电压 u 按照离散点在 Preisach 面上采样。

采样间隔 δ_s 不变，其为

$$\delta_s = \frac{\delta}{N} \tag{8.22}$$

式中，N 是每个网格的采样数。

根据式（8.19），计算第 i 次谐波信号的采样时间：

$$\begin{cases} t_{i,j} = \arccos\left(1 - \dfrac{2j\delta_s}{P(t)}\right) / \omega_r + t_{i,1} \\ t_{i,2s_i-j} = \left(2\pi - \arccos\left(1 - \dfrac{2j\delta_s}{P(t)}\right)\right) / \omega_r + t_{i,1} \end{cases} \tag{8.23}$$

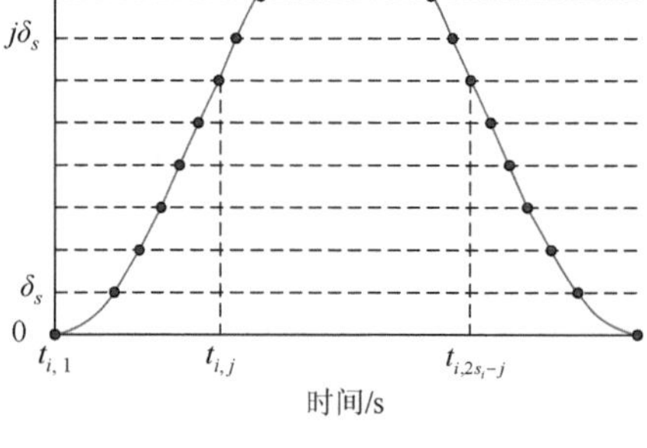

图 8.12　i 个周期内的采样点

式中，$j = 1, 2, \cdots, s_i$；$s_i = P_i / \delta_s$；$t_{i,1}$ 是第 i 个谐波信号开始的时间。

图 8.12 为第 i 次谐波信号的采样点，P_i 是式（8.20）中第 i 个谐波信号的振幅。

4. 基于奇异值分解的迟滞辨识方法

根据式（8.18）的离散化 Preisach 模型和式（8.23）的采样律，可得以下方程进行迟滞识别：

$$\boldsymbol{AX} = \boldsymbol{Y} \tag{8.24}$$

式中，$\boldsymbol{A}^{\mathrm{T}}=[\boldsymbol{A}_1^{\mathrm{T}},\boldsymbol{A}_2^{\mathrm{T}},\cdots,\boldsymbol{A}_m^{\mathrm{T}}]$，$m$ 为采样数。

采用式（8.19）的输入电压和式（8.23）的采样律，$\boldsymbol{A}^{\mathrm{T}}\boldsymbol{A}$ 是满秩的，可以满足 Preisach 辨识的持续激励条件。但是测量噪声和干扰的存在可能导致奇异值较小，降低辨识精度。此外，式（8.18）中 Preisach 迟滞的大型离散化使得 $\boldsymbol{A}^{\mathrm{T}}\boldsymbol{A}$ 易为病态矩阵。

为了在对干扰和测量噪声不敏感的情况下估计矢量 $\boldsymbol{X}$，利用最小二乘法和奇异值分解法计算 $\boldsymbol{A}$ 的伪逆，$\boldsymbol{A}^{\mathrm{T}}\boldsymbol{A}$ 的奇异值分解为

$$\boldsymbol{A}^{\mathrm{T}}\boldsymbol{A}=\boldsymbol{U}\boldsymbol{\Sigma}\boldsymbol{V} \tag{8.25}$$

式中，酉矩阵 $\boldsymbol{U}=[u_1,u_2,\cdots,u_{L_d(L_d+1)/2}]$；酉矩阵 $\boldsymbol{V}=[v_1,v_2,\cdots,v_{L_d(L_d+1)/2}]$；$\boldsymbol{\Sigma}=\mathrm{diag}(\sigma_1,\sigma_2,\cdots,\sigma_{L_d(L_d+1)/2})$。奇异值 $\sigma_1\geqslant\sigma_2\geqslant\cdots\geqslant\sigma_{L_d(L_d+1)/2}\geqslant 0$。如果截去小于 σ_r 的奇异值，$\boldsymbol{A}$ 的伪逆为

$$\boldsymbol{A}^{+}=\boldsymbol{V}\boldsymbol{\Sigma}_r^{-1}\boldsymbol{U}^{\mathrm{T}}\boldsymbol{A}^{\mathrm{T}} \tag{8.26}$$

式中，$\boldsymbol{\Sigma}_r^{-1}=\mathrm{diag}(1/\sigma_1,1/\sigma_2,\cdots,1/\sigma_r,0,\cdots,0)$。

最后，估计值 $\hat{\boldsymbol{X}}$ 为

$$\hat{\boldsymbol{X}}=\boldsymbol{A}^{+}\boldsymbol{Y} \tag{8.27}$$

式中，$\boldsymbol{A}^{+}$ 为 $\boldsymbol{A}$ 的伪逆。

式（8.23）中的采样律不仅满足了 Preisach 辨识的持续激励条件，而且提高了计算效率。例如，对于离散阶数 $L=50$，需要 50 个谐波信号满足持续激励条件。如果采样依赖于时间，时间间隔为 1ms，输入信号周期 $T_{\mathrm{sub}}=2\mathrm{s}$，那么矩阵 $\boldsymbol{A}$ 的维数为 100000×1275，这是一个非常大的矩阵，需要大量的计算得到 $\boldsymbol{A}^{+}$。采用式（8.23）中的采样律，矩阵 $\boldsymbol{A}$ 的维数减小到 2551×1275。

注意：输入信号具有足够丰富的频谱信息，使得 $\boldsymbol{A}^{\mathrm{T}}\boldsymbol{A}$ 满秩能够满足 Preisach 迟滞辨识的持续激励条件。针对由 Preisach 迟滞离散化引起的病态问题，利用奇异值分解法计算 $\boldsymbol{A}$ 的伪逆，并将其截断。

8.2.3　迟滞辨识方法

压电作动系统的迟滞动力学分量需要逐步辨识。利用方波信号可对蠕变、电动力学和振动动力学进行多时间尺度的识别。对于典型的压电作动系统，蠕变动力学的时间常数约为分钟量级，而电动力学和振动动力学的时间常数约为 10ms 量级。因此，需要分别通过两个步骤辨识蠕变和电动力学、振动动力学。本节采用 ARMAX 建模方法，辨识蠕变、电动力学和振动动力学，建立了非迟

滞动态模型[9, 10]。然后，利用式（8.19）中的输入信号和式（8.23）中的采样律来辨识 Preisach 迟滞。

ARMAX 模型结构为

$$A(z)y(k)=B(z)u(k-\vartheta)+C(z)e(k) \tag{8.28}$$

式中，$u(k)$ 和 $y(k)$ 分别表示系统的输入和输出；$e(k)$ 为扰动；ϑ 为系统延迟；$A(z)=1+a_1'z^{-1}+a_2'z^{-2}+\cdots+a_{n_a}'z^{-n_a}$；$B(z)=b_1'z^{-1}+b_2'z^{-2}+\cdots+b_{n_b}'z^{-n_b}$；$C(z)=1+c_1'z^{-1}+c_2'z^{-2}+\cdots+c_{n_c}'z^{-n_c}$。$n_a$、$n_b$ 和 n_c 分别表示 $A(z)$、$B(z)$ 和 $C(z)$ 的阶数。

首先，利用周期为分钟量级的长周期方波输入信号进行蠕变动力学辨识。因为 k_c 被包含在迟滞部分，可将增益 k_c 归一化为 1。此外，与辨识电、振动成分的采样速率相比，辨识蠕变的采样速率较慢，从而降低了测量噪声和电动力学、振动动力学的影响。

其次，利用周期为 10ms 量级的短周期方波输入信号实现了电信号和振动信号的辨识。增益 k_{ev} 设置为 1。在这一步中，通过逆模型消除了蠕变效应，如图 8.13 所示。$\hat{G}_c^{-1}(s)$ 是估计的逆蠕变模型。此外，采样率设置得尽可能快，以获得高频响应。

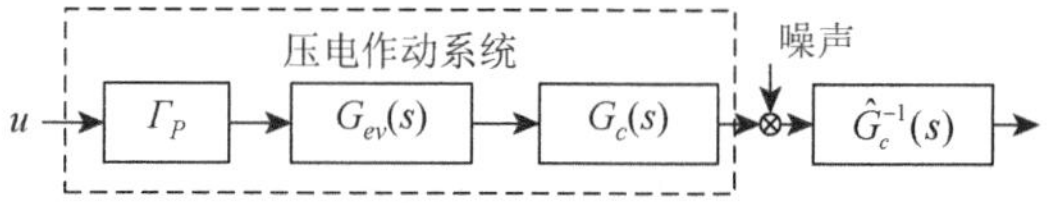

图 8.13　逆蠕变辨识电动力学和振动动力学

最后，利用设计好的谐波信号和采样律，利用式（8.27）中的基于奇异值分解的最小二乘估计法来辨识与率无关的滞后。利用它们的逆模型消除了蠕变、电动力学和振动动力学的影响，如图 8.14 所示。$\hat{G}_{ev}^{-1}(s)$ 是电动力学和振动动力学估计的逆模型。

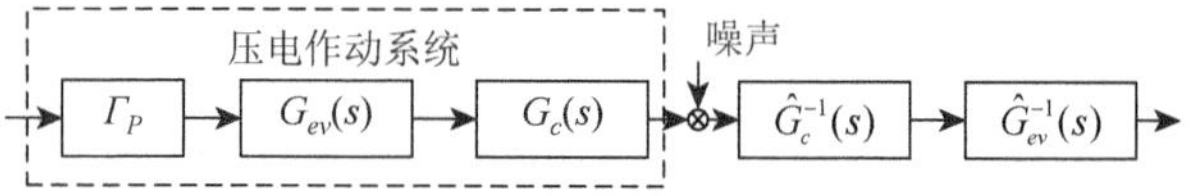

图 8.14　逆蠕变和振动动力学辨识迟滞

注意：压电作动系统中的蠕变、电动力学和振动动力学通常具有多个时间尺度。蠕变是以分钟为单位的慢速动力学，而电动力学和振动动力学是以毫秒为单位的快速动力学，不能同时辨识它们。级联迟滞模型分步辨识方法如图 8.15 所示。

8.2.4 Preisach 迟滞模型参数辨识

本节对所提出的辨识方法进行仿真研究。式(8.15)中的权重函数 $\mu(\alpha,\beta)$ 设置为 $0.1+0.05\cdot(\alpha+\beta)$。电动力学和振动动力学的参数设置为 $\tau=0.001$，$\xi=0.1$，$\omega_n=3000\text{rad/s}$。式（8.1）中蠕变动力学参数设置为 $p_{c1}=0.02$，$p_{c2}=10$，$z_{c1}=0.12$，$z_{c2}=15$，$k_c=2$。位移测量噪声采用均方根为 0.07μm 的白噪声。

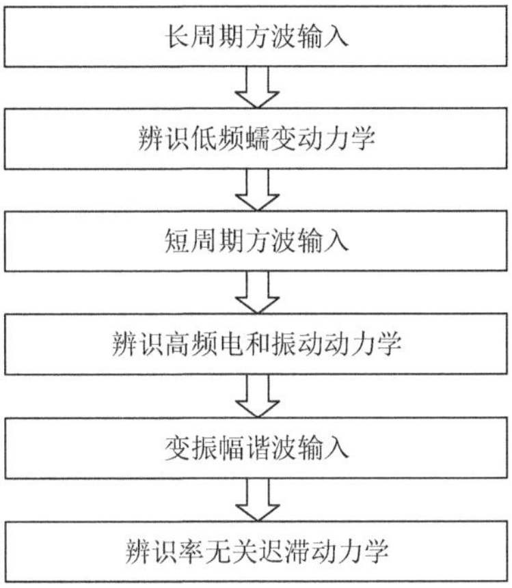

图 8.15　级联迟滞模型分步辨识方法

1. *蠕变动力学、电动力学和振动动力学辨识*

蠕变动力学、电动力学和振动动力学的识别采用两种不同的采样率。辨识蠕变采用低采样率；相反地，辨识电动力学和振动动力学采用高采样率。辨识蠕变的采样间隔为 20ms，输入的方波周期置为 200s。所辨识的模型如式（8.29）所示，而 ARMAX 模型的 n_a、n_b、n_c 分别设置为 3、4、3。

$$\hat{G}_c(s)=\frac{(s+0.1199)(s+14.58)(-s+98.82)}{(s+0.02)(s+10.11)(s+100.1)} \tag{8.29}$$

p_{c1}、p_{c2}、z_{c1}、z_{c2} 的辨识误差小于真实值的 3%。增益被归一化为 1，并且 k_c 被包含到滞后部分。式（8.29）右边的一项 $(-s+98.82)/(s+100.1)$ 是高频电动力学和振动动力学的耦合效应。在这一步中，它被直接去掉，残差动力学与电动力学、振动动力学一起被辨识。蠕变动力学可以表示为

$$\hat{G}_c(s)=\frac{(s+0.1199)(s+14.58)}{(s+0.02)(s+10.11)} \tag{8.30}$$

辨识出蠕变后，继续辨识电动力学和振动动力学。通过逆模型 $[\hat{G}_c(s)]^{-1}$ 消除蠕变效应。方波信号的周期设置为 0.1s，采样间隔设置为 0.1ms，利用 ARMAX 方法，采样 2000 个点来辨识电动力学和振动动力学。辨识结果表示为

$$\hat{G}_{ev}(s)=\frac{1}{0.001016s+1}\cdot\frac{8.999\times10^6}{s^2+593.6s+8.999\times10^6} \tag{8.31}$$

辨识的时间常数为 0.001016s，谐振频率为 2999.8Hz，阻尼比为 0.0989。电动力学和振动动力学参数辨识误差分别为标称值的 1.6%、0.007%和 1.1%。

注意：与电动力学和振动动力学相比，蠕变动力学的时间尺度更大，采样频率更低，因此接近低采样频率的极点和零点可以忽略。在此辨识基础上，采用较高的采样率，可以准确地辨识蠕变过程中忽略的极点和零点。

2. 迟滞辨识

在迟滞辨识过程中，输入信号频率为 1Hz，所识别的权重函数设置在[0V, 5V]内。将 Preisach 平面的离散化水平 L_d 设为 10，每个周期谐波信号幅值方差为 0.5V，采样阶数 N 设置为 1。输入信号［式（8.19）和式（8.23）］的采样律的参数设置为 $u_{\max}=5$，$L_d=10$，$\delta=0.5$，$\omega_r=2\pi$，$T_{\text{sub}}=2\text{s}$，$T=10\text{s}$。采用逆模型消除蠕变、电动力学和振动动力学。由于输入信号的频率较低，所以电动力学和振动动力学的逆模型可简化为

$$\hat{G}_{ev}^{-1}\approx 1+0.001082\frac{s}{1+\varepsilon s}\cdot\frac{8.999\times10^6}{s^2+593.6s+8.999\times10^6} \qquad (8.32)$$

式中，ε 为根据输入信号频率选择的一个小正数，在仿真中 $\varepsilon=0.01$。

图 8.16（a）为基于模型的蠕变、电动力学和振动动力学逆模型的漂移抑制迟滞曲线。用逆模型方法抑制了相位延迟和幅度畸变。采集了 66 个采样点，采用最小二乘法对采样点权重函数进行了辨识。矩阵 $\boldsymbol{A}^{\mathrm{T}}\boldsymbol{A}$ 为满秩，满足持续激励条件。图 8.16（b）为辨识出的权重函数，该权重函数与标称值接近，相对误差小于 2%。

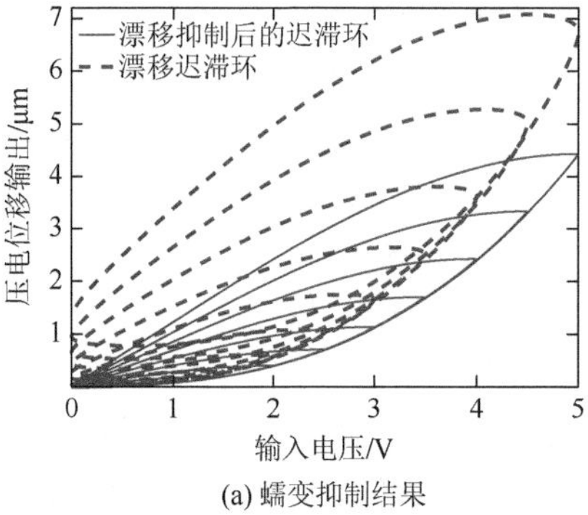

(a) 蠕变抑制结果

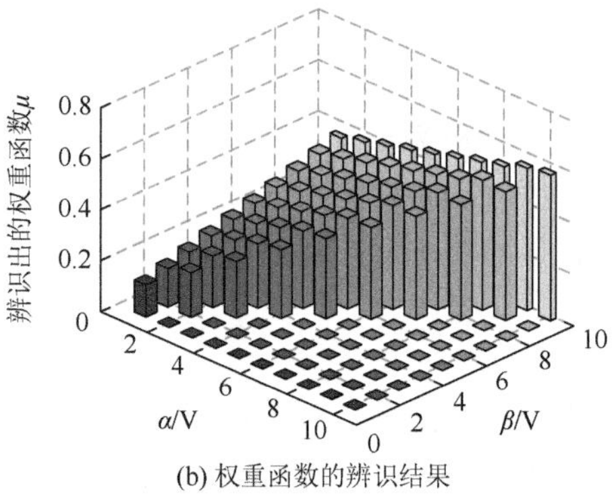
(b) 权重函数的辨识结果

图 8.16　仿真结果

作为对比，仿真研究中还采用了文献[11]的频域识别方法，即输入为振幅恒定但频率变化范围大于 100Hz 的扫频信号。利用频域方法识别的电动力学和振动动力学如图 8.17 所示。除了直流增益的不确定性，由于迟滞效应未被建模，且被视为电动力学和振动动力学的一部分，利用频域方法所辨识的电动力学和振动动力学的模态频率较实际模型有所降低。

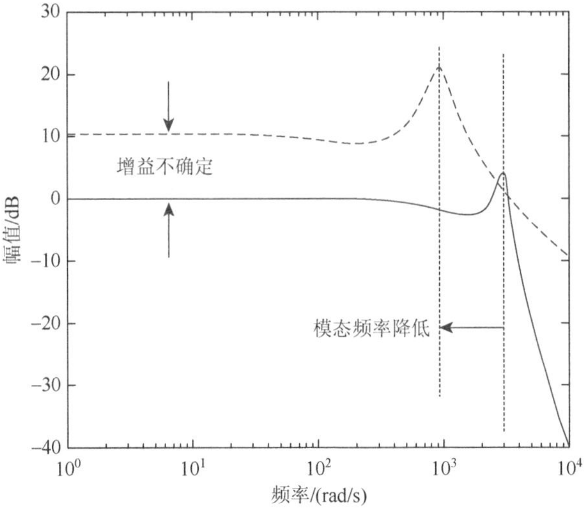

图 8.17　利用频域方法识别的电动力学和振动动力学

实线：实际的振动动力学和电动力学。虚线：辨识的振动动力学和电动力学。
由于滞后效应，存在直流增益不确定性和模态频率降低

8.2.5　Preisach 迟滞实验研究

1. 实验设备

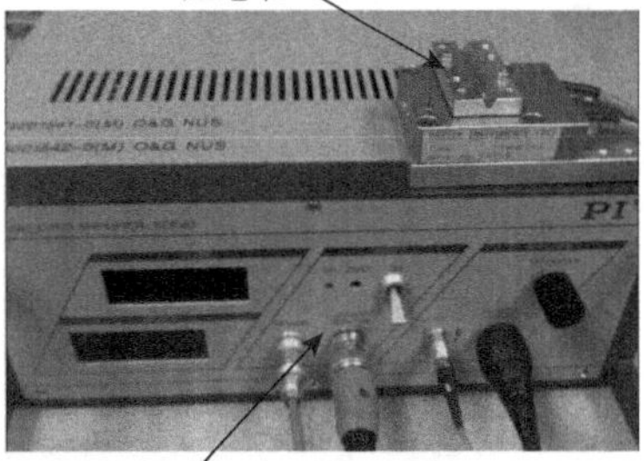

图 8.18　实验设备

该实验设备由 PI 压电堆、电压放大器、线性可变差动变压器（linear variable differential transformer，LVDT）传感器和 dSPACE DS1104 板组成。图 8.18 为压电堆、电压放大器和传感器调节器。压电堆的行程为 80μm，电压放大器 E-662 的输出电压为[−20V, 120V]，LVDT 的测量噪声为 RMS 0.01μm 的白噪声。MATLAB/Simulink 和 dSPACE DS1104 控制板用于辨识与控制模型。

2. 迟滞、蠕变、电动力学和振动动力学辨识

首先，利用周期为 400s 的方波输入信号辨识蠕变动力学，采样间隔设置为 10ms。在此时间尺度下，动态响应采样较少，快于采样间隔的极点和零点被忽略。辨识的蠕变传递函数表示为

$$\hat{G}_c(s)=\frac{(s+0.01458)(s+0.1716)(s+0.241)}{(s+0.01419)(s+0.1684)(s+0.2402)}\cdot\frac{(s+1.07)(s+18.29)}{(s+1.053)(s+17.57)} \tag{8.33}$$

辨识出蠕变动力学后，以 0.05ms 为采样间隔进行电动力学和振动动力学的辨识。采用方波输入信号，周期为 20ms。逆模型消除了蠕变效应，采用与仿真研究相似的 ARMAX 结构，即 $n_a = 5$，$n_b = 6$，$n_c = 5$。电动力学和振动动力学的辨识结果为

$$\hat{G}_{ev}(s) = \frac{1}{0.00049s+1} \cdot \frac{8.1\times10^6}{s^2+3901s+8.1\times10^6} \cdot \frac{2.41\times10^7}{s^2+805s+2.41\times10^7} \tag{8.34}$$

式中，时间常数为 0.00049s，压电堆的模态频率为 2849rad/s 和 4909rad/s，模态阻尼系数为 0.69 和 0.082。

辨识结果表明，8.2.1 节的模型结构能有效地描述压电堆的性质。

最后，利用式（8.19）中具有不同振幅的谐波信号进行率无关的 Preisach 迟滞辨识，每个信号的周期为 2s。识别的电压为[0V, 50V]，离散化阶数 L_d 设置为 50，因此，需要 50 个谐波信号。式（8.19）和式（8.20）中的参数为 $\delta = 1$，$u_{\max} = 50$，$T_{\text{sub}} = 2\text{s}$，$\omega_r = 0.5$，$T = 100\text{s}$，$N = 1$。实验中可以观察到位移输出漂移。在低频时，所辨识的电动力学和振动动力学［式（8.34）］的逆模型被简化为

$$\hat{G}_{ev}^{-1} \approx 1 + 0.001005\frac{s}{1+\varepsilon s} \tag{8.35}$$

式中，为了在辨识中消除电动力学和振动动力学效应，取 $\varepsilon = 0.02$。

图 8.19 为 Preisach 权重函数辨识结果，小于最大奇异值 0.00001 的奇异值被截断。

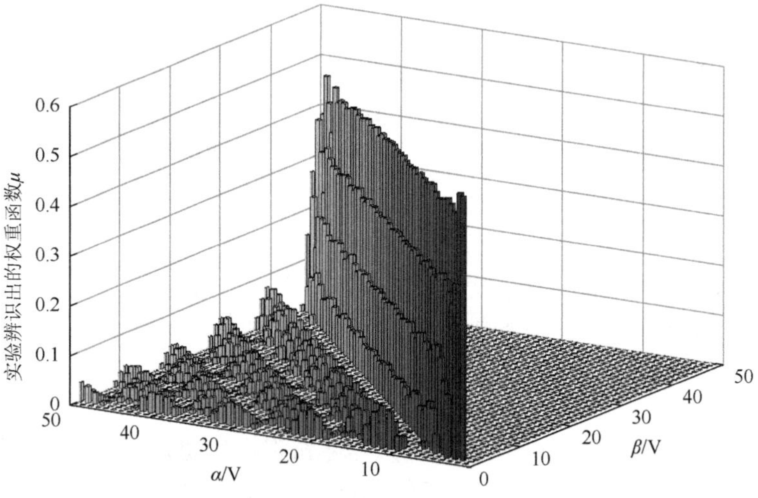

图 8.19　Preisach 权重函数辨识结果

3. 模型验证

除了逆模型前馈控制，对比实测迟滞曲线和仿真迟滞曲线，验证了所辨

识的迟滞模型的精度。将基于不同频率的辨识模型的输入-输出迟滞曲线与实测迟滞曲线进行对比，在不考虑位移漂移的情况下，不同频率的迟滞曲线如图 8.20 所示。图 8.20（a）～（d）为正弦输入，图 8.20（e）为多频率组合输入，$u(t)=2\sin 200\pi t+\sin 600\pi t+\sin 800\pi t+\sin 1000\pi t+11$，图 8.20（f）为幅值下降的三角波输入。

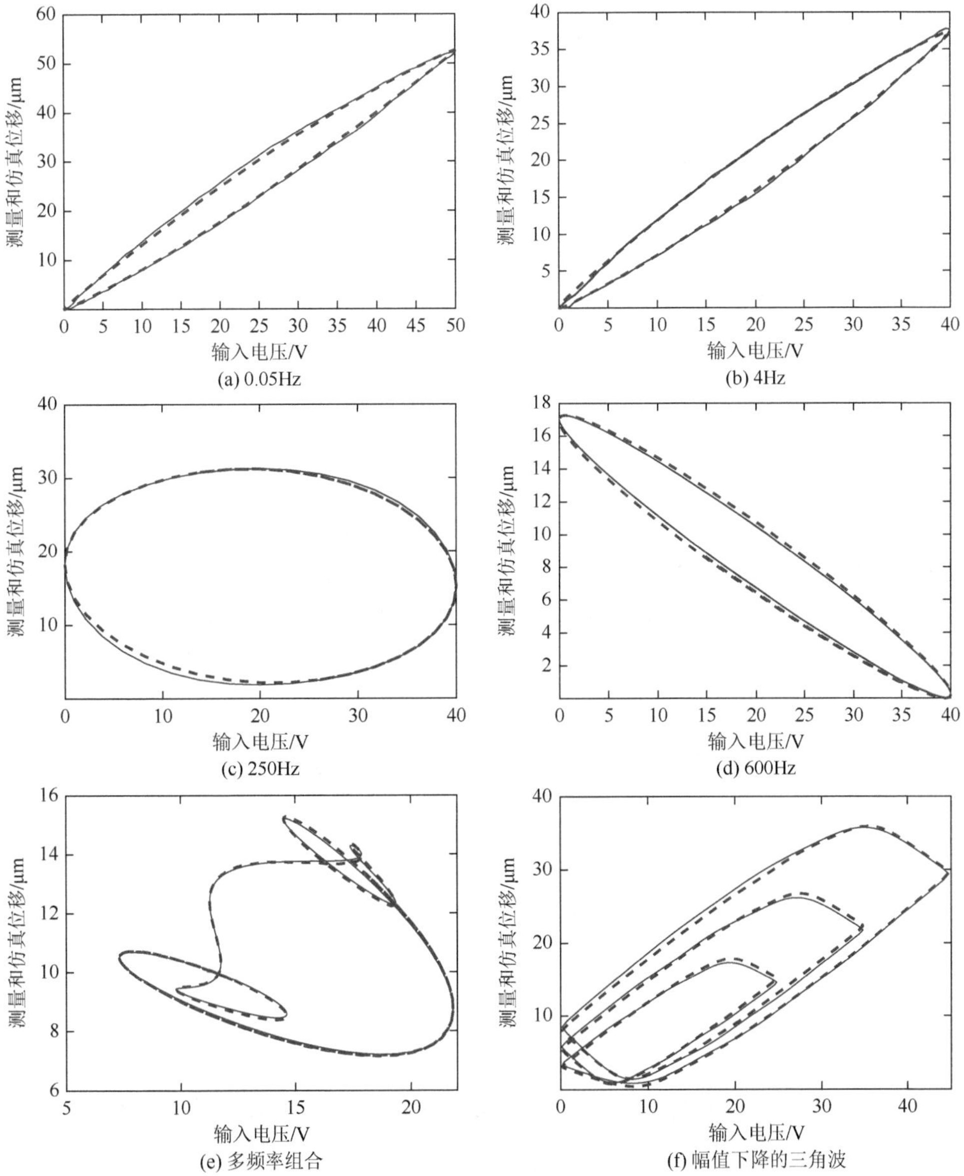

图 8.20　不同频率下迟滞曲线的实测和仿真结果的比较

实线：仿真迟滞曲线；虚线：实测迟滞曲线

由于实验中的权重函数 μ 的真实值未知，采用估计位移与实测位移之间的相对误差来评估迟滞动力学的辨识精度。相对误差 e_y 可表示为

$$e_y = \frac{\| y - \hat{y} \|}{\| y \|} \times 100\% \tag{8.36}$$

式中，$\|\cdot\|$ 表示欧氏范数；y 和 $\hat{y}$ 分别为实测位移与估计位移。

在 0.05Hz、4Hz、250Hz、600Hz 时的相对误差 e_y 和 e_r 如表 8.1 所示。可以看出，仿真迟滞曲线与实测迟滞曲线的相对误差较小。

表 8.1　相对误差 e_y 和 e_r

频率/Hz	仿真相对误差 e_y /%	逆模型前馈补偿器相对误差 e_r /%	无补偿的开环控制相对误差 e_r /%
0.05	0.51	0.77	7.52
4	1.08	1.34	9.12
250	1.79	2.41	74.88
600	2.42	4.32	107.12
多频率组合	1.42	2.18	56.95
幅值下降的三角波	2.46	3.01	39.03

在不考虑位移漂移的情况下，本节设计了逆模型前馈补偿器，验证了模型辨识的有效性。逆模型前馈补偿器和无补偿的开环控制如图 8.21 所示。在开环情况下无补偿，正值 γ 是用来调节输入-输出增益的，使得理想的和实际位移增益为 1。γ 在 0.05Hz、4Hz、250Hz、600Hz 的值分别为 0.9、0.96、1.0、1.05。

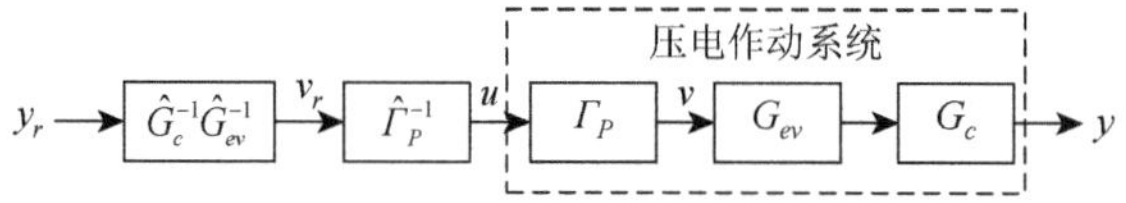

(a) 基于逆模型前馈补偿器

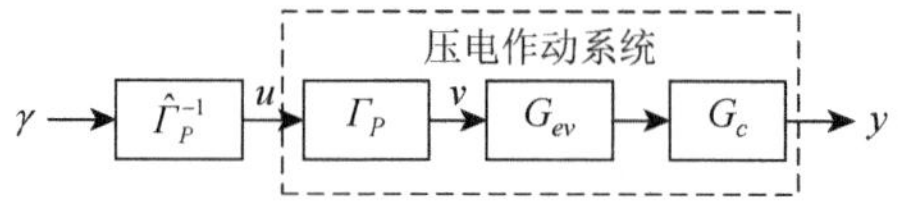

(b) 无补偿的开环控制

图 8.21　控制结构

本节仅使用周期变化的 $y_r(t)$，其可以用傅里叶级数表示为正弦形式：

$$y_r(t) = \sum_i M_i \sin(\omega_i t + \theta_i) \tag{8.37}$$

式中，M_i、ω_i 和 θ_i 分别为第 i 阶的幅值、频率和相位。

对于正弦信号，通过改变其相位和增益可以实现非迟滞动力学的逆模型。因此，参考轨迹 $v_r(t)$ 可写作

$$v_r(t)=\sum_i M_i/|G_cG_{ev}(\mathrm{j}\omega_i)|\sin[\omega_i t+\theta_i-\angle G_cG_{ev}(\mathrm{j}\omega_i)] \tag{8.38}$$

接下来计算迟滞的逆模型。将 $\hat{G}_c^{-1}\hat{G}_{ev}^{-1}$ 的输出 $v_r(t)$ 作为 $\hat{\Gamma}_P^{-1}$ 的输入，如图 8.21（a）所示。如果估计的迟滞输出 $\hat{v}$ 可以在误差范围 e 内跟踪参考 v_r，则前馈电压保持不变。如果估计的迟滞输出 $\hat{v}$ 小于参考 v_r 并有 $|v_r-\hat{v}|>e$，则前馈电压增大，反之亦然。Preisach 迟滞逆模型在文献[12]中有详细描述。

不同频率正弦信号的逆模型前馈补偿性能如图 8.22 所示。与无补偿的开环控制相比，前馈补偿器大大减小了误差。同样地，相对误差 e_r 可表示为

$$e_r=\frac{\|y_r-y\|}{\|y_r\|}\times 100\% \tag{8.39}$$

式中，$\|\cdot\|$ 表示欧氏范数；y_r 和 y 分别为期望位移与实测位移。

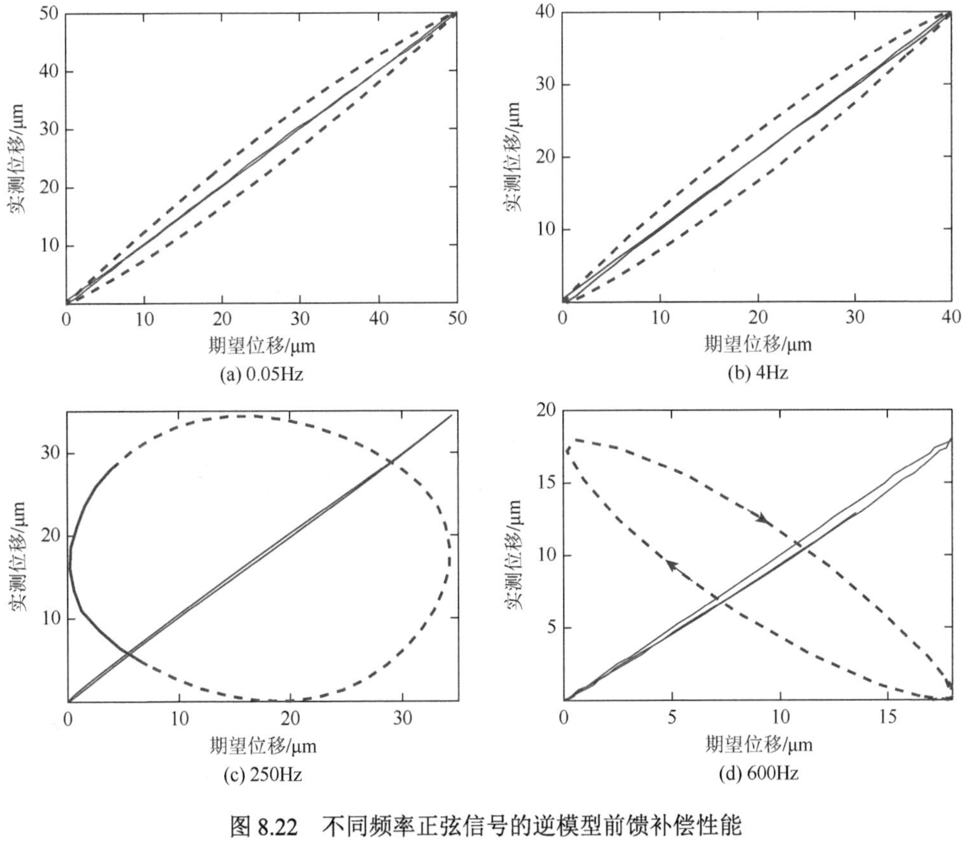

图 8.22　不同频率正弦信号的逆模型前馈补偿性能

虚线：无补偿的开环性能；实线：逆模型前馈补偿性能

为了进一步证明辨识结果的有效性，本章研究了逆模型前馈补偿器对变频和降幅轨迹的跟踪性能，结果如图 8.23 和图 8.24 所示，其中图 8.23 的输入为 $y_r = 12\sin 200\pi t + 6\sin 600\pi t + 6\sin 800\pi t + 6\sin 1000\pi t + 16.2$。由表 8.1 可以看出，逆模型前馈补偿器对宽频带的迟滞动力学能进行有效补偿，说明也可以对压电作动系统进行有效建模和辨识。

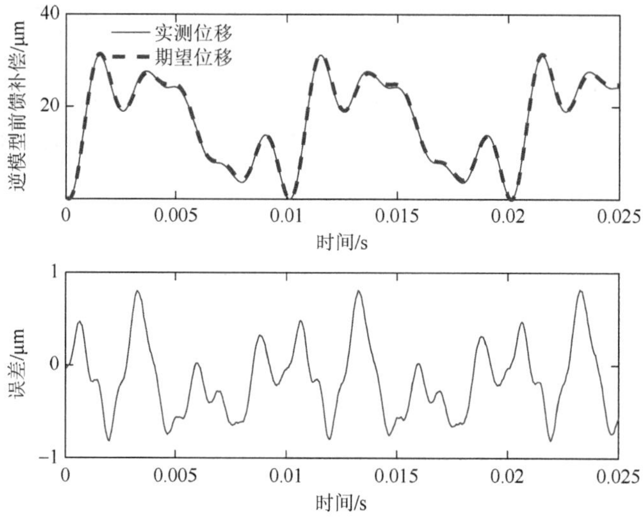

图 8.23　逆模型前馈补偿器对变频轨迹的跟踪性能

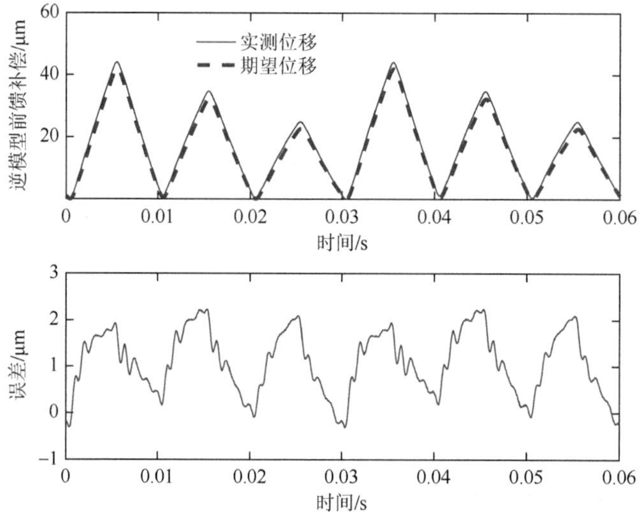

图 8.24　逆模型前馈补偿器对带有 3 个极值、基频为 100Hz 的降幅正弦轨迹的跟踪性能

4. 讨论

逆模型前馈补偿器控制压电作动系统高速高精度同步运动中，如何进行宽频带的精确辨识是一个关键问题。在宽频段的压电堆实验中，采用本节所提出的方法辨识了包括耦合迟滞、蠕变、电动力学和振动动力学在内的迟滞动力学。此外，通过逆模型前馈补偿器和对比压电位移与输入电压迟滞曲线，验证了该方法的有效性。

对比在文献[13]和[14]中包含迟滞和非迟滞动力学的级联模型的辨识方法，本节充分地考虑耦合问题，实验结果证明加入耦合可以提高识别精度。另外，与文献[15]中基于率相关迟滞模型的动态迟滞辨识不同，本节没有采用权重函数假设和曲线拟合手段。此外，相比率相关的迟滞，基于辨识的非迟滞动力学可以更方便地设计现代控制器。与本节所调研的文献相比，本节所提出的辨识方法是逐步描述的，并且可以方便其他读者和研究者使用本节所提出的步骤进行实验。

为了有效地实现逆模型前馈补偿器，前馈输入信号可以离线计算，然后将数据写入 DSP（digital signal processor）板中进行实时补偿。测量噪声位于前馈支路之外。因此，与一般的反馈补偿器相比，它更适合于跟踪高频轨迹。

在低频时，由于压电作动系统的电动力学和振动动力学在低频时接近其直流增益，因此压电作动系统的建模可以简化为静态迟滞现象。文献[12]研究了压电作动系统在低频下的静态迟滞特性，其中采用曲线拟合技术抑制蠕变，但是当参考频率增加到 25Hz 时，基于迟滞特性的逆模型前馈补偿误差显著增加。反之，本节逆模型前馈在 600Hz 时补偿误差仍小于 4.32%。在低频时，可以使用静态迟滞模型，宽频带可以使用迟滞、蠕变、电动力学和振动动力学的级联模型。

本节仍然存在迟滞现象离散化程度的局限性。如果式（8.15）中的 Preisach 迟滞被离散到更高的级别，那么 CPU[3]计算 $\boldsymbol{A}^{\mathrm{T}}\boldsymbol{A}$ 的时长会增加。因此，在实验中，离散化阶数受到限制，Preisach 迟滞的辨识精度也受限制。

8.3　压电作动系统 Bouc-Wen 迟滞辨识

与 8.2 节不同，本节中，对 8.1 节描述的压电快速转向平台系统采用静态 Bouc-Wen 模型来描述迟滞效应，采用一种宽频域内的级联建模方法，研究多域动力学效应以描述压电快速转向平台的复杂行为，并进行压电快速转向平台的参数辨识的实验研究。

8.3.1　Bouc-Wen 迟滞模型

静态 Bouc-Wen 模型如下所示：

$$\begin{cases}\theta(t)=k_u u(t)+\theta_0+h(t)\\ \dot{h}(t)=\alpha_b\dot{u}(t)-\beta_b\,|\,\dot{u}(t)\,||\,h(t)\,|^{n-1}\,h(t)-\gamma_b\dot{u}(t)\,|\,h(t)\,|^{n}\end{cases}\tag{8.40}$$

式中，θ_0为初始输出偏差；$h(t)$为迟滞变量；k_u、α_b、β_b、γ_b和n为待定模型参数，本节中选取$n=1$。

图 8.25 显示了静态 Bouc-Wen 迟滞的率无关特性。输入信号为变频正弦信号，频率为 0.1～100Hz。采用 10Hz 正弦信号输入下的迟滞环作为对比。由图 8.25 可知，随着输入频率的增加，迟滞环保持不变。这种率无关特性表明在辨识 Bouc-Wen 迟滞时多频输入信号是没有用的，应该采用多种幅值的输入信号进行辨识。

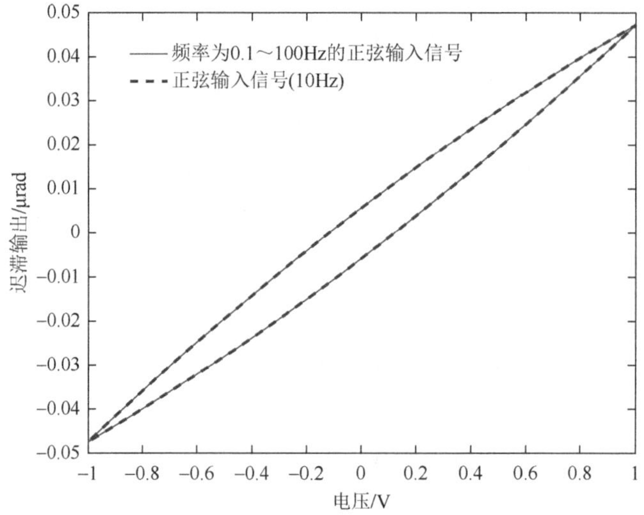

图 8.25　静态 Bouc-Wen 迟滞的率无关特性

压电快速转向平台的级联 Bouc-Wen 迟滞模型如图 8.26 所示。

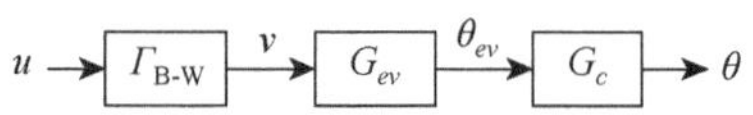

图 8.26　压电快速转向平台的级联 Bouc-Wen 迟滞模型

8.3.2　Bouc-Wen 迟滞模型参数辨识

Bouc-Wen 迟滞模型辨识方法与 8.2.3 节的 Preisach 迟滞辨识方法类似，均是采用分部辨识方法，两者非迟滞部分动力学辨识方法完全一致，这里不再赘述，只介绍 Bouc-Wen 迟滞部分的辨识方法。

Bouc-Wen 迟滞辨识分为两部分，首先，采用两组变幅值正弦信号对 v_0 和 k_u 进行辨识，两组输入信号具有相同的周期，幅值差为常数，如式（8.41）所示：

$$\begin{cases} u(t) = A_m[\sin(\omega_1 t)\cdot\cos(\omega_2 t)+1] \\ u_1(t) = u(t)+\Delta u \end{cases} \tag{8.41}$$

式中，A_m 和 Δu 为常数。

式（8.41）中两个方程所对应的输出响应分别为 $v(t)$ 和 $v_1(t)$。k_u 可采用式（8.42）进行计算[13]：

$$k_u = \frac{\sum_{i=1}^{\kappa}(\theta_{1i}-\theta_i)}{\kappa\Delta u} \tag{8.42}$$

式中，κ 为所计算点的数量；Δu 为两组输入信号的常值差。根据 Bouc-Wen 迟滞模型，有

$$\int_0^{T_b} h(t)\mathrm{d}t = 0 \tag{8.43}$$

式中，T_b 为正弦输入信号周期，考虑式（8.40），v_0 可采用式（8.44）进行计算：

$$\theta_0 = \frac{1}{T_b}\int_0^{T_b}[\theta(\tau)-k_u u(\tau)]\mathrm{d}\tau \tag{8.44}$$

本节中选取参数 n 为 1，因此，式（8.40）中迟滞输出与剩余参数 α_b、β_b、γ_b 之间为如下线性关系[15, 16]：

$$\dot{h}(t) = \alpha_b S_1 + \beta_b S_2 + \gamma_b S_3 = [S_1 \quad S_2 \quad S_3]\begin{bmatrix}\alpha_b \\ \beta_b \\ \gamma_b\end{bmatrix} \tag{8.45}$$

式中

$$\begin{cases} S_1 = \dot{u}(t) \\ S_2 = -|\dot{u}(t)|h(t) \\ S_3 = -\dot{u}(t)|h(t)| \end{cases} \tag{8.46}$$

参数 α_b、β_b、γ_b 的辨识采用最小二乘辨识方法。

8.3.3 Bouc-Wen 迟滞实验研究

1. 实验设备

实验设备如图 8.27 所示，主要包括压电快速转向平台、电压放大器、实时控制系统 dSPACE DS1202 和主机，实验系统安装在气浮平台上。本节采用的压电快速转向平台型号为 S-330.2SL，具有 2mrad 的运动范围。SGS 传感器集成在压电

堆栈作动器中以测量压电快速转向平台偏转角度。控制机箱 E-501.00 包括电压放大器与信号调理器。实验系统示意图如图 8.28 所示。

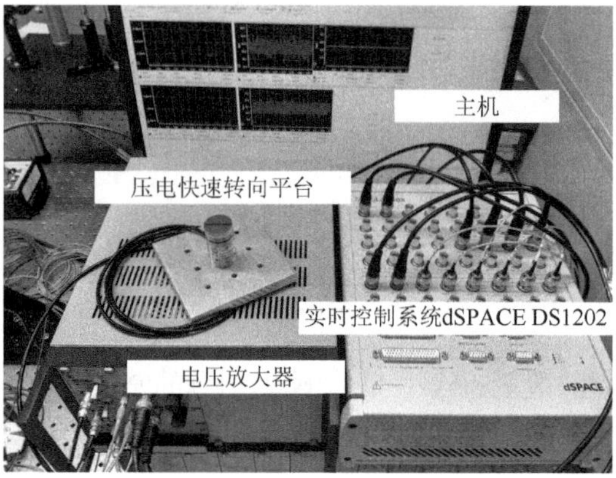

图 8.27　实验设备

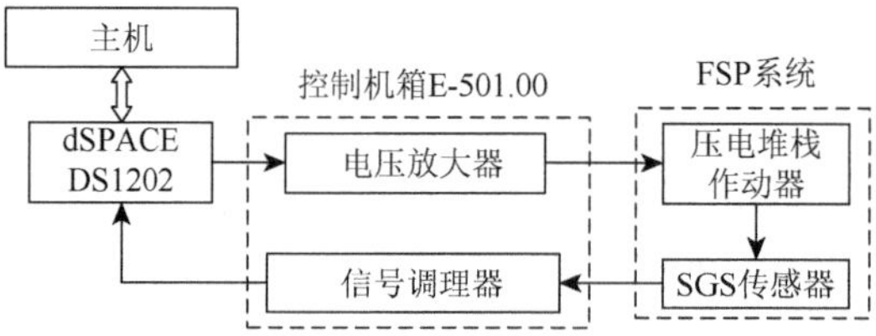

图 8.28　实验系统示意图

2. 压电快速转向平台动力学模型辨识

本节给出所建立级联迟滞模型及所设计辨识方法有效性的实验验证。辨识精度采用相对 RMS 误差进行评估，如下：

$$e_{\mathrm{RMS}}=\left(\frac{\sqrt{\dfrac{1}{N}\sum_{i=1}^{N}[\hat{y}(i)-y(i)]^2}}{\sqrt{\dfrac{1}{N}\sum_{i=1}^{N}y(i)^2}}\right)\times 100\% \tag{8.47}$$

式中，N 为采样数；$y(i)$ 和 $\hat{y}(i)$ 分别为测量输出和估计输出。

首先采用周期为 400s 的方波信号对蠕变进行辨识，采样时间为 10ms。ARMAX 模型参数 n_a、n_b、n_c 和 n_k 分别为 5、6、5 和 0。辨识得到蠕变动力学为

$$\widehat{G}_c=\frac{(s+1.815)(s+0.1549)(s+0.009688)}{(s+1.795)(s+0.1535)(s+0.009492)} \tag{8.48}$$

蠕变动力学辨识结果如图 8.29 所示，相对均方根误差为 0.44%。

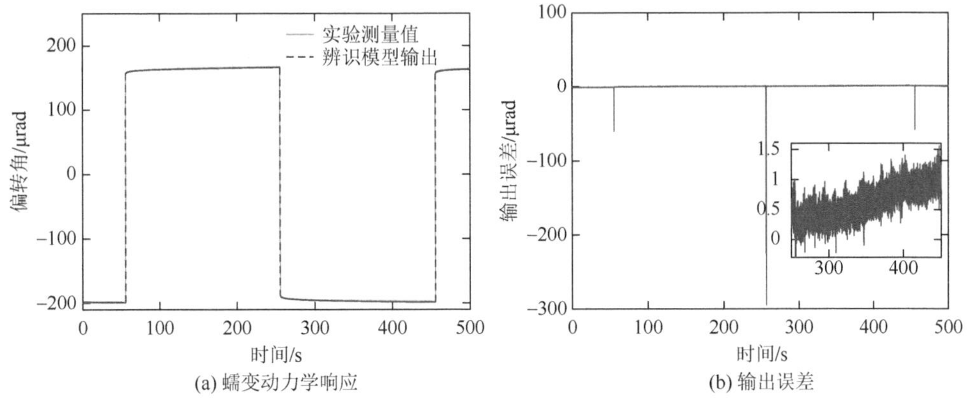

图 8.29　蠕变动力学辨识结果

局部放大图横轴显示了放大区域的范围，余同

随后对电动力学和振动动力学进行辨识，蠕变效应的影响通过其逆模型进行补偿。辨识输入信号为周期 20ms 的方波信号，采样时间为 0.05ms。ARMAX 模型参数 n_a、n_b、n_c 和 n_k 分别为 8、9、8 和 0。模型辨识结果为

$$\widehat{G}_{ev}=\frac{6.815\times10^{17}}{(0.00018s+1)(s^2+1113s+4.289\times10^6)}\times\frac{s^2+195.7s+4.126\times10^6}{(s^2+1.737\times10^4s+2.663\times10^8)(s^2+5.448\times10^4s+2.462\times10^9)} \tag{8.49}$$

电动力学和振动动力学辨识结果如图 8.30 所示，相对均方根误差为 1.11%。由于镜面和黏接层动力学影响，上升沿和下降沿都会产生瞬时反向运动。

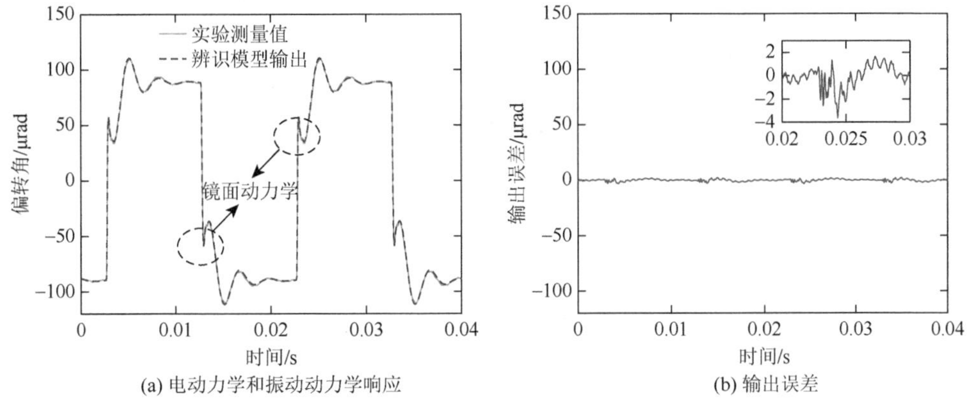

图 8.30　电动力学和振动动力学辨识结果

最终对 Bouc-Wen 迟滞模型进行辨识，输入信号根据式（8.41）进行设计，其

中 $A_m = 30\text{V}$，$\omega_1 = \pi\text{rad/s}$，$\omega_2 = 0.04\pi\text{rad/s}$，$\Delta u = 5\text{V}$，采样时间为 1ms。蠕变、电动力学和振动动力学效应通过其逆模型进行补偿。所辨识 Bouc-Wen 迟滞如下：

$$\begin{cases}\theta(t) = 28.187u(t) + 99.837 + h(t) \\ \dot{h}(t) = -9.484\dot{u}(t) - 0.0232\,|\,\dot{u}(t)\,|\,h(t) + 0.0028\dot{u}(t)\,|\,h(t)\,|\end{cases} \tag{8.50}$$

迟滞模型辨识结果如图 8.31 所示，相对均方根误差为 1.86%。

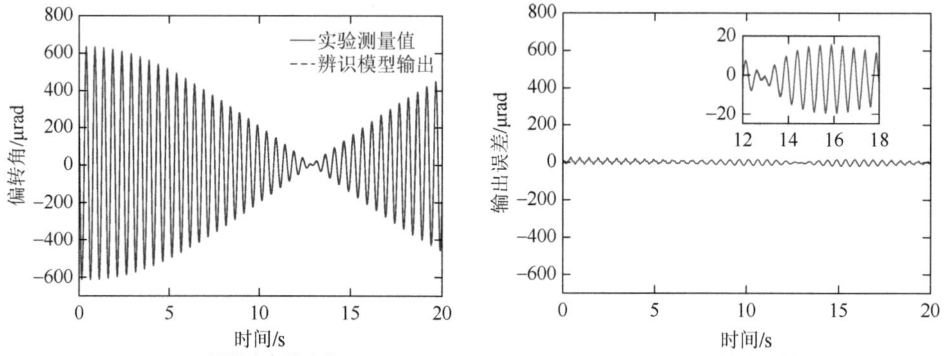

(a) 迟滞动力学响应　　(b) 输出误差

图 8.31　迟滞模型辨识结果

图 8.32 给出了测量迟滞环和辨识模型所估计迟滞环的比较。由图 8.32 可知，辨识模型的结果与测量值相符合。

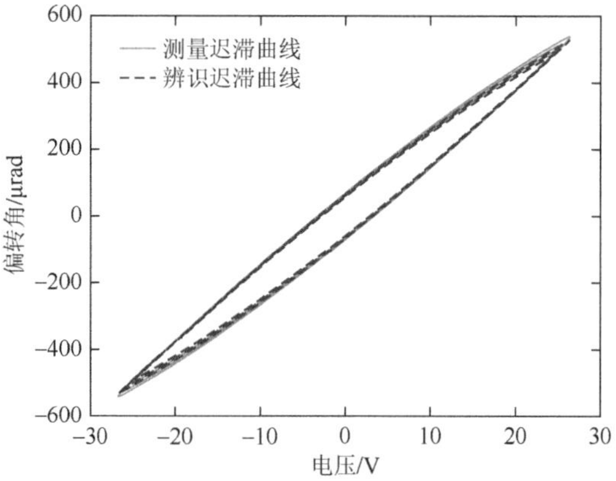

图 8.32　变幅值正弦输入下迟滞环

3. 压电快速转向平台实验验证

下面给出本节所提出建模和辨识方法有效性的进一步的实验验证，将不同输入条件下所辨识压电快速转向平台动力学模型与实验输出结果进行比较。

首先，复合信号输入下压电快速转向平台辨识结果如图 8.33 所示。复合信号包括正弦、方波和三角波三种信号。相比于实验测量输出，辨识结果的相对均方根误差为 4.61%。

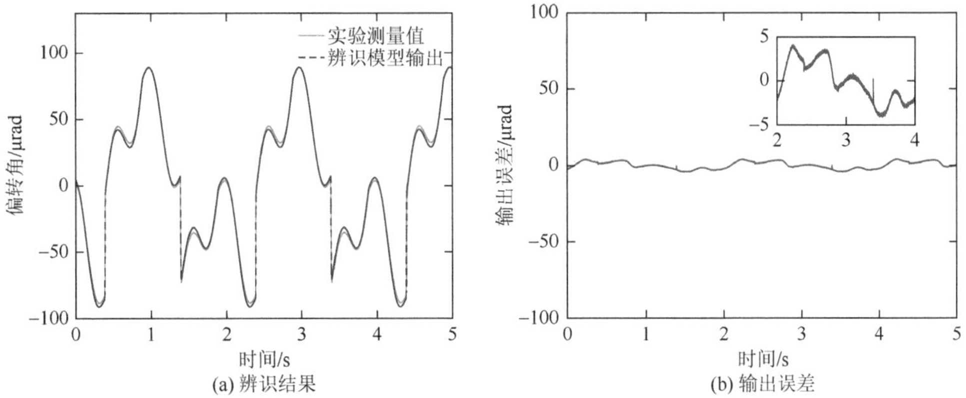

图 8.33　复合信号输入下压电快速转向平台辨识结果

其次，给出压电快速转向平台系统 x 轴和 y 轴的辨识结果。实验中采用不同频率的变幅值的输入信号。图 8.34 显示了在给定输入下的辨识结果，x 轴和 y 轴辨识结果的相对均方根误差分别为 8.32%和 7.17%。压电快速转向平台系统的辨识及测量轨迹对比如图 8.35 所示，辨识结果能够很好地符合测量结果。

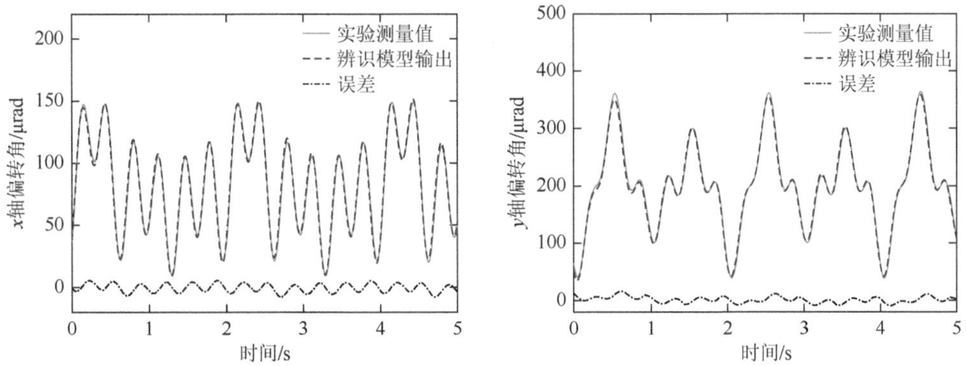

图 8.34　压电快速转向平台的测量及辨识估计轨迹

图 8.36 给出了不同参考轨迹输入时压电快速转向平台辨识结果，x 轴和 y 轴辨识结果的相对均方根误差分别为 7.87%和 6.45%。图 8.37 给出了压电快速转向平台辨识及测量轨迹比较结果。由图 8.37 可知，本节提出的辨识模型能够准确地描述压电快速转向平台的动力学效应，辨识模型输出结果与实验结果能够很好地吻合。

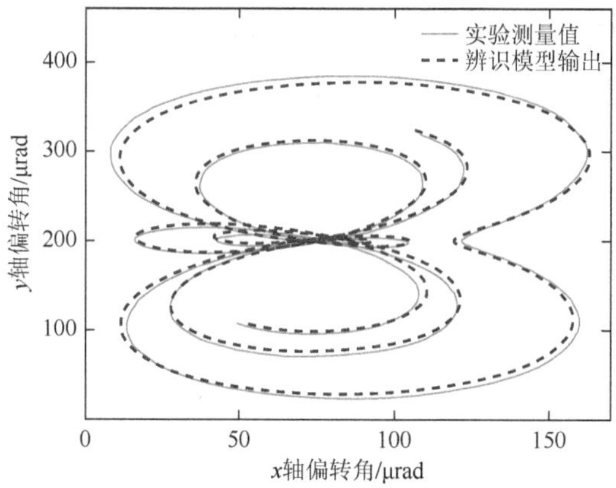

图 8.35　压电快速转向平台系统的辨识及测量轨迹对比

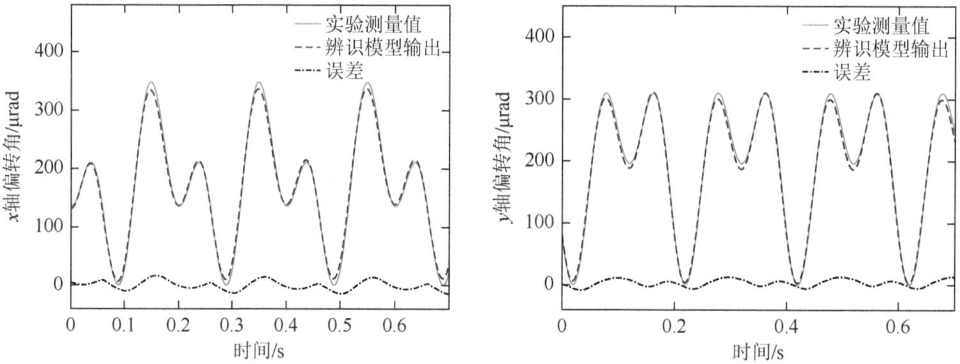

图 8.36　不同参考轨迹输入时压电快速转向平台辨识结果

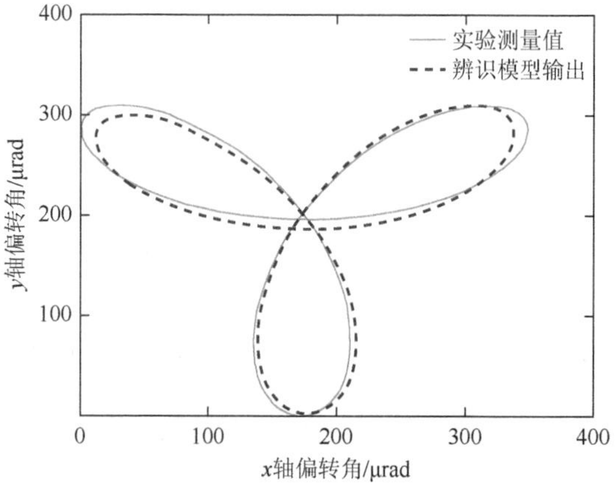

图 8.37　压电快速转向平台辨识及测量轨迹比较结果

8.4 本章小结

本章应用 Preisach 模型和 Bouc-Wen 模型分别建立了压电材料的迟滞动力学模型，并进行了参数辨识和实验研究。实验结果表明，两种迟滞动力学均可以有效地描述压电材料的迟滞效应。

在先进航天器中，压电材料被广泛地用于振动控制领域，既可作为系统传感器敏感振动，也可作为振动补偿的作动器，例如，可使用压电快摆镜实现对目标的精跟踪瞄准控制。作为高精度控制的关键部件，压电材料的控制精度严重限制了系统的控制性能。研究压电材料的动力学模型，能为相关的高精度控制及补偿提供基础。

参考文献

[1] Liu L，Tan K K，Teo C S，et al. Development of an approach toward comprehensive identification of hysteretic dynamics in piezoelectric actuators[J]. IEEE Transactions on Control Systems Technology，2012，21（5）：1834-1845.

[2] Liu L，Li Q，Yun H，et al. Composite modeling and parameter identification of broad bandwidth hysteretic dynamics in piezoelectric fast steering platform[J]. Mechanical Systems and Signal Processing，2019，121：97-111.

[3] Tan X B，Baras J S. Adaptive identification and control of hysteresis in smart materials[J]. IEEE Transactions on Automatic Control，2005，50（6）：827-839.

[4] Adriaens H，de Koning W L，Banning R. Modeling piezoelectric actuators[J]. IEEE/ASME Transactions on Mechatronics，2000，5（4）：331-341.

[5] Goldfarb M，Celanovic N. Modeling piezoelectric stack actuators for control of micromanipulation[J]. Control Systems IEEE，1997，17（3）：69-79.

[6] Liaw H C，Shirinzadeh B，Smith J. Sliding-mode enhanced adaptive motion tracking control of piezoelectric actuation systems for micro/nano manipulation[J]. IEEE Transactions on Control Systems Technology，2008，16（4）：826-833.

[7] Malvern L E. Introduction to the Mechanics of a Continuous Medium[M]. Upper Saddle River：Prentice Hall，1969.

[8] Mayergoyz I D. Mathematical Models of Hysteresis[M]. Berlin：Springer-Verlag，2003.

[9] Åström K J，Wittenmark B. Adaptive Control[M]. Boston：Addison-Wesley，1995.

[10] Ljung L. System Identification：Theory for the User[M]. 2nd ed. Upper Saddle River：Prentice Hall，1999.

[11] Wu Y，Zou Q Z. Robust inversion-based 2-DOF control design for output tracking：Piezoelectric-actuator example[J]. IEEE Transactions on Control Systems Technology，2009，17（5）：1069-1082.

[12] Liu L，Tan K K，Chen S L，et al. SVD-based Preisach hysteresis identification and composite control of piezo actuators[J]. ISA Transactions，2012，51（3）：430-438.

[13] Rakotondrabe M，Clévy C，Lutz P. Complete open loop control of hysteretic，creeped，and oscillating piezoelectric cantilevers[J]. IEEE Transactions on Automation Science and Engineering，2010，7（3）：440-450.

[14] Juhász L，Maas J，Borovac B. Parameter identification and hysteresis compensation of embedded piezoelectric stack actuators[J]. Mechatronics，2011，21（1）：329-338.

[15] Janaideh M A，Rakheja S，Su C Y. An analytical generalized Prandtl-Ishlinskii model inversion for hysteresis compensation in micropositioning control[J]. IEEE/ASME Transactions on Mechatronics，2011，16（4）：734-744.

[16] Sues R H，Mau S T，Wen Y K. Systems identification of degrading hysteretic restoring forces[J]. Journal of Engineering Mechanics，1988，114（5）：833-846.

第 9 章　先进航天器连接非线性动力学

多数先进航天器在应用场景中对动力学建模及控制精度要求极高。但是目前先进航天器任务趋于多样化、复杂化，有效载荷功能模块随之增多，整体结构需要更多的连接结构，使得航天器结构趋于复杂化，如铰接连接、销接连接、螺栓连接、球状连接、棱柱连接等，其中不可避免地存在间隙外的其他非线性，如连接结构中接触面之间的摩擦力，典型螺栓连接结构表现出的迟滞非线性等。这些非线性因素影响了结构的振动响应。再加上新型复合轻质材料的应用降低了结构重量比，导致先进航天器结构存在严重的非线性振动和频率漂移问题，影响控制精度。例如，土星探测器 Cassini、红外探测航天器 Astro-F 及国内若干型号航天器在地面振动实验中发现的频率漂移问题[1-3]。因此，需要研究先进航天器的精确动力学建模和高精度的控制，为抑制先进航天器非线性振动和频率漂移提供参考与解决思路。

在航天器非线性动力学响应的机理上对上述频率漂移现象进行建模仿真研究时，由于研究对象均为大型复杂组合结构，为了简化模型一般采用质量-弹簧振子模型，如上述对 Cassini、Astro-F 的研究[1, 2]，以及美国喷气动力实验室（Jet Propulsion Laboratory，JPL）对大型桁架结构 Mini-Mast 多自由度模型的研究均采用质量-弹簧振子[4]。质量-弹簧振子模型大大缩减了系统整体的自由度，因此有研究者尝试将航天器结构用连续体进行建模，如 Noor 等[5]提出了将桁架结构用悬臂梁来建模的方法，Thomas 和 Stubbs[6]将空间站结构用连接在一起的梁来建模。采用连续体建模的思想，一些研究者通过研究连接中的非线性因素[7]对连续体动力学的影响，如航天器中广泛采用的套筒连接结构对连续体振动的影响[8-10]，来分析航天器整体结构的动力学特性。本章选取带非线性连接结构的梁为对象，综合考虑非线性因素，包括连接结构引入的非线性（如螺栓连接、间隙、横向迟滞反力、面内摩擦力、轴向反力等），进行连接结构非线性对连续体受迫振动时频率漂移影响的建模研究[11]。

9.1　端点带迟滞非线性连续体动力学建模及响应

9.1.1　数学建模

对于一端固支一端带螺栓连接结构的对象，如图 9.1 所示，其右端螺栓连接结构可以看作在梁的横向位移方向具有迟滞非线性。利用 Iwan 模型对其右端的连接结构进行建模。

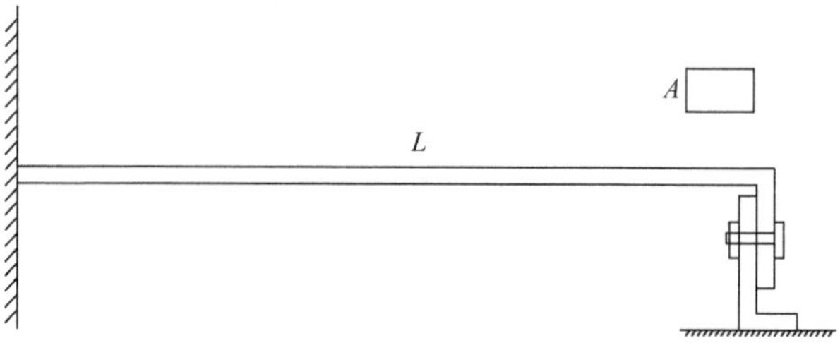

图 9.1　端点带螺栓连接梁结构示意图

1. 基于时间驱动的 Iwan 模型

Iwan 模型为描述迟滞非线性的速率无关模型[12]，经典 Iwan 模型包括并-串联模型及串-并联模型，两者中较常用的并-串联模型如图 9.2(a)所示，由 N 个 Jenkin's 单元组成，每个 Jenkin's 单元包含一个具有相同刚度 k/N 的线性弹簧和一个带有临界滑动摩擦力 f_i^*/N 的库仑滑块。Song[13]在经典模型中并联一个刚度为 $k_\alpha=\alpha k$ 的线性弹簧，如图 9.2（b）所示，认为其力-位移特性更加接近于实验数据，本节建模时采用 Song 的改进模型。考察图 9.2（a）中模型从静止开始的初始加载过程，当速度 $\dot{x}>0$ 且位移为 x 时，反力可以表达为

$$f = kx(N-n)/N + \sum_{i=1}^{n} f_i^*/N \tag{9.1}$$

式中，n 为此时已经开始滑移的 Jenkin's 单元个数。当所有单元的库仑滑块均开始滑移时，Iwan 模型具有最大反力 f_y。当 $N\to\infty$ 时，f_i^* 可以由屈服力分布函数 $\varphi(f^*)$ 来定义，此时式（9.1）有

$$f(x) = \int_0^{kx} f^*\varphi(f^*)\mathrm{d}f^* + kx\int_{kx}^{\infty}\varphi(f^*)\mathrm{d}f^* \tag{9.2}$$

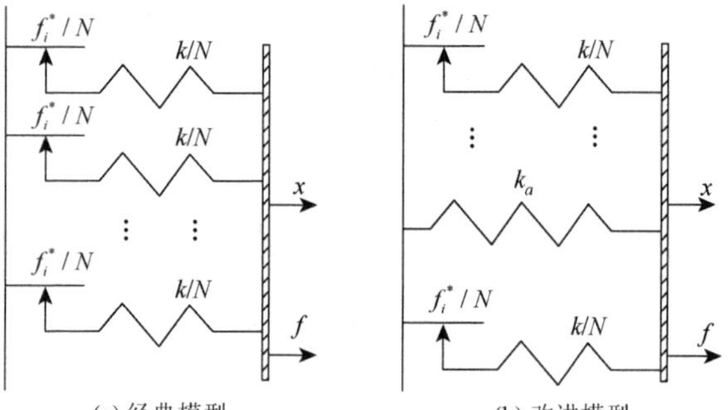

(a) 经典模型　　(b) 改进模型

图 9.2　Iwan 模型结构图

$\varphi(f^*)$ 取决于实验数据，可有不同的形式，下面的研究中采用经典的均布函数，参数 Δf 为分布宽度，$\beta=\Delta f/(2f_y)$，则屈服力分布函数表达式为

$$\varphi(f^*)=\frac{1}{\Delta f}(H[f^*-f_y(1-\beta)]-H[f^*-f_y(1+\beta)]) \tag{9.3}$$

式中，$H(\cdot)$ 为 Heaviside 函数。

为了简化建模仿真，重新构造 Jenkin's 单元的力-位移关系式，得到基于时间驱动的 Iwan 模型，与经典的基于位移的表达式相比，该表达式在加载阶段及饱和输出阶段具有统一的形式，有

$$f_J=\begin{cases} f_i^*/N, & f_J \geqslant f_i^*/N \\ (k/N)[a(t_n)-a(t_{n-1})], & -f_i^*/N < f_J < f_i^*/N \\ -f_i^*/N, & f_J \leqslant -f_i^*/N \end{cases} \tag{9.4}$$

式中，$a(t_n)$ 为 t_n 时刻 Jenkin's 单元的输入位移。图 9.3 为式（9.4）的 MATLAB/Simulink 模型图。

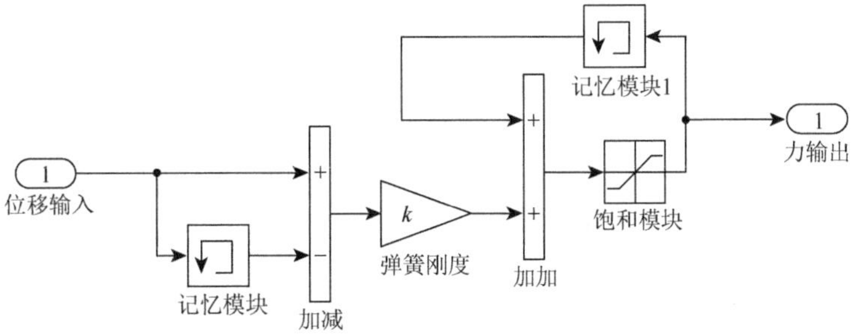

图 9.3　Jenkin's 单元 Simulink 模型图

2. 一端固支一端螺栓连接梁相对振型转换法

一端固支一端带螺栓连接结构的对象如图 9.1 所示，利用 Iwan 模型对其右端的连接结构进行建模，由上文可知，在梁的一个振动周期内，每当有 Jenkin's 单元屈服时，Iwan 模型的刚度会减小，其边界刚度会经历减小-增大-减小的循环过程，因此该系统的振动本质上可以看作分段线性边界条件问题，可用相对振型转换法对其进行处理。

梁的振动方程可以表达为

$$\rho A\ddot{w}+EIw''''=F(x,t) \tag{9.5}$$

式中，ρ 为梁的材料密度；A 为梁的横截面积；$F(x,t)$ 为激励力，$F(x,t)=f(x)\cos(\omega t)$。

令梁从静止开始受激励力作用，采用包含 N 个 Jenkin's 单元的 Iwan 模型对螺栓连接进行建模，假设 t_1 时刻第一个 Jenkin's 单元屈服，t_1 时刻前系统为线性振动，梁

上任一点的横向位移可以表达为 $w(x,t)=w_1(x,t)$，t_2 时刻 Iwan 模型的第二个 Jenkin's 单元屈服，$t_1 \sim t_2$ 时刻系统同样处于线性振动状态，t_1 时刻发生一次振型转换，系统由刚度为 k 的振型转换为刚度为 $k(N-1)/N$ 的振型，令梁的振型为边界条件转换前的振型叠加上转换后的振型，则梁上任一点的横向位移为 $w(x,t)=w_1(x,t_1)+w_2(x,t)$，以此类推，假设某 t_i 时刻，系统经历第 $M(M<N)$ 次振型转换，梁上任一点的横向位移为

$$w(x,t)=\sum_{r=1}^{M} w_r(x,t_r)+w_i(x,t) \tag{9.6}$$

取前 S 阶振型来近似，有

$$\begin{aligned} w_i(x,t)&=\sum_{n=1}^{S} a_{in}(t)\varphi_{in}(x) \\ w_r(x,t_r)&=\sum_{n=1}^{S} a_{rn}(t_r)\varphi_{rn}(x) \end{aligned} \tag{9.7}$$

式中，$\varphi_{in}(x)$、$\varphi_{rn}(x)$ 为对应边界条件梁振型；$a_{in}(t)$、$a_{rn}(t_r)$ 为振型振幅。将式（9.6）代入梁的振动方程（9.5）中，利用 Galerkin 方法进行处理，可以得到任意 t 时刻系统的振动方程

$$m_j\ddot{a}_j+m_j\omega_j^2 a_j=F_j(t)+\sum_{r=1}^{M}\sum_{n=1}^{S} h_{nj}^r a_r(t_r),\quad j=1,\cdots,S \tag{9.8}$$

式中，t_r 为边界条件发生改变的时刻点。

$$\begin{aligned} m_j&=\int_0^L \rho A\varphi_j^2(x)\mathrm{d}x,\quad m_j\omega_j^2=\int_0^L EI\varphi_j''''(x)\varphi_j(x)\mathrm{d}x \\ F_j&=\int_0^L F(x,t)\varphi_j(x)\mathrm{d}x,\quad h_{nj}^r=-EI\int_0^L \varphi_{rn}''''(x)\varphi_j(x)\mathrm{d}x \end{aligned} \tag{9.9}$$

转换状态时，振动方程初值为 $w_i(x,t_i^+)=0$，从而各阶模态位移的初值也为 0，模态速度

$$\dot{w}_i(x,t_i^+)=\dot{w}_{i-1}(x,t_i^-) \tag{9.10}$$

有

$$\dot{a}_{ni}(x,t_i^+)=\frac{\sum_{P=1}^{\infty}\dot{a}_{Pi-1}(t_i^-)\int_0^L \varphi_{Pi-1}(x)\varphi_{ni}(x)\mathrm{d}x}{\int_0^L \varphi_{ni}^2(x)\mathrm{d}x} \tag{9.11}$$

式中，$\varphi_{Pi-1}(x)$ 为 t_i^- 时刻系统第 P 阶模态振型；$\dot{a}_{Pi-1}(t_i^-)$ 为相应的模态速度。

9.1.2　算例数值求解及讨论

考虑如表 9.1 所示的算例参数。

表 9.1　系统参数表

符号	意义	数值
ρA /(kg/m)	横截面密度	3.2552
L/m	梁长	2
A/m^2	梁横截面积	1.4703×10^{-4}
I/(kg·m)	惯量	1.014×10^{-8}
E/(N/m^2)	弹性模量	7.45×10^{10}
k/(N/m)	Iwan 模型初始刚度	9.4×10^{2}
f_y /N	Iwan 模型饱和力	相关
α	Iwan 模型串联刚度系数	1
β	屈服力分布函数参数	1

1. 算例梁受迫振动响应及讨论

参数辨识不是本章的研究目的，所以在利用 Iwan 模型对螺栓连接建模时，取 Jenkin's 单元个数 $N=2,5,20$，其余参数如表 9.1 所示，则 Iwan 模型的力-位移曲线图如图 9.4 所示。

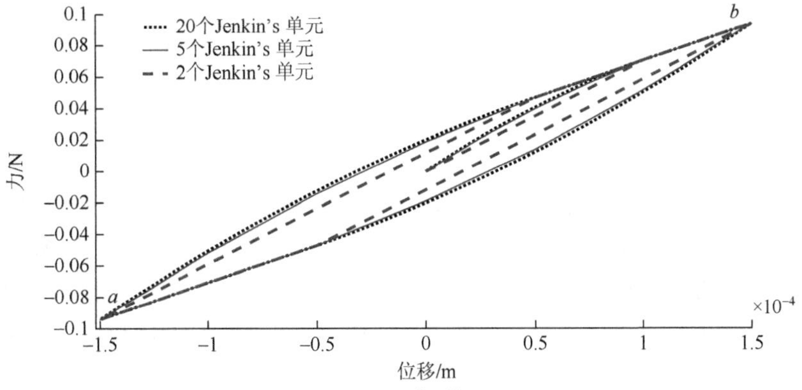

(a) 全周期

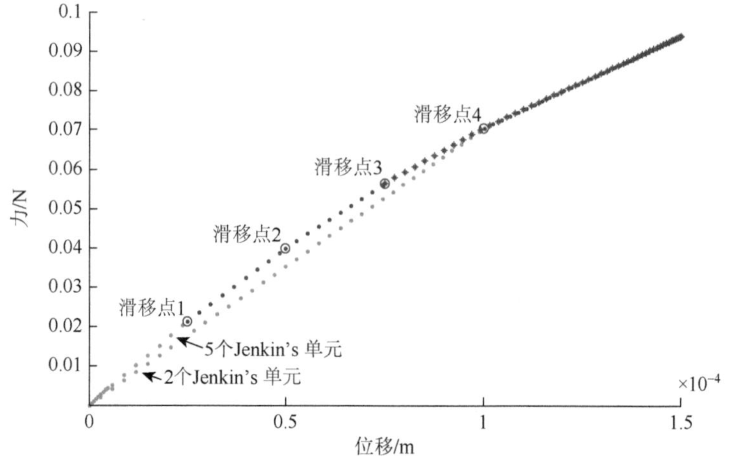

(b) 初始加载阶段

图 9.4　典型参数 Iwan 模型力-位移曲线图

从图 9.4 可知，取 5 个 Jenkin’s 单元近似时与 20 个单元近似时曲线已经基本重合，因此对于单纯的迟滞非线性，考虑计算效率因素，取 5 个 Jenkin’s 单元进行近似，Jenkin’s 单元个数对振动响应的影响，下面还将继续讨论。对于表 9.1 中参数的算例，其初始小位移时的振型及 5 个 Jenkin’s 单元全部屈服后的振型如图 9.5 所示。

图 9.5 中 x 轴、y 轴分别为无量纲后的参数 x/L 与 φ_n/B_n，可知当连接结构弹簧刚度减小时，端点有远离 x 轴的趋势。

显然，当激励力足够大时，系统在振动的一个周期内，会随着 Iwan 模型的加载与卸载而在各个不同的线性振型之间转换，转换条件为

$$|w(L,t)|=\varDelta_i \tag{9.12}$$

或

$$\dot{w}(L,t)=0 \tag{9.13}$$

式中，$\varDelta_i$ 为 Jenkin’s 单元屈服位移点。条件（9.12）如图 9.4（b）中滑移点所示，条件（9.13）为速度反向点，如图 9.4（a）中 a、b 点所示。用 5 阶振型对各状态进行近似，Iwan 模型中 Jenkin’s 单元的个数为 5，激励力形式采用四阶 Runge-Kutta 法求解该算例的位移响应，仿真步长为 1×10^{-5}s，取 10s 时间历程，典型参数（激励力幅值、频率）设定下端点的单周期运动梁端点状态切换时的振型映射如图 9.6 所示。

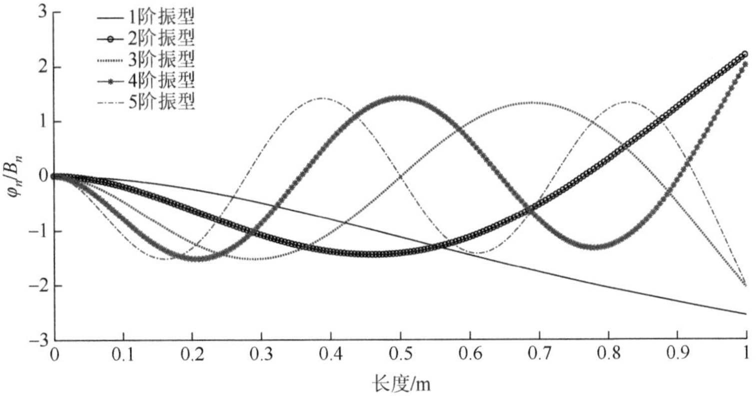

(a) $k = 9.4\times10^2$N/m

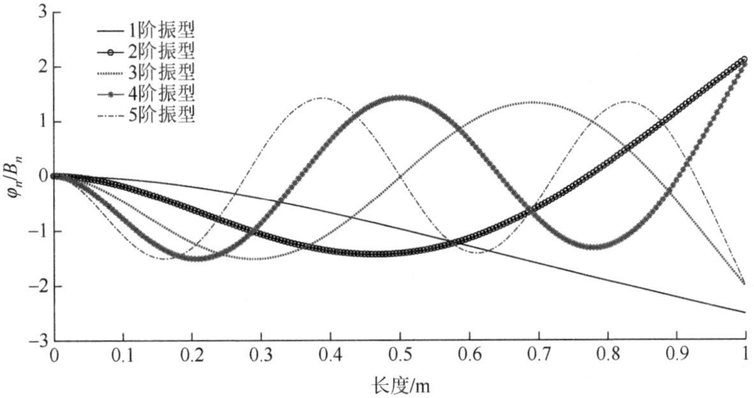

(b) $k = 4.7\times10^2$N/m

图 9.5　梁振型

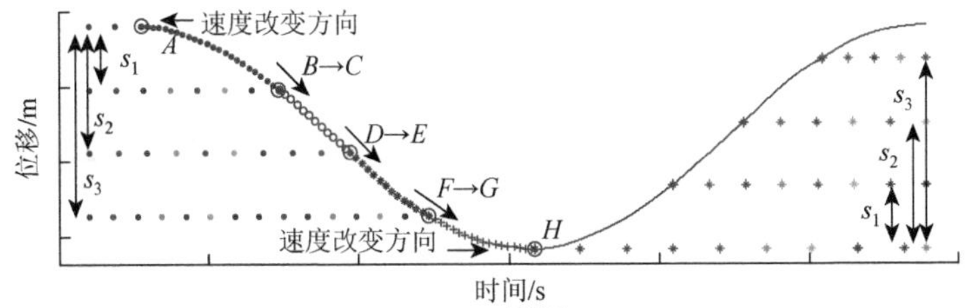

(a) 时程图

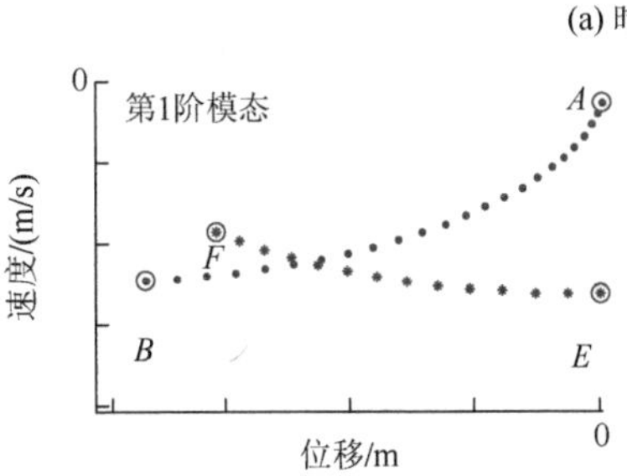

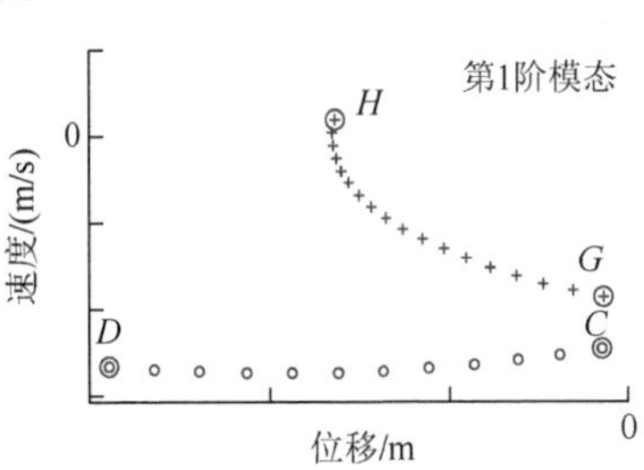

(b) 第1阶模态的相图　　(c) 时程图局部放大图

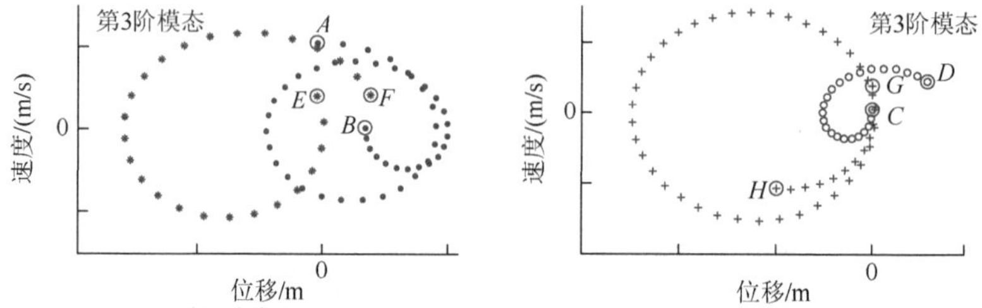

(d) 第3阶模态的相图1　　(e) 第3阶模态的相图2

图 9.6　单周期运动梁端点状态切换时的振型映射

图 9.6 说明了系统响应在不同状态（Iwan 模型处于不同刚度）切换时模态坐标之间的匹配，图 9.6（a）为特定参数下单周期运动稳态时梁端点时程图，图 9.6（b）、（c）为相应的第 1 阶模态的相图，图 9.6（d）、（e）为相应的第 3 阶模态的相图。在 *A*、*H* 点，系统因端点速度反向而发生模态传递，其触发条件如式（9.13）所示。*B*→*C*、*D*→*E*、*F*→*G* 等各时刻点，系统因屈服力不同的 Jenkin's 单元的滑动而发生模态传递，触发条件如式（9.12）所示，从速度反向点 *A* 开始，各传递点之间的距离相等，即 $s_1 = s_2 / 2 = s_3 / 3$，这是由 Iwan 模型的特点所决定的。利用相对振型转换法处理上述各时刻点的转换过程，转换时模态位移重置为 0，模态速度根据式（9.11）确定。从图 9.6（b）～（e）中也可以看出相对振型转换法的特点，模态匹配时各模态位移由于重置而为 0，而在 *A*、*H* 点，端点速度过 0 但是各模态速度并不严格为 0。类似地，给出如图 9.7 所示的三周期运动梁端点状态切换时的振型映射。

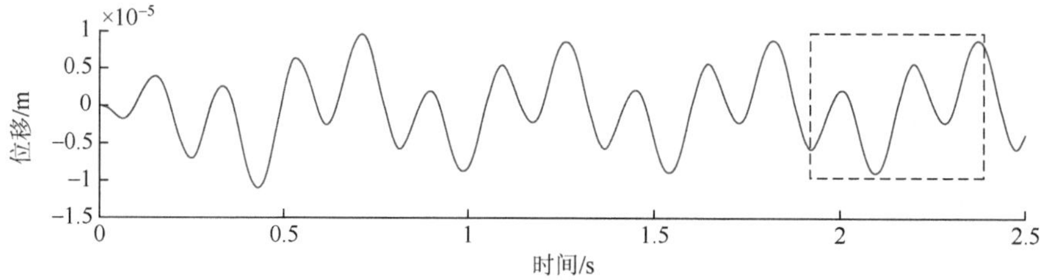

(a) 三周期时程图

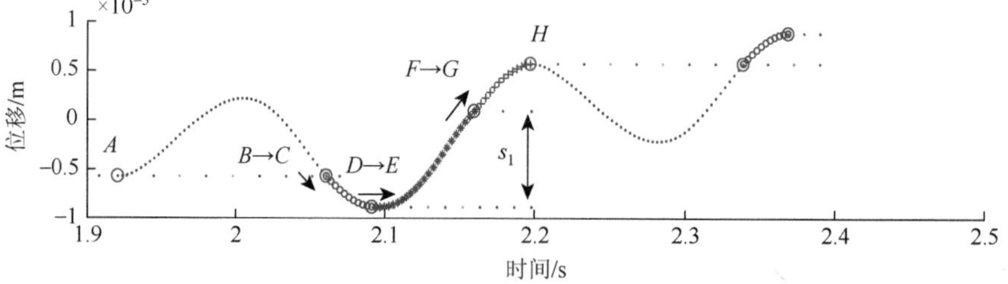

(b) 三周期时程图局部放大图

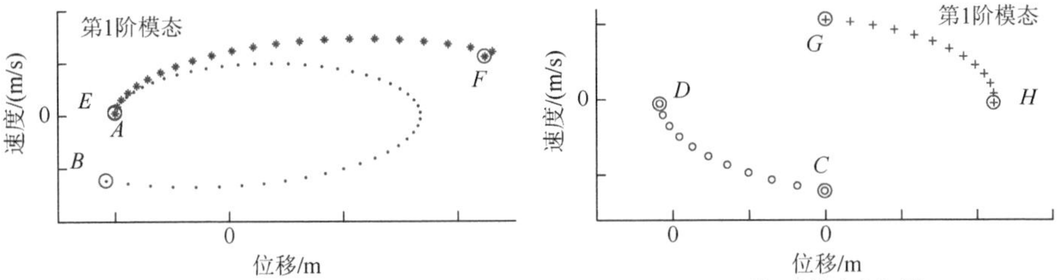

(c) 第1阶模态的相图1　　(d) 第1阶模态的相图2

图 9.7　三周期运动梁端点状态切换时的振型映射

2. 振型耦合、Jenkin's 单元个数对响应的影响

首先研究振型截断及 Iwan 模型参数设置对系统响应的影响，通过式（9.6）与式（9.7），系统离散为在不同状态下的 S 阶振动方程，改变振型数目 S，得到梁端点响应的分岔图与 S 之间的关系，如图 9.8 所示，可以考察振型之间的耦合作用对系统响应的影响，以便确定合适的振型离散数目 N，在计算精度与效率之间求得平衡，这里取 Iwan 模型的 Jenkin's 单元个数为 5。

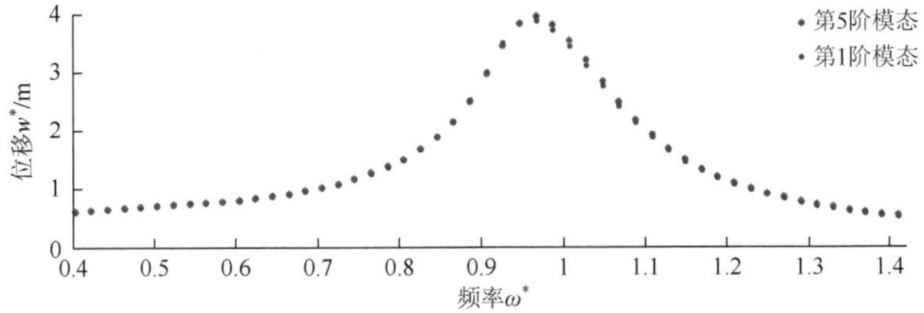

(a) 幅频响应图

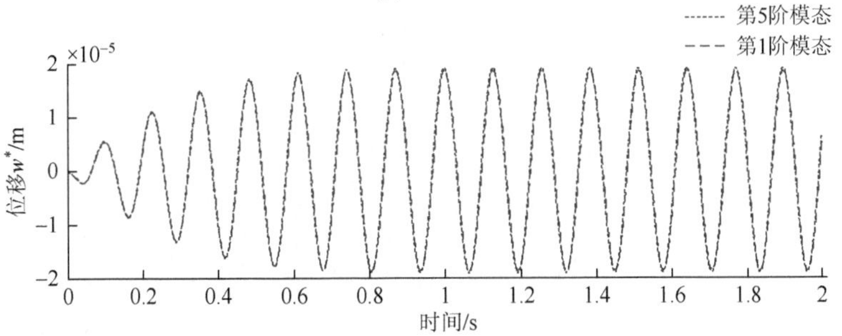

(b) 时程图

图 9.8　特定参数及不同的振型离散数目 N 下，梁端点幅频响应图及时程图（$k = 4.7\times10^3$N/m）

图 9.8 中 x 轴变量的表达式为 $\omega^* = \omega / \omega_1$，$\omega$ 为激励力频率，ω_1 为系统第 1 阶模态的频率，y 轴变量 w^* 的表达式为 $w^* = \max(w_{wt}) / s_1$，w_{wt} 为端点位移，s_1 为

Jenkin's 单元的最小屈服位移，不同的 Jenkin's 单元屈服位移是 s_1 的整数倍。从图 9.8 中可知，1 振型近似与 5 振型近似时端点响应几乎相同，在该扫频区间仅在端点处有较小的振幅差别，且整个扫频区间内系统呈现出简单的单周期运动，随着振型数目 S 的增加，响应没有变复杂的趋势；由特定参数的时程图对比可知，两种振型截断个数设定下，系统响应有较小的幅值差别。

取振型个数 $S=5$，改变 Iwan 模型中 Jenkin's 单元个数，研究其对端点响应的影响。由图 9.4 可知，不同的 Jenkin's 单元个数影响 Iwan 模型的力-位移图的“光滑度”，在求系统的响应时，Jenkin's 单元个数增加会令系统在一个振动周期内模态传递的次数增加。图 9.9 中，横坐标单位表达式与图 9.8 中相同，而纵坐标表达式为 $w^*=w/s$，s 在改变 Jenkin's 单元个数时保持不变，s 为 Iwan 模型整体屈服时的位移。求系统响应时，微调激励力大小令共振峰幅值一致。从图 9.9 中可知，随着 Jenkin's 单元个数的增加，响应的共振峰向高频移动，这是由于增加 Jenkin's 单元的个数能间接地减少系统刚度的损失(采用 2 个 Jenkin's 单元时，由于第一个 Jenkin's 单元屈服位移为 0，所以系统刚度无损失，为双线性系统)，这一点由图 9.4 也可以看出，随着 Jenkin's 单元个数增加，由 2 个 Jenkin's 单元增加到 20 个 Jenkin's 单元时，系统骨干线刚度也逐渐提高，趋向于双线性系统。

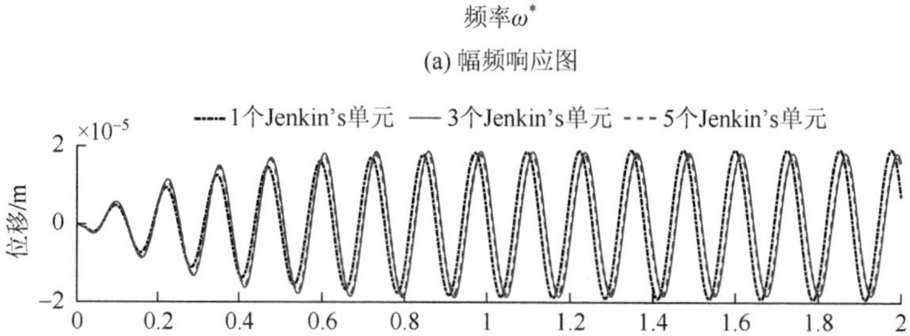

(a) 幅频响应图

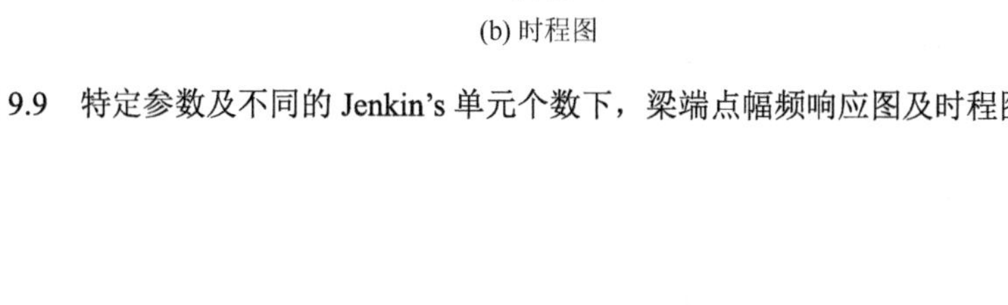

(b) 时程图

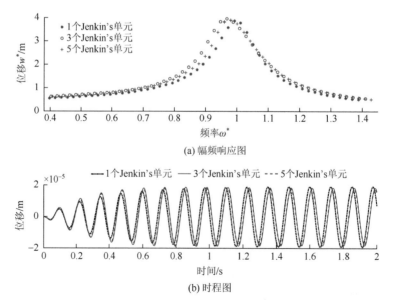

图 9.9　特定参数及不同的 Jenkin's 单元个数下，梁端点幅频响应图及时程图

3. 阻尼、激励力幅值及端点螺栓连接刚度对响应的影响

阻尼与预紧力是影响时变非线性边界条件连续体系统振动响应的重要因素，图 9.10（a）为增大阻尼比对端点响应图的影响，图中坐标 ω^* 与 w^* 表达式均与图 9.8（a）中相同。

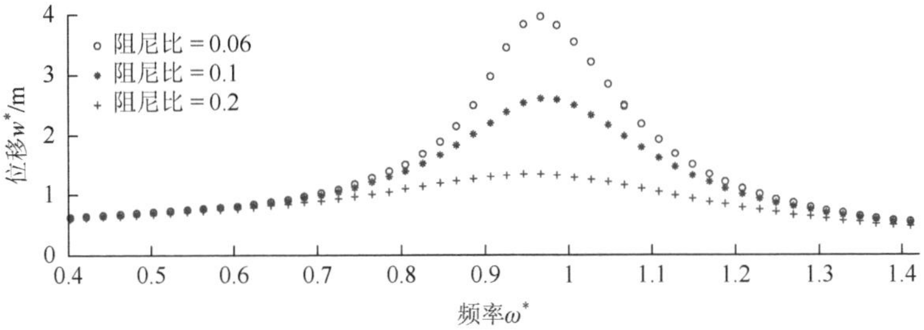

(a) 阻尼比

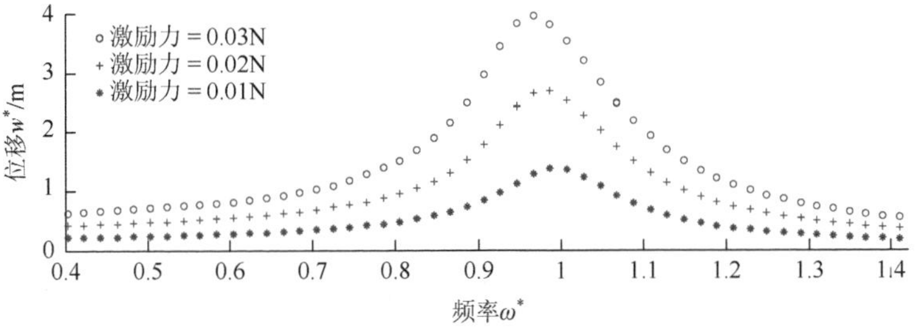

(b) 激励力

图 9.10　阻尼比及激励力对端点响应的影响（$k = 4.74\times10^3$N/m）

从图 9.10（a）中可知，模态阻尼比增大后，共振峰降低，随着阻尼比的持续增大，共振峰会有向低频漂移的趋势；在远离共振峰的扫频区间（$\omega^* < 0.7$ 和 $\omega^* > 1.3$），阻尼比对系统响应幅值的影响较小；与阻尼比相同，激励力大小引起的整体结构的非线性响应同样是航天工程中非常敏感的问题，改变激励力幅值大小，可得特定参数下激励力对系统响应的影响，如图 9.10（b）所示，可以看出激励力与阻尼比相比，全频域内对响应幅值都有明显的影响，在该系统参数设定下，随着激励力的增大，系统共振峰微弱地由高频向低频漂移，这是迟滞非线性的存在导致系统刚度在大振幅振动时损失较大引起的。

端点阻挡弹簧刚度也是影响系统振动响应的重要因素之一[14]，图 9.11 为改变 Iwan 模型刚度及系统共振峰幅值，固定其他参数得到的端点响应图。由图 9.11 可知，不同的刚度设定下，随着共振峰幅值增大，系统共振峰有不同程度的向低频漂移的现象；刚度较大时，漂移程度较小，系统更加趋向于线性，共振峰幅值较大（$w^* = 4.2$）时，这一现象尤为明显。

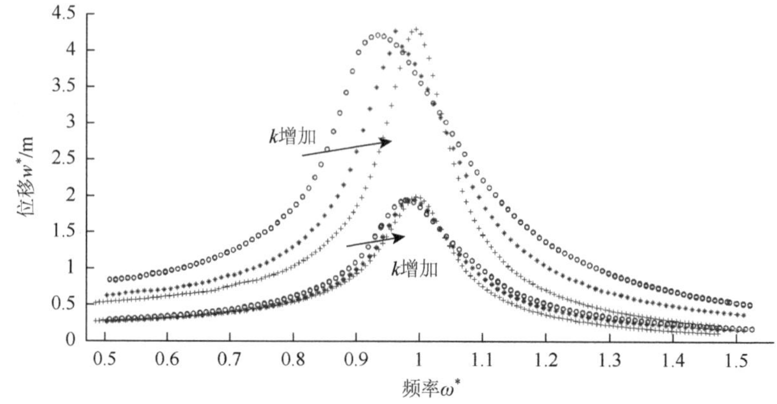

图 9.11　阻挡弹簧刚度对端点响应的影响

4. 相对振型转换法与力积分法结果对比

采用力积分法时，系统的振动方程：

$$m\ddot{a}_j + m\omega^2 a_j = \int_0^L F\varphi_j(x)\mathrm{d}x + V\varphi_j(x)\delta(x-L),\quad j=1,\cdots,N \tag{9.14}$$

式中，$\delta(x-L)$ 为狄拉克函数；V 为分段线性力：

$$V(L,t)=\begin{cases}0, & w(L,t)\leqslant \varDelta_1\\ \sum_{i=1}^{M}F_{iJ}, & w(L,t)>\varDelta_1\end{cases} \tag{9.15}$$

其中，M 为 Jenkin's 单元的个数。在方程求解过程中采用悬臂梁振型，检查悬臂梁的端点位移 $w(L,t)$ 及端点的速度 $\dot{w}(L,t)$，当其满足式（9.12）及式（9.13）中的边界条件时，端点力 V 发生改变，不进行振型转换。求解时各阶模态速度连续，均采用五阶振型近似，四阶 Runge-Kutta 法求解微分方程组，仿真步长为 1×10^{-4}s，取时间历程为 10s。图 9.12 为端点刚度 $k=4.7\times10^3$ N/m 时，系统的幅频响应图及时程图。

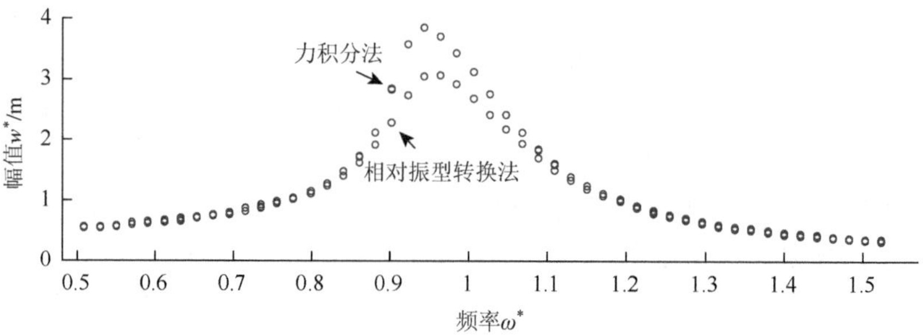

(a) 幅频响应图

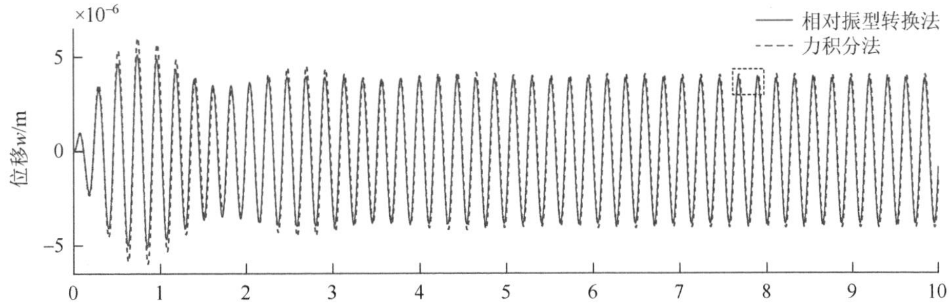

(b) 时程图

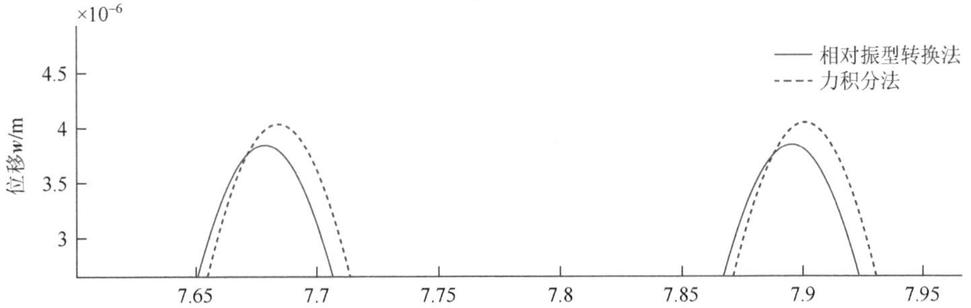

(c) 时程图局部放大图

图 9.12　特定参数、五阶振型力积分法下数值结果与相对振型转换法结果对比

图 9.12 中相对振型转换法及力积分法得到的响应峰值分别为（0.945, 3.1）和（0.945, 3.7），可知，二者在相同的激励频率处达到峰值，峰值处的幅值误差为 16.2%。可以看出，两种方法得到的响应只是在处于非线性振动时，响应的幅值上有差异，而响应的形态二者差别较小，在同样的模态阻尼设定下，相对振型转换法在共振频率处对响应的抑制更大。

9.2　带连接结构连续体频率漂移研究

航天器的连接结构形式有很多，如铰接连接、螺栓连接等。套筒连接结构构造简单，但是其结构中保留有更复杂的非线性特性，如面内摩擦力、间隙等 [8]，因此对于航天器上常见的刚体-连接结构的单元可以用图 9.13 所示结构来简化建模，其中 F 为均布形式激励力，k 为套筒连接结构模型各弹簧刚度，$P_1(t)$、$P_2(t)$ 为端点所加的横向预紧力、轴向预紧力，$V(t)$、$M(t)$ 为连接结构产生的横向反力及弯矩，$N_x(t)$ 和 μ 分别为轴向力及面内摩擦力的摩擦系数，Δ 为间隙。

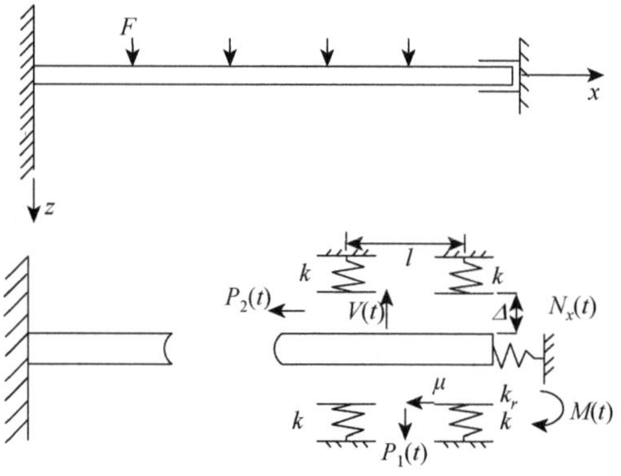

图 9.13　梁系统结构图

9.2.1　轴向力及面内摩擦力的影响

不考虑间隙，即令 $\Delta=0$ 。梁的轴向位移、横向位移分别为 u、w，其轴向应变可以表达为

$$\varepsilon_x=\varepsilon_{cl}-zw''\left(1+\frac{w'^2}{2}\right) \tag{9.16}$$

式中，$\varepsilon_{cl}(x,t)$ 为梁中轴线 x 方向的应变，其表达式为

$$\varepsilon_{cl}(x,t)=u'+\frac{w'^2}{2} \tag{9.17}$$

将式（9.17）变形并且积分

$$u'=\varepsilon_{cl}(x,t)-\frac{w'^2}{2}\Rightarrow u(x)=\int_0^x\left(\varepsilon_{cl}-\frac{w'^2}{2}\right)\mathrm{d}x \tag{9.18}$$

由式（9.18），端点处轴向位移为

$$u(L)=\int_0^L\left(\varepsilon_{cl}-\frac{w'^2}{2}\right)\mathrm{d}x \tag{9.19}$$

根据连续体的虚位移原理，引入惯性力的形式[15]：

$$\iiint_V B_i\delta u_i\mathrm{d}v+\iint_S T_i^{(V)}\delta u_i\mathrm{d}S+\iiint_V -\rho\frac{\partial^2 u}{\partial t^2}\delta u\mathrm{d}v=\iiint_V \tau_{ij}\delta\varepsilon_{ij}\mathrm{d}v \tag{9.20}$$

针对本节的研究对象梁，应力仅考虑 x 方向应力，忽略轴向惯性力、转动惯量；外力包括端点横向反力、弯矩、轴向反力等，这样有

$$\begin{aligned}&\int_{t_1}^{t_2}\left\{\iiint_V[(\sigma_x\delta\varepsilon_x+\rho\ddot{w}\delta w)\mathrm{d}z-F\delta w]\mathrm{d}x\mathrm{d}y\right.\\&\left.-[V(t)\delta w+M(t)\delta w'+N_x(t)\delta u+P_1(t)\delta w+P_2(t)\delta u]\delta(x-L)\right\}\mathrm{d}t=0\end{aligned} \tag{9.21}$$

式中，$\delta(x-L)$ 为狄拉克函数，对式（9.21）中各项分别应用变分运算符 δ，将非线性 2 次项引入，有第一项

$$\int_{t_1}^{t_2}\iiint_V \sigma_x \delta\varepsilon_x \mathrm{d}x\mathrm{d}y\mathrm{d}z\mathrm{d}t \Rightarrow \int_{t_1}^{t_2}\iiint_V E\varepsilon_x \delta\varepsilon_x \mathrm{d}x\mathrm{d}y\mathrm{d}z\mathrm{d}t \tag{9.22}$$

式中

$$\varepsilon_x = u' + \frac{w'^2}{2} - zw''\left(1+\frac{w'^2}{2}\right) \tag{9.23}$$

$$\delta\varepsilon_x = \delta u' + w'\delta w' - z\delta w''\left(1+\frac{w'^2}{2}\right) - zw''w'\delta w' \tag{9.24}$$

将 ε_x 及 $\delta\varepsilon_x$ 代入式（9.22）有

$$\int_{t_1}^{t_2} E\int_x\int_y\int_z\left[u'+\frac{w'^2}{2}-zw''\left(1+\frac{w'^2}{2}\right)\left(\delta u'+w'\delta w'-z\delta w''\left(1+\frac{w'^2}{2}\right)-zw''w'\delta w'\right)\right]\mathrm{d}x\mathrm{d}y\mathrm{d}z\mathrm{d}t \tag{9.25}$$

展开式（9.25），有

$$\begin{aligned}&\int_{t_1}^{t_2} E\int_x\int_y\int_z\left\{\left(u'+\frac{w'^2}{2}\right)(\delta u'+w'\delta w')\right.\\&-z\left[\left(u'+\frac{w'^2}{2}\right)\delta w''+\left(u'+\frac{w'^2}{2}\right)w''w'\delta w'+w''(\delta u'+w'\delta w')\right]\\&\left.+z^2\left[w''\left(1+\frac{w'^2}{2}\right)\delta w''\left(1+\frac{w'^2}{2}\right)+w''\left(1+\frac{w'^2}{2}\right)w''w'\delta w'\right]\right\}\mathrm{d}x\mathrm{d}y\mathrm{d}z\mathrm{d}t\end{aligned} \tag{9.26}$$

对式（9.26）在 y、z 方向上积分，式中第二行包含 z 的 1 次项，在梁的 z 方向积分后这些项将消失，式中第三行中包含 w'' 及 w' 的高次方，为了简化方程起见，略去 3 次及以上的项，并注意到

$$\left(u'+\frac{w'^2}{2}\right)(\delta u'+w'\delta w') = \varepsilon_{cl}\delta\varepsilon_{cl} \tag{9.27}$$

式（9.26）化简为

$$\int_{t_1}^{t_2}\int_x (EA\varepsilon_{cl}\delta\varepsilon_{cl} + EIw''\delta w'')\mathrm{d}x\mathrm{d}t \Rightarrow \int_{t_1}^{t_2}\int_x (EA\varepsilon_{cl}\delta\varepsilon_{cl} + EIw''''\delta w)\mathrm{d}x\mathrm{d}t \tag{9.28}$$

式（9.21）中除了第一项，其余项已经化为含 δw 的项，不需要进一步化简，下面处理 $M(t)\delta w'$ 项、$N_x(t)\delta u$ 项及 $P_2(t)\delta u$ 项。对 $M(t)\delta w'$ 项进行积分变换

$$\int_{t_1}^{t_2} M(t)\delta w'\mathrm{d}t \Rightarrow -\int_{t_1}^{t_2} M'(t)\delta w\mathrm{d}t \tag{9.29}$$

对于另外两项，由式（9.18）得

$$\delta u=\int_0^x(\delta\varepsilon_{cl}-w'\delta w')\mathrm{d}x \tag{9.30}$$

$$\int_{t_1}^{t_2}N_x(t)\int_0^x(\delta\varepsilon_{cl}-w'\delta w')\mathrm{d}x\mathrm{d}t\Rightarrow\int_{t_1}^{t_2}\int_0^x N_x(t)\delta\varepsilon_{cl}\mathrm{d}x\mathrm{d}t+\int_{t_1}^{t_2}\int_0^x N_x(t)w''\delta w\mathrm{d}x\mathrm{d}t \tag{9.31}$$

$$\int_{t_1}^{t_2}P_2(t)\int_0^x(\delta\varepsilon_{cl}-w'\delta w')\mathrm{d}x\mathrm{d}t\Rightarrow\int_{t_1}^{t_2}\int_0^x P_2(t)\delta\varepsilon_{cl}\mathrm{d}x\mathrm{d}t+\int_{t_1}^{t_2}\int_0^x P_2(t)w''\delta w\mathrm{d}x\mathrm{d}t \tag{9.32}$$

将带δw及$\delta\varepsilon_{cl}$的各项合并

$$\begin{aligned}&\int_{t_1}^{t_2}\Big(\int_x\{(\rho A\ddot{w}+EIw''''-F)\delta w+[EA\varepsilon_{cl}-N_x(t)-P_2(t)]\delta\varepsilon_{cl}\}\mathrm{d}x-\{V(t)-M'(t)\\&+[N_x(t)+P_2(t)]\int_0^L w''\mathrm{d}x+P_1(t)\}\delta(x-L)\delta w\Big)\mathrm{d}t=0\end{aligned} \tag{9.33}$$

由δw及$\delta\varepsilon_{cl}$的任意性，得到其系数为0，有

$$\begin{aligned}&\int_0^L(\rho A\ddot{w}+EIw''''-F)\mathrm{d}x\\&-\Big\{V(t)-M'(t)+[N_x(t)+P_2(t)]\int_0^L w''\mathrm{d}x+P_1(t)\Big\}\delta(x-L)=0\end{aligned} \tag{9.34}$$

$$\int_0^L[EA\varepsilon_{cl}-N_x(t)-P_2(t)]\mathrm{d}x=0 \tag{9.35}$$

式（9.34）中变量物理意义见表9.2，$u(L)$为梁端点的轴向位移，用梁上任意一点的横向位移$w(x,t)$表示

$$u(L)=\int_0^L\left(\varepsilon_{cl}-\frac{w'^2}{2}\right)\mathrm{d}x \tag{9.36}$$

梁上任意点的横向位移$w(x,t)$为

$$w(x,t)=\sum_{i=1}^N a_i(t)\varphi_i(x) \tag{9.37}$$

将式（9.37）代入式（9.34）中，并利用Galerkin近似进行处理，得

$$\begin{aligned}&\rho A\ddot{a}_i\int_0^L\varphi_i\varphi_i\mathrm{d}x+EIa_i\int_0^L\varphi_i''''\varphi_i\mathrm{d}x-F\int_0^L\varphi_i\mathrm{d}x-V(t)\varphi_i(L)\\&+M'(t)\varphi_i(L)-[N_x(t)+P_2(t)]a_i\int_0^L\varphi_i''\varphi_i\mathrm{d}x-P_1(t)\varphi_i(L)=0\end{aligned} \tag{9.38}$$

连接结构对梁的作用力可以表达为

$$\begin{cases}V(t)=-2k\sum\limits_{i=1}^N a_i\varphi_i(L)\\M(t)=-(l^2/2)k\sum\limits_{i=1}^N a_i\varphi_i'(L)\\N_x(t)=\sum\limits_{i=1}^N-\mu[J_i\,|\,a_i\,|\,\mathrm{sgn}(v_i)+P_1]k-k_r u(L)\end{cases} \tag{9.39}$$

式中，$J_i = |\varphi_i(L) + (l/2)\varphi_i'(L)| + |\varphi_i(L) - (l/2)\varphi_i'(L)|$；$v_i = \dot{u}_i(L)$ 表示第 i 阶振型梁端点的速度。端点的轴向位移由式（9.36）积分得到，$u(L) = e_{cl}L - \sum_{i=1}^{N}(a_i^2/2)s_i$，$s_i = \int_0^L \varphi_i'^2 \mathrm{d}x$，这样有 $\mathrm{sgn}(v_i) = -\mathrm{sgn}(a_i\dot{a}_i)$，那么轴向力可以写为

$$N_x = \mu\left[\sum_{i=1}^{N} a_i J_i \,\mathrm{sgn}(\dot{a}_i) + P_1\right]k - k\left(\varepsilon_{cl}L - \sum_{i=1}^{N} s_i a_i^2/2\right) \tag{9.40}$$

从端点处的轴向力平衡可以得到

$$\varepsilon_{cl}(EA + kL) - k\sum_{i=1}^{N} s_i a_i^2/2 = \mu\left(k\sum_{i=1}^{N} a_i J_i + P_1\right)\mathrm{sgn}(\dot{a}_i) + P_2(t) \tag{9.41}$$

从式（9.41）中得到 ε_{cl}，连同系统的参数代入式（9.40）中，可以得到特定参数梁的运动方程。系统参数表如表 9.2 所示。

表 9.2　系统参数表

参数	参数名称	参数值
ρA /(kg/m)	密度	3.2552
L/m	梁长	1.8
A/m^2	梁横截面积	1.4703×10^{-4}
I/(kg·m^2)	惯量	1.014×10^{-8}
E/(N/m^2)	弹性模量	7.45×10^{10}
k/(N/m)	端点弹簧刚度	4.7×10^{5}
μ	摩擦系数	0.47

取受连接限制梁的前三阶振型，利用 MATLAB ode4 求解系统的幅频响应，积分步长为 1×10^{-4}s，激励力频扫步长为 1rad/s，给系统加入阻尼比 $\xi = 0.02$ 的阻尼，取积分前 20s 的稳态响应结果，为了保证结果不受瞬态响应的影响，弃掉前 8s 数据，令 $\text{amplitude} = 0.5(\max[w(\chi L,t)] - \min[w(\chi L,t)])$ 为纵轴，其中 $\max[w(\chi L,t)]$、$\min[w(\chi L,t)]$ 分别表示 χL 点响应的最大值与最小值，这样处理能真实地反映所考察点的振幅，χ 为考察点系数，本算例中取 $\chi = 2/9$，该点的结果能体现出前三阶振型的响应，得到如图 9.14 和图 9.15 所示的幅频响应。

可知，在同时考虑轴向力及面内摩擦力时，梁的前三阶共振频率在递增的激励力作用下均呈现硬弹簧特性，即随着激励力幅值增大，幅频响应的共振峰向高频漂移，而仅考虑面内摩擦力时，各阶共振频率转而呈现软弹簧特性，由本算例的结果看，梁表现出软弹簧特性时，频率漂移程度较小。

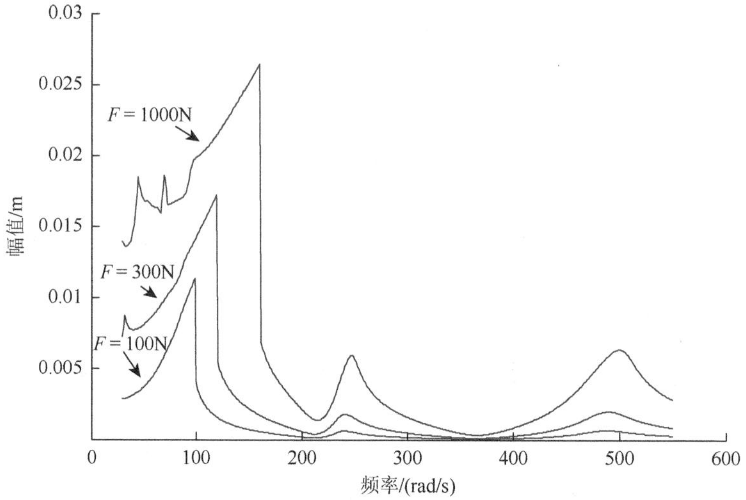

图 9.14　带轴向力和面内摩擦力考察点的幅频响应

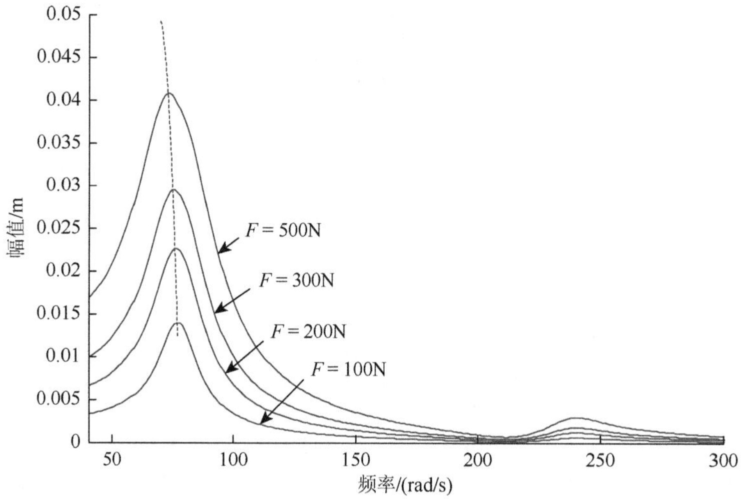

图 9.15　带面内摩擦力考察点的幅频响应

考虑梁的预紧力对其频率漂移的影响，可以得到考察点的幅频响应，如图 9.16 所示。

图 9.16 中，当梁端点有横向预紧力时，考察点的响应曲线较曲折，因此采用拟合曲线。由图 9.16 可知，横向预紧力和轴向预紧力不会增强梁的非线性特性，拉伸轴向预紧力增加了系统的刚度，而压缩轴向预紧力则减小了系统的刚度。

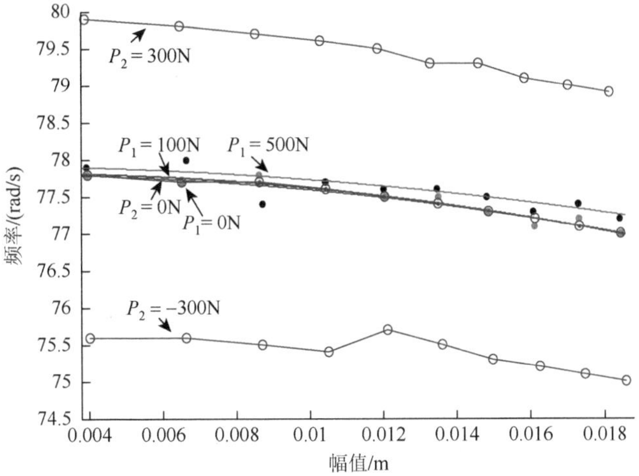

图 9.16 连接结构预紧力对梁基频的影响

考虑连接结构的面内摩擦系数，分析其对梁的受迫振动的响应影响，这里仅画出其对第一阶振型响应的影响（图 9.17）。

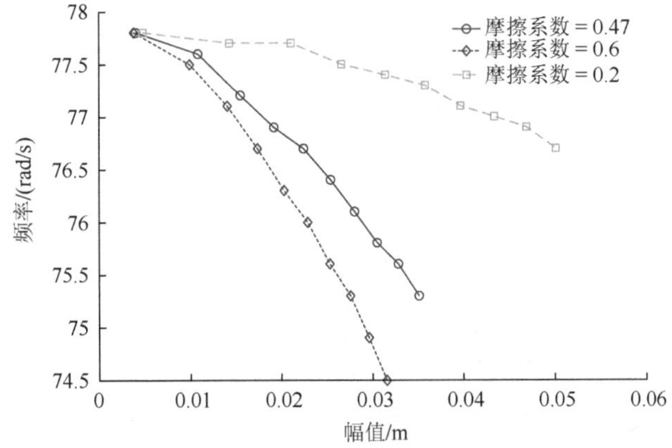

图 9.17 连接结构摩擦系数对梁基频的影响

由图 9.17 可以看出，随着连接结构面内摩擦系数的增大，系统的软弹簧特性增强，并且呈非线性的增大趋势。

9.2.2 间隙及预紧力对系统频率漂移的影响

令图 9.13 中所示的端点间隙 $\Delta \neq 0$，不考虑面内轴向力、摩擦力和连接结构对梁施加的弯矩，则梁系统可以简化为图 9.18 所示。

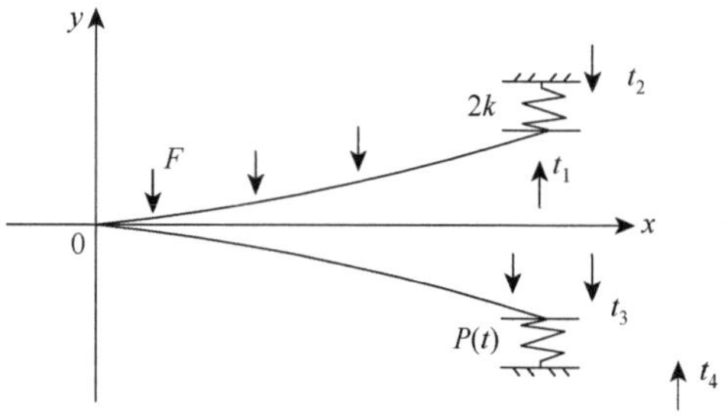

图 9.18　带间隙梁简化结构示意图

这里考虑图 9.18 中端点所加横向预紧力 $P(t)$ 时，建模推导过程如下所示。仍然令图 9.18 中的时刻点 $t_i(i=1,2,\cdots,N)$ 为端点位移 $|w(L,t)|=\varDelta$ 的时刻。假设梁从静止开始受激励力作用振动，t_1 时刻前系统处于悬臂梁状态，此时梁上任一点的横向位移为

$$w(x,t)=\sum_{n=1}^{N}a_n(t)\varphi_n(x) \tag{9.42}$$

式中，$\varphi_n(x)$ 为悬臂梁振型。梁受迫振动方程为

$$\rho A\ddot{w}+EIw''''=F(x,t)+P\delta(x-L) \tag{9.43}$$

式中，$F(x,t)=A\cos(\omega t)$ 为激励力。利用 Galerkin 近似得

$$m_j\ddot{a}_j+m_j\omega_j^2a_j=F_j(t)+P_j(t),\quad j=1,\cdots,N \tag{9.44}$$

式中

$$\begin{aligned}&m_j=\int_0^L\rho A\varphi_j^2(x)\mathrm{d}x；\ m_j\omega_j^2=\int_0^L EI\varphi_j''''(x)\varphi_j(x)\mathrm{d}x\\&F_j(t)=\int_0^L F(x,t)\varphi_j(x)\mathrm{d}x；\ P_j(t)=P(t)\varphi_i(L)\end{aligned} \tag{9.45}$$

$t_1\sim t_2$ 时刻，梁端点与连接结构接触，令此状态下梁上任意点的横向位移为 t_1 时刻的位移与相对于 t_1 时刻位移的和

$$w=w(x,t_1)+\bar{w}(x,t) \tag{9.46}$$

式中

$$\bar{w}(x,t)=\sum_{n=1}^{N}\bar{a}_n(t)\bar{\varphi}_n(x) \tag{9.47}$$

其中，$\bar{\varphi}_n(x)$ 为一端夹支，一端具有连接结构限制的梁的振型。引入振动方程

$$\rho A\ddot{w}+EIw''''=F(x,t)-V(t)\delta(x-L)+P\delta(x-L) \tag{9.48}$$

式中，$V(t)$ 为连接结构对梁的作用力，其定义如式（9.39）所示，同样的方法可得梁在振型转换后的方程为

$$\bar{m}_j\ddot{\bar{a}}_j+\bar{m}_j\bar{\omega}_j^2\bar{a}_j=\bar{F}_j(t)+\bar{P}_j(t)+\sum_{i=1}^{N}h_{ij}^r a_i(t_1),\quad j=1,\cdots,N \tag{9.49}$$

式中

$$\begin{aligned}&\bar{m}_j=\int_0^L\rho A\bar{\varphi}_j^2(x)\mathrm{d}x；\ \bar{m}_j\bar{\omega}_j^2=\int_0^L EI\bar{\varphi}_j''''(x)\bar{\varphi}_j(x)\mathrm{d}x\\&\bar{F}_j=\int_0^L F(x,t)\bar{\varphi}_j(x)\mathrm{d}x；\ h_{ij}^r=-EI\int_0^L\varphi_i''''(x)\bar{\varphi}_j(x)\mathrm{d}x\\&\bar{P}_j(t)=P(t)\bar{\varphi}_i(L)\end{aligned} \tag{9.50}$$

由式（9.46）可知，振型转换后各阶方程的位移初值重置为 0，而通过式（9.46）两端对时间求导，有

$$\dot{w}(x,t_1^+) = \dot{w}(x,t_1^-) \tag{9.51}$$

式中，上标“+”“−”分别表示刚好过时刻点及刚好未到时刻点。将式（9.42）及式（9.47）代入式（9.51）得速度初值

$$\dot{\bar{a}}_n(x,t_1^+) = \frac{\sum_{i=1}^{N} \dot{a}_i(t_1^-)\int_0^L \bar{\varphi}_n(x)\varphi_i(x)\mathrm{d}x}{\int_0^L \bar{\varphi}_n^2(x)\mathrm{d}x} \tag{9.52}$$

同理，t_2 时刻，梁从受连接结构的限制状态回到悬臂梁状态，梁上任意一点横向位移有 $w = w(x,t_1) + \bar{w}(x,t_2) + w(x,t)$，则离散后的方程为

$$m_j\ddot{a}_j + m_j\omega_j^2 a_j = F_j(t) + P_j(t) + \sum_{i=1}^{N} h_{ij}^f a_i(t_1) + \sum_{i=1}^{N} \bar{h}_{ij}^f \bar{a}_i(t_2), \quad j = 1,\cdots,N \tag{9.53}$$

式中，$h_{ij}^f = -EI\int_0^L \varphi_i'''(x)\varphi_j(x)\mathrm{d}x$；$\bar{h}_{ij}^f = -EI\int_0^L \bar{\varphi}_i'''(x)\varphi_j(x)\mathrm{d}x$。状态转换后初位移重置为 0，速度为 $\dot{w}(x,t_2^+) = \dot{w}(x,t_2^-)$，有

$$\dot{a}_n(x,t_2^+) = \frac{\sum_{i=1}^{N} \dot{\bar{a}}_i(t_2^-)\int_0^L \varphi_n(x)\bar{\varphi}_i(x)\mathrm{d}x}{\int_0^L \varphi_n^2(x)\mathrm{d}x} \tag{9.54}$$

以此类推，可得系统方程的一般形式。假设某任意时刻，系统经历第 $2M+1$ 次振型转换，可知此时系统由悬臂梁状态转换为端点受限状态，有梁在受连接限制下的运动方程为

$$\bar{m}_j\ddot{\bar{a}}_j + \bar{m}_j\bar{\omega}_j^2\bar{a}_j = \bar{F}_j(t) + \bar{P}_j(t) + \sum_{k=1}^{M+1}\sum_{i=1}^{N} h_{ij}^r a_i(t_{2k-1}) + \sum_{k=1}^{M}\sum_{i=1}^{N} \bar{h}_{ij}^r \bar{a}_i(t_{2k}), \quad j = 1,\cdots,N \tag{9.55}$$

式中，$\bar{h}_{ij}^r = -EI\int_0^L \bar{\varphi}_i'''(x)\bar{\varphi}_j(x)\mathrm{d}x$。转换后初位移为 0，速度见式（9.52）。假设某任意时刻，系统经历第 $2M$ 次振型转换，可知此时系统由端点受限状态转换为悬臂梁状态，有梁的运动方程为

$$m_j a_j + m_j\omega_j^2 a_j = F_j(t) + P_j(t) + \sum_{k=1}^{M}\sum_{i=1}^{N} h_{ij}^f a_i(t_{2k-1}) + \sum_{k=1}^{M}\sum_{i=1}^{N} \bar{h}_{ij}^f \bar{a}_i(t_{2k}), \quad j = 1,\cdots,N \tag{9.56}$$

转换后初位移为 0，速度初值见式（9.54）。

考虑算例参数仍然如表 9.2 所示，预紧力取为 0.6N，研究单振型近似的系统响应，单振型方法虽然只是对实际模型的近似，其结果对于研究间隙对梁振动的影响有参考意义。用 MATLAB/Stateflow 进行逻辑控制，在每个时间步长检查梁端点位移大小，当其绝对值 $|w(L,t)| = \Delta$ 时，切换振动方程，代入初值，重新开始积分。仍

取时间历程为 20s，舍弃前 8s 数据，令 amplitude = 0.5(max[$w(L/2, t)$]− min[$w(L/2, t)$]) 为响应幅值。首先看振型截断对系统响应的影响，无预紧力时如图 9.19 所示。

从图 9.19 中可以看出，一阶、三阶及五阶在处于非线性振动状态时有差异，而三阶与五阶近似相比则几乎完全一致。图 9.20 为激励力频率为 19rad/s 时系统响应时程对比图。

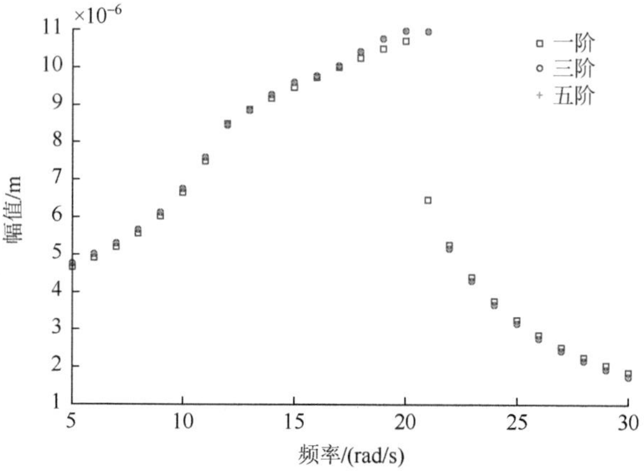

图 9.19　单振型及多振型系统幅频响应对比（$k = 4.7\times10^3$N/m）

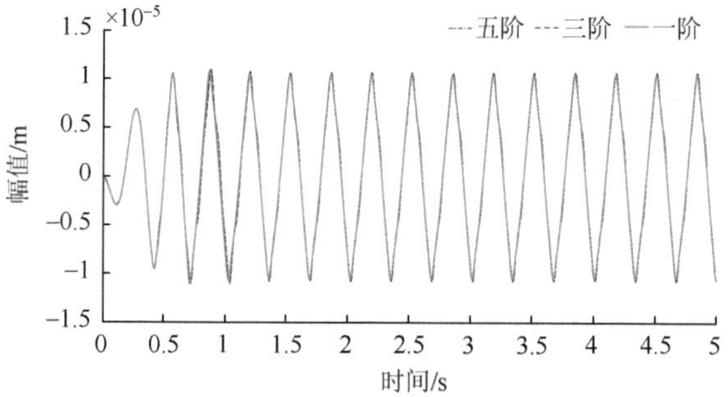

(a) 5s时程图

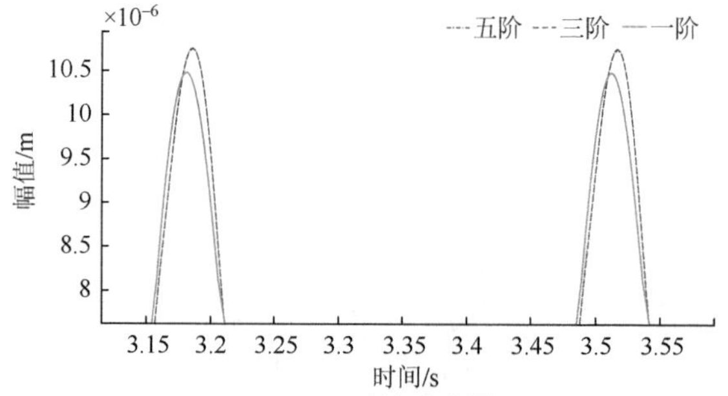

(b) 局部放大图

图 9.20　激励力频率为 19rad/s 时系统响应时程对比图（$k = 4.7\times10^3$N/m）

从图 9.20 可以得到该特定参数下三种截断最大幅值的差别，以一阶为标准，五阶与一阶差别为 2.56%，三阶与一阶差别为 2.46%；以三阶为标准，五阶与三阶差别为 0.09%。从上面的对比可见，采用不同的阶数离散对系统的幅值大小有影响，而对非线性特性（硬弹簧、软弹簧特性）影响不大，从采用一阶与三阶、五阶离散时的对比来看，显然三阶与五阶离散时系统表现出的响应特性比一阶离散相近。

取 3 阶近似，可得无预紧力时和有预紧力时不同激励力的结果如图 9.21 及图 9.22 所示。

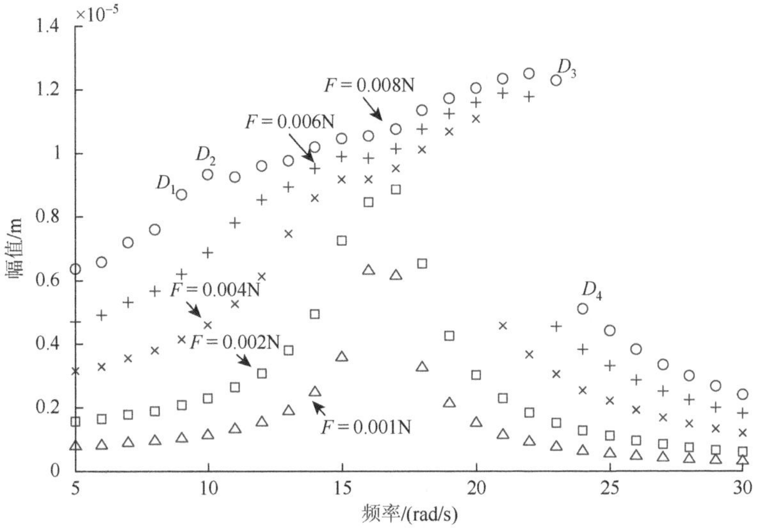

图 9.21　无预紧力时三振型梁特定点幅频响应

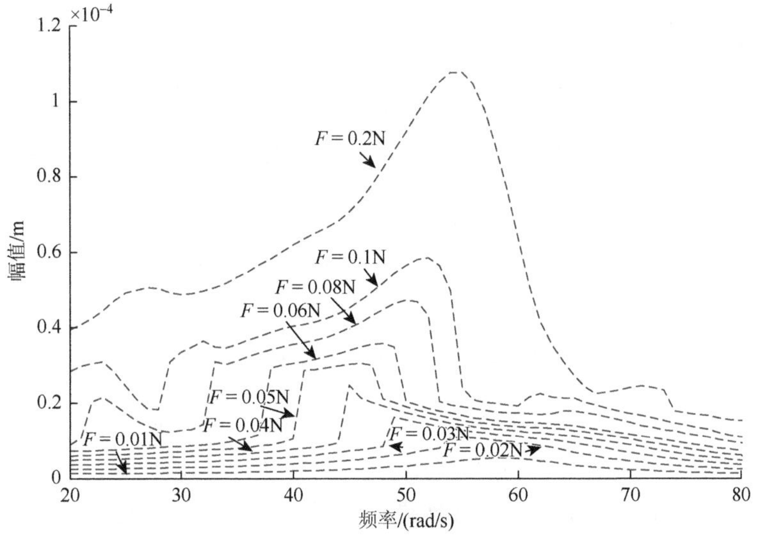

图 9.22　有预紧力时三振型梁特定点幅频响应

由响应结果图可以看出，连接带间隙时，梁的幅频响应表现出跳变现象，图 9.21 中，$D_1 \to D_2$ 点，梁系统从间隙内振动转换到受连接限制下振动，$D_3 \to D_4$ 点从受连接限制转换到间隙内振动，系统的幅频响应显示出强非线性，即跳变现象；无预紧力时，间隙的存在令梁的受迫振动具有硬弹簧属性，反之，当梁端点存在横向预紧力时，小激励力时系统的共振基频高于无预紧力的情况，端点的幅频响应呈现软弹簧特性，响应峰值随激励力增大向低频漂移，但是频率漂移至一定程度后继续增大激励力，系统响应转而呈现硬弹簧特性，响应峰值向高频恢复。图 9.22 中，激励力为 0.08N 及 0.1N，激励频率为 20～32rad/s 时，幅频响应曲线较为曲折，此时梁的共振峰结束向低频漂移转而向高频恢复，因而出现了复杂的非线性响应。图 9.22 中另外一个值得注意的现象是非线性的幅频响应发生在激励力和梁的幅值都较小的情况下，这是由于对于此算例，间隙非常小，因此较小的激励力时，梁的端点振幅绝对值超过了间隙的大小。

固定其他参数，研究预紧力大小对系统幅频响应的影响，分别取图 9.22 中线性振动及非线性振动时激励力 $F = 0.04\text{N}$、0.1N 两条曲线进行研究，可得如图 9.23 所示的幅频响应曲线。

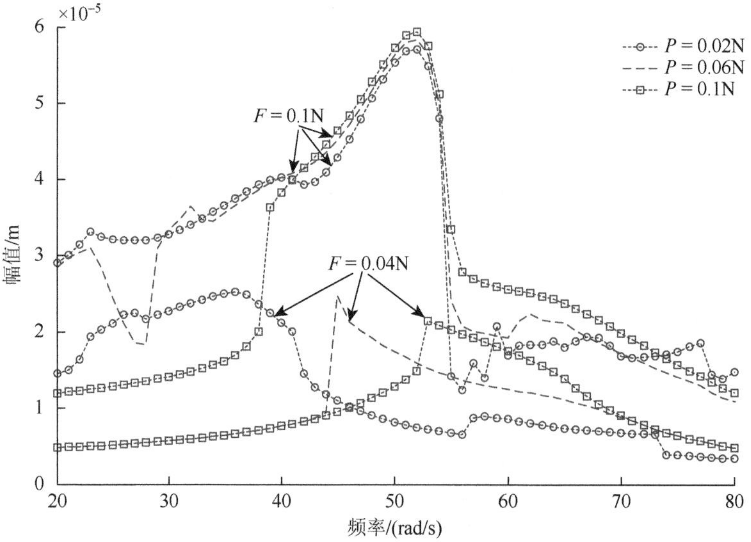

图 9.23　预紧力大小对特定点幅频响应影响

从图 9.23 可以看出，在激励力较小（$F = 0.04\text{N}$）时，即系统处于软弹簧阶段时，增大预紧力令系统共振峰向高频移动，可以认为在该算例设定下，增加预紧力可以减小系统的频率漂移。直观地进行解释，当预紧力增大时，在一个完整的运动周期内，系统处于大边界刚度状态下运动时间也会增加，从而系统刚度也相应增大。当激励力较大（$F=0.1\text{N}$），即系统处于硬弹簧阶段时，增大预紧力对系统的共振峰影响不大，但是对系统幅值为间隙大小时的响应有较大的影响（当预紧力 $P=0.06\text{N}$、0.1N 时，激励力频率在 $20\text{rad/s}<\omega<35\text{rad/s}$，$55\text{rad/s}<\omega<65\text{rad/s}$；当预紧力 $P=0.02\text{N}$ 时，激励力频率在 $55\text{rad/s}<\omega<65\text{rad/s}$），系统会出现多周期运动。图 9.24 为特定参数时程响应图，从图 9.24 中可以看出，响应在 1s 以后即进入稳态响应，收敛性好。

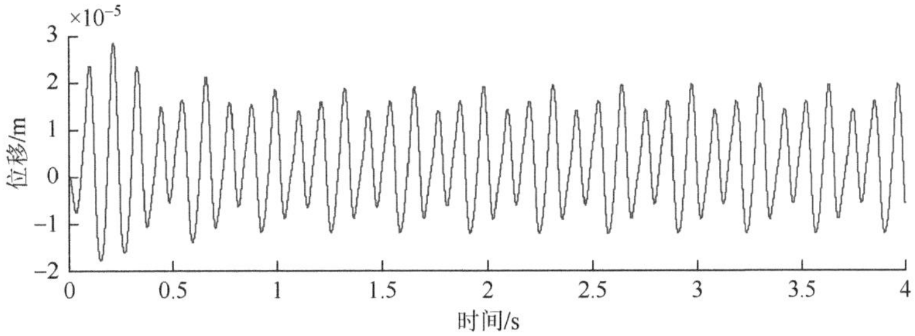

(a) 3周期运动，$\omega=57\text{rad/s}$, $P=0.02\text{N}$

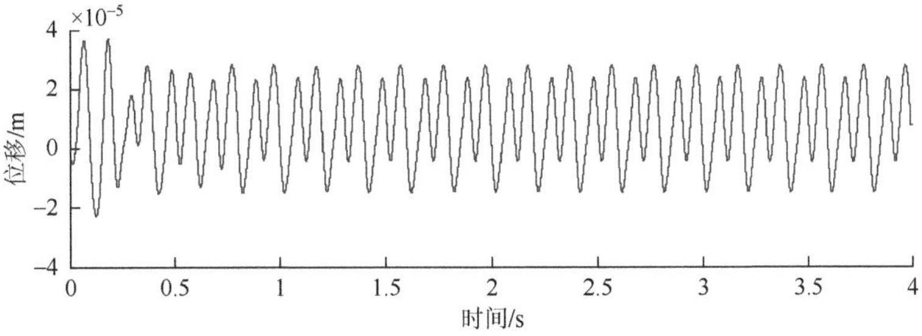

(b) 2周期运动，$\omega=63\text{rad/s}$, $P=0.06\text{N}$

图 9.24　特定参数时程响应图

取无预紧力时的系统作为研究对象，改变端点弹簧刚度，研究刚度对系统频率漂移的影响，响应图如图 9.25 所示。从图 9.25 中可以看出，随着刚度的增大，端点位移的幅值在与阻挡弹簧接触的非线性振动阶段会逐渐变平，显然这与实际情况是相符的，当端点阻挡弹簧趋于无穷大时，端点与阻挡接触后的位移响应趋于与两端固支梁相同。同时可以看出，随着刚度的增大，系统共振峰向高频移动，这是由于刚度增大后，系统基频也由悬臂梁基频转换为端点带阻挡的梁基频，当阻挡弹簧刚度趋于无穷大时，系统基频也趋于两端固支梁基频，显然共振峰不会持续向高频漂移，而是趋近于有相同系统参数时两端固支边界条件梁的基频。

固定其他参数，研究有预紧力时端点阻挡的刚度对系统频率漂移的影响，取不同刚度不同激励力时系统幅频响应的共振峰点拟合得到曲线（图 9.26）。图 9.26 中，箭头表示激励力增大，从图中可知，随着激励力由小增大，系统的共振峰点

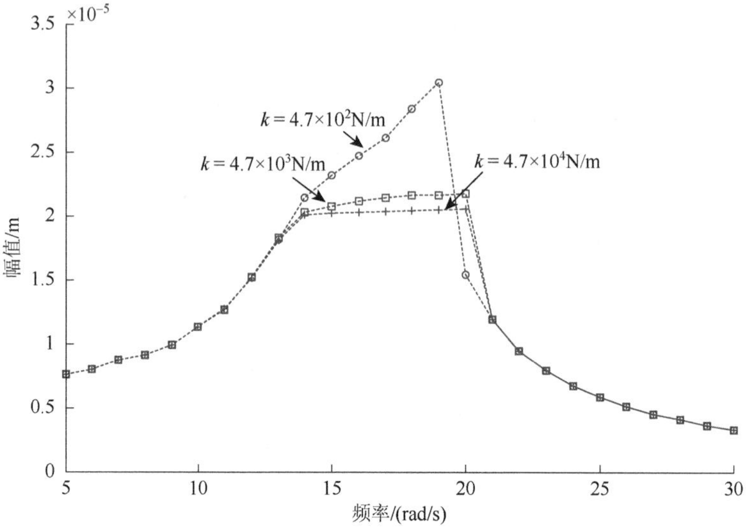

图 9.25　弹簧刚度对端点幅频响应影响（无预紧力）

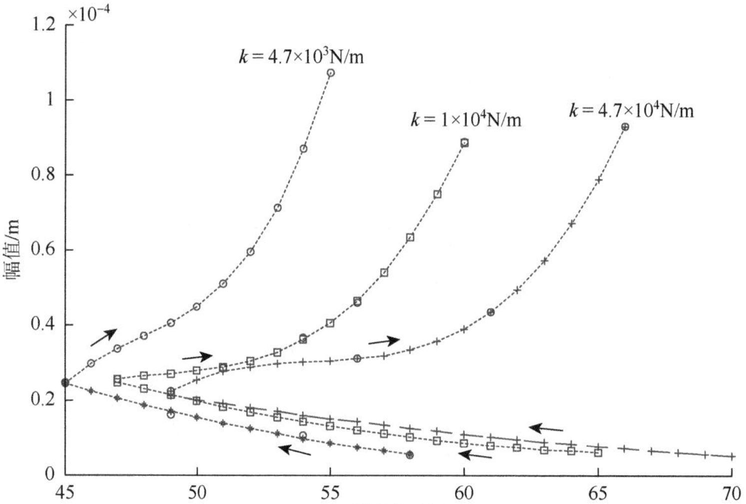

图 9.26　弹簧刚度对端点幅频响应影响（有预紧力）

首先基频由高频向低频移动，但是当向低频漂移至一定程度后，漂移停止反而开始向高频恢复。随着刚度增大，系统的线性基频即小激励力时的共振峰点所对应的激励力频率(图中曲线最底部的共振峰点)随之增大，表现在图 9.26 中由 58rad/s 增大至 70rad/s，其原因与无预紧力时类似，随着端点阻挡刚度的增大，系统刚度也逐渐增大，但是系统基频不会持续增大，其增大程度会逐渐减小趋近于两端固支梁基频。图 9.26 中三种阻挡刚度条件下，系统的共振峰频率漂移曲线类似，均为先呈现软弹簧特性向低频漂移，而后随着激励力继续增大转而向高频移动，从图 9.26 中可见系统软弹簧特性曲线几乎平行。

作为一个实际的系统，间隙的值往往是不确定的，改变间隙值而固定其他系统参数，可得间隙对上述系统频率漂移的影响，首先考虑无预紧力的情况，其幅频响应如图 9.27 所示。从图 9.27 中可以看出，当间隙增大时，在相同的激励力作用下，端点非线性振动的振幅随之增大，而非线性振动区间逐渐变小，这是因为当间隙增大后，特定的激励力频率下由于端点振幅未达到间隙值，系统响应从非线性振动状态转换成线性振动状态，如图中激励力频率在 18rad/s$<\omega<$21rad/s 及 12rad/s$<\omega<$14rad/s；随着间隙值持续增大，系统响应逐渐由非线性振动状态转换为线性振动状态，从而系统的非线性振动区间也趋于减小。可以得到推论，当间隙足够大时，非线性振动区间消失，系统在整个扫频区间内都将处于线性振动状态。

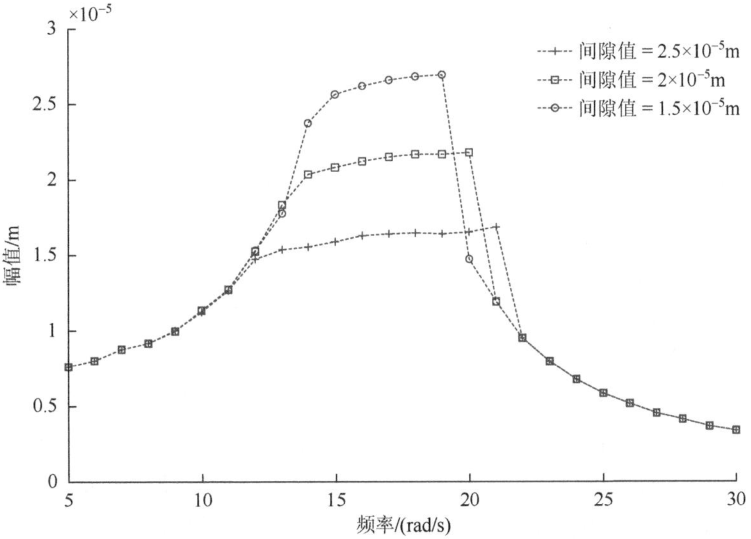

图 9.27　间隙大小对端点幅频响应的影响（无预紧力）

考虑有预紧力的情况，可以得到间隙对共振峰曲线的影响如图 9.28 所示。从图中可知，随着间隙的增大，系统频率漂移曲线首先向左移动，在小激励力时即线性振动状态下，显然间隙大小对系统的振动响应无影响，此时在三种间隙值设定下系统的响应曲线重合在一起，如图中 $F=0.01$N 曲线所示。随着激励力增大，不同间隙共振峰曲线之间的间距差也开始增大，共振峰曲线停止向低频漂移，转而向高频处漂移，三个曲线之间的间距达到最大值，而后随着共振峰向高频移动，三个曲线之间的间距又逐渐减小。

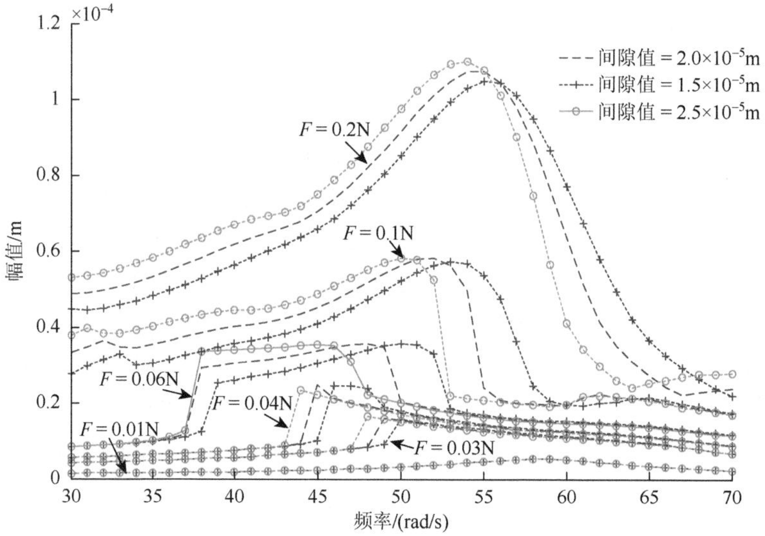

图 9.28 间隙对共振峰曲线的影响（有预紧力）

9.3 本 章 小 结

为了深入地理解航天器频率漂移现象并探讨其成因，本章针对航天器上常见的连接结构，取一端固支另一端带套筒连接的梁为对象，研究了连接的几种非线性因素，即轴向力、面内摩擦力、预紧力、面内摩擦系数和间隙对梁系统受迫振动幅频响应的影响。在研究间隙的影响时，考虑了有、无预紧力两种情况。结果表明，轴向力令系统的幅频响应呈现硬弹簧特性。面内摩擦力则令系统基频向低频漂移，横向及轴向的预紧力会影响梁的基频，但是对非线性的强弱程度影响不大，而增大连接结构的面内摩擦系数能明显地增强系统的非线性，间隙的存在结合有无预紧力的前提条件，可以令系统的幅频响应分别呈现软弹簧和硬弹簧属性。算例中有预紧力设定下间隙对梁频率漂移的影响与文献[1]和文献[16]中的特定航天器结构实验及数学分析得到的结果一致。

本章在研究间隙对系统频率漂移的影响时，基于振型转换思想，采用前面提出的相对振型转换法来求解带间隙非线性边界条件梁的振动响应问题，得到系统在有、无预紧力情况下，频率漂移响应结果。本章进行了参数研究，研究了间隙大小、刚度大小及预紧力大小对系统频率漂移的影响。

参 考 文 献

[1] Carney K，Yunis Y，Smith K，et al. Nonlinear dynamic behavior in the cassini spacecraft modal survey[C]//Proceedings of 5th International Modal Analysis Conference（IMAC），Orlando，1997：811-817.

[2] Okuizumi N，Natori M C. Nonlinear vibration of a satellite truss structure with gaps[C]//45th AIAA/ASME/ASCE/AHS/ASC Structures，Structural Dynamics，and Materials Conference，Palm Springs，2004：19-22.

[3] 钱志英，韩世泽，马为佳，等. 航天器振动试验中的频率漂移现象研究[J]. 航天器环境工程，2018，35（4）：342-347.

[4] Webster M S，Velde W V. Modelling beam-like space trusses with nonlinear joints[C]//32nd AIAA/ASME/ASCE/AHS/ASC Structures，Structural Dynamics，and Materials Conference，Baltimore，1991：2745-2754.

[5] Noor A K，Anderson M S，Greene W H. Continuum models for beam-and platelike lattice structures[J]. AIAA Journal，1978，16（12）：1219-1228.

[6] Thomas S，Stubbs N. Dynamic analysis of the space station truss structure based on a continuum representation[C]//30th Structures，Structural Dynamics and Materials Conference，Mobile，1989：1062-1068.

[7] Tomihiko Y. Dynamic characteristic formulations for jointed space structures[J]. Journal of Spacecraft and Rockets，2006，43（4）：771-779.

[8] Ferri A A. Modeling and analysis of nonlinear sleeve joints of large space structures[J]. AIAA Journal of Spacecraft and Rockets，1988，25（5）：354-360.

[9] Bindemann A C，Ferri A A. Large amplitude vibration of abeam restrained by a non-linear sleeve joint[J]. Journal of Sound and Vibration，1995，184（1）：19-34.

[10] Bindemann A C，Ferri A A. Large-amplitude vibration of jointed flexible structures[C]//32nd AIAA/ASME/ASCE/AHS/ASC Structures，Structural Dynamics，and Materials Conference，Baltimore，1991：2737-2744.

[11] 卫洪涛. 带非线性连接及限制连续体动力学建模方法及响应研究[D]. 哈尔滨：哈尔滨工业大学，2012.

[12] Iwan W D. A distributed-element model for hysteresis and its steady-state dynamic response[J]. Journal of Applied Mechanics，1966，33（4）：893-900.

[13] Song Y. Dynamic response analysis of jointed structures by 2-D/3-D adjusted Iwan beam elements[C]//44th AIAA/ASME/ASCE/AHS Structures，Structural Dynamics，and Materials Conference，Norfolk，2003：1609.

[14] Ervin E K，Wickert J A. Experiments on a beam-rigid body structure repetitively impacting a rod[J]. Nonlinear Dynamics，2007，50（3）：701-716.

[15] Shames I H，Dym C L. Energy and Finite Element Methods in Structural Mechanics[M]. Boca Raton：CRC Press，1985：324.

[16] Smith K，Peng C. Modal test of the Cassini spacecraft[C]//Proceedings of 5th International Modal Analysis Conference（IMAC），Orlando，1997：804-810.

第 10 章　先进航天器频率漂移动力学与衍射式主镜面型控制技术

本章将从研究先进航天器频率漂移的角度出发，建立一个典型航天器结构的三自由度模型，讨论间隙及螺栓连接的迟滞回复力特性对其频率漂移的影响，对比螺栓连接和带间隙连接二者频率漂移的特点[1]。针对空间大口径展开式衍射望远镜主镜的面型调整和保持的控制技术，设计控制方案和大行程高精度作动器，仿真验证所设计的控制方案和作动器的控制能力[2, 3]。

10.1　典型航天器结构的三自由度模型

首先针对频率漂移的研究要求，建立一个典型航天器结构的三自由度模型和相关的坐标系。一个典型航天器的桁架结构如图 10.1 所示。

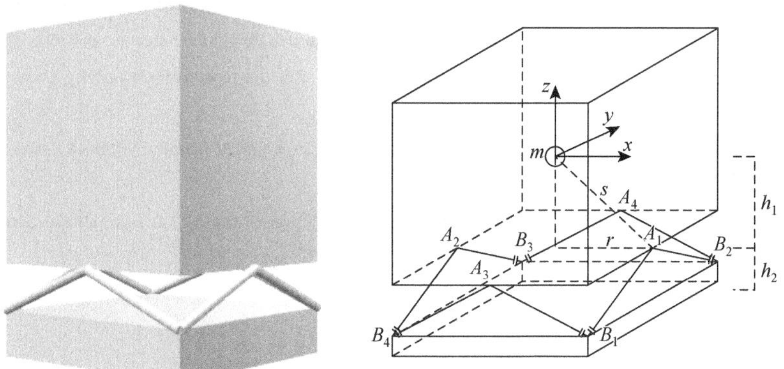

图 10.1　一个典型航天器的桁架结构

对上述系统建立三自由度模型，三个自由度分别是 x 方向、y 方向的平移运动与绕 y 轴转动，并且限制系统只能在 x-z 平面运动及绕 y 轴转动，选质心惯性系为参考坐标系，这样有质心坐标 $O(x,z,\theta)$。如图 10.1 所示，将正方体的星体看作正方体刚体，这样可以将其简化为质点，将图 10.1 中 $B_1 \sim B_4$ 看作非线性的连接结构，星体与基座上的连接点 $A_1 \sim A_4$ 及 $B_1 \sim B_4$ 的坐标分别为$[\boldsymbol{A}_1 \quad \boldsymbol{A}_2 \quad \boldsymbol{A}_3 \quad \boldsymbol{A}_4]$、

$[\boldsymbol{B}_1 \quad \boldsymbol{B}_2 \quad \boldsymbol{B}_3 \quad \boldsymbol{B}_4]$，根据图 10.2 中面上各结构的几何关系，可得各点坐标表达式及速度表达式：

$$\boldsymbol{A}_i = (x_i, 0, z_i), \quad \dot{\boldsymbol{A}}_i = (\dot{x}_i, 0, \dot{z}_i), \quad i = 1,2,3,4$$

$$\begin{cases} x_1 = x + s \times \sin(\theta' + \theta), & \dot{x}_1 = \dot{x} + A\dot{\theta} \\ z_1 = z - s \times \cos(\theta' + \theta), & \dot{z}_1 = \dot{z} + B\dot{\theta} \end{cases}, \begin{cases} x_2 = x - s \times \sin(\theta' - \theta), & \dot{x}_2 = \dot{x} + C\dot{\theta} \\ z_2 = z - s \times \cos(\theta' - \theta), & \dot{z}_2 = \dot{z} + D\dot{\theta} \end{cases}$$

$$\begin{cases} x_3 = x + h_1 \times \sin\theta, & \dot{x}_3 = \dot{x} + E\dot{\theta} \\ y_3 = -r, & \dot{y}_3 = 0 \\ z_3 = z - h_1 \times \cos\theta, & \dot{z}_3 = \dot{z} + F\dot{\theta} \end{cases}, \begin{cases} x_4 = x_3, & \dot{x}_4 = \dot{x}_3 \\ y_4 = r, & \dot{y}_4 = 0 \\ z_4 = z_3, & \dot{z}_4 = \dot{z}_3 \end{cases} \tag{10.1}$$

式中

$$\begin{cases} A = h_1 \cos\theta - r\sin\theta, & B = h_1 \sin\theta + r\cos\theta \\ C = h_1 \cos\theta + r\sin\theta, & D = h_1 \sin\theta - r\cos\theta \\ E = h_1 \cos\theta, & F = r\sin\theta \end{cases} \tag{10.2}$$

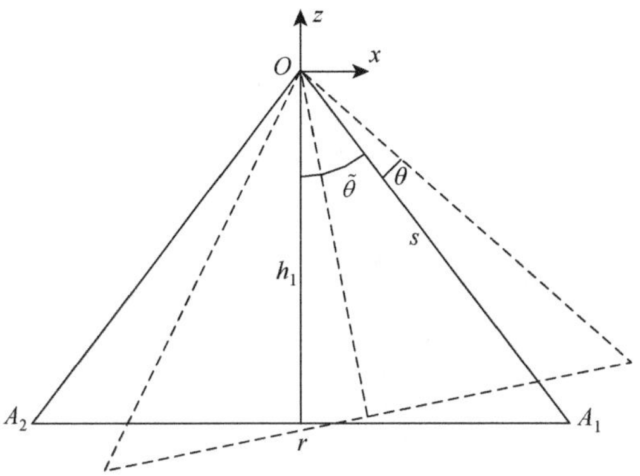

图 10.2　x-z 参考面

考虑连接结构的黏性阻尼力，采用瑞利耗散函数，以及带有耗散力的达朗贝尔-拉格朗日方程建立系统的运动方程。系统的动能为

$$T = \frac{1}{2}m\dot{x}^2 + \frac{1}{2}m\dot{z}^2 + \frac{1}{2}I_y\dot{\theta}^2 \tag{10.3}$$

将非线性的连接结构看作具有非线性力-位移关系的弹簧，作用于系统上的保守力包括激励力、弹簧反力，其功率分别为

$$P_f = F_t\dot{z}, \quad P_s = \sum_{i=1}^{8} F_{ix}\dot{x} + \sum_{i=1}^{8} F_{iz}\dot{z} + \sum_{i=1}^{16} T_i\dot{\theta} \tag{10.4}$$

这时有保守力功率为

$$P_c = P_f + P_s \tag{10.5}$$

将 8 根弹簧的作用力投影到 x 轴与 z 轴，有如下表达式：

$$F_{ix} = F(\Delta s_i)\cdot \boldsymbol{f}_i \cdot \boldsymbol{\xi}_x,\quad F_{iz} = F(\Delta s_i)\cdot \boldsymbol{f}_i \cdot \boldsymbol{\zeta}_z \tag{10.6}$$

绕 y 轴的转矩为

$$M_i = F_{ix}H_{ix} + F_{iz}H_{iz} \tag{10.7}$$

式（10.6）中，Δs_i 为运动时各弹簧的长度相对于静止时的变化量；$\boldsymbol{f}_i$ 为各弹簧的实时方向矢量；$\boldsymbol{\xi}_x$、$\boldsymbol{\zeta}_z$ 为坐标系沿 x 轴、z 轴的单位矢量。

$$\boldsymbol{f}_i = \frac{\overrightarrow{A_jB_k}}{|\overrightarrow{A_jB_k}|} \tag{10.8}$$

式中，$\overrightarrow{A_jB_k}$ 为各反力弹簧矢量，$j=[1,4]$、$k=[1,4]$，j、k 取值由几何构型确定。对于作用于 $A_1 \sim A_4$ 点的反力，其作用于 y 轴的力矩分别为

$$A_1:\begin{cases} H_x = s\cos(\theta'+\theta) \\ H_z = s\sin(\theta'+\theta) \end{cases},\quad A_2:\begin{cases} H_x = s\cos(\theta'-\theta) \\ H_z = s\sin(\theta'-\theta) \end{cases},\quad A_3 = A_4:\begin{cases} H_x = h_1\cos\theta \\ H_z = h_1\sin\theta \end{cases} \tag{10.9}$$

令各连接结构引入系统的黏性阻尼相同，则系统的耗散力功率为

$$P_d = \sum_{i=1}^{8} -\frac{1}{2}\mu v_i^2 \tag{10.10}$$

式中，$v_i = \dot{\overrightarrow{A_jB_k}}\cdot \boldsymbol{f}_i$。利用达朗贝尔-拉格朗日方程

$$\frac{\mathrm{d}}{\mathrm{d}t}\left(\frac{\partial T}{\partial \dot{q}_i}\right) - \frac{\partial T}{\partial q_i} = \frac{\partial P_c}{\partial \dot{q}_i} + \frac{\partial P_d}{\partial \dot{q}_i} \tag{10.11}$$

得到系统的运动方程

$$\begin{cases} m\ddot{x} - c_{x1}(x,z,\theta,t)\dot{x} - c_{z1}(x,z,\theta,t)\dot{z} - c_{\theta 1}(x,z,\theta,t)\dot{\theta} - F_x(x,z,\theta,t) = 0 \\ m\ddot{z} - c_{x2}(x,z,\theta,t)\dot{x} - c_{z2}(x,z,\theta,t)\dot{z} - c_{\theta 2}(x,z,\theta,t)\dot{\theta} - F_z(x,z,\theta,t) = F_t \\ I_y\ddot{\theta} - c_{x3}(x,z,\theta,t)\dot{x} - c_{z3}(x,z,\theta,t)\dot{z} - c_{\theta 3}(x,z,\theta,t)\dot{\theta} - T(x,z,\theta,t) = 0 \end{cases} \tag{10.12}$$

式中，$c_{xi}(x,z,\theta,t)(i=1,2,3)$、$c_{zi}(x,z,\theta,t)(i=1,2,3)$、$c_{\theta i}(x,z,\theta,t)(i=1,2,3)$、$F_x(x,z,\theta,t)$、$F_z(x,z,\theta,t)$ 由推导得出，这里省略其具体形式。

10.2　研究方法描述

根据 10.1 节的模型，本节对间隙非线性连接和螺栓连接二者频率漂移的特点进行对比[1]。

10.2.1　带间隙连接结构模型

有预紧力和无预紧力情况连接结构力-位移如图 10.3 所示，其力表达式为

$$F_{\Delta s}=\begin{cases}K\times(\Delta s-2\delta-\varepsilon), & \Delta s>2\delta+\varepsilon\\0, & \varepsilon\leqslant\Delta s\leqslant 2\delta+\varepsilon\\K\times(x-\varepsilon), & \Delta s<\varepsilon\end{cases}\tag{10.13}$$

式中，$F_{\Delta s}$ 为非线性的回复力；δ 为间隙；ε 为预紧力导致的位移。

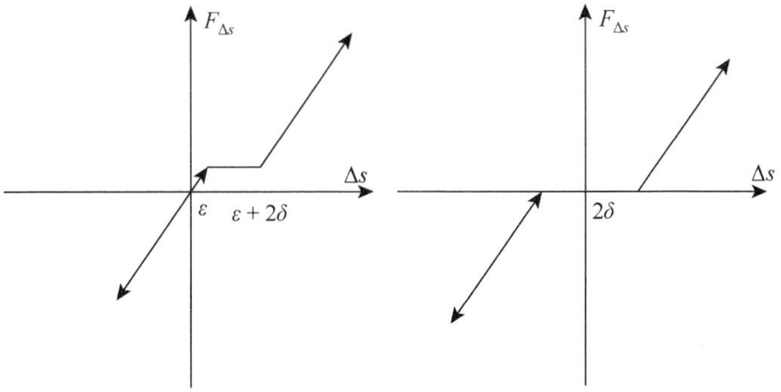

(a) 有预紧力　　(b) 无预紧力

图 10.3　有预紧力和无预紧力情况连接结构力-位移

将式（10.13）应用于式（10.6），对最后得到的振动方程进行余弦扫描，可以得到连接非线性对系统响应的影响，其过程是：首先选择扫描激励的范围为 $[\Omega_1,\Omega_2]$，扫频步长为 τ，激励力幅值为 F，然后将激励力 $F_t=F\cos(\Omega t)$，$\Omega_1\leqslant\Omega\leqslant\Omega_2$ 引入式（10.12）中，利用 MATLAB/Simulink 进行扫描，可以得到 F_t 时，系统在扫频范围 $[\Omega_1,\Omega_2]$ 内的幅频响应，然后改变 F_t，重复同样的步骤，即可得到不同激励力条件下，系统的响应情况。为了进行参数研究，首先令 8 个连接结构的间隙相同，本节研究了间隙的大小和系统阻尼对系统频率漂移的影响，事实上，8 个连接结构具有相同大小的间隙是小概率事件，不具有一般性，本章利用蒙特卡罗仿真的思想研究了随机间隙大小对系统响应的影响。

10.2.2　螺栓连接结构的 Iwan 模型

典型的并-串联 Iwan 模型是由一系列的 Jenkin's 模块组成的，其表现出迟滞回复力特性，有研究认为螺栓连接结构中存在类似的力-位移特性[4]。Jenkin's 模块的几何构型及力-位移关系如图 10.4 所示，是由一个线性弹簧和一个带有临界滑动摩擦力的库仑滑块组成的。图 10.5 是一个由 N 个 Jenkin's 模块并联组成的 Iwan 模型。

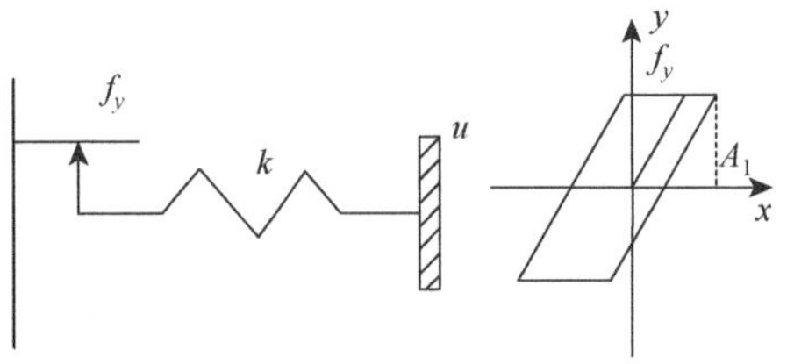

图 10.4 Jenkin's 模块的几何构型及力-位移关系

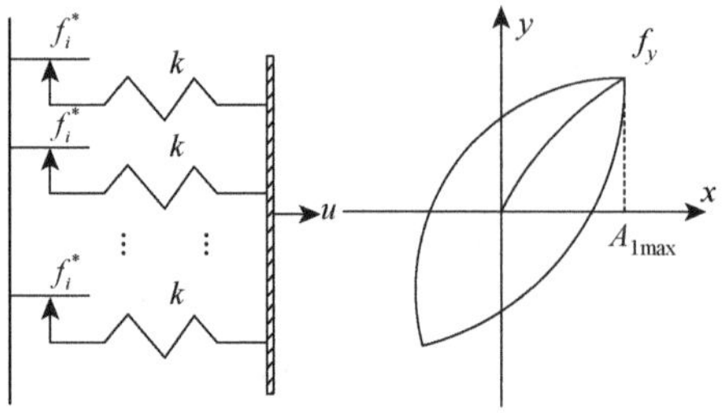

图 10.5 Iwan 模型的几何构型及力-位移关系

设置 N 个 Jenkin's 模块的线弹簧刚度相等，值为 k，各库仑模块的临界摩擦力 f_i^* 不等，则其力-位移关系如图 10.5 所示，当 $N \to \infty$ 时，可以用分布函数定义 f_i^*，本章这里仍然采用文献[4]中的形式：$\beta = \Delta f/(2f_y)$。可知完全定义一个 Iwan 模块需要参数 f_y、k、β、A，各参数可从静力实验中获得[4]。前人的文献中，没有考虑 Jenkin's 模块分别处于线弹性阶段和滑动阶段给系统带来的阻尼不同，由此可知，所有 Jenkin's 模块同时处于线弹性阶段和滑动阶段对系统的能量耗散是不同的，因此系统阻尼在两种情况下也不同。本章在利用 Iwan 模型对特定航天器结构的连接结构进行动力学建模时，研究了 Jenkin's 模块处于不同阶段时具有不同阻尼的情况。引入 Iwan 模型描述的连接结构，上述系统 8 个连接机构恢复力的表达式为 $F(\Delta s_i) = F_{\text{Iwan}}$，耗散力做功功率为

$$P_d = \sum_{i=1}^{8}\sum_{n=1}^{N} -\frac{1}{2}\gamma_{ni}v_i^2, \quad \gamma_{ni} = \begin{cases} \gamma_l, & |F_{ni}| < f_i^* \\ \gamma_{nl}, & |F_{ni}| = f_i^* \end{cases} \tag{10.14}$$

式中，下标 ni 代表第 i 个 Iwan 模型中第 n 个 Jenkin's 模块；N 为 Iwan 模型 Jenkin's 模块的总数；γ_{ni} 代表 Jenkin's 模块的阻尼系数。

10.2.3 带间隙连接结构对结构频率漂移的影响

系统的结构参数表如表 10.1 所示。

表 10.1 系统的结构参数表[2]

变量	变量名	数值	变量	变量名	数值
M/kg	系统质量	490	A_{1max} /10^{-4}m	最大屈服位移	2
I_y / (kg·m)	转矩	1000	k/(10^7N/m)	Jenkin's 单元刚度	6.62
h_1/m	刚体高度	1	f_y	Iwan 模型饱和输出力	与 A_{1max} 相关
h_2/m	桁架高度	0.8305	β	分布参数	0.8305
s/m	底座直径	1.01	N	Jenkin's 模块个数	40
r/m	刚体直径	0.7125	γ_l	Jenkin's 模块线性阻尼系数	0.001
K	单弹簧刚度	6.62	γ_{nl}	Jenkin's 模块非线性阻尼系数	0.02
Δ /μm	间隙大小	20			

将参数代入式（10.12）中，本章仅仅研究 z 方向的振动响应，首先令 8 个间隙的大小相等，利用四阶 Runge-Kutta 法求数值解，系统阻尼比 $\xi = 0.01$，扫描步长为 50rad/s，正向扫描，可以得到系统 z 方向的幅频响应如图 10.6（a）和（b）所示。

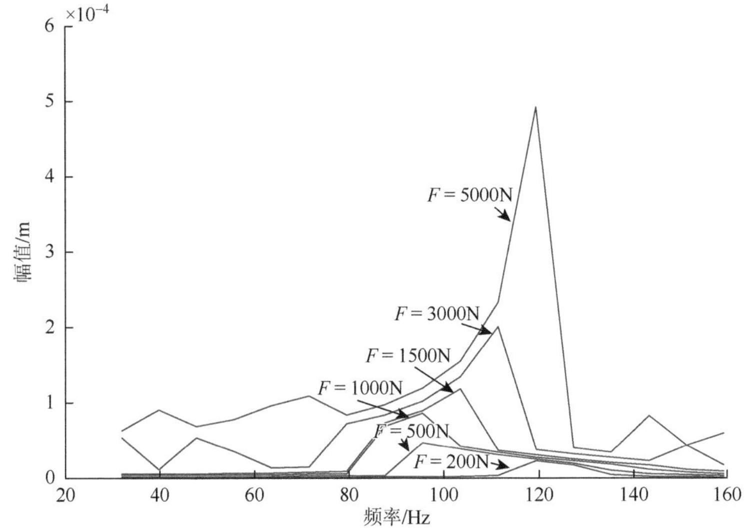

(a) 带预紧力

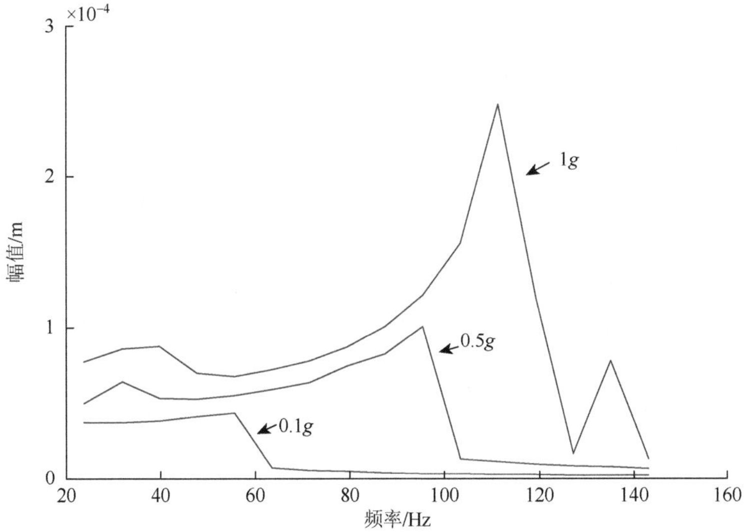

(b) 无预紧力

图 10.6　带间隙非线性系统的幅频响应

从仿真结果看，当有预紧力时，随着激励力的幅值不断增大，结构振动响应的共振峰首先向低频漂移，但是当激励力增大到特定的值后，系统响应停止向低频漂移，并随着激励力的继续增大而逐渐向高频恢复；当系统无预紧力作用时，系统的幅频响应表现出如图 10.6（b）所示硬弹簧的性质。可以认为，对于有预紧力的存在间隙的连接结构，间隙将导致系统的幅频响应存在频率漂移现象。定性地来说，系统的基频将会随着激励力增大而出现降低-恢复的现象。下面研究间隙对系统频率漂移的影响。假设系统无间隙时的基频为 ω_0，存在间隙时在不同激励力下的基频为 ω，则在此条件下，系统频率漂移了 $p_s = \omega_0 - \omega$，改变激励力 F 的大小，得到一系列的 p_s-F 平面上的点对，改变间隙大小，令 $\delta = 20$～$40\mu m$，改变的步长为 5μm，如图 10.7 所示。

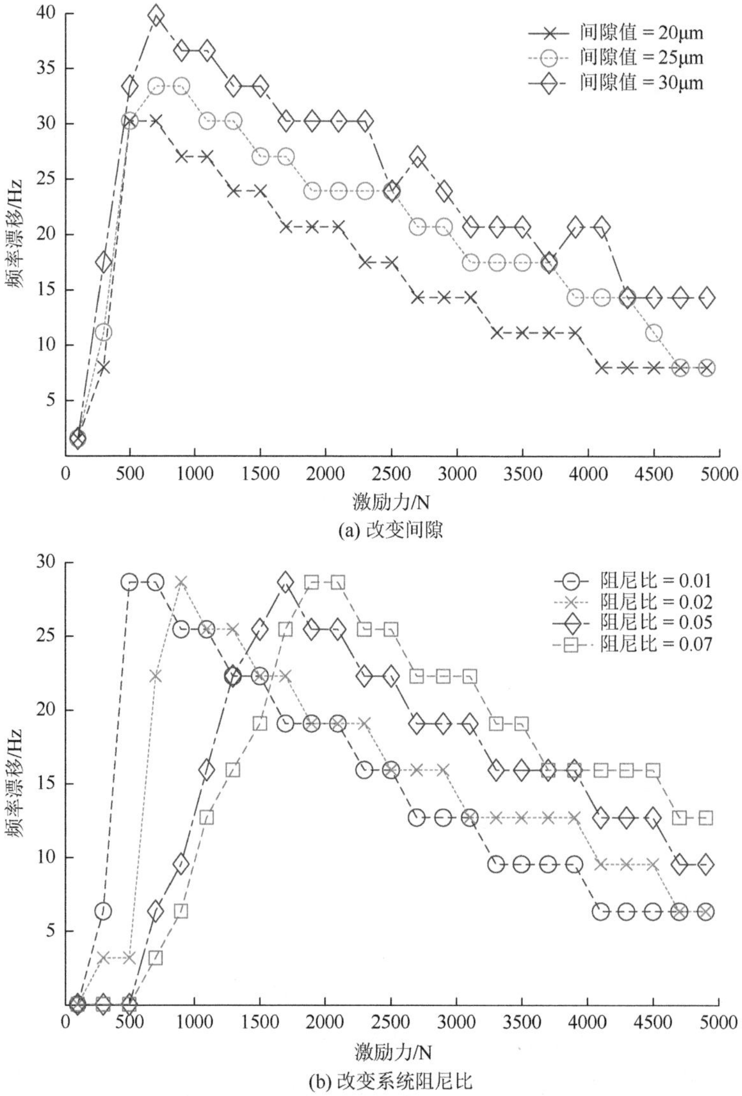

(a) 改变间隙

(b) 改变系统阻尼比

图 10.7　系统参数对频率漂移值的影响

从图 10.7（a）可以看出，间隙越大频率漂移的最大值越大，激励力相同时频率漂移越大，不同间隙值系统响应到达频率漂移峰值的激励力相同。下面用 p_s-F 平面来研究系统阻尼比对频率漂移的影响，令 8 个连接结构的间隙相等，均为 20μm，改变系统阻尼比的大小，令 $\xi = 0.01$、0.02、0.05、0.07，如图 10.7（b）所示，可以看出，阻尼比越大，系统响应开始频率漂移需要的激励力越大，到达频率漂移最大值时的激励力也越大。在到达频率漂移最大值前，阻尼越大，若系统频率漂移大小相同，则激励力越大，同时也可以看出，阻尼对频率漂移的最大值影响是有限的。图 10.7 中的曲线平台是由于步长设置造成的。令 8 个连接结构的间隙随机变化，给定伪随机数的取值为 20～40μm，批量进行仿真，可以得到系统在不确定的结构参数下频率漂移的情况。连接结构间隙随机大小对系统频率漂移的影响如图 10.8 所示。

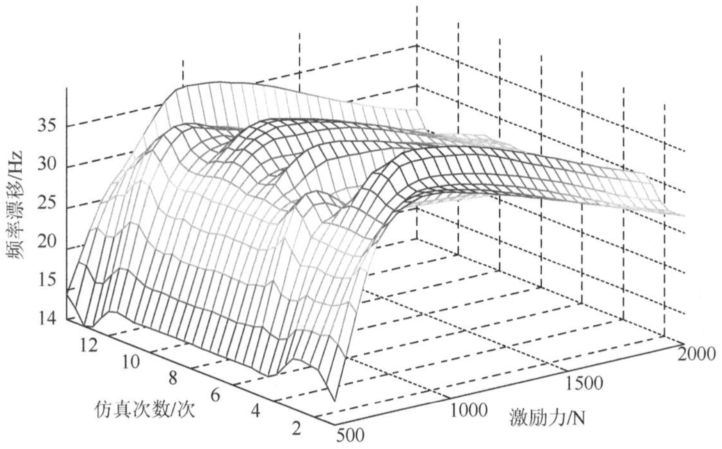

图 10.8　连接结构间隙随机大小对系统频率漂移的影响

由图 10.8 可知，在随机间隙参数下，系统的频率漂移最大值差别较大。而不同的随机参数设定下，系统响应在较小激励力（500N）与较大激励力（2000N）时相比，几何构型相差不大。

10.2.4　螺栓连接结构对结构频率漂移的影响

系统的结构参数表如表 10.1 所示，令 8 个连接结构的 Iwan 模型参数相同，则幅频响应图如图 10.9 所示。

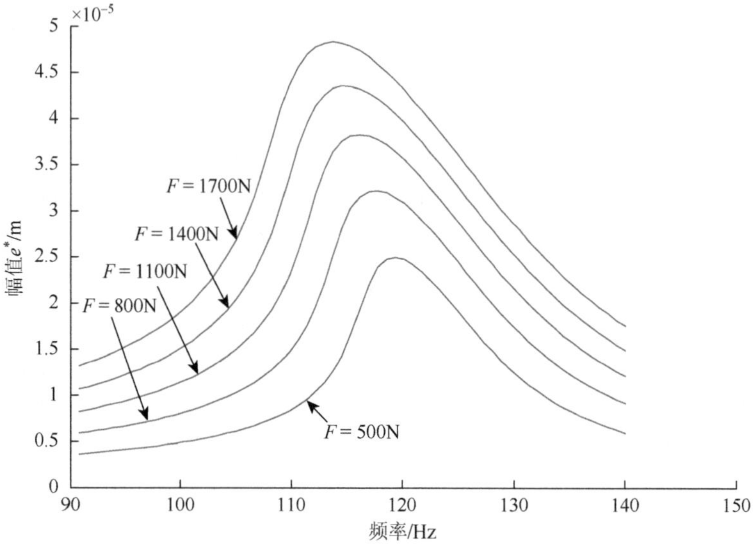

图 10.9 Iwan 模型描述下连接结构系统的幅频响应图

由图 10.9 可以看出，随着激励力的不断增大，系统频率漂移最大值也不断增大。改变 Iwan 模型的参数，可以研究连接结构的特性对系统频率漂移的影响，首先固定 $k=6.62\times10^7$N/m，$\beta=1$，当 β 确定后，f_y 与 $A_{1\max}$ 相关。所以，这里等同于研究 $A_{1\max}$ 或 f_y 对系统响应的影响。令 $A_{1\max}=1\times10^{-4}$m、2×10^{-4}m、3×10^{-4}m 时，Iwan 模型的力-位移图及系统的幅频响应如图 10.10 所示。

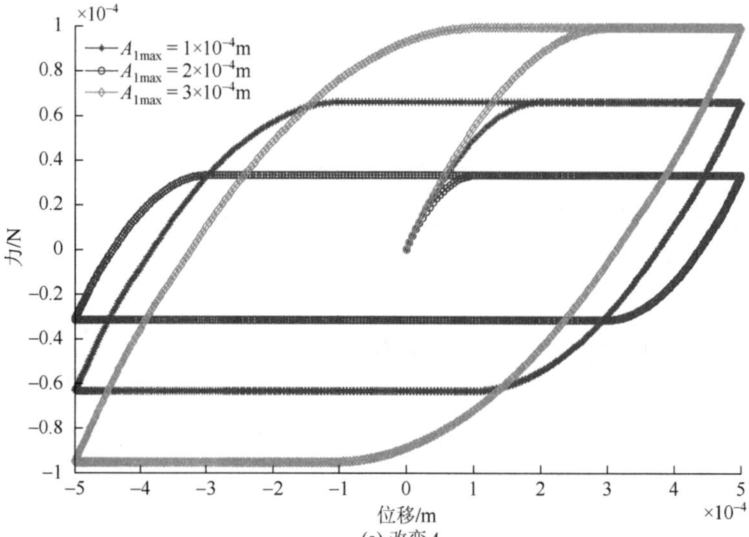

(a) 改变A_1

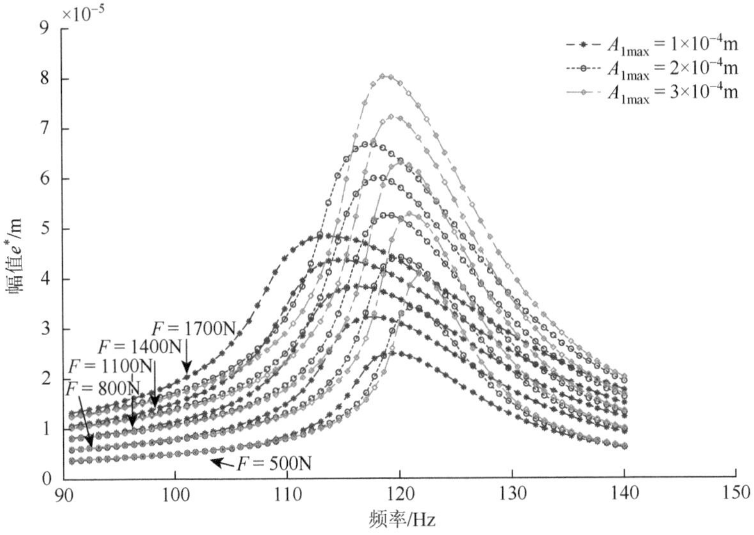

(b) 改变$A_{1\max}$

图 10.10　不同 $A_{1\max}$ 下 Iwan 模型的力-位移图及系统的幅频响应

由图 10.10 可以看出，随着 $A_{1\max}$ 的增大，系统等效刚度增大，幅值最大值增大，频率漂移的程度减小。采用同样的方法研究 β 对系统幅频响应的影响，令 $k=6.62\times10^7$N/m，$A_{1\max}=1\times10^{-4}$m，f_y 与 $A_{1\max}$ 相关，$\beta=0.5$、0.7、0.9 时，Iwan 模块的力-位移关系及系统幅频响应如图 10.11 所示。

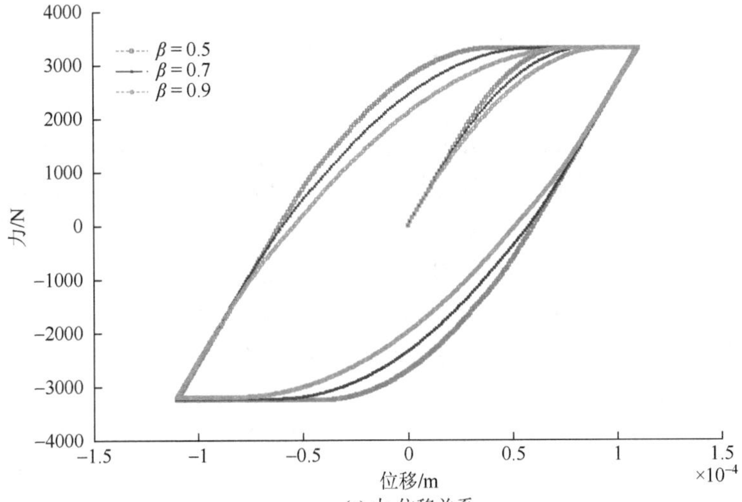

(a) 力-位移关系

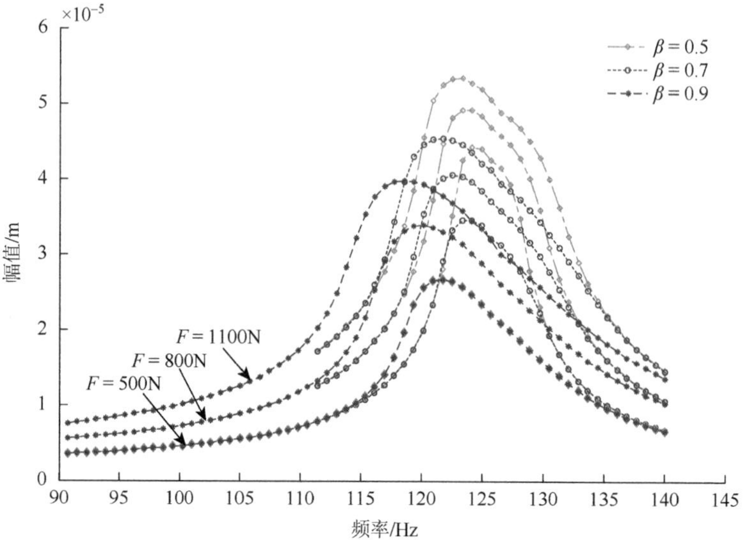

(b) 系统幅频响应

图 10.11　不同 β 下 Iwan 模块的力-位移关系及系统幅频响应

从图 10.11（b）可知，随着 β 增大，系统响应的幅值峰值变小，相同激励力时，基频更低，即频率漂移的程度也最大。从图 10.11 中观察到特殊的现象，当 β 增大时，系统的等效刚度减小，根据线性系统的经验，系统的最大振幅应该增大，但是图中的结果却相反，这个现象可以用 10.2.2 节描述的非线性阻尼来解释，β 增大时，系统的阻尼也增大了，导致了幅值响应的降低。

10.2.5　两种非线性条件下系统频率漂移对比

对比存在间隙及 Iwan 连接结构条件下，系统的频率漂移可以得出推论，间隙连接机构需要存在预紧力（重力）条件才会在增大激励力时向低频漂移，否则系统响应会表现出硬弹簧的特性。带间隙连接结构对系统的频率漂移影响不连续，系统响应共振峰随着激励力的增大，首先向低频漂移，在激励力增大到一定程度后，停止向低频漂移，转向高频恢复。而 Iwan 模型描述的连接结构对系统的影响是系统频率漂移呈现均匀地向低频漂移，不需要预紧力的前置条件，不会随着激励力的增大向高频恢复。这对工程人员根据实验数据推断系统的非线性具有参考价值。事实上，两种非线性，尤其是间隙非线性可以导致系统产生复杂的非线性振动响应，如混沌效应，因此在特定的区域，幅频响应呈现出曲折的曲线结果。同时可以看出，增大阻尼，系统的响应振幅减小，系统的频率漂移也相应减少。

10.3　展开式衍射望远镜主镜面型控制

展开式衍射望远镜可以实现 20m 的展开口径，是未来实现高精度遥感探测的重要途径。为了准确调整和保持展开式衍射望远镜的主镜形状，本节提出一种主镜控制方案，并提出一种新型作动器。本章设计的作动器行程为 20mm，精度为 0.1μm，适用于提出的面型控制方案。本节设计一个由面型控制单元组成的面型控制框架，每个面型控制单元都配备了 6 个作动器。该方案可以实现对镜面支撑单元的六自由度控制，从而实现对望远镜表面的亚微米级控制调节。本节给出了作动器的设计参数和面型控制仿真。仿真结果表明，本节所提出的控制方案和作动器能够满足展开式衍射望远镜主镜面型控制的要求[2]。

10.3.1　面型控制方案设计

如图 10.12 所示，面型控制方案以直径为 20m 的可展开式空间薄膜衍射望远镜为研究对象，在 18 个镜面支撑单元上安装了 36 个薄膜衍射透镜，镜面支撑单元组合成镜面支撑框架。薄膜衍射透镜安装在镜面支撑单元中，并且通过设置在薄膜圆周上的作动器来调整张力。薄膜衍射透镜和镜面支撑单元可视为一个整体，镜面支撑单元为面型控制的最基本单元。

为了获得精确的面型调节效果，在每个镜面支撑单元的背面均设置面型控制单元，组成面型控制单元。如图 10.13 所示，面型控制单元的中间镂空，不影响薄膜衍射透镜的透光性和望远镜的正常工作。

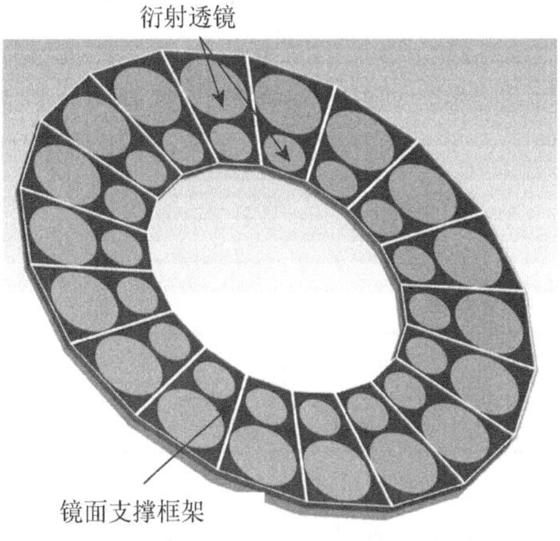

图 10.12　20m 口径展开式衍射望远镜

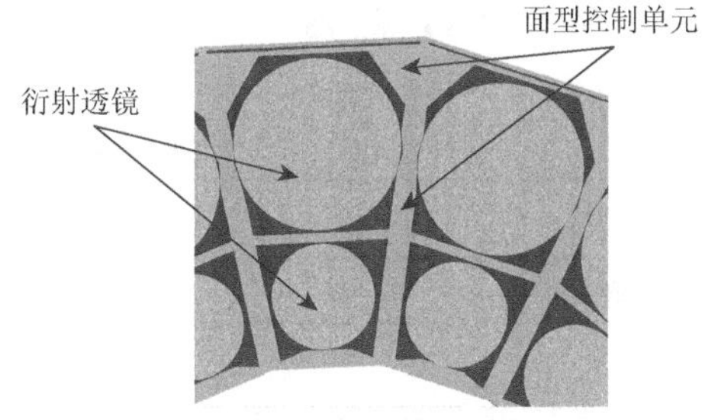

图 10.13　面型控制单元

如图 10.14 所示，面型控制框架与镜面支撑框架展开后通过作动器相连。为了实现六自由度的面型调节，选择 6-UPS（universal-prismatic-spherical）模式进行作动器的布置和连接。每个面型控制单元的 6 个作动器的底部通过虎克铰链连接到面型控制框架，执行器的输出端通过球头连接到后视镜支撑框架，如图 10.15 所示。

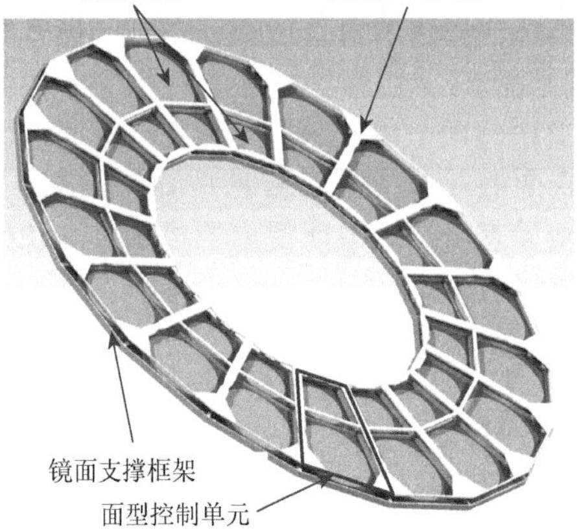

图 10.14 展开式衍射望远镜面型控制方案

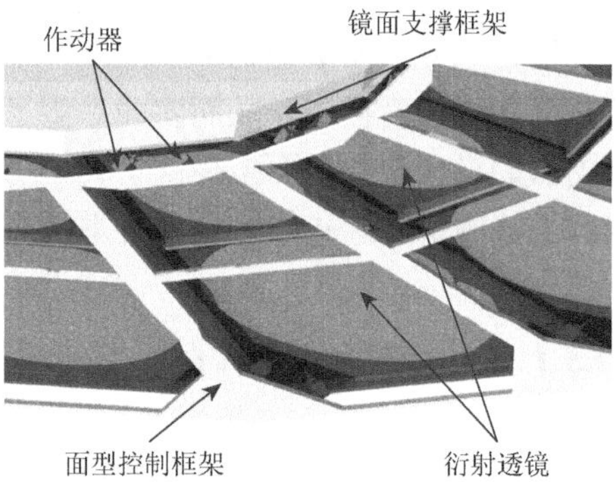

图 10.15 作动器布置形式示意图

10.3.2 大行程高精度作动器设计

考虑可展开大口径衍射望远镜对大行程和高面型精度的要求，本节设计的主镜面型控制方案作动器可以达到 20mm 的行程和 0.1μm 的驱动精度。作动器具有粗调节和精细调节的功能，由两级丝杠螺母驱动输出位移。作动器不使用特殊的新材料，与传统的传动方式相比，具有成本低、性能可靠的优点。作动器的主要结构示意图如图 10.16 所示。

步进电机的驱动设置为 400 脉冲/转，即电机每一步的旋转角度为 0.9°，作动器传动参数如表 10.2 所示。r_f 为细调节范围，s_f 为细调节步长，r_c 为粗调节范围，s_c 为粗调节步长，k_d 为位移折减比。

表 10.2 作动器传动参数

参数	r_f	s_f	r_c	s_c	k_d
数值	36μm	0.1μm	20mm	25.1μm	0.08

为使驱动简单可靠，节省空间资源，两种调节方式均由一台电机驱动。模式切换联轴器示意图如图 10.17 所示，通过分离和接合上下驱动轴的轴鞘实现两种

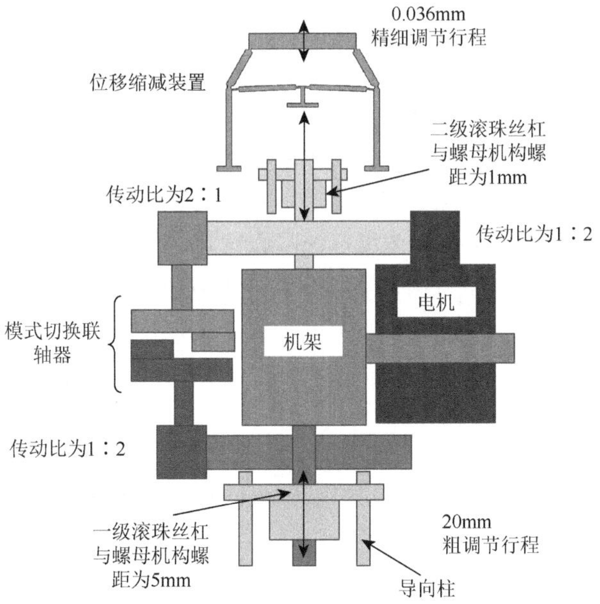

图 10.16　作动器的主要结构示意图

调节模式的切换[4, 5]。根据传动设置，一级丝杠螺母传动的位移分辨率为 1.25μm，需要增加位移缩减装置，进一步减小微调后的位移输出。因此，如图 10.18 所示的柔性悬臂梁被用作位移缩减装置，一级螺母的输出位移减少为原来的 8%，微调后的输出位移分辨率达到 0.1μm。

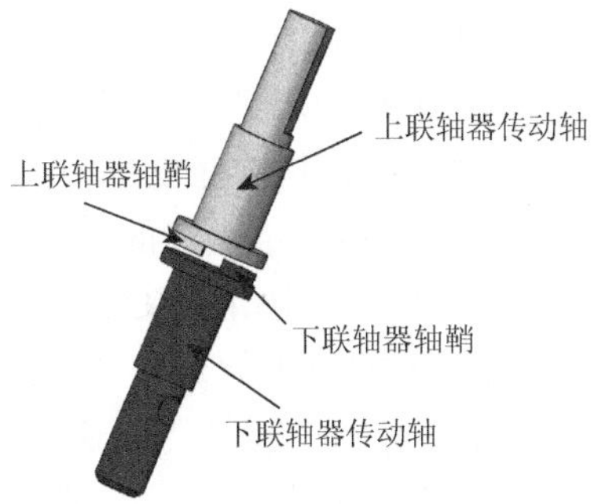

图 10.17　模式切换联轴器示意图

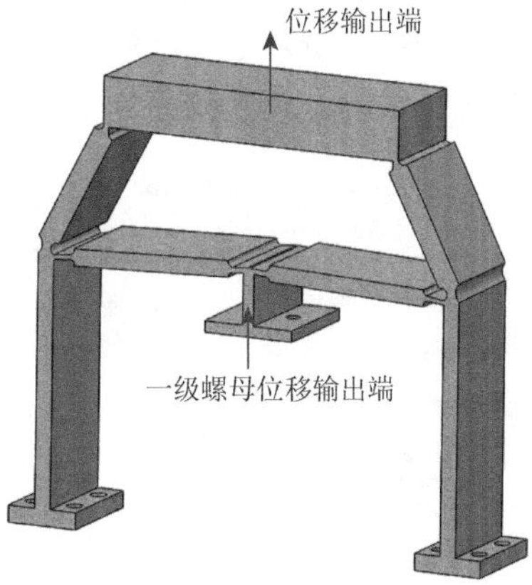

图 10.18　位移缩减装置示意图

为了避免电机停止转动时滚珠丝杠螺母机构反转，在两个滚珠丝杠轴的末端设置两个电磁制动器。当电机停止转动时，制动器固定滚珠丝杠，以确保调整后作动器的精度。

作动器传动系的示意图如图 10.19 所示。步进电机驱动电机齿轮带动一级丝杠齿轮和上联轴器齿轮转动，一级丝杠齿轮与一级滚珠丝杠固定连接，带动一级螺母沿一级导柱直线运动，驱动位移缩减装置进行精细调节。当电机继续转动时，上联轴器齿轮带动上联轴器传动轴转动，与下联轴器传动轴接合，下联轴器齿轮带动二级丝杠齿轮转动。二级滚珠丝杠在二级螺母和二级导柱的作用下旋转，带动机架做直线运动，作动器进行粗调节。当电机反向旋转时，上下联轴器传动轴分离并切换到精细调节模式，位移调节方向也随之改变。作动器的三维模型如图 10.20 所示。

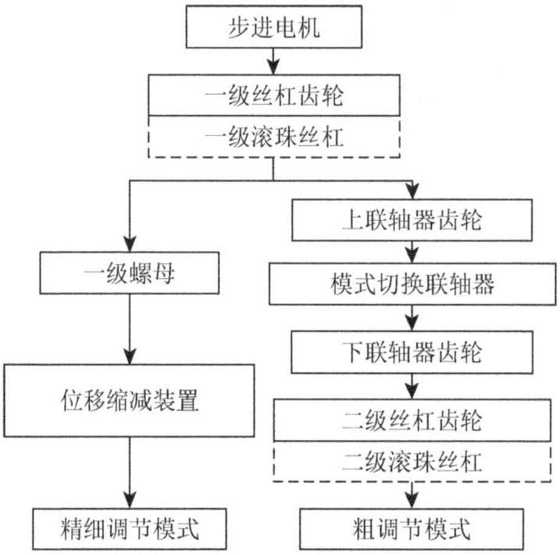

图 10.19　作动器传动系的示意图

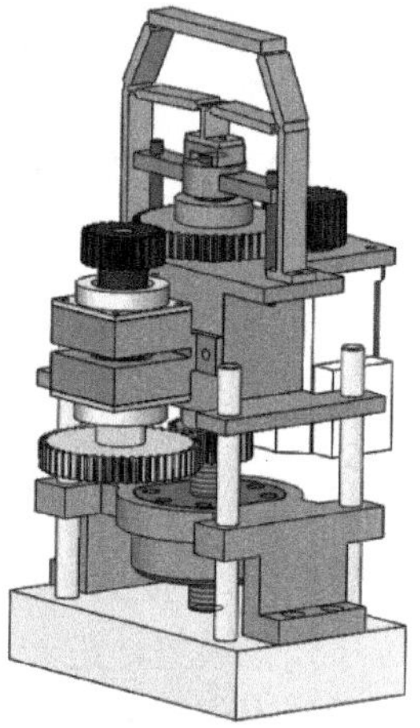

图 10.20　作动器的三维模型

如图 10.21 所示，作动器的底部通过虎克铰连接到面型控制框架，作动器的输出端通过球铰连接到镜面支撑框架。作动器、虎克铰和球铰组合在一起形成一个调节支腿，支腿的长度由传感器测量。作动器通过改变 6 个调节支腿的长度来调整面型控制单元与镜面支撑单元之间的距离和角度，以完成主镜的面型控制。

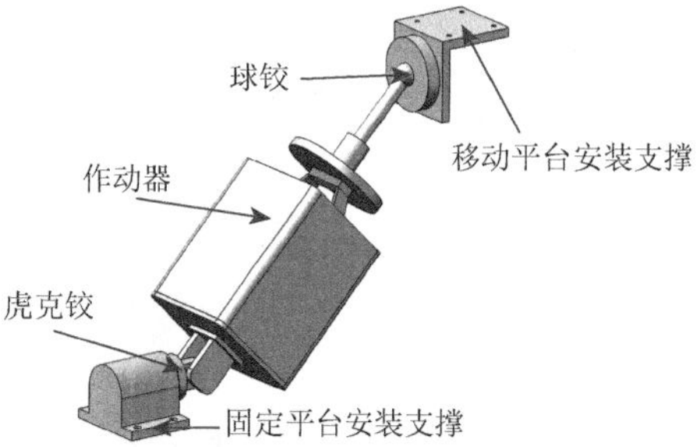

图 10.21　调节支腿

调节流程示意图如图 10.22 所示。首先，根据面型整体调节要求，确定面型控制单元中各调节支腿的目标长度 L。其次，通过位移传感器检测目前调节支腿的长度 L_0，判断作动器位移方向和电机旋转方向。上下联轴器传动轴接合时电机需要转动的步数 n_0 可以表示为

$$n_0 = \left\lfloor \frac{\alpha_0}{0.9^\circ} \right\rfloor \tag{10.15}$$

式中，α_0 是角度传感器测量的上联轴器传动轴在旋转方向与下联轴器传动轴的夹角。

图 10.22 判断框中的公式为判断仅使用精细调节是否能达到目标长度 L，如能达到，精细调节至 L，否则精细调节至上下联轴器传动轴啮合，测量此时长度 L_1，粗调节至 L_1。此时，电机反向旋转，上下联轴器传动轴分离，切换到精细调节模式调整到目标长度 L，结束调节过程。

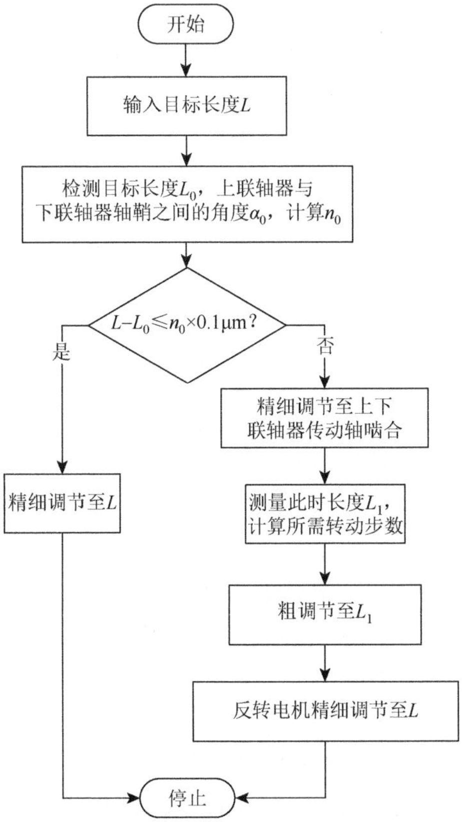

图 10.22　调节流程示意图

10.3.3　面型控制仿真

镜面支撑单元由面型控制单元进行调整，使整个主镜表面满足形状要求。面型控制单元与镜面支撑单元形成并联机构，采用 6-UPS 配置。每个面型控制单元与镜面支撑单元之间的 6 个调节支腿分为 3 组，每组两个调节支腿按 90°布置，如图 10.23 所示。设置面型控制单元为固定平台，在固定平台上建立坐标系 $O\text{-}XYZ$，$A_i(i=1,2,\cdots,6)$ 表示调节支腿在固定平台上的安装点。镜面支撑单元为移动平台，在移动平台上建立坐标系 O_1-$X_1Y_1Z_1$。$B_i(i=1,2,\cdots,6)$ 表示移动平台上调节支腿的安装点。

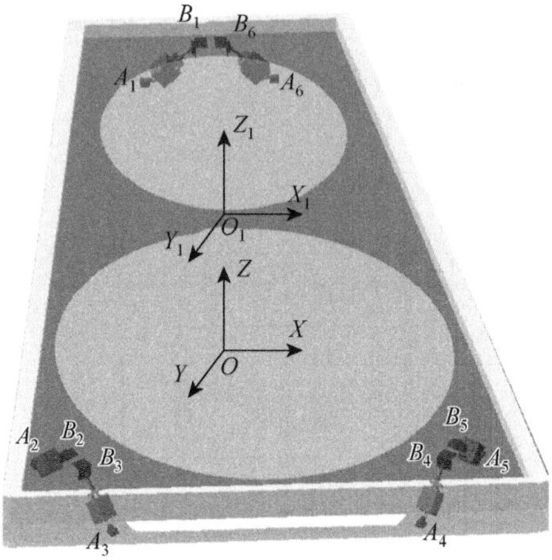

图 10.23　调节支腿布置示意图

根据并联机构的配置和布置坐标，并联机构的雅可比矩阵为

$$\boldsymbol{J}=\begin{bmatrix} 0.7071 & 0 & 0.7071 & 1.6384 & 0.297 & -1.6384 \\ 0.5 & -0.5 & 0.7071 & -1.2183 & 1.1314 & 1.6615 \\ -0.5 & 0.5 & 0.7071 & -1.6384 & 0.7113 & -1.6615 \\ 0.5 & 0.5 & 0.7071 & -1.6384 & -0.7113 & 1.6615 \\ -0.5 & -0.5 & 0.7071 & -1.2183 & -1.1314 & -1.6615 \\ -0.7071 & 0 & 0.7071 & 1.6384 & -0.2970 & 1.6384 \end{bmatrix} \tag{10.16}$$

直径为 20m 的可展开衍射望远镜的展开形状近似为抛物面，焦距为 6m，每个镜支撑单元的坐标系原点 O_1 位于抛物面上，镜面支撑单元所在平面与抛物面相切。假设望远镜在某一时间受到干扰，镜面支撑单元需要绕其自身坐标系 X_1 旋转 0.35°以调整到目标形状。面型控制中镜面支撑单元的位置变化如图 10.24 所示。

图 10.24 所示的面型调整过程对应于一组面型控制单元与镜面支撑单元。6 个调节支腿的伸缩共同作用于镜面支撑单元，以调节到目标形状。如图 10.25 所示，镜面支撑单元从初始位置（实线）绕其自身坐标系 X_1 旋转 0.35°至目标位置（虚线）。

在图 10.23 所示的坐标系中，满足以下矢量关系：

$$\overrightarrow{A_iB_i}=\overrightarrow{OO_1}+\overrightarrow{O_1B_i}-\overrightarrow{OA_i}=\boldsymbol{RB}_i+\boldsymbol{O}-\boldsymbol{A}_i,\quad i=1,2,\cdots,6 \tag{10.17}$$

式中，$\boldsymbol{R}$ 为移动平台坐标系转换到固定平台坐标系的旋转矩阵；$\boldsymbol{O}$ 为两坐标系原点的位置矢量；$\boldsymbol{B}_i$ 为移动坐标系中两点的位置矢量；$\boldsymbol{A}_i$ 为固定坐标系中两点的位置矢量。在图 10.25 所示的调整过程之后，调节支腿的目标长度 l_i 为

$$l_i = \sqrt{(\boldsymbol{RB}_i + \boldsymbol{O} - \boldsymbol{A}_i)^{\mathrm{T}} (\boldsymbol{RB}_i + \boldsymbol{O} - \boldsymbol{A}_i)} \tag{10.18}$$

调节支腿的伸缩长度 Δl_i 为

$$\Delta l_i = l_i - l_0 \tag{10.19}$$

式中，l_0 是调节支腿调整前的初始长度。

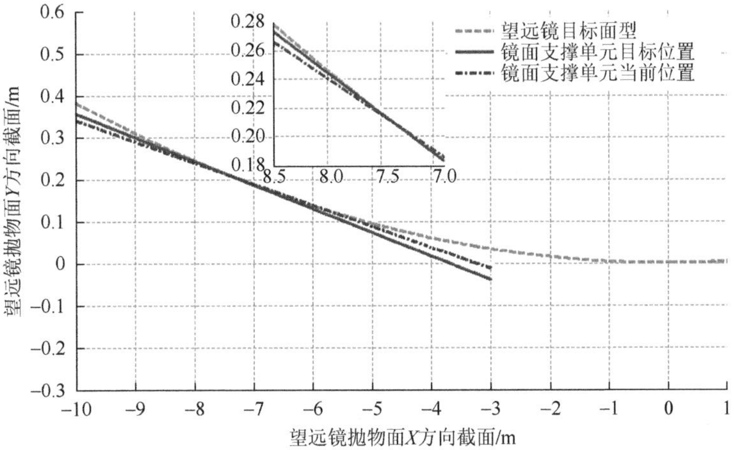

图 10.24　面型控制中镜面支撑单元的位置变化

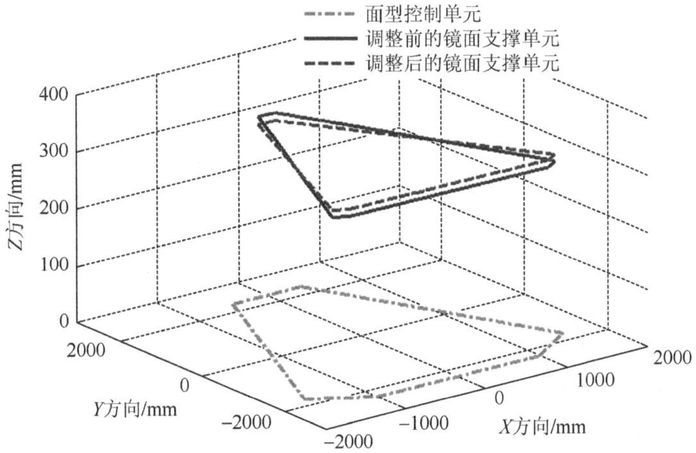

图 10.25　镜面支撑单元调节过程

在图 10.25 所示的调整过程中，固定平台与移动平台平行，坐标原点的连接与 OO_1 重合。取 $l_0 = 446\mathrm{mm}$，$\boldsymbol{R}$ 是围绕移动平台坐标 Z_1 旋转 0.35°的旋转矩阵。6 个调节支腿的伸缩量如表 10.3 所示。

表 10.3　6 个调节支腿的伸缩量

伸缩量	Δl_1	Δl_2	Δl_3	Δl_4	Δl_5	Δl_6
数值/mm	–9.8933	8.4656	9.1539	9.1539	8.4656	–9.8933

根据表 10.3 的数据，使用图 10.22 所示的调整流程，分别选择编号为 L_1 和 L_2 的调节支腿来进行调节过程仿真模拟。调节前调节支腿 L_1、L_2 和作动器参数如表 10.4 所示。“+” 表示电机正向旋转，“–” 表示电机反向旋转。

表 10.4　调节前调节支腿 L_1、L_2 和作动器参数变化

参数	l_0/mm	l_i/mm	Δl_i/mm	+/–	α_0/(°)
L_1	446	436.1067	–9.8933	–	120
L_2	446	454.4656	8.4656	+	50

图 10.26 和图 10.27 分别描述了作动器 L_1 和 L_2 的调节过程。可以看出，通过精细调节模式和粗调节模式之间的切换，L_1 作动器的位移缩短为 9.8933mm，分辨率为 0.1μm。L_2 作动器的位移伸长为 8.4656mm，分辨率为 0.1μm，作动器能满足大行程、高精度的设计要求，并适合于面型控制方案。

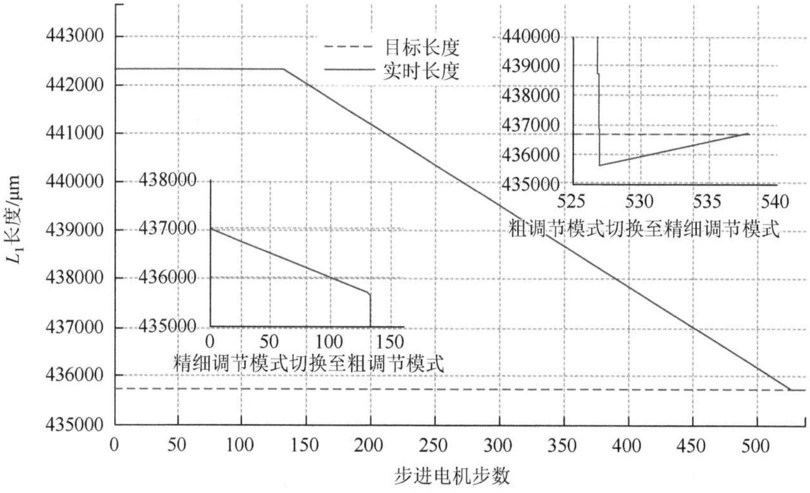

图 10.26　L_1 作动器调节过程

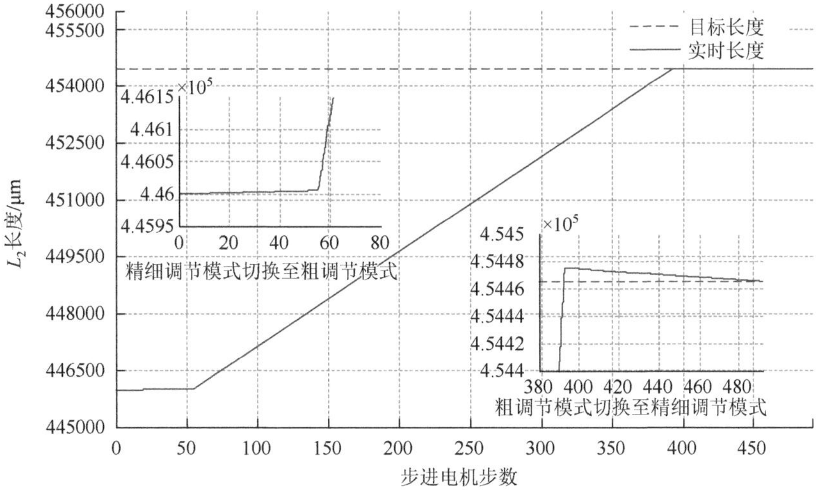

图 10.27　L_2作动器调节过程

10.4　本 章 小 结

本章首先针对一个典型的航天器桁架结构，建立了三自由度运动模型，分别引入间隙非线性和 Iwan 模型描述的非线性连接结构，利用数值方法，研究了系统的频率漂移，讨论了间隙、预紧力（重力）、系统阻尼、随机间隙和 Iwan 模型的参数对频率漂移的影响，对比了两种非线性连接结构下，系统频率漂移的特点，研究表明，间隙结合预紧力条件可令结构呈现硬弹簧-软弹簧特性的频率漂移，迟滞和间隙两种非线性引起的频率漂移在幅频曲线上表现出不同的特点。

其次，从研究航天器频率漂移的角度出发，针对一个特定的航天器结构[3]，利用三自由度的运动模型，研究了间隙参数及随机大小的间隙，螺栓连接的迟滞回复力特性对其频率漂移的影响，对比了螺栓连接和间隙非线性二者频率漂移的特点，得到了具有工程价值的结论。

最后，研究了一种可展开衍射望远镜主镜的面型控制方案，并设计了一种新型驱动器，模拟了表面控制过程。仿真结果表明，本章设计的驱动器可以达到 20mm 的量程和 0.1μm 的精度。本章设计的面型控制方案和执行器能够满足可展开衍射望远镜主镜面型控制的要求。

参 考 文 献

[1]　卫洪涛，孔宪仁，王本利，等. 非线性连接结构对一个典型卫星频率漂移的影响[J]. 航天器环境工程，2012，29（3）：297-303.

[2] He K D，Gao X H，Liu L，et al. Surface control of primary mirror for deployable diffractive telescope[C]//2019 Chinese Automation Congress，Hangzhou，2019：3403-3408.

[3] Okuizumi N，Natori M. Nonlinear vibrations of a satellite truss structure with gaps[C]//45th AIAA/ASME/ASCE/AHS/ASC Structures，Structural Dynamics and Materials Conference，Palm Springs，2004：1867.

[4] Iwan W D. A distributed-element model for hysteresis and its steady-state dynamic response[J]. Journal of Applied Mechanics，1966，33（4）：893.

[5] Streetman S A，Kingsbury L. Cryo micropositioner：U.S. Patent 6478434[P]. [2002-11-12].

第 11 章　空间碎片激光清理航天器设计与柔性航天器指向地面实验

随着人类太空活动的日益增多，产生了越来越多的空间碎片，其对在轨航天器的危害也更加严重，因此，清理太空碎片已经成为世界各主要航天大国刻不容缓的事情。据不完全统计，自从人类发射第一颗人造地球卫星以来，一共进行了5000 多次航天发射活动，且到目前为止，已经发生了 200 多次航天器爆炸事件，产生的空间碎片非常多，而且这些碎片大都分布在低轨道上，这些轨道上航天器数量众多，对航天器的潜在威胁非常严重[1-4]。本章先从清理空间碎片出发，提出空间碎片激光中继方案，并设计地面模拟飞行器，对航天器的姿态运动进行全物理模拟[5]。

为了实现地面模拟空间飞行器的姿态运动，首先必须实现对空间微重力环境的模拟。本章利用三轴气浮球轴承，采用气浮技术来模拟空间微重力、低摩擦的力学环境。此外，为了实现地面模拟空间飞行器的姿态运动与控制，还需要搭建一套气浮实验航天器系统。气浮转台技术是航天器姿态控制系统的全物理仿真手段，利用压缩空气，在气浮球轴承和底座球窝之间形成一层气膜，使得模拟航天器浮起，从而实现失重环境下的低摩擦力学环境，进而可以利用气浮转台实现姿态控制系统验证。

本章设计和搭建一套三轴气浮实验系统，用于验证空间飞行器姿态控制系统设计的合理性，并在气浮航天器平台上附加柔性附件对其进行低频振动控制。

11.1　空间碎片激光清理中继方案

空间碎片清理存在技术难点。利用地面激光直接照射空间碎片，要求激光轴具有较高的指向精度，且激光经过长距离传输后能量密度降低。天基激光系统是一种比较可行的空间碎片清理方案，但由于受到激光功率的限制，需要几次激光脉冲才能清理一个目标，且两次脉冲之间时间较长。本节设计一种中继航天器，将地面激光中继照射碎片，进行碎片清理，克服了地基激光传输能量密度不足的问题。

激光清理空间碎片的方法通常是改变碎片的近地点高度，使其落入大气层燃烧或使其上升到坟墓轨道，如图 11.1 所示。

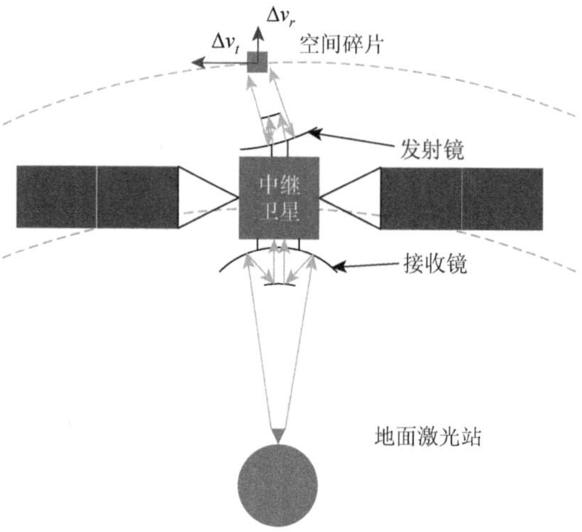

图 11.1 天基激光中继策略

经过航天器中继后，激光能量密度增加。激光作用在空间碎片上产生等离子体气体，空间碎片获得速度增量 Δv_t ，空间碎片的轨道高度得以改变。激光中继空间碎片探测与清理综合控制如图 11.2 所示。

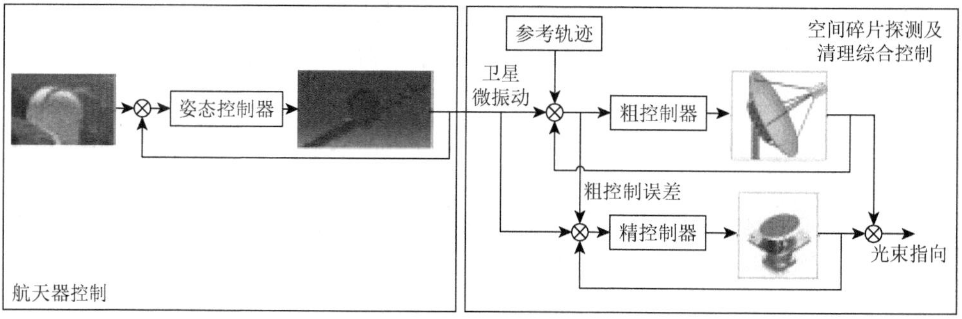

图 11.2 激光中继空间碎片探测与清理综合控制

中继航天器接收天线需要与地面激光站保持对准，因此需要维持航天器对地指向稳定。同时，中继航天器上的激光探测系统不断地扫描碎片区域，一旦空间碎片被探测到，探测系统就从扫描模式切换到跟踪模式。实现对空间碎片的稳定跟踪后，启动空间碎片清理系统，地面激光器向中继航天器发射激光，中继航天器接收天线汇聚的高能激光束，通过内部光路调节将激光定向发射到空间碎片。在航天器内部光路设计中，接收天线接收的高能激光束与激光探测系统共用部分光路和高精度指向模块。系统采用探测跟踪与清理一体化的设计与控制。天基激光中继碎片清理过程如图 11.3 所示。

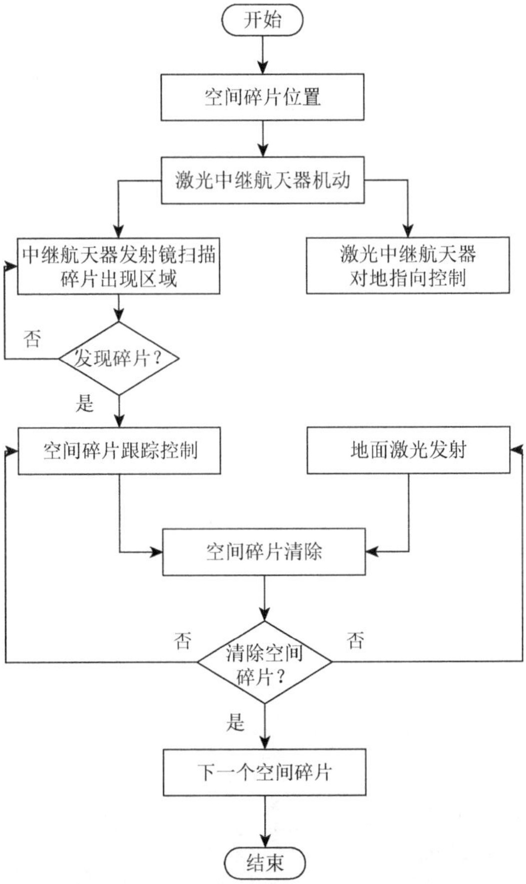

图 11.3　天基激光中继碎片清理过程

本章提出的空间碎片清理策略可以实现对空间碎片的高精度跟踪和有效的空间碎片清理。航天器清理空间碎片时不与其发生接触，降低了航天器的运行风险。

11.1.1　激光中继探测与清理一体化系统设计

1. 中继航天器天线设计

激光传输过程具有如下关系[6, 7]：

$$\frac{d_0}{2}=1.22\frac{\lambda R}{D} \tag{11.1}$$

式中，d_0 为远场光斑直径；R 为激光传输距离；D 为辐射口径；λ 为激光波长。

选择地面发射激光波长 λ 为 1064nm，地面激光发射天线直径 D 为 20m，设定卫星在地球静止轨道运行，因此 R 约为 36000km，根据式（11.1）可得远场光

斑半径 $d_0/2$ 为 2.34m。将地面激光对天指向精度设为 0.1μrad，则根据几何关系可得地面激光到达中继航天器接收天线时光斑中心位移误差可达 3.6m，结合远场光斑半径推算接收天线半径不小于 5.94m，即口径不小于 11.88m，为了能尽量完整地接收地面激光，降低能量损耗，设定接收天线口径为 13m。将中继航天器发射天线口径设定为 0.5m。中继航天器天线设计结果如表 11.1 所示。

表 11.1　中继航天器天线设计结果

参数	接收天线	发射天线
口径/mm	13000	500
反射结构	两级反射	两级反射
安装形式	固连	活动

从设计结果可以看出，航天器接收天线的口径较大，其低频柔性模态会干扰中继航天器的姿态控制。因此，有必要简化所设计的中继航天器的模态分析。简化模型仅由航天器主体结构、一对柔性太阳帆板和接收天线组成，中继航天器模态分析如图 11.4 所示。

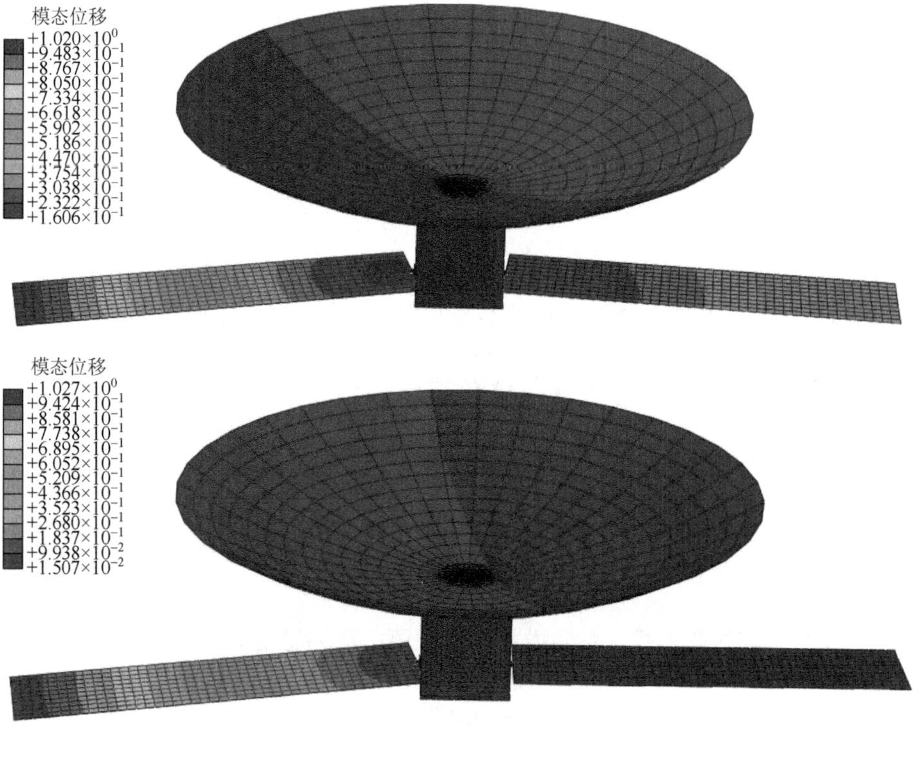

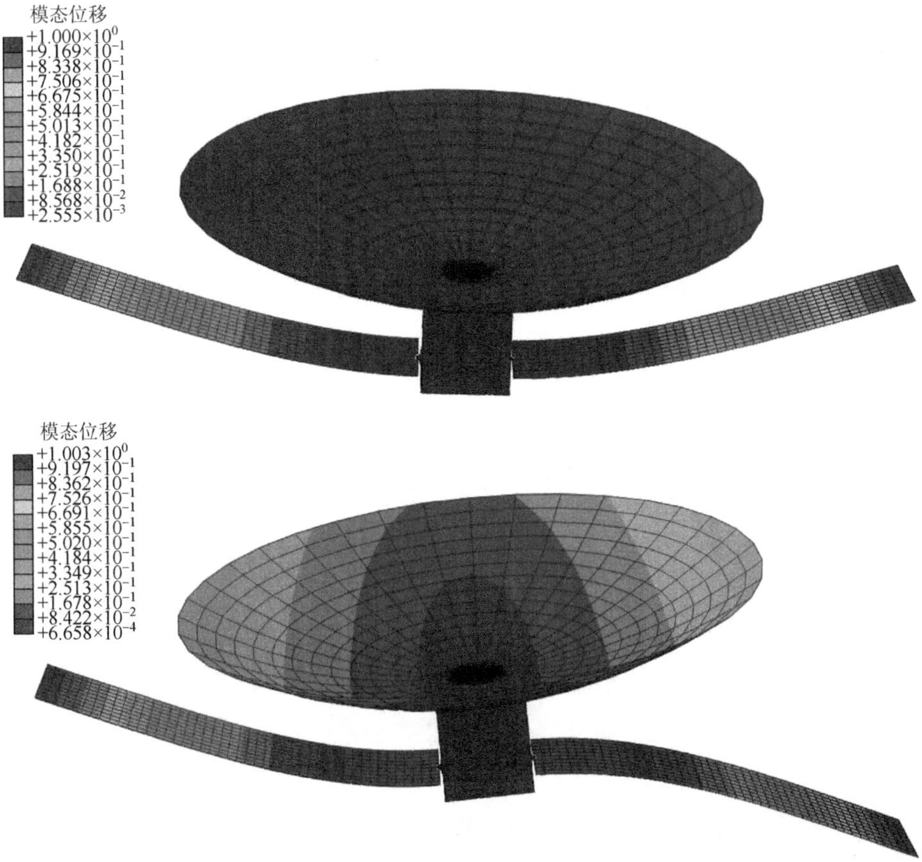

图 11.4　中继航天器模态分析

中继航天器和柔性太阳帆板的前五阶模态如表 11.2 所示。由表 11.2 可知，柔性太阳帆板的固有频率较低，中继航天器的前五阶模态受到柔性太阳帆板的影响。为了更准确地控制中继航天器，需要建立激光中继航天器的柔性动力学模型。

表 11.2　中继航天器和柔性太阳帆板的前五阶模态

模态阶数	中继航天器	柔性太阳帆板
1	0.649	0.223
2	0.834	0.238
3	0.936	0.523
4	1.501	0.652
5	1.965	1.254

2. 激光探测及清理系统光学一体化设计

光路设计需要同时满足空间碎片激光探测和清理的高精度指向要求，中继航天器光路设计如图 11.5 所示。

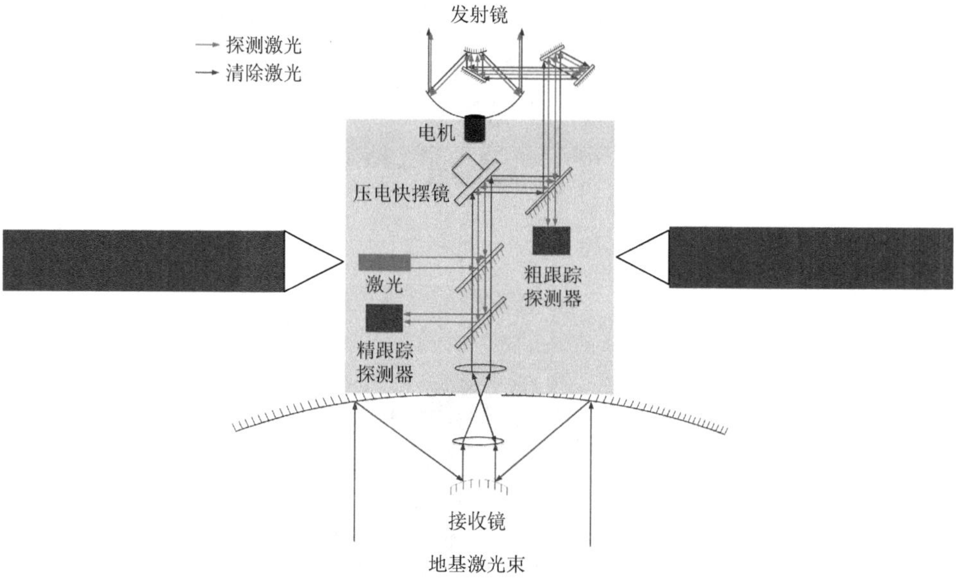

图 11.5　中继航天器光路设计

为了提高激光瞄准精度，激光高精度瞄准机构是一个两轴复合轴系统。发射天线是一个粗跟踪回路，能提供大的跟踪视场，但是跟踪误差大，且只能跟踪低频信号。因此，可利用压电快摆镜对粗跟踪回路的跟踪误差进行补偿，实现空间碎片的高精度指向。清理激光采用与探测激光相同的指向机制，实现空间碎片激光探测与清理光学一体化设计。

11.1.2　激光清理指向控制及仿真

由上面可知激光清理中继航天器是一个柔性航天器，内部采用复合轴控制实现对地接收及对碎片的高精度跟踪和指向，相关动力学模型在前面几章已有描述，因此本节将不再描述动力学模型的建立，只给出控制中采用的控制器，结合已有模型进行仿真实验。

针对控制带宽的性能要求，航天器姿态控制采用鲁棒控制器[8]，性能加权函数 $\boldsymbol{W}_1$ 和 $\boldsymbol{W}_2$ 分别为

$$\boldsymbol{W}_1 = \frac{0.5(s+0.1)(s+100)}{(s+1)(s+10)}\boldsymbol{I}_6 \tag{11.2}$$

$$\boldsymbol{W}_2 = \frac{(s+1)(s+10)}{(s+1)(s+100)}\boldsymbol{I}_3 \tag{11.3}$$

式中，$\boldsymbol{I}_6$ 和 $\boldsymbol{I}_3$ 分别为六阶与三阶单位矩阵。

闭环系统与开环系统的奇异值曲线对比图如图 11.6 所示。由图 11.7 可以看出，鲁棒控制器可以抑制扰动对航天器第二共振频率的影响。

复合轴控制中，电机偏转采用 PID 控制器，压电快摆镜偏转采用 PI 控制器，两轴偏转角 α 、 β 的控制参数分别为

$$\begin{aligned} K_{\text{motor-}\alpha} &= 1000\left(10 + \frac{1}{s} + 2s\right) \\ K_{\text{motor-}\beta} &= 1000\left(10 + \frac{1}{s} + 2s\right) \end{aligned} \tag{11.4}$$

$$\begin{aligned} K_{\text{FSM}\alpha} &= 0.01 + \frac{2500}{s} \\ K_{\text{FSM}\beta} &= 0.01 + \frac{2800}{s} \end{aligned} \tag{11.5}$$

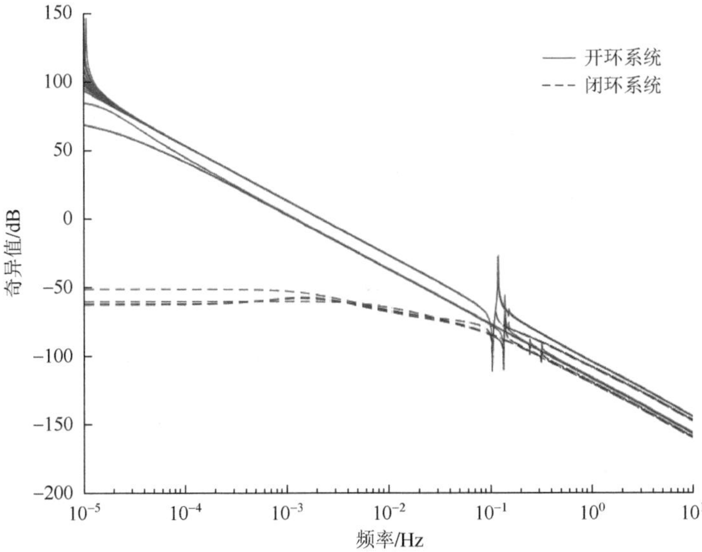

图 11.6　扰动力矩到欧拉角的奇异值

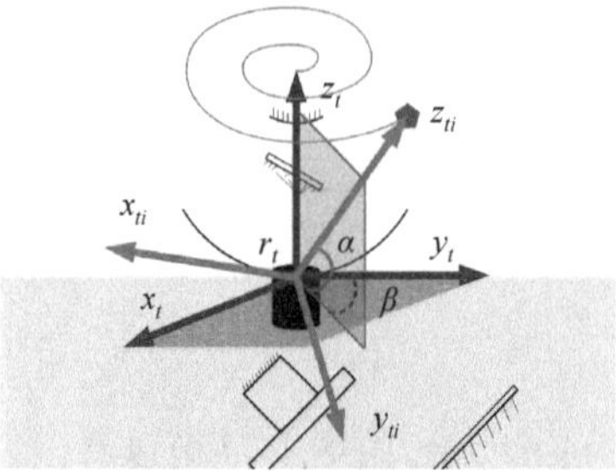

图 11.7　扫描路径

在空间碎片清理过程中，碎片探测系统控制发射天线按照图 11.7 所示的扫描路径扫描可疑区域。扫描路径的参数为

$$\begin{cases} x_{ti} = 10t\cos\omega t \\ y_{ti} = 10t\sin\omega t \\ z_{ti} = 150000 \end{cases} \tag{11.6}$$

式中，ω 为扫描频率。由图 11.7 可以得到发射天线反射角和扫描参数的关系为

$$\begin{cases} \cos\alpha = \dfrac{z_{ti}}{\sqrt{y_{ti}^2 + z_{ti}^2}} \\ \cos\beta = \dfrac{\sqrt{y_{ti}^2 + z_{ti}^2}}{\sqrt{x_{ti}^2 + y_{ti}^2 + z_{ti}^2}} \end{cases} \tag{11.7}$$

如果扫描频率 $\omega = 1$，激光指向控制结果如图 11.8 所示。

对可疑区域扫描时，较大的路径曲率会产生较大的粗扫描误差，同时，粗跟踪与参考路径存在时延。因此，需要采用精扫描补偿粗扫描误差并提高指向精度。当扫描发现空间碎片时，控制模式从扫描模式转换为跟踪模式。给出碎片的参考位置为(−523.551, 216.758, 15000)m，碎片跟踪的仿真结果如图 11.9 所示。最终的粗跟踪角误差大于 15cm，不能满足碎片清理的要求；经过精跟踪补偿，跟踪误差小于 2cm。

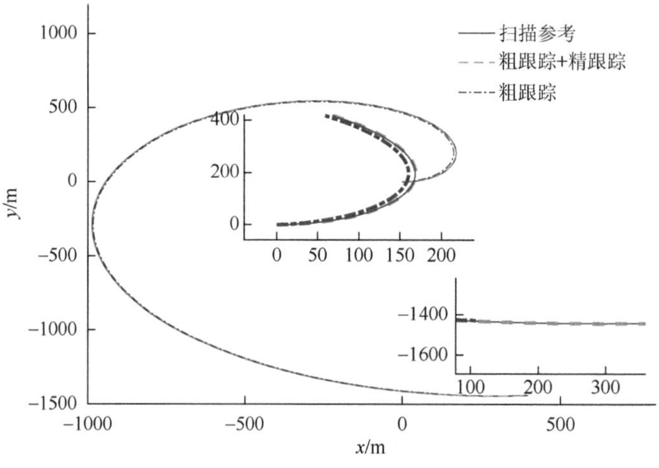

图 11.8　激光指向控制结果

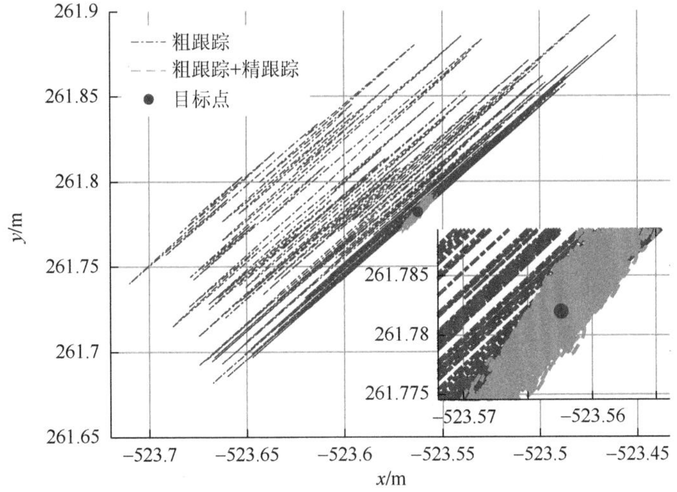

图 11.9　碎片跟踪的仿真结果

11.2　三轴稳定气浮航天器设计

为了在地面验证航天器的指向控制能力，搭建一台三轴稳定气浮航天器，实验模拟空间碎片激光清理航天器的姿态运动。气浮实验航天器系统共包括气浮系统、机械系统、测量系统、控制系统、执行系统和电源系统六个部分，如图 11.10 所示。

气浮系统主要由供气装置和气浮球轴承组成，其作用是使气浮台能够在三个方向上转动，提供一个低摩擦、微重力的接近太空的力学环境。气浮球轴承是整个系统中最关键的部分，由球窝和气浮球组成。机械系统主要包括机械平台和调平衡系统，调平衡系统用来调节气浮航天器的质心，保证质心和气浮球轴承的转动中心重合，从而减小和消除不平衡偏心力矩对气浮实验航天器系统姿态控制实验的影响，是保证整个系统高性能工作的关键。测量系统用来对气浮航天器本体的姿态信息进行测量，主要包括三轴陀螺仪和三轴角度仪，三轴陀螺仪和三轴角度仪分别对气浮实验航天器的角速度和角位置进行测量，从而实现气浮实验航天器的姿态确定。控制系统主要包

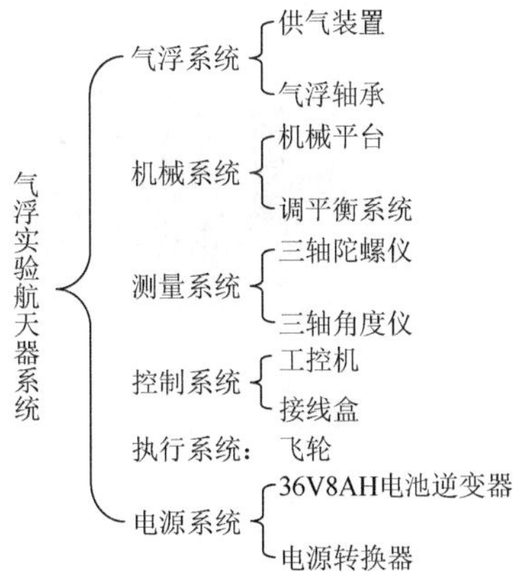

图 11.10　气浮实验航天器系统组成

括工控机和接线盒，主要实现测量信号采集、控制指令计算、控制指令发送、信息传递、监测等。执行系统由三个正交布置的飞轮组成，用来提供三个方向的控制力矩。电源系统主要由 36V8AH 电池、逆变器和电源转换器等组成，用来给气浮实验航天器系统的工控机、飞轮、三轴陀螺仪和三轴角度仪等供电。

11.2.1　气浮系统

1. 供气装置

供气装置主要由空气压缩机、冷干机、精密过滤器及通气管路等组成。空气压缩机可以源源不断地压缩空气，提供高压空气供气浮球轴承使用。空气压缩机采用图 11.11 所示的空气压缩机，型号为 FB-95/7，容积流量为 204L/min，容积为 55L，输入功率为 1120W，工作时保存气体压力为 0.4～0.8MPa，气压低于 0.4MPa 时自动开始压缩空气。由于气浮球轴承的耗气量为 2～3L/min，需要高压气体压力为 0.4～0.8MPa，可以判断 FB-95/7 型空气压缩机是否可以满足供气要求，实验使用过程也验证了这一点。

CY-10AC 型冷干机如图 11.12 所示，它们的作用是将空气压缩机压缩的高压空气进行干燥和过滤处理，过滤空气中固体微粒、水滴及油雾等气溶胶类杂质，给气浮球轴承供给干燥清洁的空气，从而可以避免气浮球轴承表面快速氧化腐蚀，提高轴承的使用寿命。

CY-10AC 型冷干机主要指标参数见表 11.3，从表 11.3 可以看出，CY-10AC 型冷干机完全满足使用要求。

图 11.11　FB-95/7 型空气压缩机

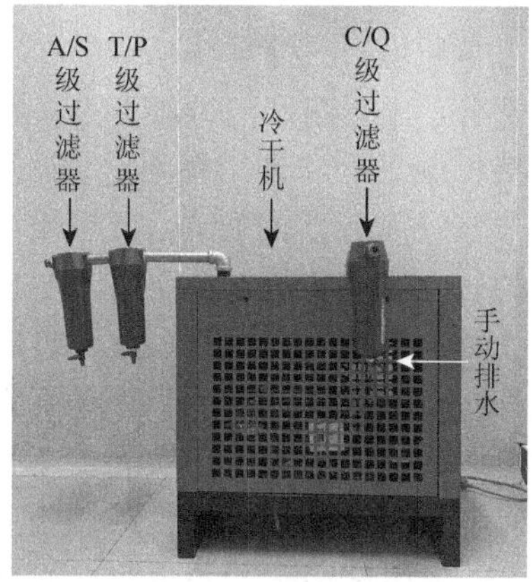

图 11.12　CY-10AC 型冷干机

表 11.3　CY-10AC 型冷干机主要指标参数

冷干机指标	参数
空气处理能力	1.5m³/min
工作电压	220V
进气温度	≤80℃
功率	0.6kW
工作压力	≤1.0MPa
制冷剂	R134A
露点温度	2～10℃
外观尺寸	660mm×440mm×670mm

2. 气浮球轴承

气浮球轴承用于支撑整个气浮实验航天器的重量，同时可以提供三轴的转动自由度。利用气浮技术为气浮实验航天器系统提供一个低摩擦、微重力的接近太空的力学环境，从而实现对气浮航天器的三轴姿态控制全物理仿真。

考虑到气浮球轴承成本的限制及其承载能力和运动范围的要求，本次实验设计使用的气浮球轴承不同于一般的半球型轴承，而是采用超半球型轴承，具体图纸如图 11.13 所示。轴承直径为 120mm，承载能力大于 150kg，且可以保证滚转和俯仰的运动范围均大于±30°。考虑到整个气浮实验航天器需要安装固定在 Newport 智能超静光学平台上，因此设计轴承支柱高度为 500mm，球窝布局在轴承支柱的顶端，具体如图 11.14 所示。

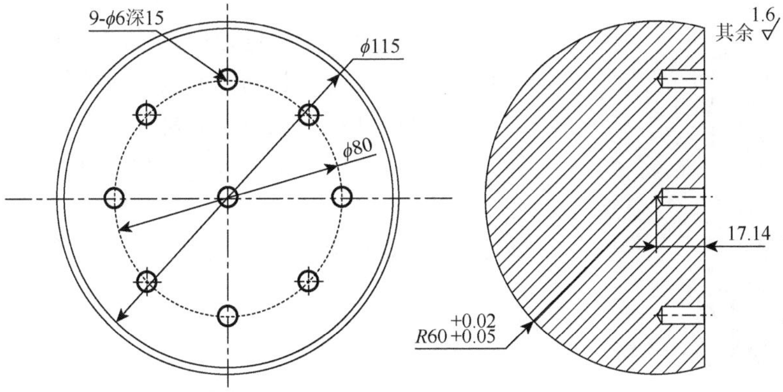

图 11.13　气浮球轴承图纸（单位：mm）

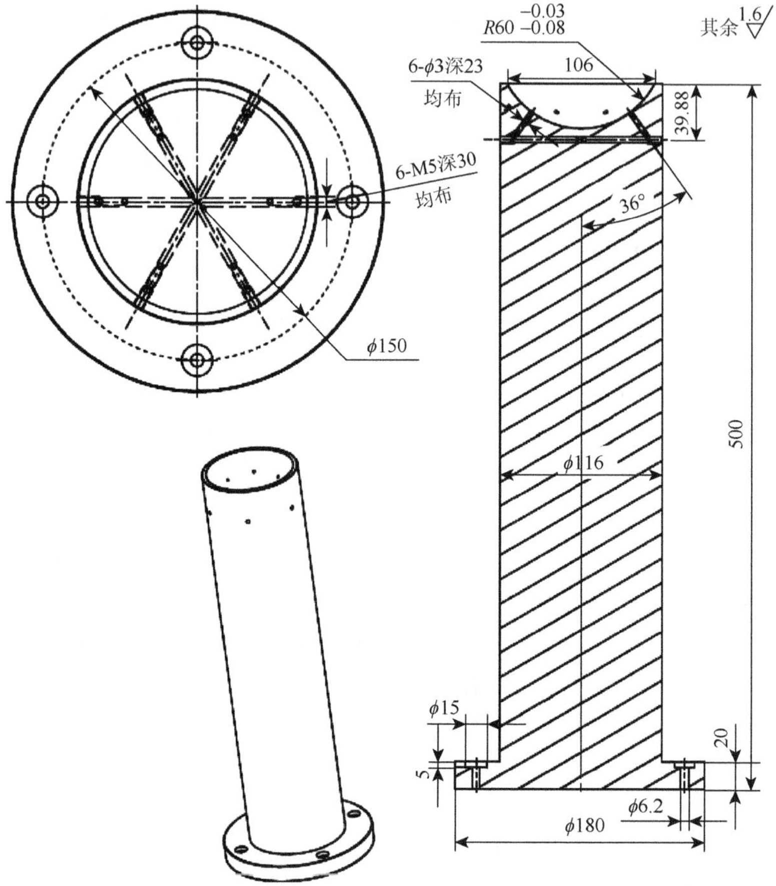

图 11.14　轴承支柱及球窝图纸（单位：mm）

6-φ3 和 6-M5 的孔是贯通的；未标注倒角均按 0.5×45°

图 11.15　气浮球轴承实物图

气浮球轴承在使用过程中必须注意保护球轴承及球窝的表面，实验时必须先通气，保证气量及气压足够时才能将球轴承轻轻置于球窝中，此时球轴承和球窝之间将形成一层气膜，气浮球轴承可以在球窝中进行三轴的自由旋转，这就是气浮球轴承的工作原理，气浮球轴承实物图见图 11.15。

11.2.2　机械系统

气浮实验航天器机械系统主要包括机械平台和调平衡系统。图 11.16 是已经完成质心调平的机械平台。在整个系统中，机械平台是主要的承载单元，用来安装固定其他部件和系统。调平衡系统是保证整个系统高性能正常工作的关键和灵魂，用来调节三轴气浮实验航天器的质心，保证质心和气浮球轴承的转动中心重合，从而减小和消除不平衡偏心力矩，减小其对气浮实验航天器系统姿态控制实验的影响。

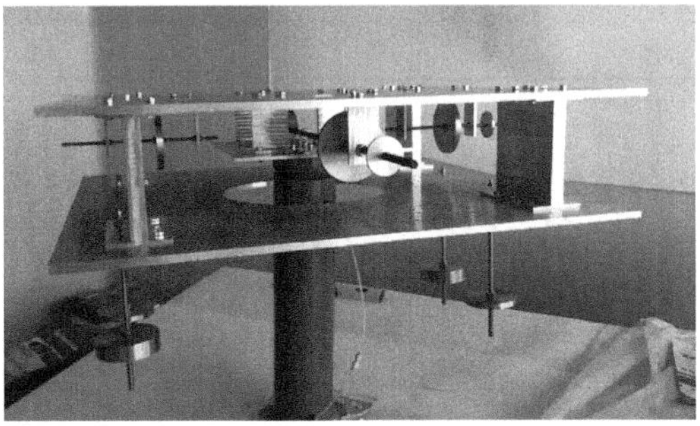

图 11.16　完成质心调平的机械平台实物图

1. 机械平台

机械平台是整个系统的主要承载单元，设计时必须要对其进行受力分析和强度校核，并且进行刚度计算，使其变形在容许范围之内。同时，平台的结构布局还需兼顾调平衡系统及其他部件的安装形式。

综合上述因素，机械平台采用上下层布局方式，同时，设计过程中为了考虑质心调节系统的要求，采用对称设计，尽可能使得 x 轴与 y 轴方向的质心偏差要小。气浮球轴承通过轴承盖固定于上下平台中间位置，下平台中间挖空使得轴承支柱贯穿，满足气浮球轴承工作需求。上下层及轴承盖之间分别采用 4 个工字梁连接，上下平台上面分别设计有间距为 25mm 的 M6 螺纹孔，便于调平衡系统及其他部件的安装。除此之外，为了便于后期传感器及飞轮供电线路的连接，在上平台稍偏中心的位置挖了一个孔，用于线路的布置和安排。

机械平台采用上下层布局还有以下优点。

（1）上下层布局实际上也是 z 轴方向对称设计的体现，可以使得 z 轴方向初始质心偏差尽可能小，便于质心调平。

（2）上下层布局将气浮球轴承布置在上下平台中心位置，能够最大限度地利用轴承外围的空间，方便其他部件的布置。

（3）上下层布局便于质心调节机构的布置，并且便于后续实验过程中对部件的拆卸和维修。

完成机械平台的结构布局形式后，需要对其进行模态分析和静力分析，判断结构的强度和刚度是否满足设计要求。利用 ABAQUS 对其进行模态分析和静力分析，结果如表 11.4 所示。

表 11.4　机械平台前五阶模态分析结果

阶数	频率/Hz
第 1 阶	81.87
第 2 阶	104.44
第 3 阶	104.58
第 4 阶	119.02
第 5 阶	138.03

从表 11.4 中可以看出，机械平台基频为 81.87Hz，满足设计要求。

图 11.17 和图 11.18 是机械平台静力分析的结果，平台材料为铝，密度为 2.71g/cm^3，弹性模量和泊松比分别为 70GPa 和 0.3，边界条件设置为轴承盖下端固定，载荷为 1000N，分析其应力分布和变形大小，从而判断结构的强度和刚度是否满足设计要求。

从图 11.17 和图 11.18 可以看出，平台在承受 1000N 力的情况下最大应力约为 0.4836MPa，铝的屈服极限为 80MPa，强度满足设计要求且有很大的设计余量。系统正常工作的前提是质心调平衡要将重力偏心力矩调节在 0.1N·m，对 100kg 台体即要求重心和轴承回转中心偏差要小于 0.1mm，因此结构变形引起的位移变化要远小于 0.1mm，分析结果表明最大位移约为 0.01338mm，满足条件，因此结构刚度满足设计要求。

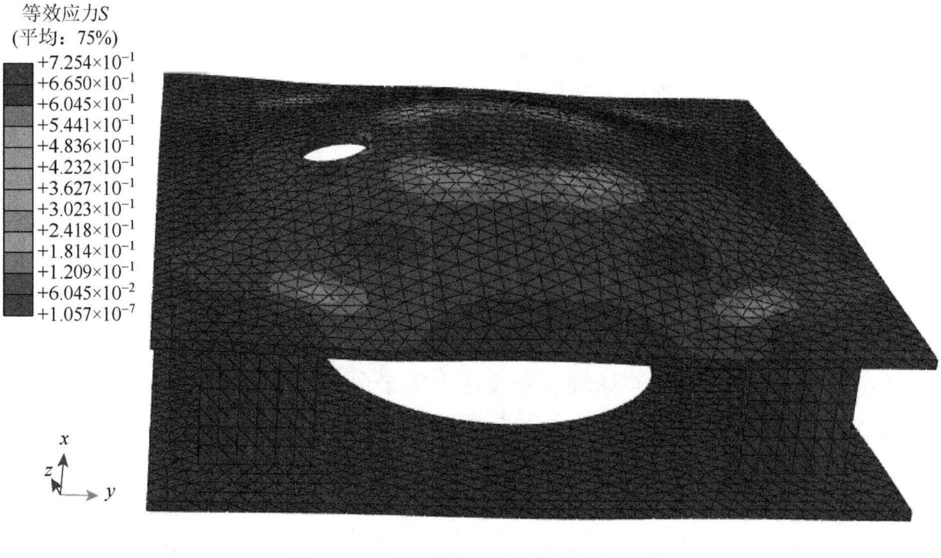

图 11.17　机械平台静力分析应力图

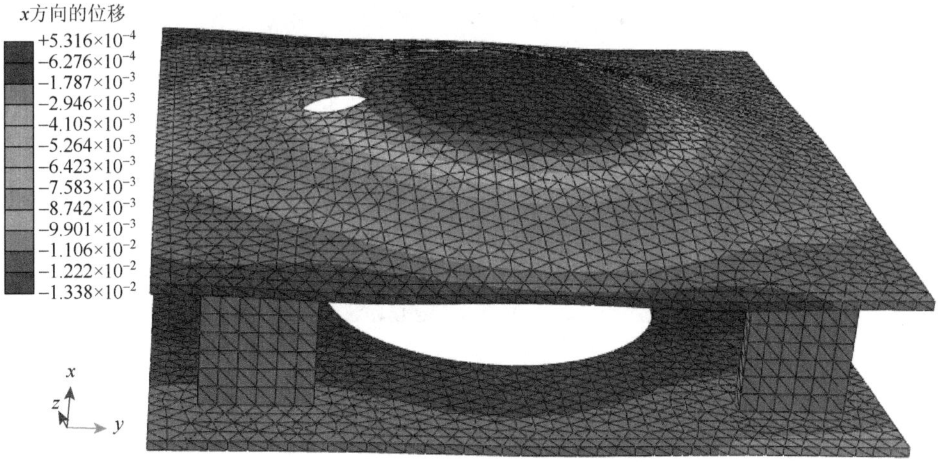

图 11.18　机械平台静力分析变形图

2. 调平衡系统

为了实现对三轴气浮实验航天器质心的调节控制，本节设计了三正交螺杆质量块调平衡装置，如图 11.16 所示，实现系统质心快速调平。调平衡系统包括螺杆、不同质量等级质量块、螺母及水平仪等。三正交螺杆质量块调平衡装置就是沿着或平行于气浮实验航天器三个体坐标轴，分别布置螺杆质量块调节装置，并且质量块必须为旋成体，且其轴线和螺杆轴线重合。考虑成本和加工难度等限制，质量块使用圆柱形，因为圆柱形质量块在沿着螺杆调节过程中，只改变整个系统一个方向的质量分布，即质心只在沿着螺杆或与螺杆平行的体坐标轴方向发生改变，三个坐标方向的质心调节不发生耦合。

为了保证质心位置调控的快速性和准确性，设计了不同质量等级的质量块，如图 11.19 所示。图 11.19 从左到右质量分别为 26g、213g、613g 和 1.5kg，利用大的质量块可以实现质心位置的快速调节，利用小的质量块可以实现质心的高精度调节控制，配合使用大质量块和小质量块便可以对质心位置进行快速且高精度的调节，见图 11.20。

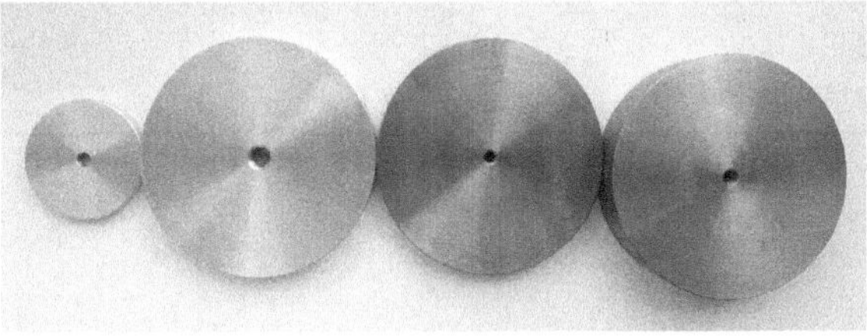

图 11.19　不同质量等级质量块实物图

图 11.20　大小质量块配合使用示意图

11.2.3　测量系统

图 11.21　TL630-0050 三轴陀螺仪

1. TL630-0050 三轴陀螺仪

采用 TL630-0050 三轴陀螺仪对气浮实验航天器的角速度进行测量，实物图如图 11.21 所示。TL630-0050 三轴陀螺仪可以直接输出模拟量，利用采集卡采集并经过简单的换算即可得到三轴的角速度值。TL630-0050 三轴陀螺仪主要技术指标如表 11.5 所示。

表 11.5　TL630-0050 三轴陀螺仪主要技术指标

指标	参数
测量范围/(°/s)	±50
测量轴	x 轴、y 轴、z 轴
带宽/Hz	＞2000
分辨率/(°/s)	0.1
启动时间/ms	5
输入电压/V	9～36
输出电压/V	0～5
使用寿命/年	11

输出电压与对应轴的角速度关系为 $\omega = \frac{U}{5} \times 100 - 50 = 20(U - 2.5)$，其中 U 为输出电压，单位为 V，ω 为对应轴的角速度，单位为°/s。

2. TL766D-RS232 三轴角度仪

采用 TL766D-RS232 三轴角度仪对气浮实验航天器的角位置进行测量，实物图如图 11.22 所示，TL766D-RS232 三轴角度仪输入电压为 9～36V，采用 RS232 输出方式，利用 DB9 接口进行数据通信，将采集到的十六进制数据经过处理即可得到三轴的角度值。TL766D-RS232 三轴角度仪主要技术指标如表 11.6 所示。

图 11.22　TL766D-RS232 三轴角度仪

表 11.6　TL766D-RS232 三轴角度仪主要技术指标

指标	参数
测量轴向	x 轴、y 轴、z 轴（横倾角、纵倾角、方位角）
测量范围/(°)	横倾角：±180 纵倾角：±90 方位角：±180
带宽/Hz	＞100
分辨率/(°)	0.1
启动时间/s	20（静止）
输入电压/V	9～36
最大角速度范围/(°/s)	0～5
使用寿命/年	10

TL766D-RS232 三轴角度仪是一种高精度测角仪，其使用过程中有如下注意事项。

（1）在开关启动后，TL766D-RS232 三轴角度仪需静止 20s，此时测量单元恢复初始值，以保证产品精度。开关启动后静止 20s 方位角置零，零位置就是开关启动时静止位置。

（2）安装时应保持 TL766D-RS232 三轴角度仪安装面与被测目标面紧密、平整、稳定，如果安装面不平则容易导致角度测量误差。

（3）TL766D-RS232 三轴角度仪轴线与被测量轴线必须平行，两轴线尽可能不要产生夹角。

11.2.4　控制系统

图 11.23　PS PXI-3050 工控机

本次气浮实验航天器控制系统采用 PS PXI-3050 工控机，该工控机同时包含 PS PXI-3361 多功能数据采集卡和 PS PXI-3381 32 通道模拟输出卡等，如图 11.23 所示。编写控制程序下载到控制器中，控制器利用数据采集卡采集传感器的信号，得到当前气浮航天器的姿态信息，然后进行控制指令的解算与决策，最后将控制指令换算成飞轮的转速控制信号，并通过模拟输出卡输出给飞轮的驱动器，完成控制力矩实现，从而实现气浮实验航天器的姿态运动控制。

11.2.5　执行系统

飞轮由电机、驱动器、轮子及安装架等组成，如图 11.24 所示。电机选用 60A3A02030 低压伺服电机，其主要技术指标如表 11.7 所示。轮子材料为铝，直径为 300mm，厚度为 16mm，转动惯量为 0.034kg·m^2，可以满足气浮实验航天器在干扰力矩 0.1N·m 下 100s 不饱和的指标要求。

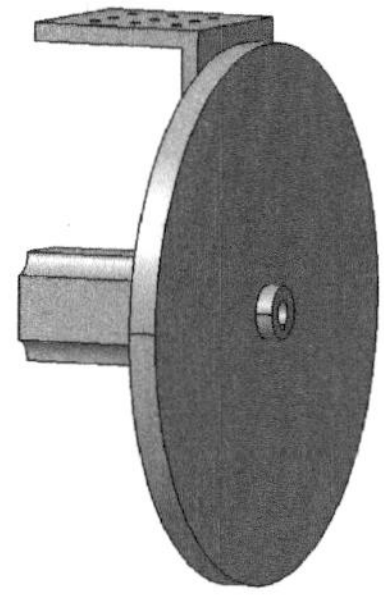
图 11.24　飞轮组成部分简图

表 11.7　60A3A02030 低压伺服电机主要技术指标

指标	参数
额定电压/V	36
输出功率/W	200
额定转矩/(N·m)	0.63
额定转速/(r/min)	3000
配套驱动	DM-055B

11.2.6　电源系统

考虑到气浮实验航天器在工作过程中不能有外接线缆，因为外接线缆会产生极大的干扰力矩使飞轮很快饱和，影响姿态控制的效果。综上，气浮实验卫星上必须有自己的内置电源系统。表 11.8 为耗电部件及其输入电压。

表 11.8　耗电部件及其输入电压

耗电部件	输入电压/V
飞轮	36（DC）
PS PXI-3050 工控机	220（AC）/50Hz
TL630-0050 三轴陀螺仪	9～36（DC）
TL766D-RS232 三轴角度仪	9～36（DC）

从表 11.8 可以看出，电源系统必须要同时提供 36V 直流电、220V/50Hz 交流电及 9～36V 直流电，因此，选用 36V8AH 电池直接给飞轮提供 36V 直流电，如图 11.25 所示。用 36V 直流转 220V/50Hz 交流逆变器将直流电转成交流电供 PS PXI-3050 工控机使用；TL630-0050 三轴陀螺仪功率较小，直接使用工控机模拟输出卡提供 12V 直流电压供其使用。TL766D-RS232 三轴角度仪由于所需功率较大，使用工控机模拟输出卡无法提供，直接使用 36V 直流电源可能导致 TL766D-RS232 三轴角度仪烧毁，因此为 TL766D-RS232 三轴角度仪单独配备了一个电源转换器，将 220V/50Hz 交流电转换成 24V 直流电供 TL766D-RS232 三轴角度仪使用。综上，电源系统设计搭建完成，气浮实验航天器系统上所有耗电部件供电均正常，可以正常使用。

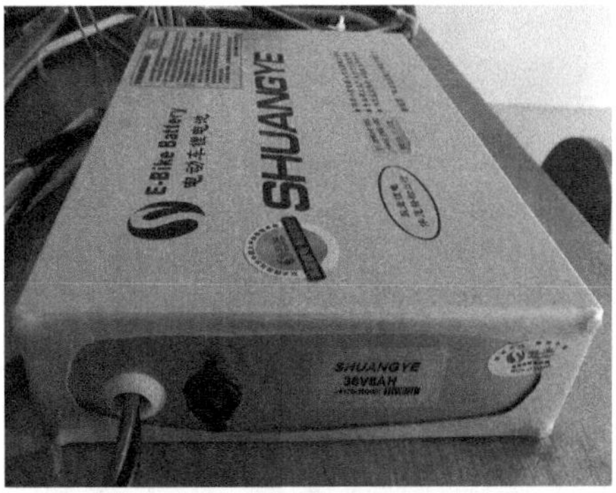

图 11.25　36V8AH 电池

三轴稳定气浮实验航天器系统需要完成以上介绍的气浮系统、测量系统、控制系统、执行系统、电源系统等分系统在机械系统的布局，并进行质心位置估算及质心位置的精确调平。自此，地面实验所需的气浮实验航天器系统搭建完毕，系统调试后可以用于观察航天器姿态运动和进行指向控制实验。

11.3　三轴稳定气浮航天器指向控制实验

本章针对空间碎片清理实验航天器的姿态控制问题，按照 11.2 节搭建地面三轴稳定气浮实验航天器全物理仿真实验系统，完成各个分系统的功能调试，并在各分系统可以正常工作的基础上，在保证安全的前提下，研究设计姿态控制律，进行姿态控制实验，验证航天器的激光指向控制精度。

航天器姿态控制地面全物理仿真实验对于航天器总体设计具有重要意义，可以验证航天器上各个分系统设计的合理性，同时，可以在完全模拟空间微重力力学环境下，进行姿态控制实验，验证控制器设计的合理性，除此之外，利用该系统还可以进行空间科学实验及验证先进的机器学习和人工智能控制算法等。

11.3.1　气浮实验系统调试

由 11.2 节可知，三轴稳定气浮实验航天器全物理仿真系统包含多个分系统，在实验开始前，需要对各个分系统进行功能性测试，保证满足各个分系统功能性要求。图 11.26 是三轴稳定气浮实验航天器系统搭建的示意图。下面主要从测量系统调试、飞轮调试、电源系统及实验安全调试等方面详细介绍系统调试的内容。

图 11.26　三轴稳定气浮实验航天器系统搭建的示意图

1. 测量系统调试

测量系统主要包括三轴陀螺仪和三轴角度仪，三轴陀螺仪供电电压为 9～36V，输出模拟量，用控制器模拟输出通道给三轴陀螺仪供电，用数据采集卡完成三轴陀螺仪数据采集，根据三轴陀螺仪数据换算公式计算出角速度值。三轴陀螺仪的调试主要是零点修正，在静止状态测一组三轴陀螺仪数据，计算该组数据的均值，在使用时减去该数据，从而完成三轴陀螺仪零点标定。

三轴角度仪供电电压为 9～36V，但是由于其功率较大，使用控制器无法满足其供电，因此单独配备一个 24V 电源供其使用。三轴角度仪的数据输出采用 RS232 接口，接好线路后，上电，静止 20s，打开串口，设置波特率和读取地址等，利用控制器的 DB9 接口，并且将写好的读取程序下载到控制器中，完成数据读取。由于三轴角度仪在滚转和俯仰两个通道的零点就是当地的水平位置，不用标定，偏航角的零点是上电时刻和静止 20s 时的三轴角度仪的方位角，因此三轴角度仪初始上电时刻必须保证其静止且位置合理。

2. 飞轮调试

飞轮在初始安装时采用三正交布局，但是电机和飞轮的相对位置各有不同，因此初始时需要对飞轮的输出力矩方向进行调试和正方向规定。这里采用静止程序测试法，根据飞轮加减速的方向及其在整个系统的安装位置，规定各个飞轮提供正的控制力矩的方向。

在飞轮加减速方向调试正确的基础上，进行飞轮旋转方向的调回控制。调试方法采用人为施加干扰，使得飞轮工作在零转速附近，通过干扰的改变，判断飞轮转速控制是否正确有效。从而进行程序的针对性修改，使得飞轮可以保证转速和转向的正确控制。调试完成后，可以保证飞轮提供所需要的控制力矩。

3. 电源系统及实验安全调试

电源系统包括 36V8AH 电池、逆变器、空气开关、电源转换器及电线插线板等。电源系统调试就是要保证系统各耗电部件的供电正常，同时，要保证系统各部分的使用安全性，不能出现漏电等安全隐患。电源系统调试方法就是按下整个系统开关，同时打开各个耗电部件开关，用电表测量各个部件的正负极电压，判断各部件供电是否正常。若出现电压不正常现象，从电源处开始排查故障，直到整个系统没有供电故障。此外，由于控制器需要 220V 交流电，属于强电，因此电源系统设计时需要考虑安全因素，通过在线路中接入空气开关，避免了漏电短路等导致的隐患。

11.3.2 激光指向姿态控制器设计

飞轮作为整个气浮实验航天器系统的执行机构，可以提供控制力矩。在姿态控制全物理仿真实验进行之前，首先需要进行控制器设计，姿态控制器采用 PD 控制方法，控制器设计先在 Simulink 中进行数字仿真实验。这里给出滚转通道的控制器设计仿真结果，选择控制器参数 $K_p = 3$，$K_d = 9$，滚转通道阶跃响应曲线如图 11.27 所示。由图 11.27 可以看出，滚转通道无超调，上升时间为 6.22s，调节时间为 9.51s。

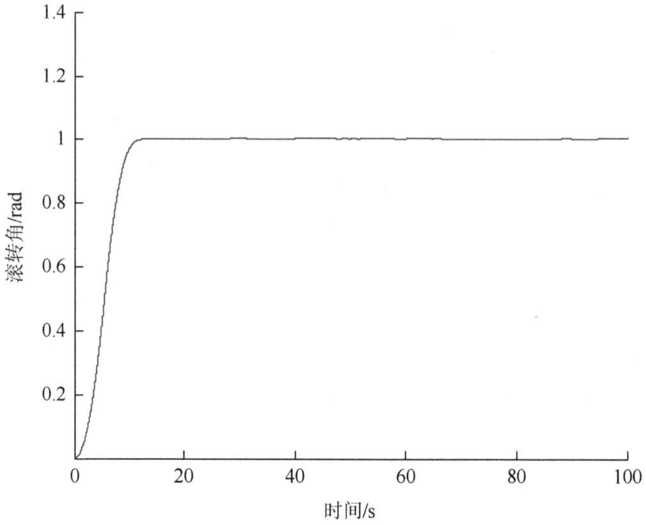

图 11.27　滚转通道阶跃响应曲线

图 11.28 给出了滚转通道阶跃响应误差曲线。从图 11.28 可以看出，系统在 10s 后误差达到毫弧度量级，并且最后误差稳定在±3mrad 以内，即 0.17°以下，滚转通道控制器设计满足要求。偏航通道和俯仰通道的控制器设计原理与滚转相同，这里不做赘述。

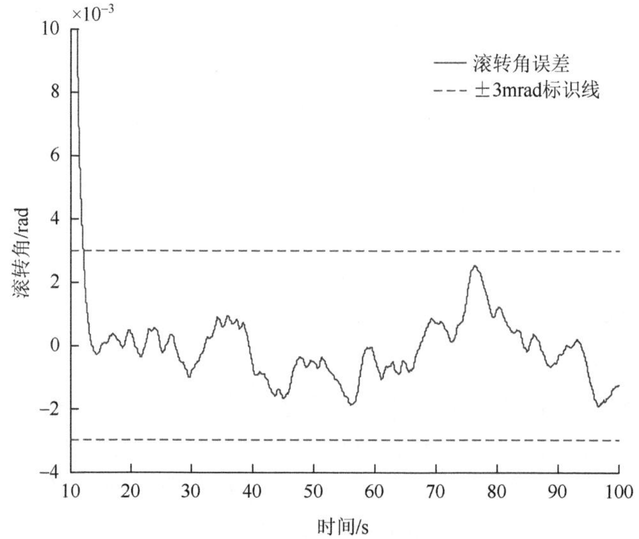

图 11.28　滚转通道阶跃响应误差曲线

11.3.3　激光指向姿态控制实验

1. 实验步骤

（1）实验准备工作。

步骤 1 打开空气压缩机开始压缩空气，保证空气压缩机内空气压强大于 0.4MPa 后才能开始实验，同时保证实验过程中空气压缩机开关处于自动挡，即当压强小于 0.4MPa 时自动开始压缩空气，当压强大于 0.8MPa 时自动停止工作，保证气浮球轴承供气需求。

步骤 2 打开空气压缩机出气阀门，根据经验打开角度一般约为 60°，且保证出气口阀门压强大于 0.4MPa，同时打开冷干机开关，开始干燥空气压缩机压缩后的空气。

步骤 3 此时气浮球轴承球窝处应该有气体喷出，用手感受气体流量，若气体过少，检查气体在过程中是否存在大量泄漏，在保证气量充足后，方可继续后续实验。

步骤 4 将气浮实验航天器轻轻置于轴承球窝内，保证轴承与球窝配合，在放的过程中要保证平稳，避免轴承和球窝发生碰撞。

（2）质心调平。

步骤 1 系统质心位置估算。

步骤 2 根据质心位置估算结果，调节系统质心使得其 z 轴在回转中心下方，且 z 方向质心偏差比 x 方向、y 方向要大 2～3 倍。

步骤 3 调节质量块减小 x 方向、y 方向质心偏差，利用水平仪将系统调到水平位置，无初速度释放后，根据整个系统的偏转方向判断系统质心 x 方向、y 方向相对于气浮球轴承球心的相对位置，调节质量块减小 x 方向、y 方向质心偏差。重复步骤（3）直到水平仪显示 x 方向、y 方向水平。

步骤 4 将 z 方向质心向上调节，调节 z 轴质心使得偏差与 x 方向、y 方向偏差在一个量级，此时，x 方向、y 方向会变得敏感。

步骤 5 不断重复步骤（3）和步骤（4），使得系统质心相对于回转中心的偏差达到一定的精度，从而完成质心调平。

（3）打开气浮实验航天器系统电源，检查各系统供电是否正常，此时用通用串行总线（universal serial bus，USB）连接飞轮驱动器，设置飞轮工作加速度。

（4）打开工控机，向工控机内下载提前编写好的姿态控制程序。

（5）观察气浮实验航天器系统的实际姿态变化，同时，可以人为施加干扰，判断程序是否能够实现稳定控制。

（6）结束实验，保存数据。

（7）收尾工作。

步骤 1 将整个系统用支撑物支撑起来，在抬起过程中避免发生球轴承与其他东西的碰撞。

步骤 2 关闭空气压缩机开关，等气体放完后关闭出气阀门，同时关闭冷干机开关。

步骤 3 用轴承保护套将轴承包裹，避免碰撞等因素对它造成损伤，用保鲜膜将轴承球窝覆盖，防止灰尘等颗粒落入，堵塞球窝通气口。

2. 实验结果

在完成系统调试及实验准备工作后，开始姿态控制实验，图 11.29 是三轴指向稳定气浮实验航天器系统的实物图。实验中可以得出，该系统可以完全满足姿态控制实验的指标要求。

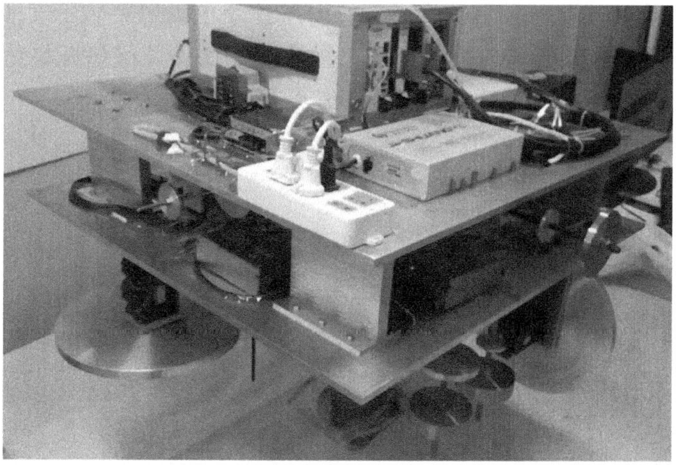

图 11.29　三轴指向稳定气浮实验航天器系统的实物图

图 11.30 和图 11.31 是滚转通道角度变化实验曲线和角度控制误差实验曲线。由图 11.30 可以看出，滚转通道在给定初始姿态偏差后，系统最后可以实现稳定，从图 11.31 中可以看出，滚转通道最终稳定后，误差在 0.4°以内，满足实验要求。

图 11.32 和图 11.33 是俯仰通道角度变化实验曲线和角度控制误差实验曲线。由图 11.32 可以看出，俯仰通道在给定初始姿态偏差后，系统最后可以实现稳定，从图 11.33 中可以看出，俯仰通道最终稳定后，误差在 0.3°以内，满足实验要求。

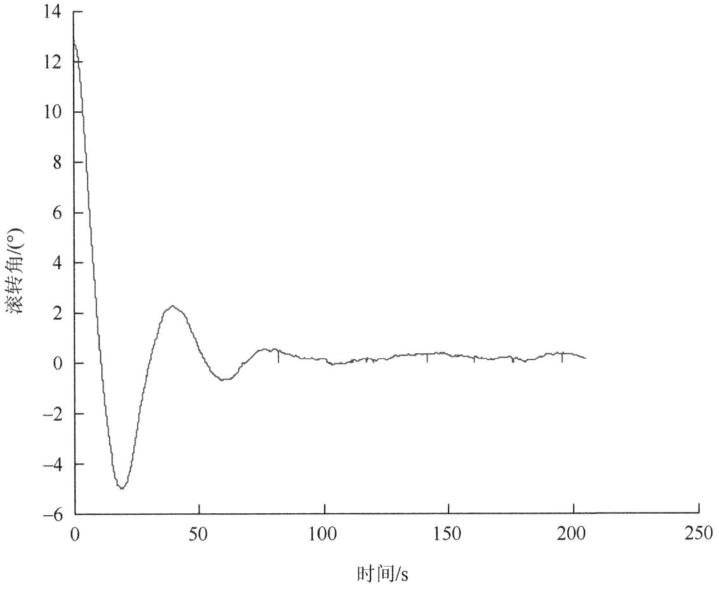

图 11.30　滚转通道角度变化实验曲线

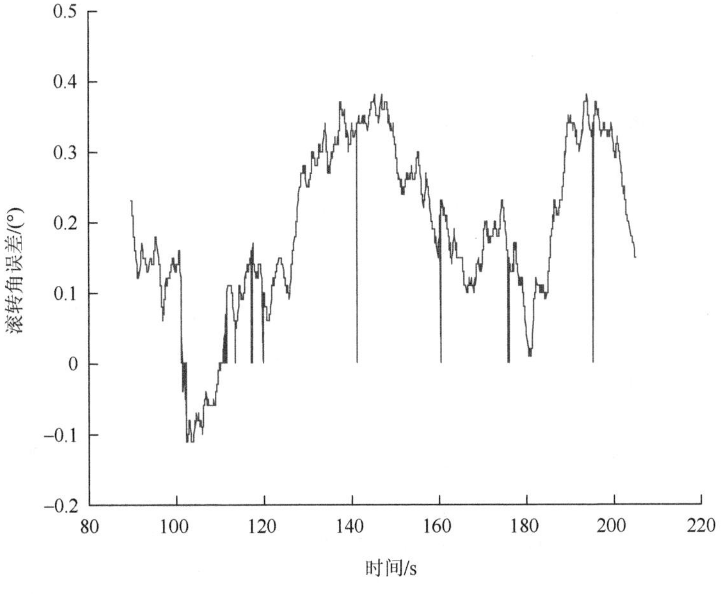

图 11.31　滚转通道角度控制误差实验曲线

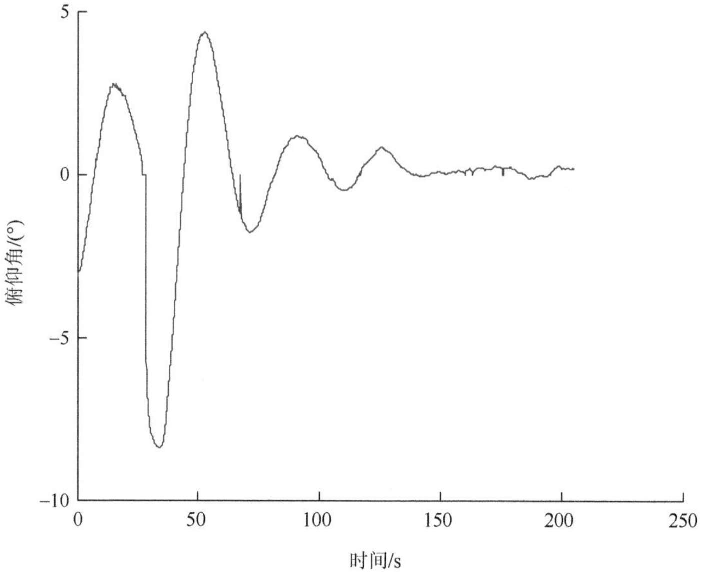

图 11.32　俯仰通道角度变化实验曲线

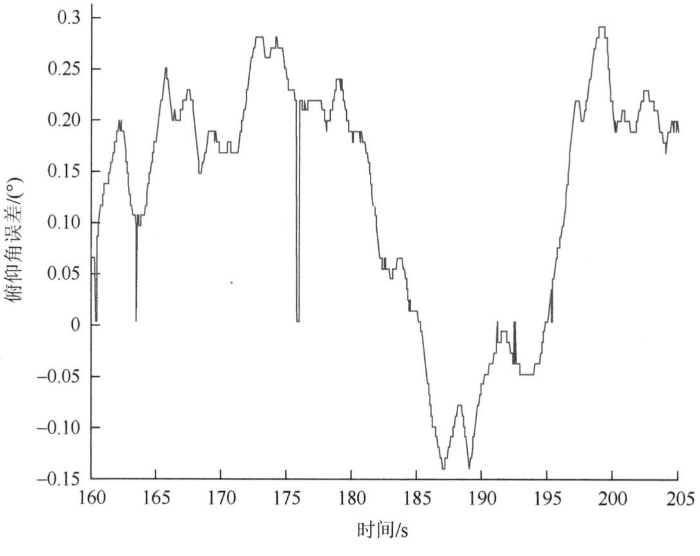

图 11.33　俯仰通道角度控制误差实验曲线

图 11.34 和图 11.35 是偏航通道角变化实验曲线和控制误差实验曲线。由图 11.34 可以看出，偏航通道在给定初始姿态偏差后，系统最后可以实现稳定，从图 11.35 中可以看出，偏航通道最终稳定后，误差在 1°以内，满足实验要求。

可以发现，偏航通道实验误差较大，这是由三轴角度仪本身的特性决定的，其在偏航通道测量误差较大，而且三轴角度仪的测量原理是使用陀螺积分，所以在工作时间较长时会出现漂移，导致角度测量误差增大，零点不稳定，从而导致姿态控制精度降低。

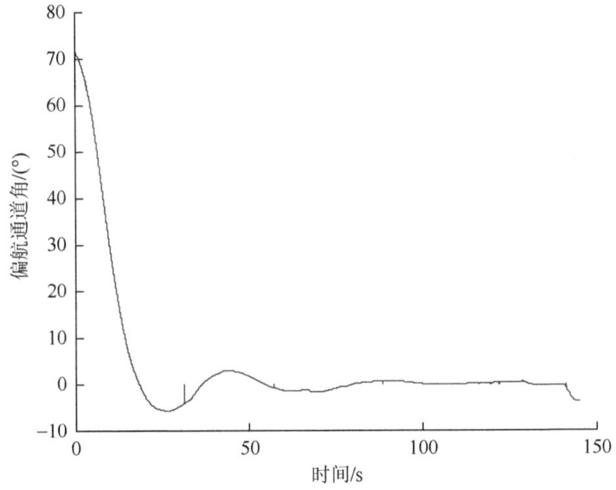

图 11.34　偏航通道角变化实验曲线

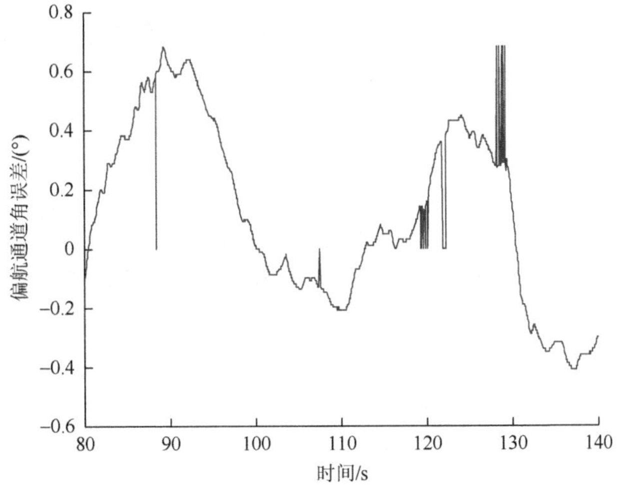

图 11.35　偏航通道角控制误差实验曲线

图 11.36 为激光指向示意图及指向结果。对指向结果进行局部放大，从最后的指向角曲线可以看到指向精度可以控制在 0.5°内。

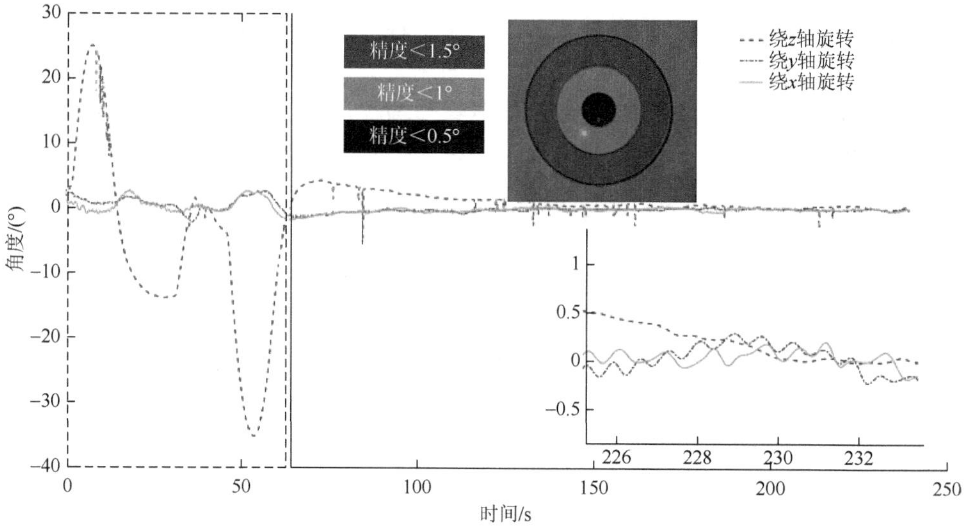

图 11.36　激光指向示意图及指向结果

11.4　柔性三轴稳定航天器低频振动控制实验

由 11.1.1 节可知，空间碎片激光清理航天器需要携带柔性太阳帆板为星上部件提供能量，航天器接收天线和柔性太阳帆板的低频柔性模态会干扰中继航天器的姿态控制，第 5 章内容说明这些星上的大型柔性部件会对航天器的姿态产生较大影响，降低姿态指向精度。因此，地面实验还需要对带有柔性附件的空间飞行器进行振动抑制。本节结合第 6 章的输入成形法，在三轴气浮转台上搭载柔性铝梁，模拟实际工程中的柔性航天器，根据柔性附件的结构特性设计了 ZVD 输入成形器，对参考信号进行输入整形，完成了气浮转台在 PD 控制和 PD + 输入成形法控制下偏航方向的姿态机动，其中姿态执行机构采用反作用飞轮。通过分析气浮转台的三轴角度、角速度的信息，验证了输入成形法对低频振动控制的有效性。

11.4.1　气浮转台控制程序编写

实验中三轴气浮转台的控制基于 LabVIEW 软件平台，并在 LabVIEW 中编写控制程序。程序的编写共分为三部分：第一部分是三轴陀螺仪和三轴角度仪的数据采集部分，如图 11.37 所示。第二部分是气浮转台姿态机动的 PD 控制和输入成形器设计部分，如图 11.38 所示。其中，A 部分表示数据采集电压信号转换成角速度的响应过程，并记录了转换之后的角速度信号和角度信号；B 部分为输入成形器和 PD 控制过程，通过采集的角度和角速度输出控制指令，供下一步输出用；C 部分表示对角度信号的采集过程；D 部分表示多次记录采集的电压信号，供滤波使用。第三部分是控制输出部分，如图 11.39 所示，用于控制电机转速，从而提供控制力矩。其中，A 部分控制电机的转向，通过高低电平的输入来确定电机是正转还是反转。B 部分是电机的转速控制，通过转速的控制电流之间的线性关系来对电机进行控制。

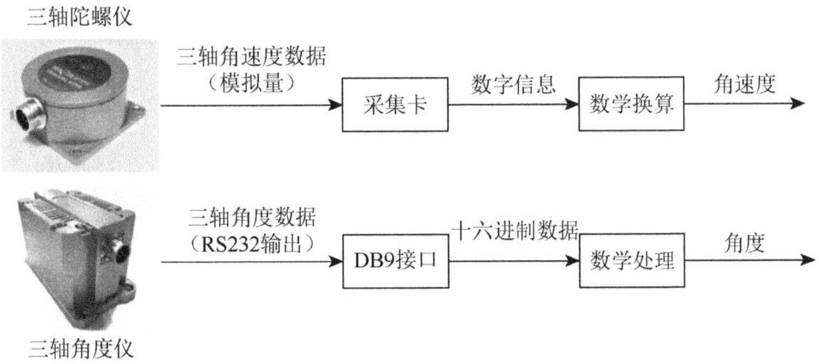

图 11.37　三轴陀螺仪和三轴角度仪的数据采集部分

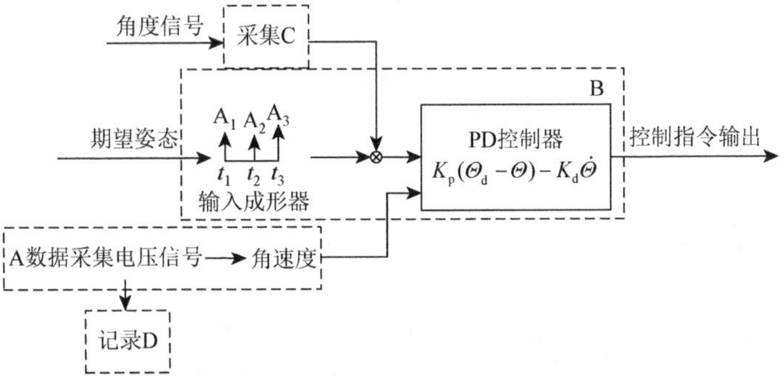

图 11.38　气浮转台姿态机动的 PD 控制和输入成形器设计部分

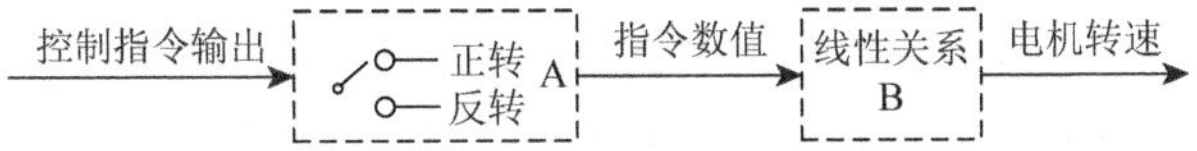

图 11.39　控制输出部分

11.4.2　基于输入成形法的柔性航天器低频振动控制实验验证

为验证输入成形法的有效性，在三轴气浮转台上搭载一个柔性悬臂梁模拟携带柔性附件的柔性航天器（图 11.40）。

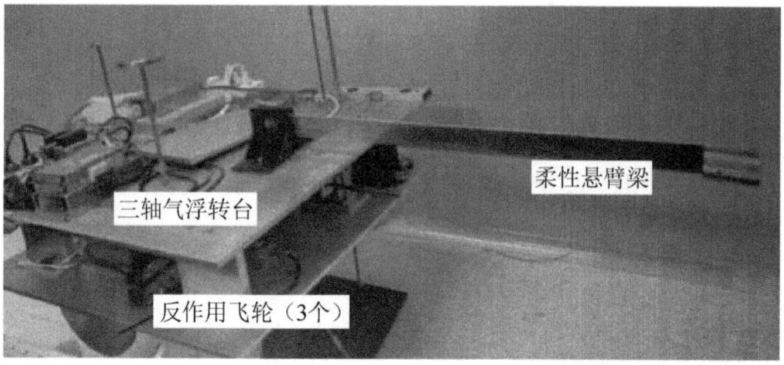

图 11.40　携带柔性悬臂梁的三轴气浮转台

1. 实验数据参数

在实验中为模拟柔性附件，选取一块尺寸为 900mm×50mm×5mm 的铝制悬臂梁，并在末端增加 1kg 的负载以降低基频。通过开环实验测试结果可看出，末端加载 1kg 负载后柔性悬臂梁的基频为 1.9Hz，阻尼比为 0.002。将柔性悬臂梁沿 x 方向安装，在三轴气浮转台的体坐标系下，安装位置为[0.25　0　0.15] m。

三轴气浮转台（不包含柔性悬臂梁）的绕三轴的转动惯量为

$$\boldsymbol{J}_b = \begin{bmatrix} 6 & -0.061 & -0.244 \\ -0.061 & 7 & -0.153 \\ -0.244 & -0.153 & 9 \end{bmatrix} \mathrm{kg \cdot m^2}$$

2. 实验结果

根据 6.2 节的输入成形器设计方法，针对柔性附件的基频设计 ZVD 输入成形器：

$$\mathbf{ZVD} = \begin{bmatrix} \boldsymbol{A} \\ \boldsymbol{t} \end{bmatrix} = \begin{bmatrix} 0.2516 & 0.5 & 0.2484 \\ 0 & 0.2649 & 0.5298 \end{bmatrix} \tag{11.8}$$

为验证输入成形器的效果，使三轴气浮转台在仅有 PD 控制和 PD 控制与输入成形法结合（PD + IS）的两种不同工况下完成沿 z 轴的姿态机动。两种工况下，PD 控制器的参数均相同。实验结果对比如下，偏航、滚转和俯仰三个方向的角度与角速度变化曲线及偏航方向角度和角速度频谱分析曲线如图 11.41～图 11.44 所示。

从图 11.41 中可看出，仅有 PD 控制时，偏航角稳定时间为 12s，但是超调量较大，角度峰值在 10.77°。稳定后，偏航角仍存在长时间的振动，振动频率为 1.9Hz，与柔性悬臂梁的基频相同，指向精度为 0.04°，角速度振动峰峰值为 0.0183°/s。在加入输入成形后，稳定时间延长至 18s，超调变小，偏航角峰值为 10.03°。稳定后，偏航角振动较小，指向精度为 0.02°，提高了 1 倍；角速度的振动峰峰值为 0.0176°/s，抑制了 3.83%。

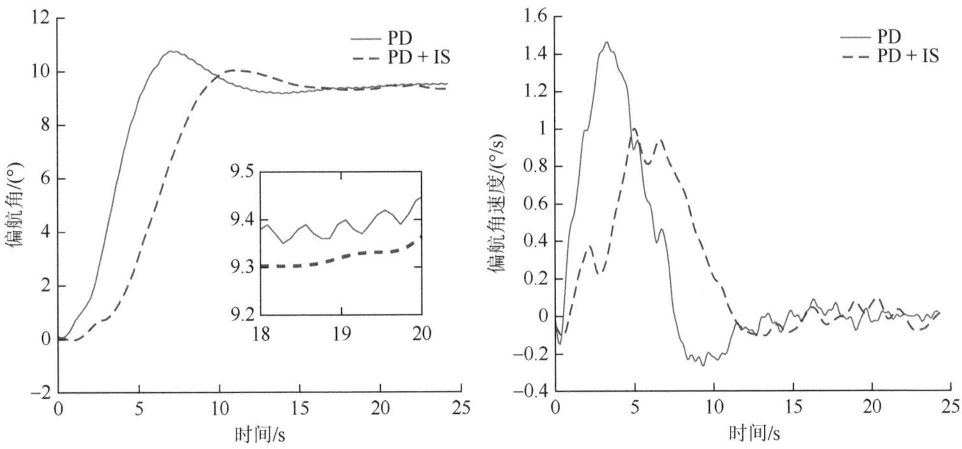

图 11.41　偏航角及角速度变化曲线

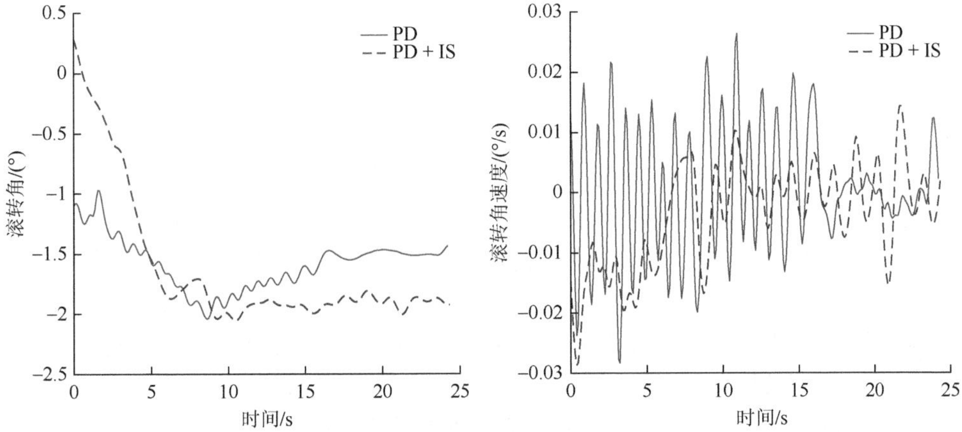

图 11.42　滚转角及角速度变化曲线

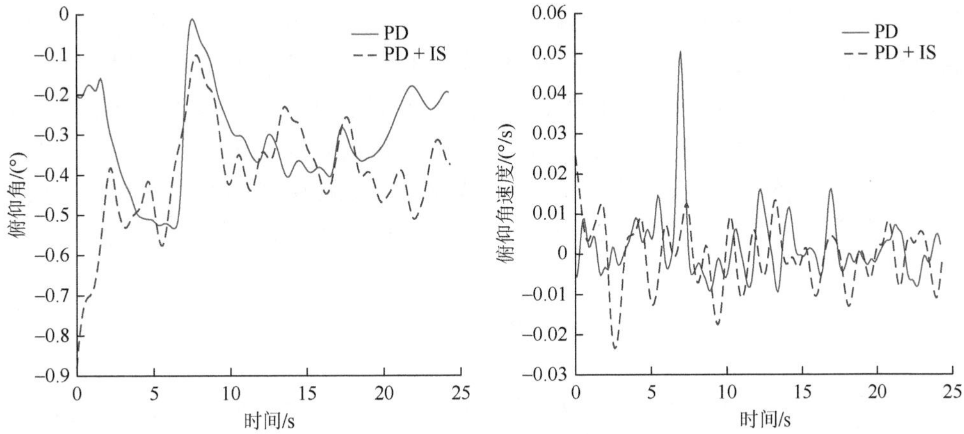

图 11.43　俯仰角及角速度变化曲线

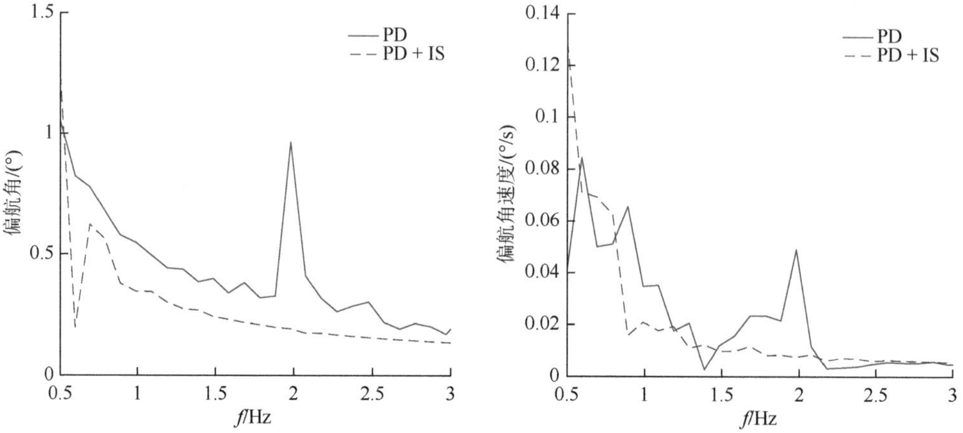

图 11.44　偏航方向角度和角速度频谱分析曲线

从图 11.42 中可看出，在机动过程中，柔性悬臂梁的存在对滚转方向产生影响，导致滚转角度与标称位置（0°）出现偏差，且滚转角速度在小幅度变化。仅有 PD 控制时，滚转角最终稳定在–1.5°，角速度振动峰峰值为 0.0547°/s；在加入输入成形器后，滚转角最终稳定在–2°，角速度振动的峰峰值为 0.0426°/s，与仅有 PD 控制相比，加入输入成形器后的控制器将角速度振动的峰峰值抑制了 22.12%。

从图 11.43 中可看出，气浮转台机动过程中对俯仰方向也有影响。仅有 PD 控制时，俯仰角最终稳定在–0.2°，角速度振动的峰峰值为 0.06°/s；在加入输入成形器后，俯仰角最终稳定在–0.4°，角速度振动的峰峰值为 0.0483°/s，与仅有 PD 控制相比，加入输入成形器后的控制器将角速度振动的峰峰值抑制了 19.5%。

从图 11.44 中可看出，偏航角和偏航角速度在 1.9Hz 处出现峰值，与柔性悬臂梁的基频相同。此频谱分析结果表明，在航天器机动过程中，由于柔性部件的存在，引起了角度和角速度的低频振动。增加输入成形器后，偏航角和角速度频谱分析中在 1.9Hz 处的峰值消失，表明由柔性悬臂梁引起的低频振动被抑制。

由以上三个方向的角度和角速度的变换规律可以看出，增加输入成形器后，偏航方向原有的与柔性梁基频相同的角度和角速度振动消除，指向精度提高了 1 倍，偏航、滚转和俯仰方向角速度振动峰峰值分别抑制了 3.83%、22.12%和 19.5%。由此可见，本章设计的 ZVD 输入成形器有效地抑制了柔性悬臂梁的低频振动。

11.5　本 章 小 结

本章针对空间碎片天基激光清理技术进行了地面气浮实验，首先设计并组建了中继航天器的三轴气浮转台，调试了系统并进行了气浮航天器姿态控制和激光指向控制实验。进一步，为了观察柔性结构对中继航天器姿态控制的影响，在气浮航天器平台上附加柔性悬臂梁模拟星上柔性附件，进行了柔性航天器气浮平台实验并进行了低频振动控制，实验结果表明所设计的输入成形器能够有效地抑制柔性悬臂梁的低频振动，能为空间碎片激光清理航天器的柔性附件振动提供有效的控制手段。

参 考 文 献

[1] Kinkrad H. Space Debris[M]. New York：Wiley，2010.

[2] Wormnes K，Letty L R，Summerer L，et al. ESA technologies for space debris remediation[C]//6th European Conference on Space Debris，Darmstadt，2013：1-8.

[3] Liou J C. Active debris removal—A grand engineering challenge for the twenty-first century[C]//21st AAS/AIAA Space Flight Mechanics Meeting Moscow，New Orleans，2010.

[4] Johnson N L. Orbital debris：The growing threat to space operations[C]//33rd Annual Guidance and Control Conference，Breckenridge，2010.

[5] Yang H J，Liu L，Li Y C，et al. Design and robust control of space debris laser removing relay satellite[C]//2017 IEEE International Conference on Cybernetics and Intelligent Systems and IEEE Conference on Robotics，Automation and Mechatronics，Ningbo，2017：463-468.

[6] Merritt P H，Albertine J R. Beam control for high-energy laser devices[J]. Optical Engineering，2012，52（2）：021005.

[7] 冯其波. 光学测量技术与应用[M]. 北京：清华大学出版社，2008.

[8] Skogestad S，Postlethwaite I. Multivariable Feedback Control：Analysis and Design[M]. New York：Wiley，2007.

第 12 章　先进航天器高精度指向跟踪瞄准地面实验技术

先进的空间探测器在执行任务中需要对多个目标进行高精度的瞄准，但是由于星上存在如反作用飞轮、柔性太阳帆板振动等因素，单靠航天器本体的姿态控制难以保证瞄准精度。为保证复杂扰动环境下空间应用中系统光轴的高精度扫描与跟踪瞄准控制，本章采用压电快摆镜精跟踪瞄准单元以实现先进航天器对多目标的独立跟踪瞄准控制，并进一步设计空间目标运动模拟系统，在地面实验室中对空间目标运动进行高精度模拟。

12.1　多目标精跟踪瞄准技术及实验

12.1.1　实验方案

本节设计的精跟踪瞄准系统主要包括空间目标运动模拟和目标测量、跟踪瞄准两部分。空间目标运动模拟部分主要由激光器（2 组不同波长的激光器）、压电快摆镜（2 组）、二向色镜、目镜、反射镜、空间光滤波器、望远镜组成，用来模拟空间目标小角度运动；目标测量、跟踪瞄准部分主要由望远镜、目镜、长焦透镜、反射镜、二向色镜、压电快摆镜（2 组）、CCD 相机组成，用来测量空间目标的运动信息，从而实现对两个目标的独立跟踪瞄准。

1. 精跟踪瞄准系统工作原理

精跟踪瞄准系统工作原理图如图 12.1 所示。

图 12.2 给出了空间目标运动模拟部分的示意图，两组激光器的出射激光光束分别通过空间光滤波器对光强进行衰减，然后分别通过压电快摆镜进行反射，继而通过二向色镜进行同光路设计，最后通过目镜与 10in 望远镜（1in = 2.54cm）构成的平行光发射系统产生口径为 10in 的平行光路。其中，为避免光路干涉对系统的影响，采用两种波长的激光器，波长分别为 532nm 和 633nm；两个压电快摆镜通过两轴转动分别实现两组光路的偏转，从而导致望远镜出射平行光束角度的变化，

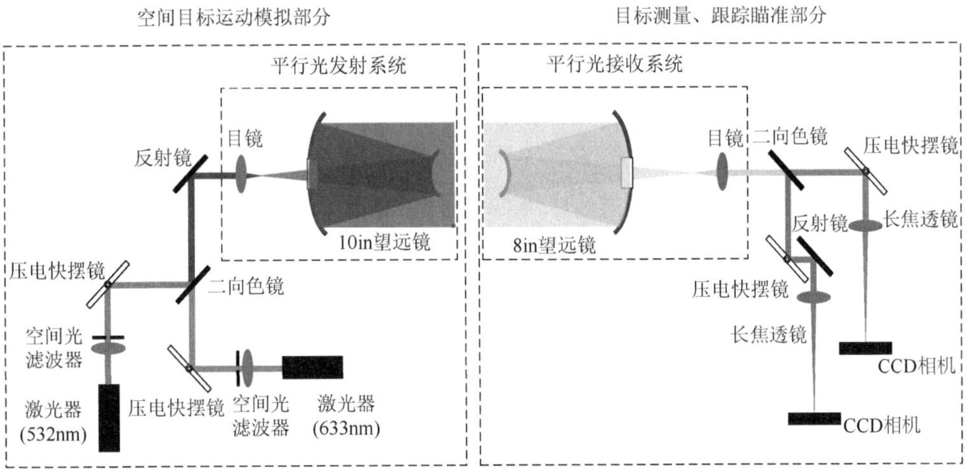

图 12.1　精跟踪瞄准系统工作原理图

以此来模拟两个目标的独立运动；平行光发射系统由目镜和 10in 望远镜组成，将平行光口径变大的同时减小压电快摆镜运动造成的角度偏转，角度的缩小倍数与望远镜焦距、目镜焦距及光斑大小相关，以此实现利用压电快摆镜转动模拟空间目标小角度运动的目的。

图 12.3 给出了空间目标测量、跟踪瞄准部分示意图，通过 8in 望远镜和目镜组成的平行光接收系统接收来自空间目标运动模拟部分的大口径平行出射激光，将其汇聚为口径更小的平行光束，之后通过二向色镜将同光路两组激光光束进行分离，之后分别通过两组压电快摆镜进行反射，经过二向色镜将两组激光光

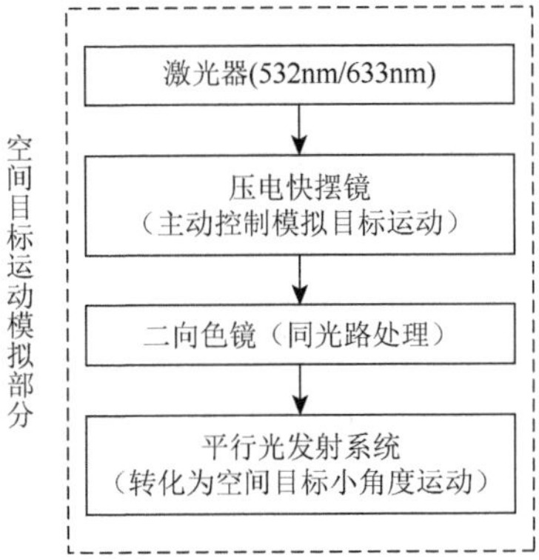

图 12.2　空间目标运动模拟部分的示意图

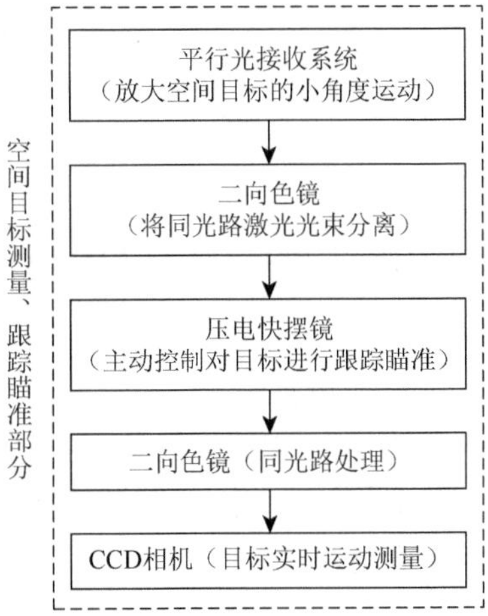

图 12.3　空间目标测量、跟踪瞄准部分示意图

束进行同光路处理，然后通过长焦透镜进行聚焦，最终汇聚在 CCD 相机靶面上进行光斑的成像。其中，平行光接收系统可将探测到的目标运动信息进行放大处理，放大倍数与望远镜焦距及目镜焦距相关；长焦透镜通过聚焦将光路的偏转角度转换为 CCD 相机上光斑的移动距离，从而通过测量 CCD 相机上光斑形心移动的像元个数得到光轴的偏转角度；CCD 相机通过图像采集实时测量目标的运动信息，从而分别通过两组压电快摆镜进行主动控制以实现对两个目标的独立跟踪瞄准。

2. 精跟踪瞄准系统几何关系

根据本节设计的精跟踪瞄准系统工作原理及光路设计，分析其系统几何光学关系如图 12.4 所示。

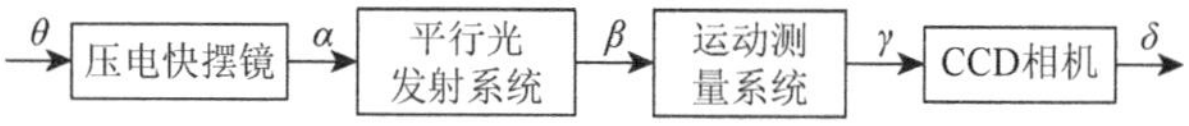

图 12.4　精跟踪瞄准系统几何光学关系

图 12.4 中，θ 为模拟目标运动的压电快摆镜偏转角度，α 为经过压电快摆镜反射后光轴的偏转角度，β 为经过平行光发射系统后光轴的偏转角度，γ 为经过平行光接收系统后光轴的偏转角度，δ 为 CCD 相机上光斑形心偏移的像元个数。

压电快摆镜的转动角度为θ，经过压电快摆镜反射后，光轴的偏转角度为α，二者几何关系如下：

$$\begin{cases} \alpha = 2\theta & \text{(方位轴)} \\ \alpha = \sqrt{2}\theta & \text{(俯仰轴)} \end{cases} \tag{12.1}$$

光轴经过平行光发射系统后，缩小一定倍数后光轴的偏转角度为β，因此有

$$\beta = \frac{\alpha}{n} \tag{12.2}$$

式中，平行光发射系统对光轴偏转角度的缩小倍数 n 可采用式（12.3）进行计算

$$n = \frac{f_T}{f_E} \tag{12.3}$$

式中，f_T 为 10in 望远镜的焦距；f_E 为目镜焦距。

平行光发射系统出射光轴偏转角度β经过运动测量系统进行放大，放大后光轴的偏转角度为

$$\gamma = n_1\beta \tag{12.4}$$

运动测量系统对光轴偏转角度的放大倍数 n_1 为

$$n_1 = \frac{f_{T1}}{f_{E1}} \tag{12.5}$$

式中，f_{T1}为 8in 望远镜的焦距；f_{E1}为目镜焦距。

经过运动测量系统放大后的角度γ通过凸透镜进行聚焦，从而转化为 CCD 相机靶面上激光光斑的偏移运动，根据几何关系可知，偏转角度γ与光斑形心在 CCD 相机靶面上移动像素个数δ之间的关系为

$$\delta = \frac{\gamma \cdot f}{\kappa} \tag{12.6}$$

式中，f为所采用聚焦凸透镜的焦距；κ为 CCD 相机的像元尺寸大小。

3. 精跟踪瞄准控制系统设计

精跟踪瞄准控制系统设计如图 12.5 所示。空间目标运动采用压电快摆镜进行模拟，将 CCD 相机作为探测传感装置，通过光路设计将目标的运动转换到 CCD 相机上激光光斑的运动，环境扰动及结构漂移引起的光斑抖动同样可以体现在 CCD 相机光斑的运动信息中。通过实时采集和计算光斑形心得到光斑的运动信息，采用目标跟踪瞄准部分的压电快摆镜进行主动控制，在跟踪目标的同时补偿环境扰动和结构漂移引起的光斑抖动，从而实现对目标的精确跟踪瞄准，使目标能够稳定处于 CCD 相机的中心位置。

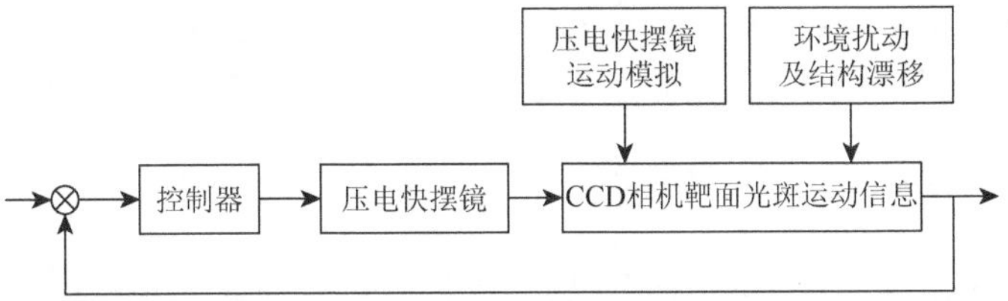

图 12.5　精跟踪瞄准控制系统设计

12.1.2　精跟踪瞄准地面实验系统开发研制

1. 精跟踪瞄准地面实验系统开发及调试

根据 12.1.1 节中所设计精跟踪瞄准系统实验原理，搭建地面实验系统如图 12.6 所示，所有实验器件固定在 Newport 气浮平台上以隔离环境中微振动扰动。图 12.7 和图 12.8 分别为地面实验目标测量、跟踪瞄准部分和目标运动模拟部分的详细示意图，图 12.9 为精跟踪瞄准系统地面实验系统中的控制系统组成示意图。

图 12.6　精跟踪瞄准系统地面实验系统

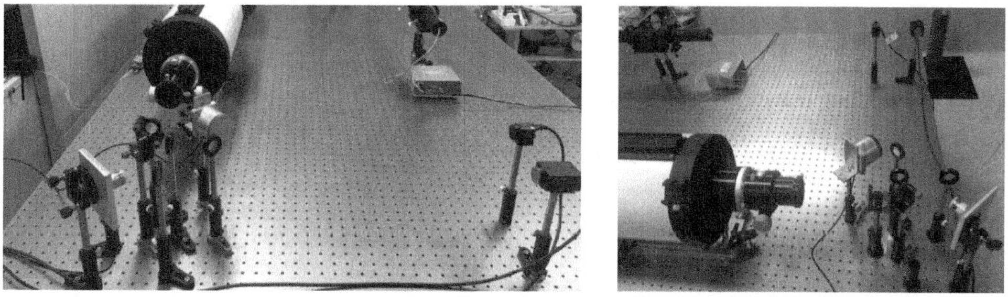

图 12.7　精跟踪瞄准系统地面实验目标测量、跟踪瞄准部分

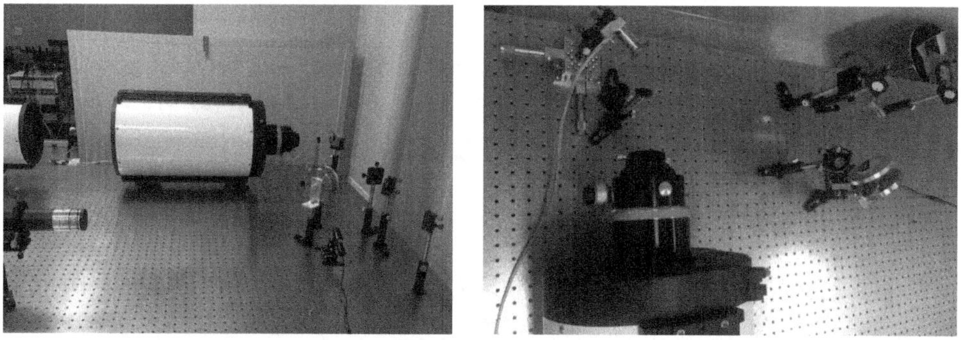

图 12.8　精跟踪瞄准系统地面实验目标运动模拟部分

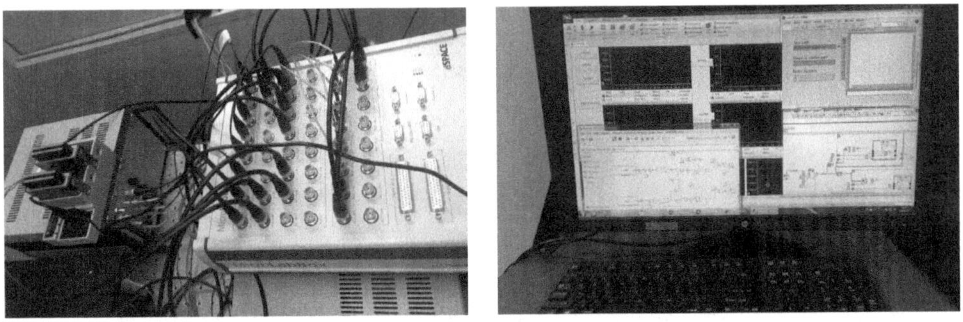

图 12.9　精跟踪瞄准系统地面实验系统中的控制系统组成示意图

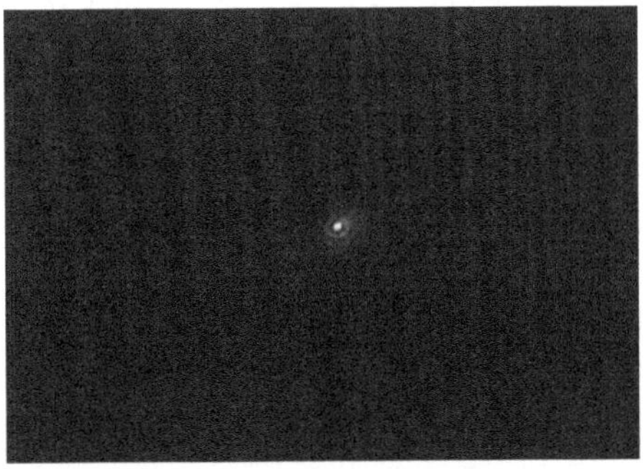

图 12.10　CCD 相机靶面激光光斑示意图

CCD 相机靶面激光光斑示意图如图 12.10 所示。在精跟踪瞄准系统初始状态时，由于同光路设计，所以 CCD 相机靶面上两组激光的光斑重合显示。

精跟踪瞄准系统的目标跟踪瞄准部分的控制回路设计如图 12.11 所示，压电快摆镜的主动控制通过 dSPACE 实时控制系统实现，CCD 相机的图像通过上位机进行实时采集，在 LabVIEW 中进行处理和形心计算，将计算结果通过 NI 采集卡传递给 dSPACE 实时控制系统，通过几何转换作为压电快摆镜的输入信号，设计压电快摆镜主动控制算法，从而实现对目标的精确跟踪瞄准。

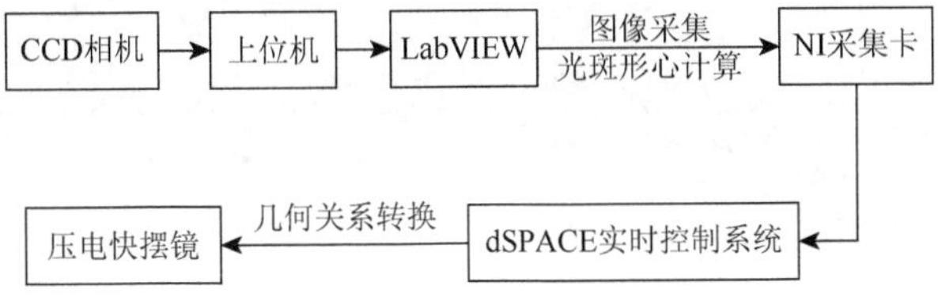

图 12.11　精跟踪瞄准系统的目标跟踪瞄准部分的控制回路设计

2. 精跟踪瞄准地面实验系统主要部件

望远镜：目标运动模拟部分采用的望远镜型号为 GSO-10RCS，光圈尺寸为 10in，望远镜焦距为 2000mm；目标测量、跟踪瞄准部分采用的望远镜型号为 GSO-8RCS，光圈尺寸为 8in，焦距为 1624mm。

凸透镜：空间目标运动模拟部分采用的目镜焦距为 10mm，目标测量、跟踪瞄准部分采用的目镜焦距为 30mm，CCD 相机前的长焦透镜焦距为 1000mm。

CCD 相机：相机型号为 GS3-U3-32S4M-C，相机分辨率为 2048×1536，帧频为 121FPS，像元尺寸大小为 3.45μm，可通过 USB 3.0 接口与上位机连接进行图像采集和传输。

激光器：地面实验中采用的两组激光器的波长分别为 633nm 和 532nm。

NI 采集卡：采集卡选型为 NI-9205，采样率可达 25kHz，采样分辨率为 16 位。

压电快摆镜：跟踪指向部分压电快摆镜需要对目标进行精确跟踪瞄准，对系统的精度要求较高，地面实验中压电快摆镜选型分别为 S-330.2SL 和 T33.T2S，同时具有方位和俯仰两个自由度。其中 S-330.2SL 行程为 2mrad，分辨率可达 0.05μrad，其驱动器型号为 E-501.00；T33.T2S 行程为 2.5mrad，分辨率为 0.05μrad，驱动器型号为 E51.S2DL。

图 12.12　dSPACE 实时控制系统

dSPACE 实时控制系统：压电快摆镜的控制采用 dSPACE 实时控制系统实现，闭环带宽可达 0.6MHz，模拟输入输出接口分辨率为 16 位，其 dSPACE 实时控制系统及 dSPACE 软件操作界面分别如图 12.12 和图 12.13 所示。

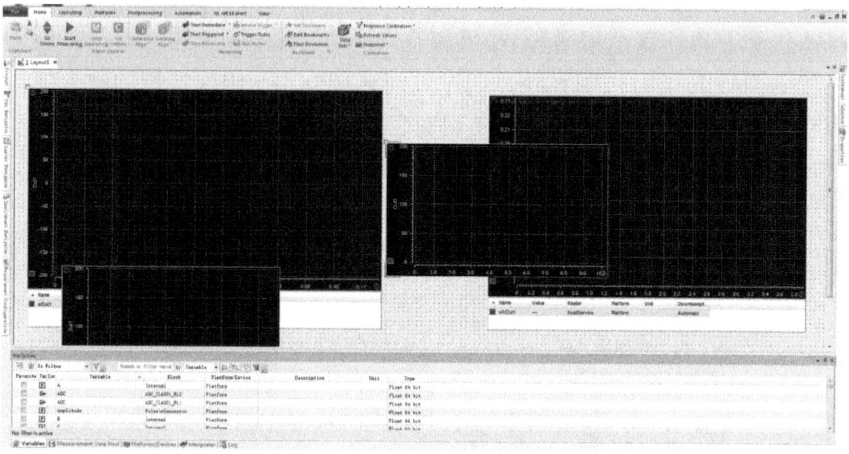

图 12.13　dSPACE 软件操作界面

12.1.3　精跟踪瞄准地面实验验证

本节根据开发研制的精跟踪瞄准地面实验系统，开展空间目标的高精度跟踪瞄准实验研究。

1. 空间目标运动模拟实验验证

由式（12.3）可知，平行光发射系统中压电快摆镜偏转角度缩小倍数 $n = 200$，该系数直接关系到所研制精跟踪瞄准地面实验系统的测量和控制精度。由于安装误差及其他系统误差，平行光发射系统的角度缩小系数和理论值之间可能存在一定偏差，为保证后续实验结果的可靠性，对该系数进行实验校准。空间目标运动模拟实验验证原理图如图 12.14 所示。

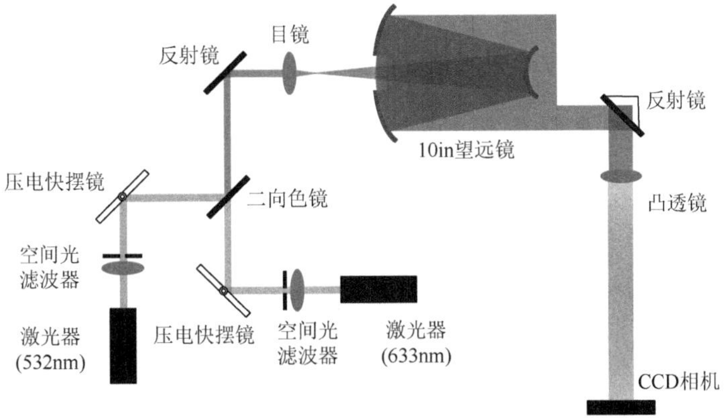

图 12.14　空间目标运动模拟实验验证原理图

图 12.14 中，采用反射镜对望远镜出射平行激光进行反射，采用凸透镜进行聚焦，从而在 CCD 相机上进行成像，通过压电快摆镜偏转角度与 CCD 相机上光斑移动像元个数之间的关系对平行光发射系统中压电快摆镜偏转角度缩小倍数进行验证。

根据几何关系可知，假设给定压电快摆镜一定的方位偏转角度，通过测量 CCD 相机上光斑形心在水平方向移动的像元个数，即可得光学平行光发射系统中压电快摆镜偏转角度缩小倍数 n_0：

$$n_0 = \frac{2\theta f}{\delta \kappa} \tag{12.7}$$

空间目标运动模拟实验验证示意图如图 12.15 所示，所选用凸透镜焦距 $f = 1000\text{mm}$，像元尺寸大小 $\kappa = 3.45\mu\text{m}$。给定压电快摆镜转动角度如图 12.16 所示。

由 12.1.1 节所述几何关系，根据 CCD 相机测量到的光斑质心偏转运动，计算得到所测量的压电快摆镜偏转角度如图 12.17 所示，由实验结果可知，光学平行光发射系统中压电快摆镜偏转角度缩小倍数 $n_0 = 201.38$。

图 12.15　空间目标运动模拟实验验证示意图

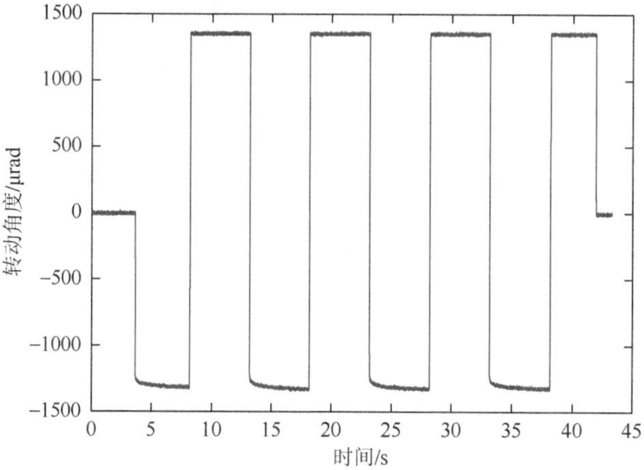

图 12.16　给定压电快摆镜转动角度

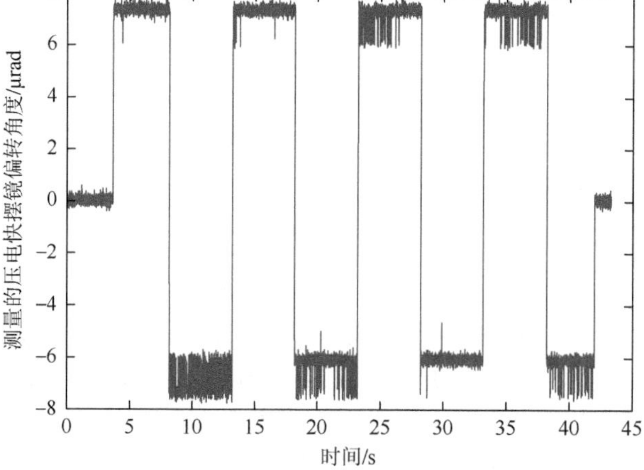

图 12.17　测量的压电快摆镜偏转角度

2. 空间目标运动测量实验验证

本节给出所设计运动测量系统精度验证的实验方案。给定压电快摆镜一定偏转角度，根据 12.1.1 节中确定的平行光发射系统中压电快摆镜偏转角度缩小倍数，得到空间目标运动模拟系统出射激光的光轴偏转角度，通过实验中所设计运动测量系统对该偏转角度进行测量。给定压电快摆镜不同转动角度如图 12.18 所示。

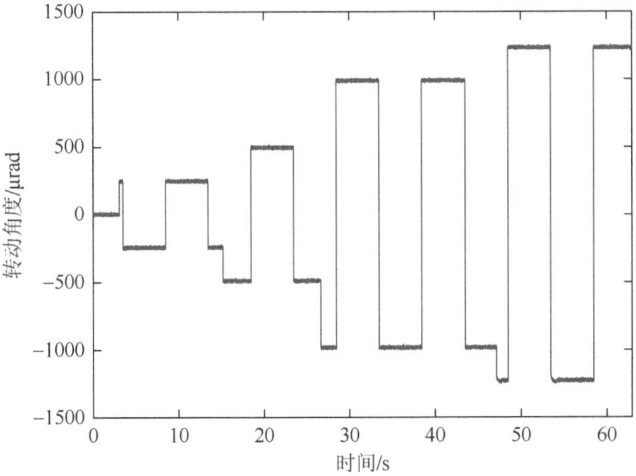

图 12.18　给定压电快摆镜不同转动角度

测量得到 CCD 相机上光斑形心的偏移量如图 12.19 所示。由图 12.19 可知，CCD 相机所测光斑形心偏移量与压电快摆镜偏转角度呈比例关系。根据实验测试可知，CCD 相机所能测量最小像元个数为 1，即系统的测量精度为 CCD 相机 1 个像元所对应的 β 值。考虑到偏转角度与光斑形心运动之间的几何关系，计算可知 1 个像元对应的 β 值为 0.074μrad，即所研制精跟踪瞄准地面实验系统的测量精度可达 0.074μrad。

3. 空间目标精跟踪瞄准实验验证

为验证所研制精跟踪瞄准地面实验系统的指向跟踪精度，给定目标不同的运动方式，测试系统对不同运动状态目标的跟踪瞄准结果。首先，给出目标 1 的稳态实验结果。图 12.20 给出了稳态无主动跟踪瞄准时目标 1 的运动状况，由图可知，由于环境微振动和结构漂移的影响，目标 1 相对于测量系统存在较大的抖动和漂移。

图 12.21 给出了稳态时采用主动跟踪瞄准控制后目标 1 相对测量系统的运动状态，由实验结果可知，所研制精跟踪瞄准地面实验系统能够稳定地指向目标，其瞄准精度可达 0.13μrad。

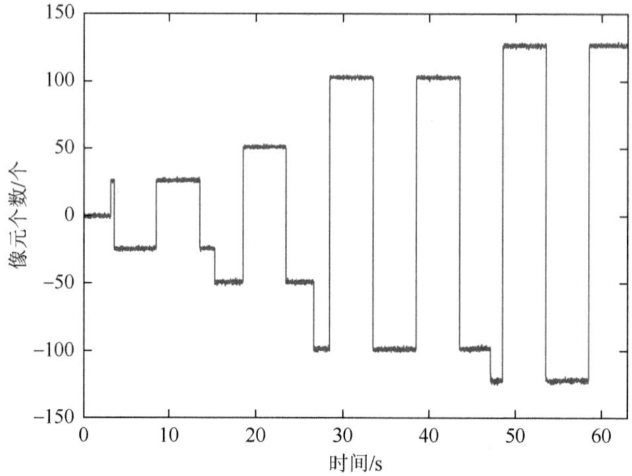

图 12.19　测量得到 CCD 相机上光斑形心的偏移量

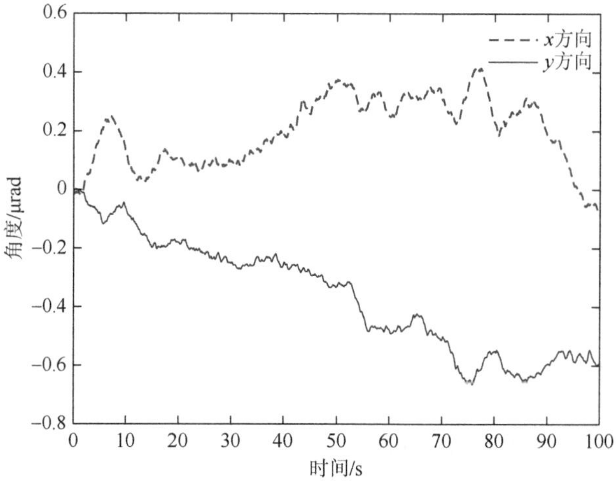

图 12.20　稳态无主动跟踪瞄准时目标 1 的运动状况

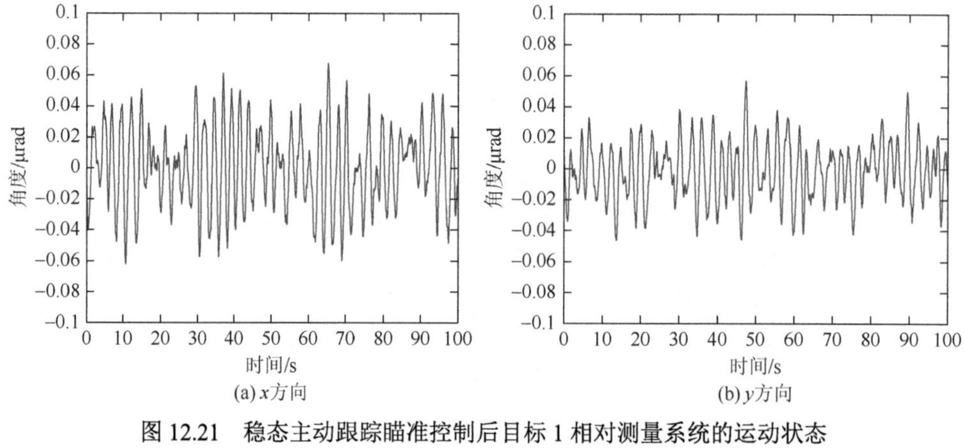

图 12.21　稳态主动跟踪瞄准控制后目标 1 相对测量系统的运动状态

图 12.22 给出了稳态无主动跟踪瞄准控制时目标 1 运动状况与采用主动跟踪瞄准控制时目标的运动状况对比，由图可知，采用主动跟踪瞄准控制后目标 1 的瞄准精度提高了 80.4%。

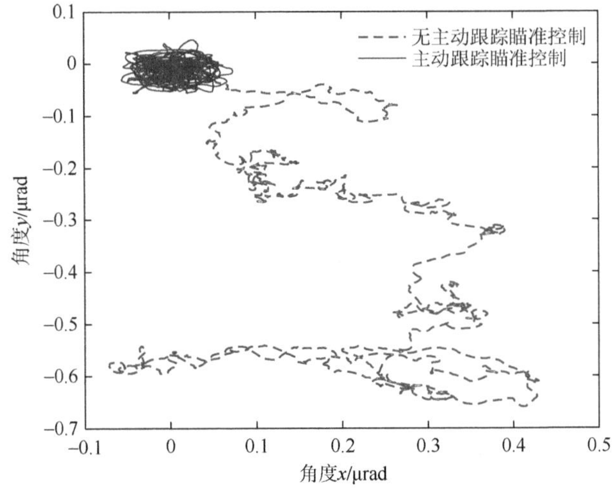

图 12.22　稳态结果对比（目标 1）

目标 2 的稳态实验结果如图 12.23～图 12.25 所示，与目标 1 相似，稳态无主动跟踪瞄准控制时目标 2 相对于测量系统存在较大的抖动和漂移，经过主动跟踪瞄准控制后能够实现 0.12μrad 的瞄准精度。通过对比可知，采用主动跟踪瞄准控制后对目标 2 的瞄准精度提高了 78.9%。

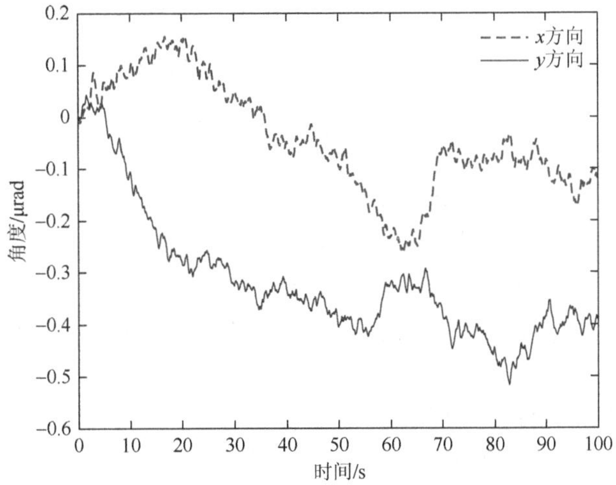

图 12.23　稳态无主动跟踪瞄准控制（目标 2）

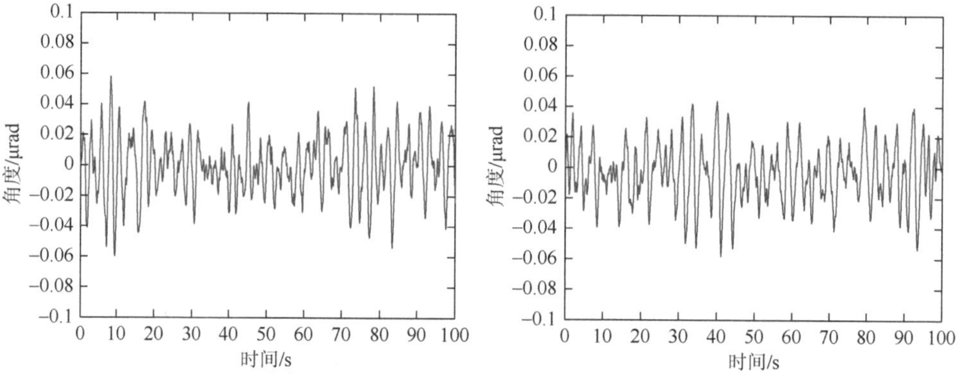

(a) x方向　　(b) y方向

图 12.24　稳态主动跟踪瞄准控制（目标 2）

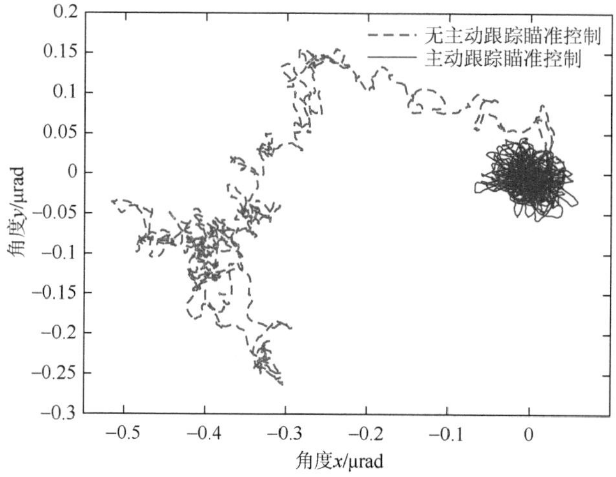

图 12.25　稳态结果对比（目标 2）

考虑到空间目标轨道运动的低频特性，空间目标运动模拟分别采用0.001Hz、0.005Hz、0.01Hz 的正弦信号，以及三种频率的组合正弦信号作为输入，分别给出不同目标运动状态下精跟踪瞄准地面实验系统的跟踪瞄准精度。在实验中，两组目标的跟踪瞄准结果相近，这里不重复给出，以下只给出目标 1 分别按照 0.001Hz、0.005Hz、0.01Hz 的正弦信号运动时，对目标 1 进行的跟踪瞄准实验结果，如图 12.26～图 12.37 所示。

本节研制的多目标精跟踪瞄准地面实验系统对不同运动状态下目标的跟踪瞄准实验结果如表 12.1 所示。由表 12.1 结果可知，本节研制的空间目标精跟踪瞄准地面实验可实现 0.187μrad(3σ)的跟踪瞄准精度。

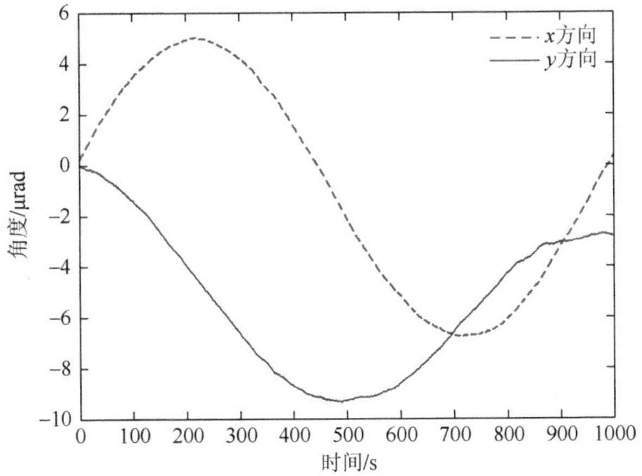

图 12.26　无主动跟踪瞄准控制（0.001Hz 正弦）

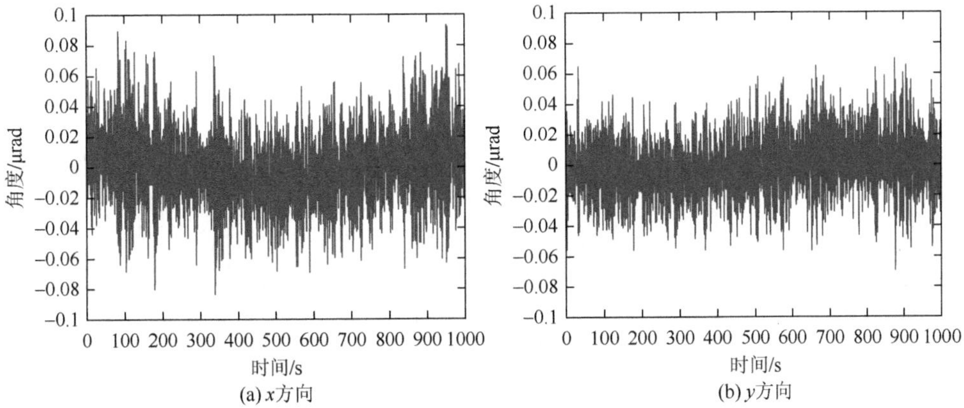

图 12.27　主动跟踪瞄准控制（0.001Hz 正弦）

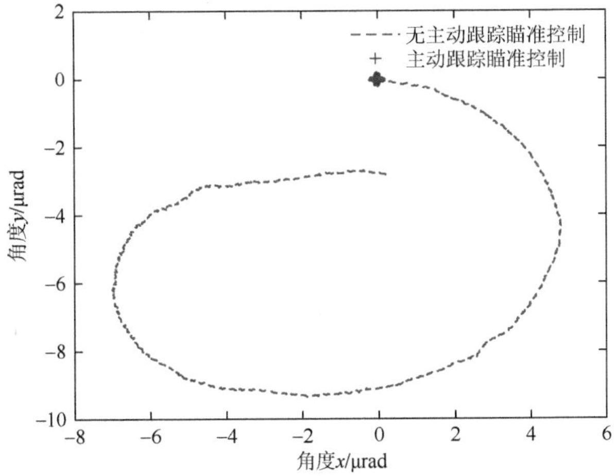

图 12.28　结果对比（0.001Hz 正弦）

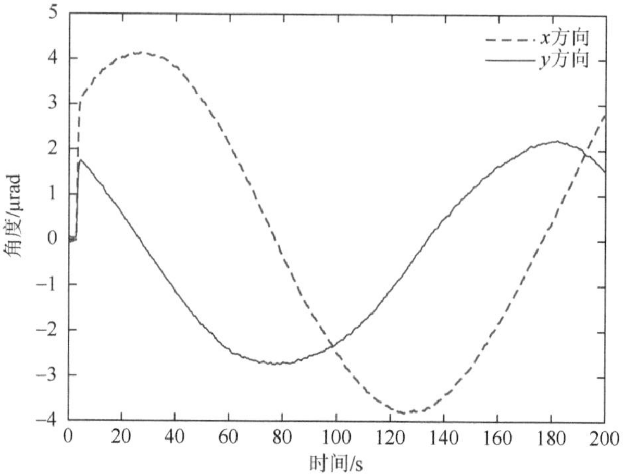

图 12.29　无主动跟踪瞄准控制（0.005Hz 正弦）

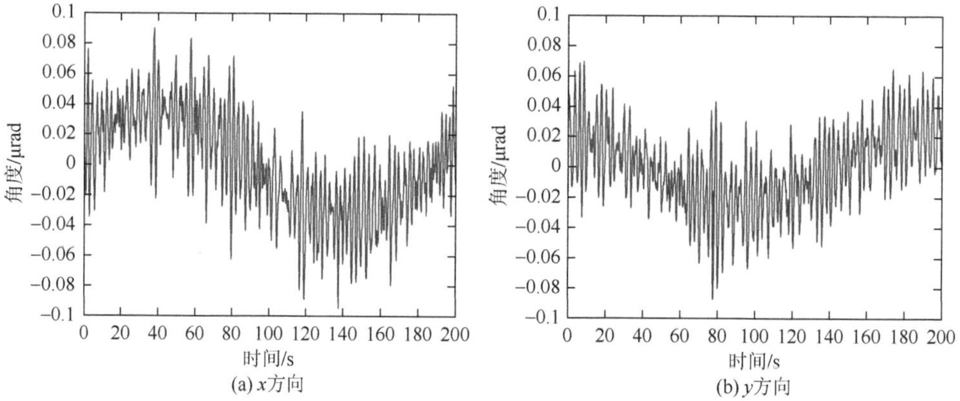

图 12.30　主动跟踪瞄准控制（0.005Hz 正弦）

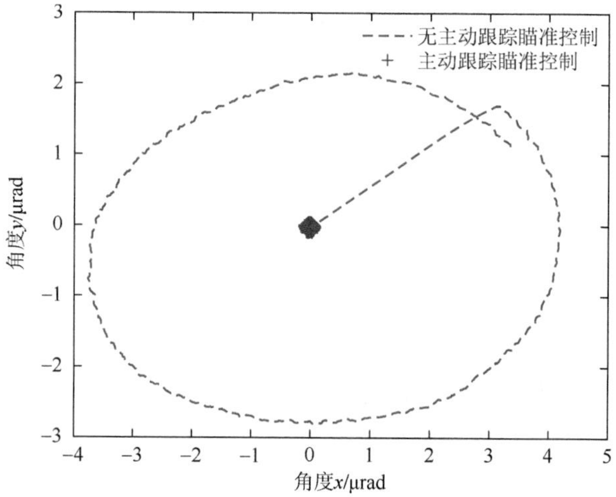

图 12.31　结果对比（0.005Hz 正弦）

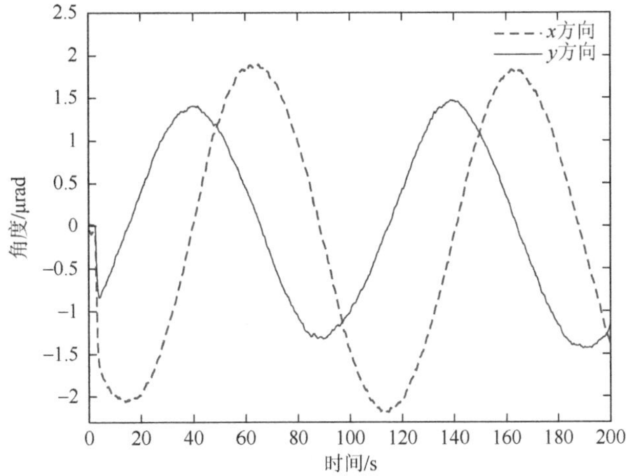

图 12.32　无主动跟踪瞄准控制（0.01Hz 正弦）

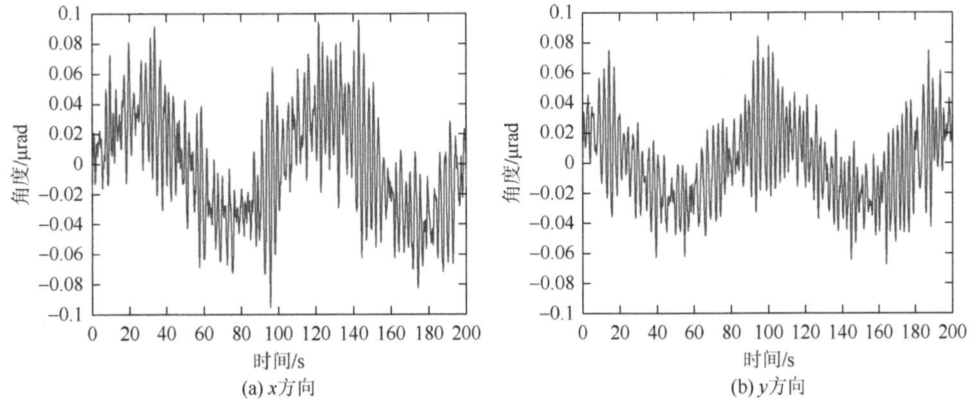

图 12.33　主动跟踪瞄准控制（0.01Hz 正弦）

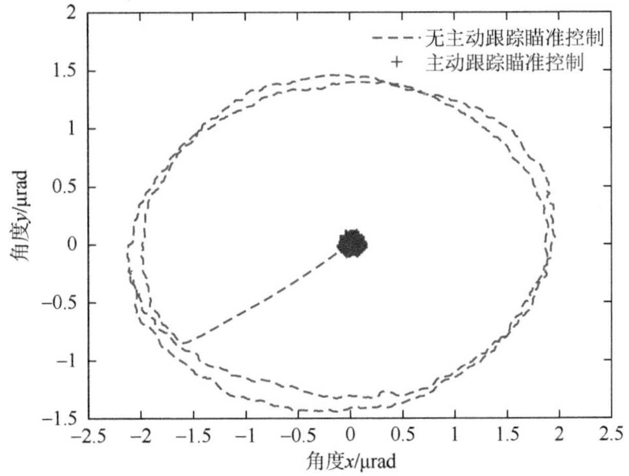

图 12.34　结果对比（0.01Hz 正弦）

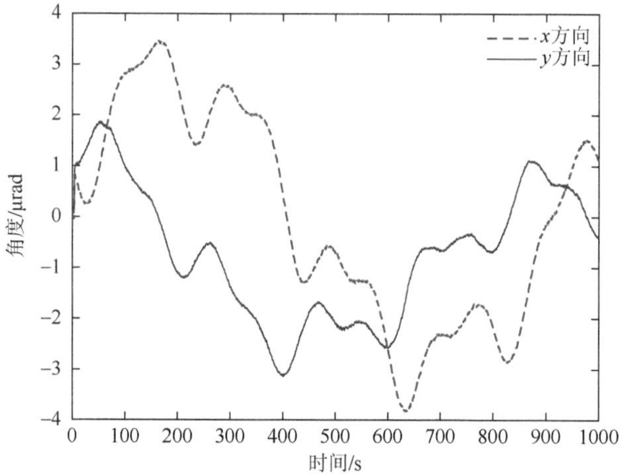

图 12.35　无主动跟踪瞄准控制（正弦组合输入）

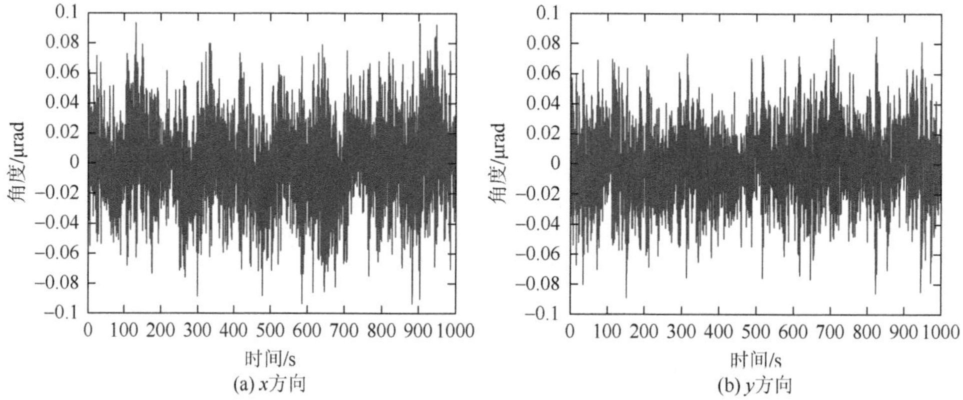

图 12.36　主动跟踪瞄准控制（正弦组合输入）

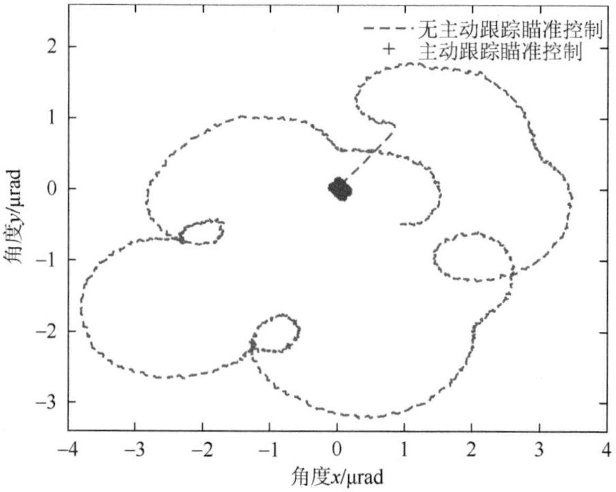

图 12.37　结果对比（正弦组合输入）

表 12.1　本节研制的多目标精跟踪瞄准地面实验系统对不同运动状态下目标的跟踪瞄准实验结果

目标模拟输入	无主动跟踪瞄准(3σ)/μrad	主动跟踪瞄准(3σ)/μrad	跟踪瞄准误差百分数/%
正弦（0.001Hz）	11.79	0.174	1.48
正弦（0.005Hz）	7.93	0.186	2.35
正弦（0.01Hz）	4.10	0.187	4.56
正弦（组合输入）	7.23	0.186	2.57

根据以上实验验证结果可知，本节研制的精跟踪瞄准地面实验系统具有同时指向跟踪两个独立目标的能力，精度优于 0.187μrad(3σ)，能够实现优于 0.2μrad(3σ)的跟踪瞄准精度，满足一般空间跟踪瞄准需求。

12.2　基于迈克耳孙干涉仪的高精度角度测量技术

高精度跟踪瞄准实验中，经常需要测量光束偏转角，现有的许多设备不能满足高精度测量需求。因此针对实验测角问题，本书设计一种基于迈克耳孙干涉仪的测角器，对激光偏角进行高精度测量[1-4]。

12.2.1　测量系统原理

1. 迈克耳孙干涉仪原理

在波动光学干涉中，等厚干涉的图样为一系列条纹，其中同一干涉条纹下薄膜的厚度相同，可以通过计算相邻条纹的间距计算它们的厚度差。图 12.38 为迈克耳孙干涉仪，按照等厚干涉原理，若设备严格按照标准安装，平面镜 M_1 的虚像 M_1' 与平面镜 M_2 形成一个劈尖，光源 S 发出的激光经过分光镜 G_1 产生两束相干光 1 和 2，经过 M_1、M_2 的反射的光束 1′和 2′即可在 CCD 相机处观察到清晰的干涉条纹[5-8]。

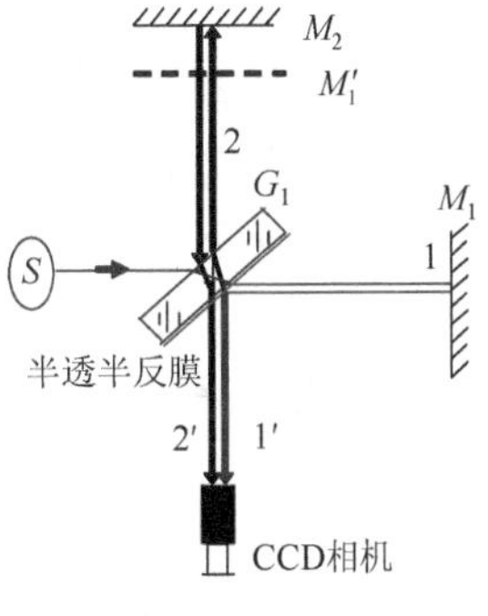

图 12.38　迈克耳孙干涉仪

由等厚干涉原理可得两相邻明纹（暗纹）的间距 Δx 与 M_1'、M_2 的劈尖角 θ_w 之间的关系为

$$\Delta x = \frac{\lambda}{2n_2 \sin\theta_w} \approx \frac{\lambda}{2n_2\theta_w} \tag{12.8}$$

式中，n_2 为空气的折射率，通常取 1。

2. 实验计算原理

实验经过迈克耳孙干涉仪等厚干涉在 CCD 相机上产生明暗相间的条纹，在

NI-LabVIEW 程序中提取每个像素点处的灰度值生成灰度矩阵，将每行及每列的灰度变化曲线分别经过傅里叶变换提取幅值最大谐波的空间频率 f 和相位，矩阵每行的空间频率 f_i 的倒数即为条纹这一行所占的像素点数目 N_i，每列的空间频率 f_j 的倒数即为条纹在这一列所占的像素点数目 N_j。求出每一个 N_i 和 N_j，将它们分别按行、按列求均值，即可得到条纹分别在 x 方向、y 方向上所占的像素点数目 N_x 和 N_y。

已知条纹在水平和垂直方向上所占的像素点数，乘以像元宽度即可得到条纹在两方向上的宽度 x、y，代入等厚干涉条纹宽度与角度的关系式，即可得到压电快摆镜分别在水平和垂直方向上偏转的角度 θ_x、θ_y。各参数关系为

$$\begin{cases}\theta_x = \dfrac{\lambda}{2\times N_x \times a} = \dfrac{\lambda}{2\times \dfrac{1}{f_x}\times a} \\ \theta_y = \dfrac{\lambda}{2\times N_y \times a} = \dfrac{\lambda}{2\times \dfrac{1}{f_y}\times a}\end{cases} \tag{12.9}$$

条纹偏转方向的判断则是由傅里叶变换输出各列的相位变化得到的，若相邻两列的相位差为正，则条纹向左偏转，反之条纹向右偏转。

12.2.2　测量实验及结果

1. 实验系统搭建及程序设计

压电快摆镜是由多对作动器和一个连接在其上的平面镜组成的，每对作动器沿轴向对称分布，通电时压电作动器会产生方向相反大小相等且与电压成比例的位移，使镜面绕对称轴产生快速且精确的转动，每对作动器各控制镜面沿一个轴的转动，每对作动器的工作过程完全一致，如图 12.39 所示。

本实验采用的压电快摆镜型号为 S-330.2SL，采用 PI 控制，如图 12.40 所示。

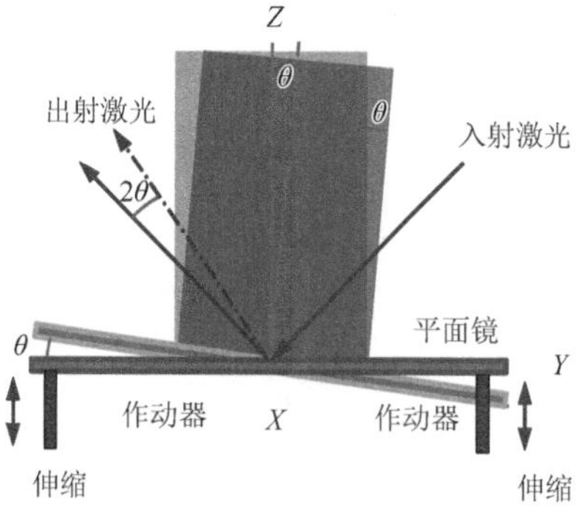

图 12.39　压电快摆镜工作原理

图 12.40　实验用压电快摆镜

测角系统实验设备设置如图 12.41 所示。实验中在迈克耳孙干涉仪原有基础上加入由透镜和望远镜构成的扩束系统，以获得一束均匀的平行光束。基准镜 M_2 固定不动，压电快摆镜作为平面镜 M_1，按照参考信号输入进行摆动。

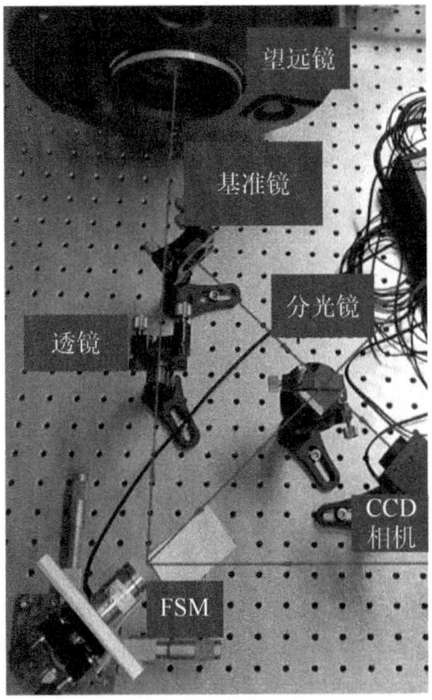

图 12.41　测角系统实验设备设置

在 NI-LabVIEW 中进行 CCD 相机接收的条纹处理及角度计算，NI-LabVIEW 测量系统程序设计如图 12.42 所示，其中，图 12.43 为 NI-LabVIEW 测量程序前面板，干涉条纹将会显示在前面板上。

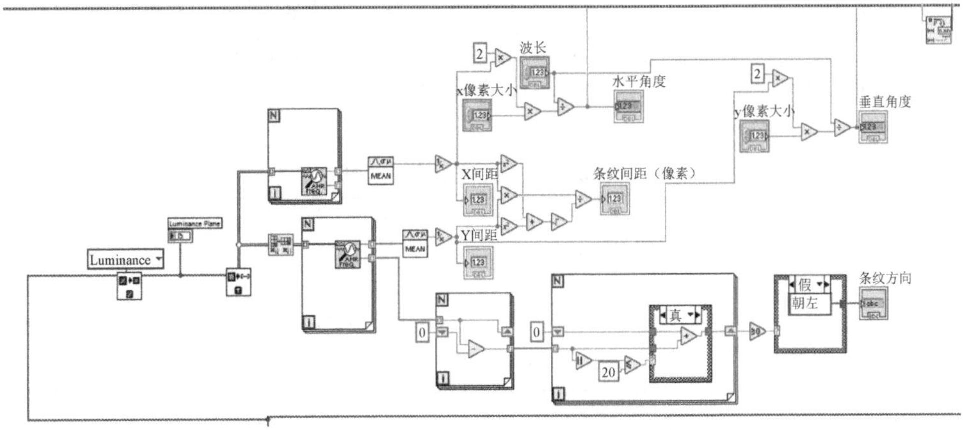

图 12.42　NI-LabVIEW 测量系统程序设计

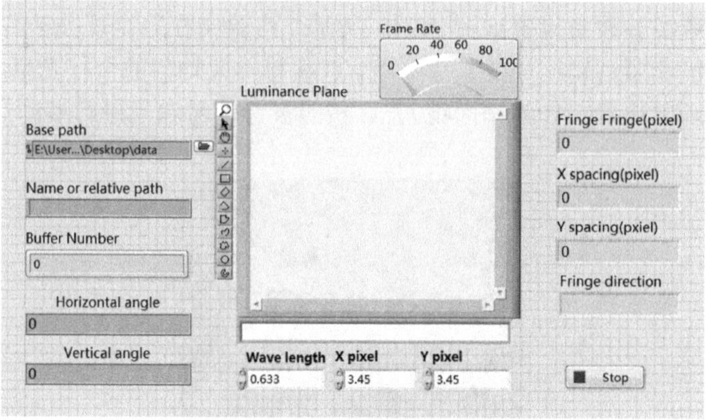

图 12.43　NI-LabVIEW 测量程序前面板

2. 实验结果

实验对压电快摆镜分别按照方波和正弦波摆动角度进行了测量，参考波形输入参数如表 12.2 所示。

表 12.2　参考波形输入参数

波形	幅值/μrad								周期/s
方波	100	200	300	500	50	10	5	1	10
正弦波	5	10	50	100	200	500	700	—	

测量误差统计信息如表 12.3 所示，方波输入测量结果及测量误差如图 12.44 所示，正弦波输入测量结果及测量误差如图 12.45 所示。可以看出，在一定范围内，测角器的测量误差比较小，尤其是对方波而言，它的绝对误差稳定在 2μrad 内；正弦波测量在输入幅值较小时误差较小，但随着幅值的增加，绝对误差越来越大，在幅值为 700μrad 时，误差可以达到 37μrad。

表 12.3　测量误差统计信息

误差/μrad	均值	协方差	最大相对误差/%
方波	0.1947	0.2645	0.46
正弦波	0.7701	75.3781	4.86

推断误差主要来源于测量系统与参考信号输入系统互相独立，采用的时间基准不一致，导致计算过程中测量波形与参考波形间出现误差消除的相位差，进而产生较大的误差，改进系统能避免这个计算误差。

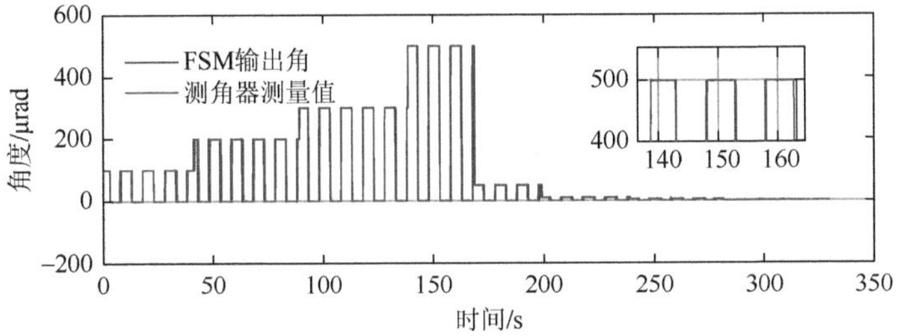

(a) 测量结果

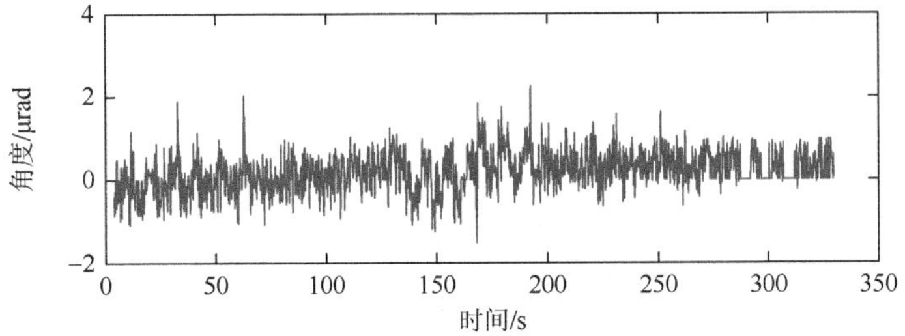

(b) 误差

图 12.44　方波输入测量结果及测量误差

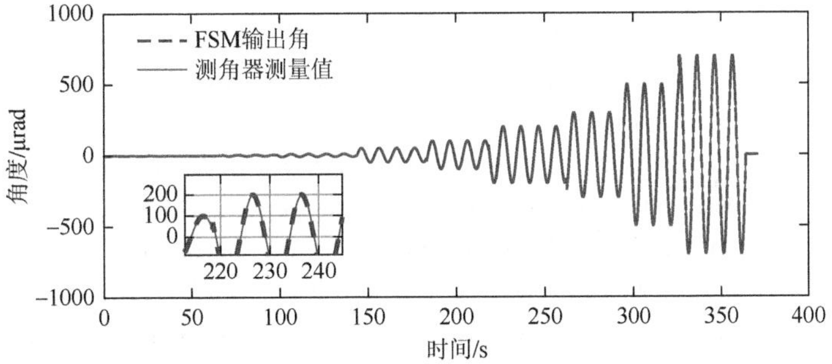

(a) 测量结果

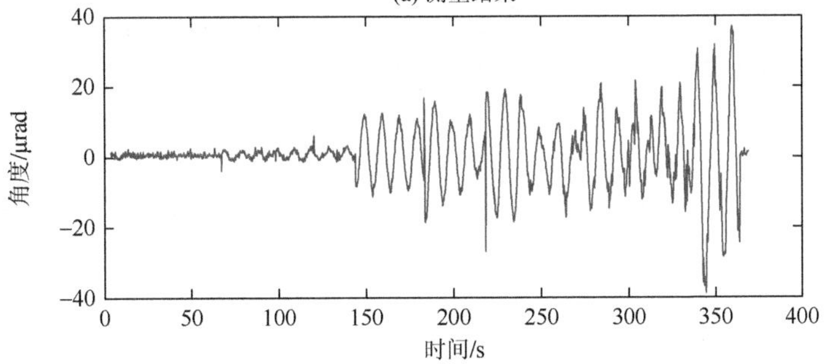

(b) 误差

图 12.45　正弦波输入测量结果及测量误差

12.3 本 章 小 结

本章采用复合轴设计，结合伺服机构与压电快摆镜，同时考虑系统的多目标跟踪瞄准要求，采用两组压电快摆镜精跟踪瞄准单元以实现对两个目标独立跟踪瞄准控制，在地面实验室中对空间目标运动进行高精度模拟。实验结果表明，本节研制的精跟踪瞄准地面实验系统具有同时指向跟踪两个独立目标的能力，精度优于 0.187μrad(3σ)，满足一般空间跟踪瞄准需求。为了测量实验中的光束偏角，开发并搭建了基于迈克耳孙干涉仪的测角器，对测角器的测试结果表明，测角器的最小测量误差可达到 2μrad。

参 考 文 献

[1] Xiong Z J，Li Q，Liu L，et al. Fast steering mirror and Michelson interferometer based laser beam pointing and steering[C]//2017 IEEE International Conference on Cybernetics and Intelligent Systems and IEEE Conference on Robotics，Automation and Mechatronics，Ningbo，2017：815-819.

[2] Merritt P H，Albertine J R. Beam control for high-energy laser devices[J]. Optical Engineering，2012，52（2）：021005.

[3] Minsky M. Memoir on inventing the confocal scanning microscope[J]. Scanning，1988，10（4）：128-138.

[4] Yin J，Ren J G，Lu H，et al. Quantum teleportation and entanglement distribution over 100-kilometre free-space channels[J]. Nature，2012，488（7410）：185.

[5] Sandner T，Kimme S，Grasshoff T，et al. Micro-scanning mirrors for high-power laser applications in laser surgery[C]//International Conference on Optical MEMS and Nanophotonics，Kanazawa，2013：83-84.

[6] Zhou Q K，Ben-Tzvi P，Fan D P. Design and analysis of a fast steering mirror for precision laser beams steering[J]. Sensors and Transducers，2009，5：104.

[7] Bloom S，Korevaar E，Schuster J，et al. Understanding the performance of free-space optics[J]. Journal of optical Networking，2003，2（6）：178-200.

[8] Wang G，Rao C H. Adaptive control of piezoelectric fast steering mirror for high precision tracking application[J]. Smart Materials and Structures，2015，24（3）：035019.